Die **Themenseiten** bieten Wissenswertes aus dem Alltag, der Geschichte, …
Auf den **Methodenseiten** wird beschrieben, wie man physikalisch arbeitet.

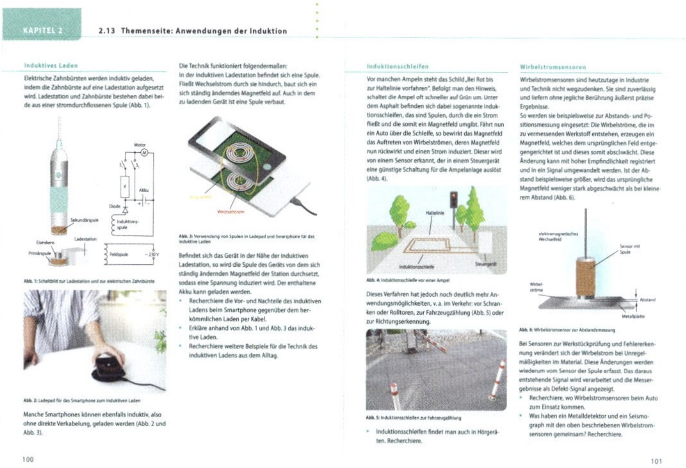

Teste dich hat verschiedene Teile. Im ersten Teil findet ihr Textaufgaben, die ihr alleine löst. Der zweite Teil enthält Diskussionsaufgaben: Beim Begründen und Argumentieren lernt ihr eine ganze Menge über Physik! Die Lösungen findet ihr im Anhang.

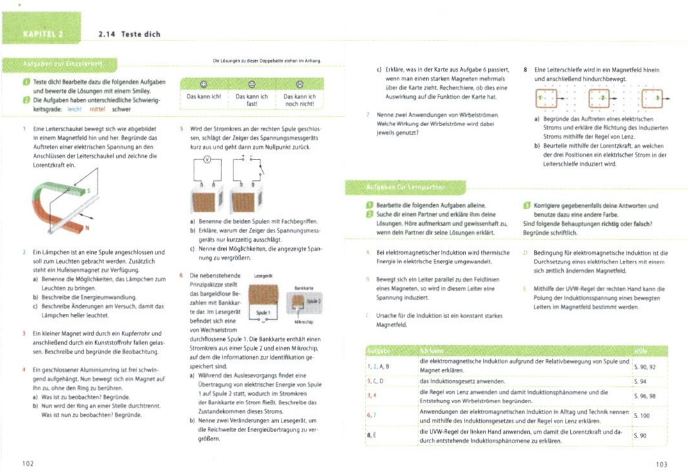

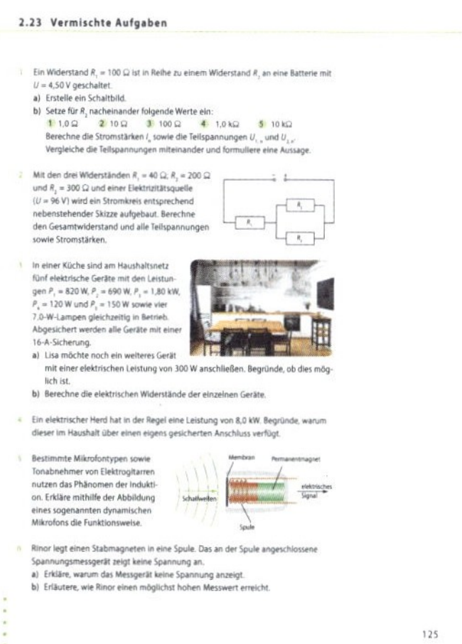

Mit den **Vermischten Aufgaben** könnt ihr den Stoff wiederholen.

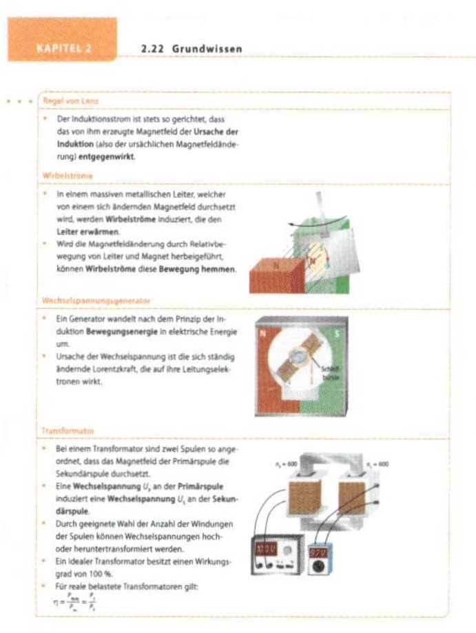

Im **Grundwissen** ist das Wichtigste des ganzen Kapitels nochmals kompakt zusammengefasst.

10 I

Herausgegeben von
Christian Axenbeck und Dr. Christoph Fritsch

Physik

C.C.BUCHNER Realschule Bayern

Physik

Realschule Bayern
Herausgegeben von Christian Axenbeck und Dr. Christoph Fritsch

Physik 10$_{I}$
Bearbeitet von Christian Axenbeck, Sebastian Floder, Robert Forster, Dr. Christoph Fritsch, Sandra Hanke, Marco Nelkenbrecher, Markus Pollinger, Thomas Stumpferl, Franziska Weber und Uwe Weber-Haenel unter Mitarbeit der Verlagsredaktion

Zu diesem Lehrwerk sind erhältlich:
- Digitales Lehrermaterial **click & teach** Einzellizenz, Bestell-Nr. 670201
- Digitales Lehrermaterial **click & teach** Box (Karte mit Freischaltcode), ISBN 978-3-661-**67020**-1

Weitere Materialien finden Sie unter www.ccbuchner.de.

Dieser Titel ist auch als digitale Ausgabe **click & study** unter www.ccbuchner.de erhältlich.

Die enthaltenen Links verweisen auf digitale Inhalte, die der Verlag bei verlagsseitigen Angeboten in eigener Verantwortung zur Verfügung stellt. Links auf Angebote Dritter wurden nach den gleichen Qualitätskriterien wie die verlagsseitigen Angebote ausgewählt und bei Erstellung des Lernmittels sorgfältig geprüft. Für spätere Änderungen der verknüpften Inhalte kann keine Verantwortung übernommen werden.

An keiner Stelle im Schülerbuch dürfen Eintragungen vorgenommen werden.

1. Auflage, 1. Druck 2023
Alle Drucke dieser Auflage sind, weil untereinander unverändert, nebeneinander benutzbar.

Dieses Werk folgt der reformierten Rechtschreibung und Zeichensetzung. Ausnahmen bilden Texte, bei denen künstlerische, philologische oder lizenzrechtliche Gründe einer Änderung entgegenstehen.

Redaktion: Mirjam Heintzeler, Georg Vollmer
Layout und Satz: Wildner + Designer GmbH, Fürth
Druck: Mohn Media Mohndruck GmbH, Gütersloh

www.ccbuchner.de

ISBN 978-3-661-**67010**-2

1 Mechanik

2 Elektrizitätslehre

Anwendungen der Induktion

3 Atom- und Kernphysik

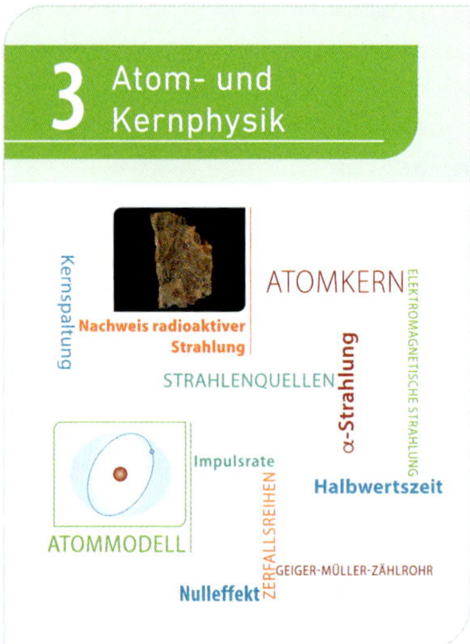

Strahlung und Zerfall

Nutzen und Gefahren

4 Energieversorgung

Energieträger und Kraftwerke

Weitere Kraftwerke und energetische Herausforderungen

5 Vorbereitung auf die Abschlussprüfung

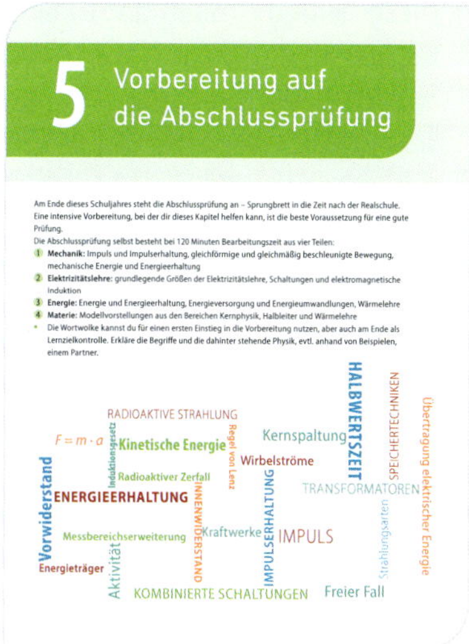

Grundlegende physikalische Methoden

Zu den wichtigsten Methoden in der Physik gehört die Auswertung physikalischer Versuche und das strukturierte Lösen physikalischer Rechenaufgaben. Zur physikalischen Erklärung vieler Ereignisse in Natur und Technik wird das Teilchenmodell herangezogen. Diese bereits in Klassenstufe 8 und 9 thematisierten Grundlagen werden hier nochmals dargestellt.

Versuche durchführen und auswerten

Versuch durchführen

Bei vielen Versuchen in der Physik wird untersucht, wie sich zwei Größen zueinander verhalten.
Die erste Größe ist diejenige, die man im Laufe des Experiments verändert bzw. vorgibt – man nennt sie deshalb die unabhängige (oder vorgegebene) Größe.
Die zweite Größe, deren Werte man misst, ist von der ersten Größe abhängig. Man nennt sie deshalb die abhängige Größe.

Von einem Elektromotor soll geprüft werden, wie schnell er physikalische Arbeit verrichten kann. Dazu wird gemessen, bis in welche Höhe h er ein Massestück der Masse m in einer vorgegebenen Zeit t heben kann. Daraus wird die Hubarbeit W_{Hub} berechnet.

Der Elektromotor hebt eine Masse mit $m = 400$ g.
$F_G = m \cdot g = 0{,}400\ \text{kg} \cdot 9{,}81\ \frac{\text{N}}{\text{kg}} = 3{,}92\ \text{N}$

t in s	0	20	40	60	80	100
h in m	0,00	0,35	0,65	1,10	1,40	1,80
$W_{Hub} = F_G \cdot h$ in J	0,0	1,4	2,6	4,31	5,49	7,06

Versuch grafisch auswerten

Diese beiden Größen trägt man in ein Koordinatensystem ein: die unabhängige Größe nach rechts (x-Achse), die abhängige Größe nach oben (y-Achse). Es entsteht ein x-y-Diagramm. Die Achsen werden mit den entsprechenden Größen inklusive Einheiten beschriftet.
Wenn eine Ausgleichsstrecke durch die Messwerte gelegt werden kann, so liegt eine direkte Proportionalität vor. Für eine Ausgleichsstrecke gilt: Alle Punkte liegen auf der Strecke oder knapp daneben (am besten gleichmäßig ober- und unterhalb).

Da die Messgenauigkeit beim Messen nicht beliebig genau ist und beim Messen Fehler entstehen können, werden die Messwerte als kleine Kreise gezeichnet.

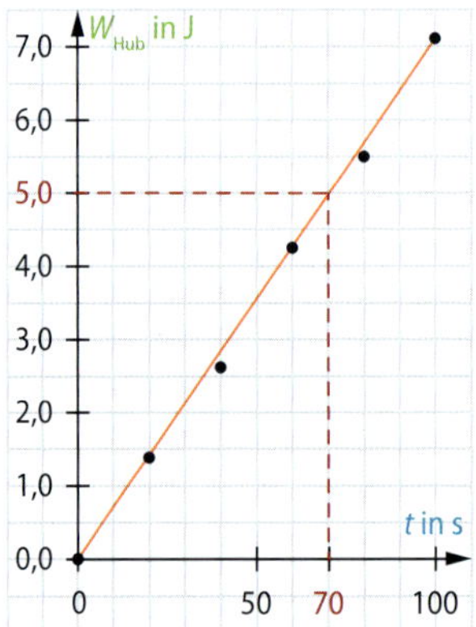

Abb. 1: Grafische Auswertung im t-W_{Hub}-Diagramm und Bestimmung der Proportionalitätskonstante

Eine Ausgleichsstrecke liegt vor. Daraus folgt, dass die physikalische Arbeit direkt proportional zur benötigten Zeit ist: $W_{Hub} \sim t$.

Die Proportionalitätskonstante $\frac{W_{Hub}}{t}$ wird als physikalische Leistung P bezeichnet.

Versuch numerisch auswerten

Zur numerischen Auswertung wird eine neue Tabellenzeile angelegt, in der (hier) der Quotient aus beiden Messgrößen berechnet wird. Die abhängige Größe ist dabei der Dividend (Zähler), die unabhängige der Divisor (Nenner).
Die Einheit des Quotientenwerts ergibt sich aus den Einheiten der auftretenden Größen. Der Quotientenwert muss dabei mit der richtigen Anzahl sinnvoller Ziffern angegeben werden.

t in s	0	20	40	60	80	100
$W_{Hub} = F_G \cdot h$ in J	0,0	1,4	2,5	4,31	5,49	7,06
$\frac{W_{Hub}}{t}$ in $\frac{J}{s}$	–	0,070	0,063	0,072	0,069	0,0706

Im Rahmen der Messgenauigkeit ist der Quotient aus der Hubarbeit W_{Hub} und der Zeit t konstant:

$\frac{W_{Hub}}{t} = \text{konst.}$

Damit liegt eine direkte Proportionalität vor: $W_{Hub} \sim t$.

Bestimmung einer Proportionalitätskonstante

- **Bestimmung bei grafischer Auswertung**
  Man sucht sich im x-y-Diagramm ein Wertepaar, das als Punkt auf der Ausgleichsstrecke liegt, und bildet den Quotienten $\frac{y}{x}$ dieser beiden Werte.

$$P = \frac{W_{Hub}}{t}$$

$$P = \frac{5{,}0\text{ J}}{70\text{ s}} = 0{,}071\text{ W}$$

- **Bestimmung bei numerischer Auswertung**
  Da man bereits alle Quotientenwerte berechnet hat, kann man einfach den Mittelwert berechnen.

$$\overline{P} = \frac{0{,}070 + 0{,}063 + 0{,}072 + 0{,}069 + 0{,}0706}{5}\ \frac{\text{J}}{\text{s}} = 0{,}069\text{ W}$$

Rechenaufgaben unter Beachtung der sinnvollen Ziffern lösen

Angabe von Größen

Bei der Angabe von Größen spiegelt sich deren Genauigkeit wider. Es gilt: Je genauer ein Wert gemessen wurde, desto mehr sinnvolle Ziffern werden angegeben. Größen, die – mathematisch gesehen – identisch sind, sind es daher physikalisch gesehen oft nicht.

$\overset{1}{2},\overset{2}{3}\text{ mm} \neq \overset{1}{2},\overset{2}{3}\overset{3}{0}\text{ mm}$, weil die Anzahl der sinnvollen Ziffern nicht gleich ist.

Umrechnung von Größen

Beim Umrechnen von Größen in eine andere Einheit muss man darauf achten, dass sich die Anzahl sinnvoller Ziffern nicht ändert.

$\overset{1}{2},\overset{2}{3}\text{ mm} = 0{,}\overset{1}{2}\overset{2}{3}\text{ cm} = 0{,}0\overset{1}{2}\overset{2}{3}\text{ dm}$

Beachtet man das Konzept der sinnvollen Ziffern nicht, würde sich die Genauigkeit eines Werts ändern.

Die beiden Längen l_1 und l_2 sind unter physikalischen Gesichtspunkten nicht gleich, da l_1 auf 1 m und l_2 auf 1 cm genau angegeben ist.

$l_1 = \overset{1}{2}\overset{2}{5}\text{ m} \neq l_2 = \overset{1}{2}\overset{2}{5}\overset{3}{0}\overset{4}{0}\text{ cm}$

Zur Umrechnung von Größen ohne Änderung der Genauigkeit verwendet man oft Zehnerpotenzen.

$l_1 = \overset{1}{2}\overset{2}{5}\text{ m} = \overset{1}{2}\overset{2}{5} \cdot 10^2\text{ cm}$

$l_2 = \overset{1}{2}\overset{2}{5}\overset{3}{0}\overset{4}{0}\text{ cm} = \overset{1}{2}\overset{2}{5},\overset{3}{0}\overset{4}{0}\text{ m}$

Addition und Subtraktion von Größen

Wichtig ist, dass die Größen in der gleichen Einheit vorliegen.
Falls das nicht der Fall ist, müssen einzelne Werte zunächst umgerechnet werden.

• **Größen gleicher Genauigkeit** Besitzen alle Werte dieselbe Genauigkeit, werden die Werte einfach addiert.	$t_{ges} = 64{,}3\ \text{s} + 62{,}8\ \text{s} + 63{,}2 + 61{,}6\ \text{s} = 251{,}9\ \text{s}$
• **Größen unterschiedlicher Genauigkeit** Besitzen die Werte unterschiedliche Genauigkeiten, so wird das Ergebnis am Ende gerundet, und zwar entsprechend dem Wert mit der geringsten Genauigkeit.	$t_{ges} = 64{,}3\ \text{s} + 62{,}85\ \text{s} + 63{,}26\ \text{s} + 61{,}64\ \text{s} = 252{,}05\ \text{s}$ Der erste Wert von 64,3 s ist der ungenaueste, also muss auf 0,1 s gerundet werden: $t_{ges} = 252{,}1\ \text{s}$

Multiplikation und Division von Größen

Bei der Berechnung physikalischer Größen durch Produkte und Quotienten wird die Maßzahl des Ergebnisses auf so viele sinnvolle Ziffern gerundet, wie der ungenaueste Messwert besitzt.	Berechnung der Hubarbeit mit $W_{Hub} = m \cdot g \cdot h$: $m = \overset{1}{7}\overset{2}{0},\overset{3}{4}\ \text{kg};\ g = \overset{1}{9},\overset{2}{8}\overset{3}{1}\ \frac{\text{N}}{\text{kg}};\ h = \overset{1}{4},\overset{2}{0}\ \text{m}$ Mathematisch berechnete Hubarbeit: $W_{Hub} = 70{,}4\ \text{kg} \cdot 9{,}81\ \frac{\text{N}}{\text{kg}} \cdot 4{,}0\ \text{m} = \overset{1}{2}\overset{2}{7}\overset{3}{6}\overset{4}{2},\overset{5}{4}\overset{6}{9}\overset{7}{6}\ \text{J}$ Durch die Multiplikation der Werte entsteht eine „Genauigkeit", die nicht sinnvoll ist. Physikalisch berechnete Hubarbeit: $W_{Hub} = \overset{1}{7}\overset{2}{0},\overset{3}{4}\ \text{kg} \cdot \overset{1}{9},\overset{2}{8}\overset{3}{1}\ \frac{\text{N}}{\text{kg}} \cdot \overset{1}{4},\overset{2}{0}\ \text{m}$ Der ungenaueste Messwert (4,0 m) hat zwei sinnvolle Ziffern, weswegen der obige, mathematische Wert gerundet und auf zwei sinnvolle Ziffern angegeben wird: $W_{Hub} = \overset{1}{2},\overset{2}{8} \cdot 10^3\ \text{J} = 2{,}8\ \text{kJ}$

Teilchenmodell verwenden

Aggregatzustände im Teilchenmodell

• **Festkörper** Die Teilchen eines Festkörpers sind eng benachbart und führen um ortsfeste Gitterplätze Eigenschwingungen aus. Zwischen den Teilchen wirken starke Kohäsionskräfte.	 

- **Flüssigkeit**
  Die Teilchen sind etwas weiter voneinander entfernt und befinden sich in wechselnden Gleichgewichtslagen, um die sie ständig Eigenschwingungen ausführen. Zwischen den Teilchen wirken schwache Kohäsionskräfte, sodass sie sich gegeneinander verschieben lassen.

- **Gas**
  Zwischen den Teilchen eines Gases ist der Abstand größer als bei Flüssigkeiten. Es wirken keine Kohäsionskräfte zwischen den Teilchen. Die Gasteilchen bewegen sich frei und regellos, sodass sie sich gleichmäßig in dem Raum verteilen, der ihnen zur Verfügung steht.

Abb. 2: Aggregatzustände im Teilchenmodell

AUFGABEN

1 Für einen Stromkreis wird jeweils die elektrische Arbeit in Abhängigkeit von der Ladung gemessen. Es ergibt sich folgende Messtabelle:

Q in C	1,2	2,5	4,3	6,5	8,0	10,7
W in J	6,1	12	22	34	39	54

a) Beschreibe, wie sich der Betrag der verrichteten Arbeit verändert, wenn die Ladung verdoppelt wird.
b) Werte die Tabelle numerisch aus.
c) Erstelle ein geeignetes *Q*-*W*-Diagramm.
d) Erläutere den vorliegenden mathematischen Zusammenhang zwischen Arbeit und Ladung.
e) Bestimme anhand des Graphen die Spannung der Elektrizitätsquelle.
f) Trage in das Diagramm den Graphen für eine Spannung von 1,5 V ein.

2 Eine elektrische Pumpe (elektrische Leistung 0,30 kW; Wirkungsgrad 85 %) fördert Schmutzwasser aus dem Keller eines Hauses in den 3,4 m höher gelegenen Abwasserkanal.
a) Benenne die Energieumwandlungen, die beim Betrieb der Pumpe stattfinden.
b) Wie lange dauert es, bis 74 hl Schmutzwasser (Dichte wie Wasser) aus dem Keller gepumpt sind?
c) Die Pumpe wird am Haushaltsnetz betrieben. Berechne die Stromstärke, die im Betriebsfall durch den Elektromotor fließt.

3 Erkläre die elektrischen Größen Stromstärke, Spannung und Widerstand mithilfe des Teilchenmodells.

1 Mechanik

Zeit-Weg-Diagramm

DURCHSCHNITTSGESCHWINDIGKEIT

Bewegung

elastischer Stoß

Kraft

FREIER FALL

Fallbeschleunigung

ENERGIEERHALTUNG

Kinetische Energie

Gleichmäßig beschleunigte Bewegung

- Welche der Begriffe hast du schon gehört? Erkläre sie.
- Findest du weitere passende Bilder oder weitere Begriffe?
- Die Doppelseite ist gut für die Vorbereitung auf eine Schulaufgabe geeignet: Erkläre dazu (evtl. einem Partner) jeden Begriff und erläutere auch die Zusammenhänge zwischen ihnen. Ergänze gegebenenfalls fehlende Stichworte.

ENERGIEUMWANDLUNG

Beschleunigung

Ortsfaktor

Anhalteweg

Sicherheitsabstand

INELASTISCHER STOß

Grundgleichung der Mechanik

Bewegungsgleichung

Bremsweg

Geschwindigkeit

STOßVORGÄNGE

IMPULSERHALTUNG

MOMENTANGESCHWINDIGKEIT

Gleichförmige Bewegung

- Eine Bewegung heißt gleichförmig, wenn sie geradlinig ist und in gleichen Zeiten gleich lange Wege zurückgelegt werden.
- Dann beschreibt der konstante Quotient aus Wegstrecke Δs und Zeitspanne Δt die **Geschwindigkeit** $\boldsymbol{v}$: $v = \frac{\Delta s}{\Delta t}$ mit $[v] = 1\,\frac{\text{m}}{\text{s}}$.

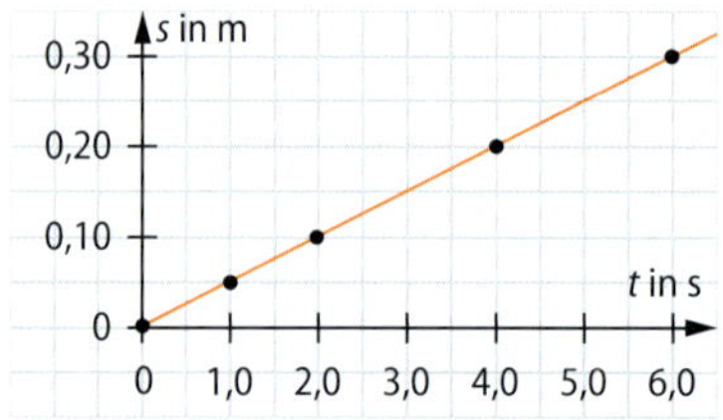

Kräfte

- **Kräfte** kann man an ihren Wirkungen erkennen.
- Die Kraft $\vec{F}$ ist eine **vektorielle Größe** mit drei Bestimmungsstücken:
  Kraftbetrag, Angriffspunkt, Richtung
- Die Einheit der Kraft ist 1 Newton: $[F] = 1$ **N**.
- Eine Kraft ruft stets eine gleich große Gegenkraft hervor (**Wechselwirkungsprinzip**).
- **Zwei Kräfte,** die **an einem** Körper angreifen, sind im **Gleichgewicht**, wenn sie den gleichen Betrag, die entgegengesetzte Richtung und dieselbe Wirkungslinie besitzen.

dynamische Wirkung:
Geschwindigkeitsänderung oder Richtungsänderung

statische Wirkung:
elastische oder plastische Verformung

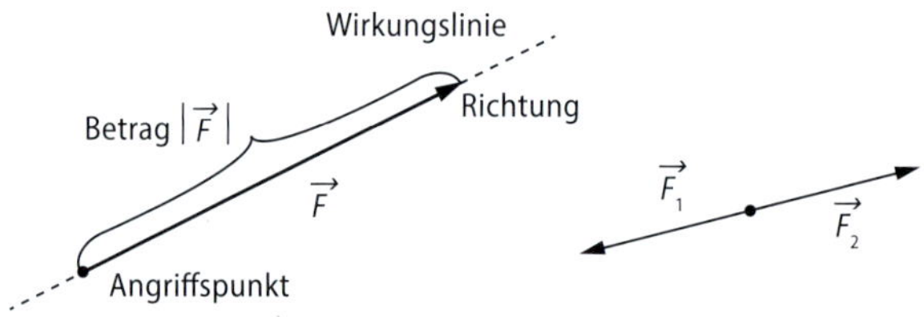

Gravitation und Gewichtskraft

- Alle Körper ziehen sich gegenseitig an (**Gravitation**).
- Die **Gewichtskraft** $\vec{F}_G$ ist die Gravitationskraft der Erde auf einen Körper. Sie zeigt zum Erdmittelpunkt und wird kleiner, je weiter man sich von diesem entfernt.

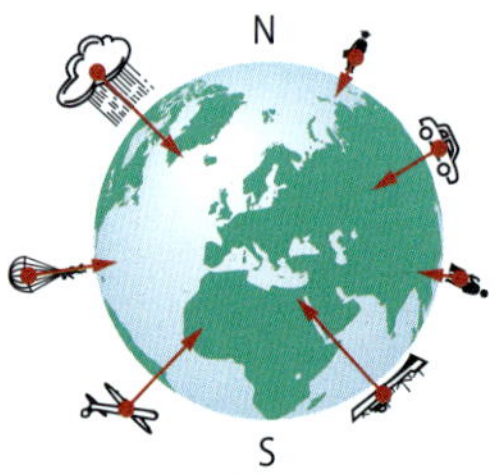

Luftdruck

Der **Luftdruck** ist der Schweredruck der Luft.
Er beträgt in **Meeresspiegelhöhe** unter Normalbedingungen etwa **1013 hPa = 1,013 bar**.

- Mit zunehmender Höhe nimmt der **Luftdruck** zwar ab, aber **nicht linear.**

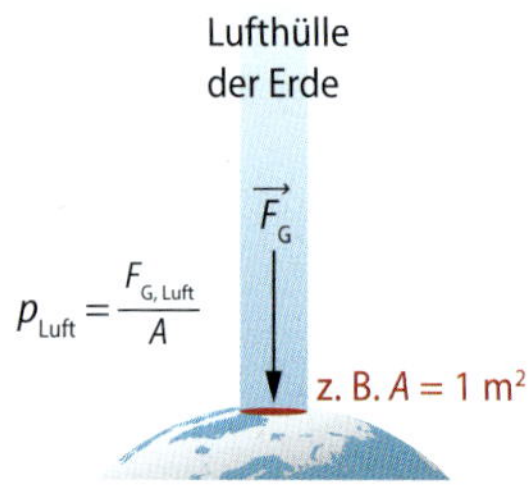

Reibung

- Man unterscheidet folgende Reibungsarten: **Haftreibung, Gleitreibung, Rollreibung**
- Reibungskräfte wirken **gegen die Bewegungsrichtung**.
- Für die Beträge der Reibungskräfte gilt: $F_{Roll} < F_{Gleit} < F_{Haft}$

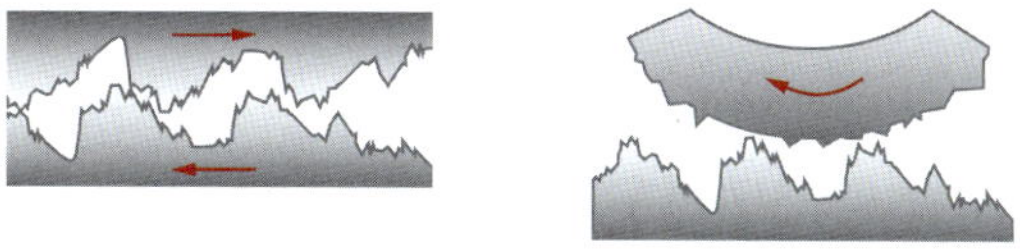

Modellvorstellung zur Haft- und Gleitreibung (links) und Rollreibung (rechts)

Trägheit, Masse und Gewichtskraft

- **Jeder Körper ist träge**: Er bleibt in Ruhe oder bewegt sich gleichförmig fort, wenn keine Kräfte auf ihn wirken oder die Kräfte auf den Körper im Gleichgewicht sind.
- Trägheit und Schwere bezeichnen eine ortsunabhängige Eigenschaft eines Körpers. Man bezeichnet sie als **Masse *m*** mit **[*m*] = 1 kg**.
- Der Betrag der Gewichtskraft F_G eines Körpers ist direkt proportional zu seiner Masse *m*: $F_G \sim m$.
  Der konstante Quotient heißt **Ortsfaktor *g***:
  $g = \frac{F_G}{m}$ mit $[g] = 1\,\frac{\text{N}}{\text{kg}}$
- Der Wert des Ortsfaktors hängt ab von …
  - der Masse des Himmelskörpers und
  - der Entfernung des Messortes vom Mittelpunkt des Himmelskörpers.

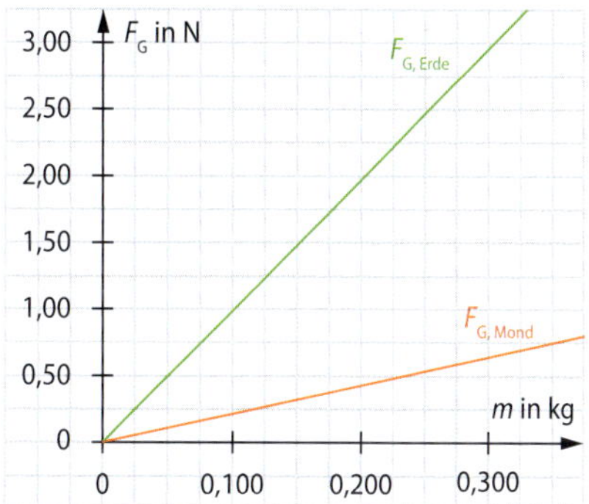

Aggregatzustände und Teilchenmodell

- Alle Körper liegen in einem von drei Aggregatzuständen vor (**fest, flüssig, gasförmig**).
- Alle Körper bestehen aus Teilchen. Zwischen den Teilchen befindet sich ein Vakuum.
- Zwischen den Teilchen wirken Kohäsionskräfte.
- Körper unterscheiden sich durch die Art und die Anordnung der Teilchen.
- Alle Teilchen sind in **ständiger Eigenbewegung**.

Dichte

- **Masse** und **Volumen** von Körpern aus demselben Material sind **direkt proportional**: $m \sim V$.
  Der Proportionalitätsfaktor heißt Dichte ρ:
  $\rho = \frac{m}{V}$ mit $[\rho] = 1\,\frac{\text{g}}{\text{cm}^3} = 1\,\frac{\text{kg}}{\text{dm}^3} = 1\,\frac{\text{t}}{\text{m}^3}$

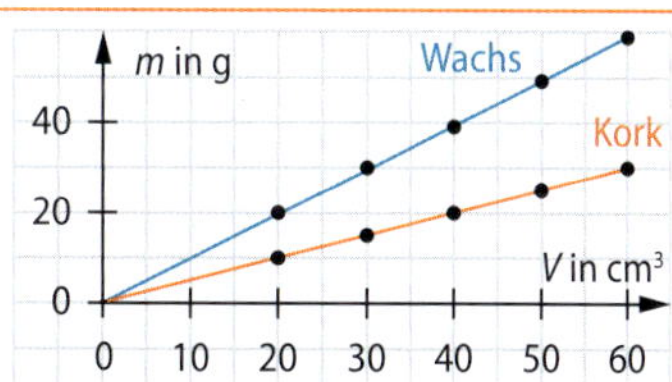

Kraftwandler: Schiefe Ebene, Flaschenzug und Hebel

- **Kraftwandler** sind mechanische Geräte, die mindestens ein Bestimmungsstück einer Kraft ändern: den **Angriffspunkt**, den **Kraftbetrag** oder die **Richtung der Kraft**.
- Bei der Überwindung von Höhenunterschieden zerlegt die gegen die Horizontale geneigte **schiefe Ebene** die **Gewichtskraft** $\vec{F}_G$ in die **Hangabtriebskraft** $\vec{F}_H$ und die **Normalkraft** $\vec{F}_N$.
- Ein **Flaschenzug** verringert den Betrag der **Zugkraft** $\vec{F}_{Zug}$ mithilfe von Seilen und Rollen.
- Der Betrag der **Zugkraft** F_{Zug} verringert sich entsprechend der Anzahl der **tragenden Seilstücke**.
- Die Strecke s, die das Zugseil bewegt werden muss, vergrößert sich entsprechend der Anzahl der tragenden Seilstücke.
- Jeder starre Körper, der um einen festen Punkt drehbar ist, kann als **Hebel** genutzt werden. Das Wirken einer Kraft auf einen Hebelarm ruft eine Kraft auf den anderen Hebelarm und in Folge eine Drehbewegung hervor.
- Am längeren Arm greift die kleinere Kraft an.
- Am einseitigen Hebel sind $\vec{F}_H$ und $\vec{F}_L$ entgegengesetzt gerichtet, am zweiseitigen Hebel sind $\vec{F}_H$ und $\vec{F}_L$ gleichgerichtet.

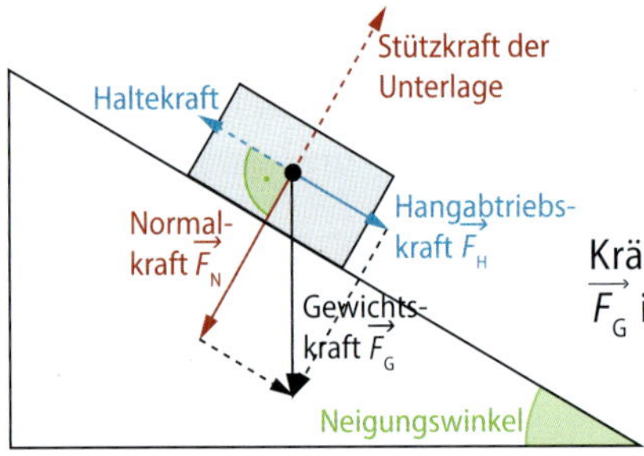

Kräftezerlegung von $\vec{F}_G$ in $\vec{F}_H$ und $\vec{F}_N$

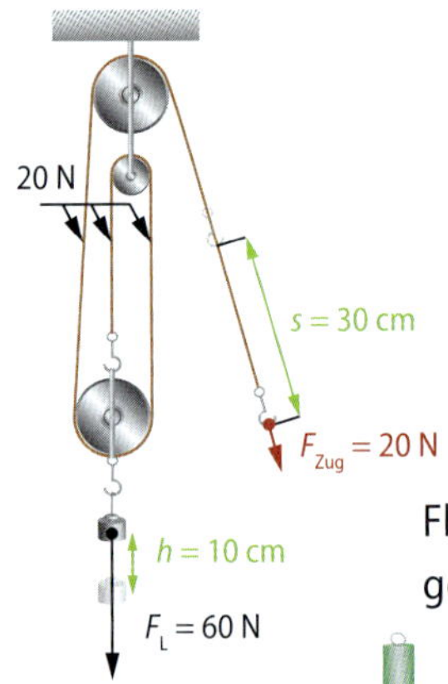

Flaschenzug mit drei tragenden Seilstücken

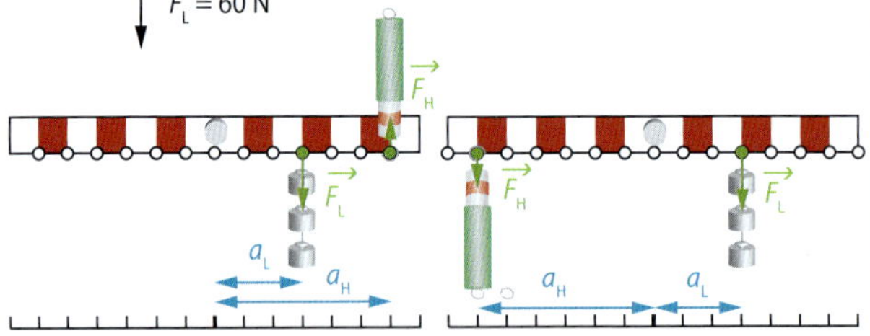

$\vec{F}_H$ und $\vec{F}_L$ am ein- und zweiseitigen Hebel

Arbeit, Energie und Energieumwandlung

- Die **mechanische Arbeit** W ist das Produkt aus dem Betrag einer Kraft $\vec{F}$ und dem Weg s:
  $W = F \cdot s$ mit $\vec{F} \parallel \vec{s}$ und $[W] = 1$ J (Joule) $= 1$ Nm
- Arbeit wird verrichtet, wenn auf einen Körper längs eines Weges Kraft ausgeübt wird.
  Als Produkt aus Kraft und Weg ist Arbeit eine abgeleitete Größe. Man unterscheidet:
  - Hubarbeit W_{Hub}
  - Reibungsarbeit W_R
  - Beschleunigungsarbeit W_B
  - Verformungsarbeit W_V

Je länger die Strecke, desto kleiner ist bei gleicher Höhe h die benötigte Kraft.

- **Goldene Regel der Mechanik**: Durch Einsatz eines Kraftwandlers kann die Arbeit, die verrichtet werden muss, nicht verkleinert werden.
- Als Speicher- bzw. Zustandsgröße gibt die Energie die Fähigkeit eines Körpers an, Arbeit zu verrichten.
  Man unterscheidet:
  - chemische Energie E_{chem}
  - kinetische Energie E_{kin} (Bewegungsenergie)
  - potenzielle Energie E_{pot} (Lageenergie bzw. Spannenergie)
  - innere Energie E_i
  - elektrische Energie E_{el}
- Energieformen können ineinander umgewandelt werden. Bei physikalischen Energieumwandlungen wird immer ein Teil der Energie in innere Energie umgewandelt.
- **Energieerhaltungssatz:** Energie kann nicht verbraucht und nicht produziert werden, sie wird lediglich in andere Energieformen umgewandelt.

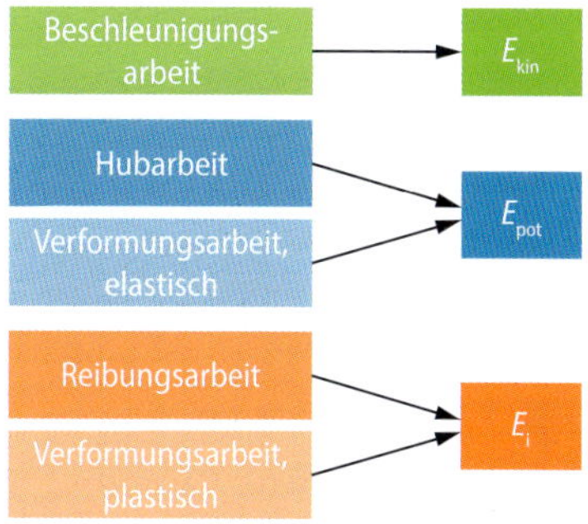

Arbeitsarten und Energieformen

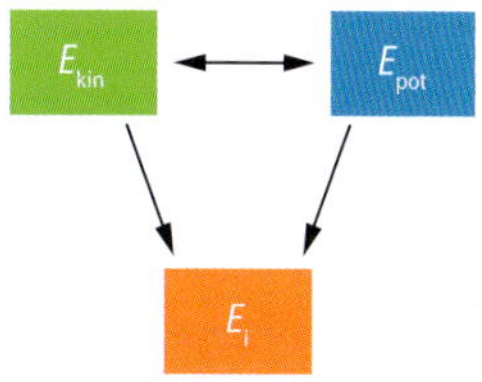

Energieumformungen am Beispiel des Pendels

Arbeit, Leistung und Wirkungsgrad

- Die **physikalische Arbeit** gibt an, wie viel Energie von einem Körper auf einen anderen Körper übertragen wird: Die Energie eines Körpers nimmt zu, wenn an ihm Arbeit verrichtet wird; die Energie eines Körpers nimmt ab, wenn der Körper Arbeit verrichtet.
- Die **Leistung *P*** ist der Quotient aus verrichteter Arbeit *W* und benötigter Zeit *t*. Sie gibt an, wie viel Energie in einer bestimmten Zeit umgewandelt bzw. übertragen wird:
  $P = \frac{W}{t}$ mit $[P] = 1\ \text{W}$ (Watt) und $1\ \text{W} = \frac{1\ \text{J}}{1\ \text{s}}$
- Der **Wirkungsgrad η** eines Vorgangs beschreibt, welcher Anteil an zugeführter Energie in Nutzenergie umgewandelt wird.
- Der Wirkungsgrad ist stets kleiner als 1, d. h.: Bei jeder Energieumwandlung ist die Nutzenergie immer kleiner als die zugeführte Energie.

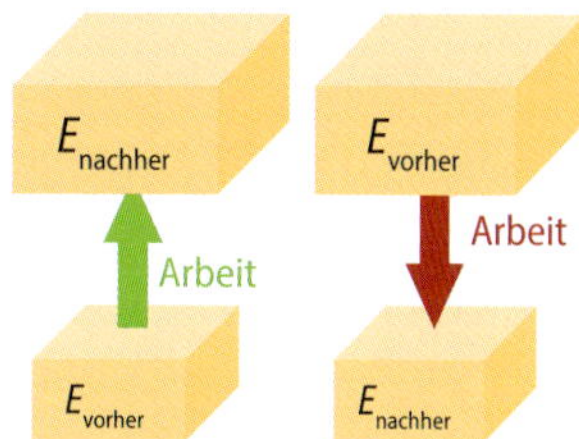

Energieerhöhung (am Körper wird Arbeit verrichtet) und Energieabnahme (der Körper verrichtet Arbeit).

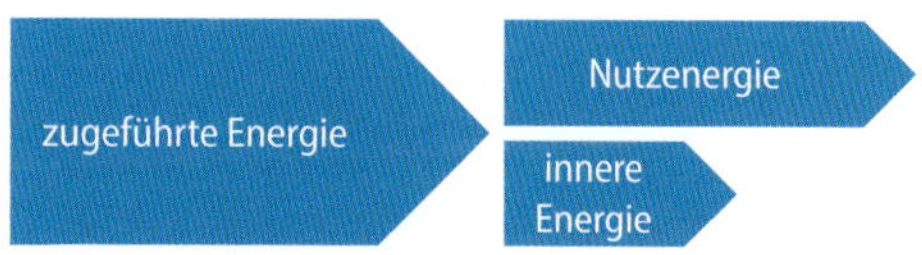

zugeführte Energie, Nutzenergie und innere Energie

1.1 Zeit-Weg-Diagramme

Einstieg

Wird ein bewegter Körper nach gleichen Zeitabschnitten fotografiert und werden die Einzelbilder überlagert, entsteht eine sogenannte Stroboskopaufnahme.

- Beschreibe den Bewegungsverlauf der Sportlerin.

Versuche

„phyphox" ist der Name der App „physical phone experiments", die von der RWTH Aachen entwickelt wurde.

Arbeitsblatt zu V1 unter **67010-01**

V1 Installiere die Physik-App „phyphox" auf deinem Smartphone. Öffne die App und wähle die Anwendung „Standort (GPS)" aus. Bewege dich mit deinem Smartphone auf dem Pausenhof. Unterbrich dabei zweimal deine Bewegung.

Material
- Smartphone
- App „phyphox"

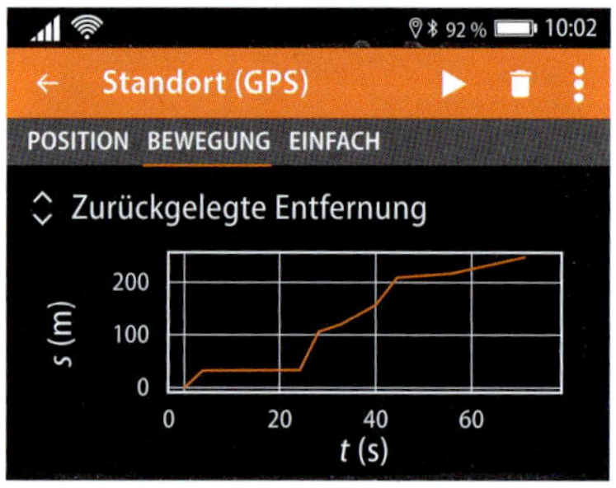

Abb. 1: Zeit-Weg-Diagramm

Beobachtung: Der Graph im Zeit-Weg-Diagramm (Abb. 1) besitzt eine unregelmäßige Form, er beginnt im Ursprung und verläuft während eines Bewegungsstillstands parallel zur Zeit-Achse.

V2 Mit einer Smartphone-App, die für die Erstellung von Stroboskop- und Serienfotos geeignet ist (z. B. die App „Motion Shot"), wird eine Stroboskopaufnahme eines Ballwurfs gemacht und ein Zeit-Weg-Diagramm angefertigt, indem die Entfernungen zwischen den Ballmittelpunkten gemessen werden.
Bei 8 Aufnahmen in 1,00 s ergeben sich folgende Zeitintervalle:
$\Delta t = t_{ges} : n = 1{,}00 \text{ s} : 7 = 0{,}14 \text{ s}$

t in s	0,00	0,14	0,29	0,43
Δs in mm	0	23	11	8
s in mm	0	23	34	42
t in s	0,57	0,71	0,86	1,00
Δs in mm	6	12	17	37
s in mm	48	60	77	114

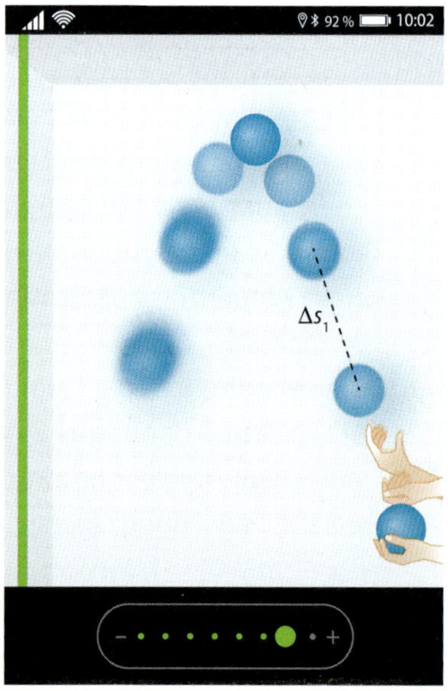

Abb. 2: Bildaufnahme des Ballwurfs

Beobachtung: Der Verlauf des Zeit-Weg-Diagramms zu V2 beginnt im Ursprung und steigt mit zunehmender Zeit an. Bei $t = 0{,}50$ s ist der Anstieg am schwächsten (Abb. 3).

Erklärung

Bewegte Körper wie ein Ball legen während ihrer Bewegungen Wegstrecken zurück. Die nach einer bestimmten Zeit *t* zurückgelegte Wegstrecke *s* eines Körpers kann gemessen und in einem Zeit-Weg-Diagramm (*t*-*s*-Diagramm) grafisch dargestellt werden. Graphen in Zeit-Weg-Diagrammen beginnen daher immer im Ursprung. V1 zeigt, dass die Graphen (bzw. Teilstücke des Graphen) von Körpern ohne Bewegung im Zeit-Weg-Diagramm parallel zur Zeit-Achse verlaufen, da trotz verstreichender Zeit kein Weg zurückgelegt wird (Abb. 1). Je schneller sich ein Körper bewegt, desto steiler ist der Verlauf der Kurve. In V2 bewegt sich der Ball an seinem Wendepunkt am langsamsten, der Verlauf des Graphen ist hier am flachsten.

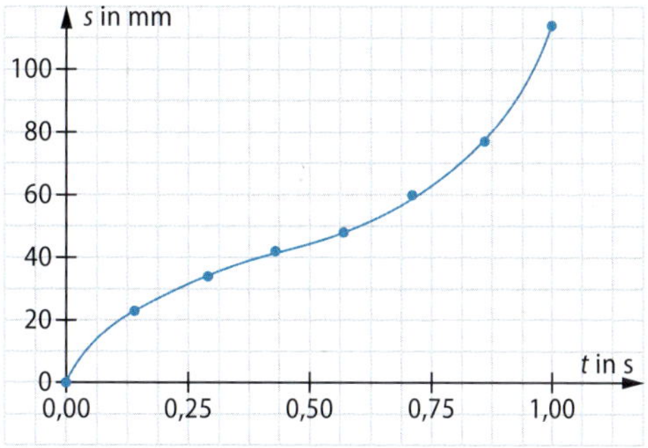

Abb. 3: Zeit-Weg-Diagramm

Merkwissen

- **Zeit-Weg-Diagramme (*t*-*s*-Diagramme)** stellen die von einem Körper zurückgelegte Strecke *s* in Abhängigkeit von der verstrichenen Zeit *t* dar.
- Ein Graph im *t*-*s*-Diagramm beginnt stets im Ursprung und steigt bei Bewegung mit zunehmender Zeit an.
- Je größer die Strecke ist, die ein Körper in gleichen Zeitintervallen zurücklegt, d. h. je größer der Betrag seiner Geschwindigkeit ist, desto steiler ist der Verlauf des Graphen im *t*-*s*-Diagramm.

Aufgaben

1 Das abgebildete Zeit-Weg-Diagramm beschreibt die Fahrt eines Spielzeugautos.

a) Beschreibe jeweils den Bewegungszustand des Autos in den Abschnitten (1) bis (6).

b) Berechne die Geschwindigkeit des Autos in denjenigen Abschnitten, in denen es sich mit konstanter Geschwindigkeit fortbewegt. Gib die Geschwindigkeit in $\frac{\text{m}}{\text{s}}$ und $\frac{\text{km}}{\text{h}}$ an.

c) Beschreibe, woran man in einem Zeit-Weg-Diagramm eine Zu- bzw. Abnahme der Geschwindigkeit erkennt.

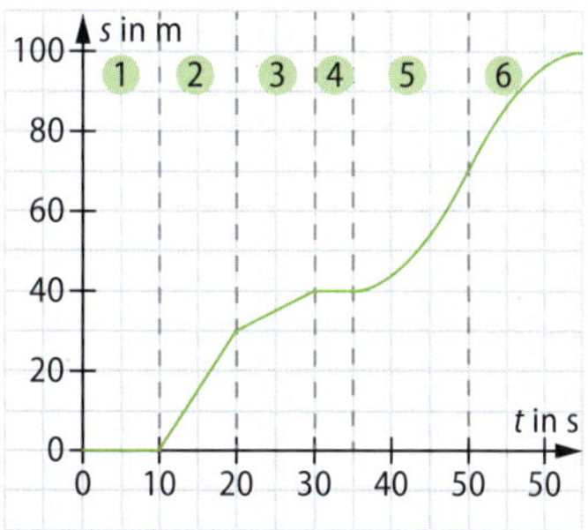

Abb. 4: Fahrt eines Spielzeugautos

2 Beschreibe detailliert den Bewegungsverlauf aus V2 anhand des *t*-*s*-Diagramms.

3 Erstelle für deinen Weg zur Schule mithilfe einer App ein *t*-*s*-Diagramm.

4 Skizziere Zeit-Weg-Diagramme für folgende Situationen:

a) Ein Auto fährt für 20 s lang mit 72 $\frac{km}{h}$ auf einem geraden Straßenabschnitt.

b) Ein Radfahrer fährt 5 Minuten lang mit 30 $\frac{km}{h}$ und verlangsamt danach seine Geschwindigkeit pro Minute um 5 $\frac{km}{h}$.

c) Ein Sportler springt von einer 25 m hohen Plattform ins Wasser.

d) Ein Fallschirmspringer springt aus dem Flugzeug und zieht nach 20 s den Fallschirm.

Die Spiele wurden wegen der Corona-Pandemie erst im Sommer 2021 ausgetragen.

5 Ein Triathlon besteht aus den Disziplinen Schwimmen, Radfahren und Laufen, die nacheinander und in genau dieser Reihenfolge bewältigt werden müssen. Stelle den gesamten Triathlon der beiden Olympiasieger von 2020 in Tokio in einem einzigen Weg-Zeit-Diagramm dar.

	Name	1500 m Schwimmen	40 km Radfahren	10 km Laufen
Olympiasiegerin Frauen	Flora Duffy	18:32	1:02:49	33:00
Olympiasieger Männer	Kristian Blummenfelt	18:04	0:56:19	29:34

Methode

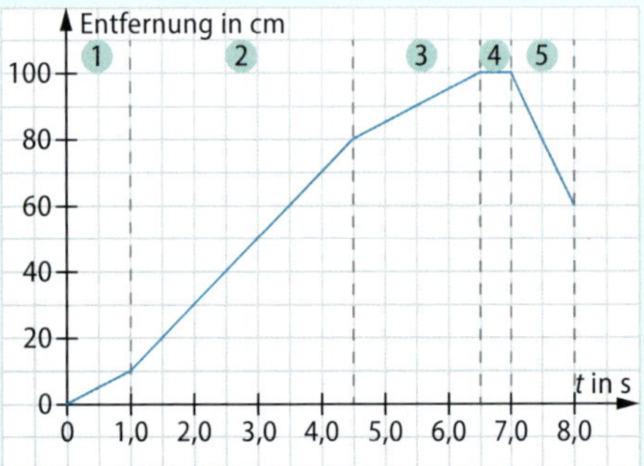

Abb. 5: Zeit-Orts-Diagramm

Abb. 6: Fahrradfahrt

Zeit-Orts-Diagramme

Wenn nicht der zurückgelegte Weg, sondern der Ort bzw. die Entfernung des betrachteten Körpers aufgetragen wird, dann erhält man ein Zeit-Orts-Diagramm (Abb. 5). Steigt der Graph, so liegt eine Vorwärtsbewegung vor, fällt er, so bewegt sich der Körper rückwärts.

- Beschreibe die Bewegung eines Spielzeugautos, das auf einer geraden Schiene vor und zurück fährt, anhand des Zeit-Orts-Diagramms von Abb. 5. Bestimme auch die Geschwindigkeiten in den Abschnitten 1 bis 5.
- Abb. 5 enthält Knicke. Erkläre, warum die Knicke für eine gute Darstellung der Wirklichkeit „abgerundet" werden müssten.
- Stelle in einem Zeit-Orts-Diagramm die Bewegung zweier Spielzeugautos dar, die geradlinig aufeinander zu fahren und bei Begegnung stoppen.
- In der Praxis sind Bewegungen selten geradlinig. Will man beispielsweise eine Fahrradfahrt mit gleichem Start-Ziel-Punkt darstellen, so kann die y-Achse nicht den Ort, sondern lediglich die Entfernung zum Startpunkt abbilden. Erkläre genauer.

6 Abb. 7 zeigt das idealisierte Zeit-Orts-Diagramm einer Fahrradfahrt.

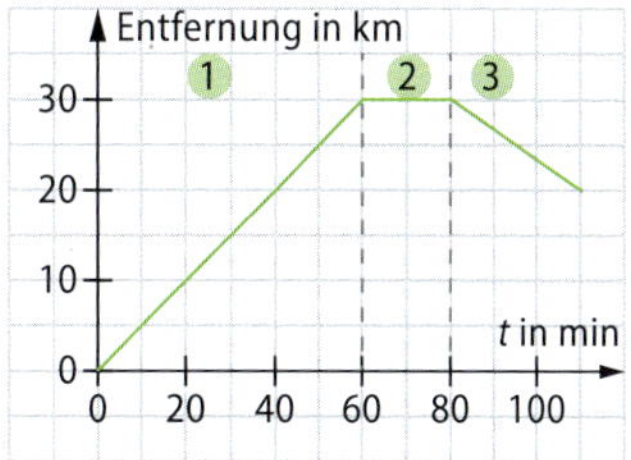

Abb. 7: Fahrradfahrt

a) Ordne jedem der drei Bewegungsabschnitte ein Bild zu und begründe deine Entscheidung.

A 
B 
C 

b) Erstelle aus dem Zeit-Orts-Diagramm ein Zeit-Weg-Diagramm.

c) Bestimme die Geschwindigkeit des Radfahrers in der Einheit $\frac{\text{km}}{\text{h}}$ in jedem der drei Abschnitte.

7 Welche der folgenden Aussagen sind für die Zeit-Orts-Diagramme jeweils korrekt?

a)
1 Körper A überholt B.
2 A bewegt sich mit $5{,}0\ \frac{\text{m}}{\text{s}}$.
3 A bewegt sich mit $2{,}5\ \frac{\text{m}}{\text{s}}$.
4 A und B sind gleichzeitig gestartet, A hatte Vorsprung.
5 A und B sind vom gleichen Ort gestartet, B früher.
6 A und B bewegen sich in die gleiche Richtung.

b)
1 Körper B überholt A.
2 B bewegt sich mit $2{,}5\ \frac{\text{m}}{\text{s}}$.
3 B bewegt sich mit $1{,}25\ \frac{\text{m}}{\text{s}}$.
4 A und B bewegen sich in entgegengesetzte Richtung.
5 A und B sind gleichzeitig gestartet, B hatte Vorsprung.
6 A und B sind vom gleichen Ort gestartet, A früher.

c)
1 A bewegt sich zurück.
2 B bewegt sich mit $2{,}5\ \frac{\text{m}}{\text{s}}$.
3 A bewegt sich mit $-0{,}5\ \frac{\text{m}}{\text{s}}$.
4 B bewegt sich dreimal so schnell wie A.
5 A und B sind vom gleichen Ort gestartet, A später.
6 A und B begegnen sich nie.

d)
1 Körper A bewegt sich zurück.
2 Körper A wird schneller.
3 Körper A wird langsamer.
4 Körper B wird schneller.
5 Körper B wird langsamer.
6 Körper B bewegt sich vorwärts.

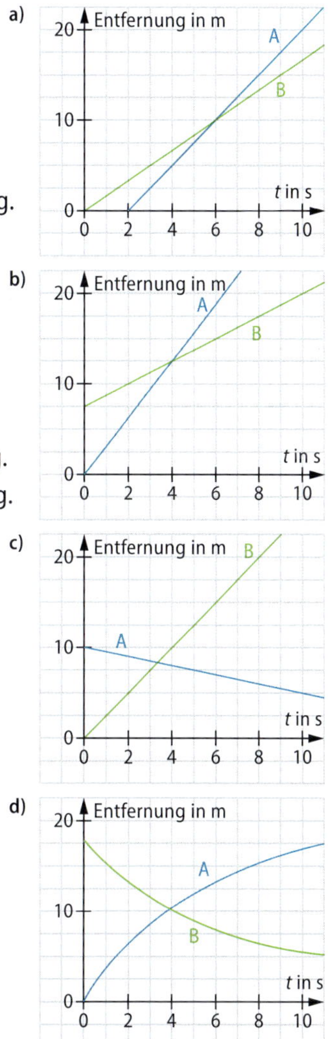

Abb. 8: Zeit-Orts-Diagramme zu Aufgabe 7

1.2 Momentan- und Durchschnittsgeschwindigkeit

Einstieg

Im Escape-Freizeitpark in Malaysia wurde 2019 die riesige Wasserrutsche mit 1140 m Länge eröffnet.

- Wie schnell wird man auf einer Wasserrutsche?
- Kann die Geschwindigkeit mit einer Stoppuhr gemessen werden?

Versuche

Arbeitsblatt zu V1 unter **67010-02**

V1 Das Deutsche Museum soll vom Hauptbahnhof München aus erreicht werden. Ermittle mithilfe eines Routenplaners die Durchschnittsgeschwindigkeit eines Pkws vom Bahnhof bis zum Museum.

Material
- *Smartphone oder PC*
- *Routenplaner*

Beobachtung: Die berechnete Durchschnittsgeschwindigkeit des Pkws beträgt $v = \frac{\Delta s}{\Delta t} = \frac{2{,}9\ \text{km}}{13\ \text{min}} = 13\ \frac{\text{km}}{\text{h}}$.

Arbeitsblatt zu V2 unter **67010-03**

V2 Stelle dich mit dem Smartphone in einen Fahrstuhl und öffne die App „phyphox". Starte die Anwendung „Aufzug" und fahre in verschiedene Etagen.

Material
- *Smartphone*
- *App „phyphox"*

Beobachtung: Die Geschwindigkeit ist bei der Abwärtsfahrt negativ, in Ruhe gleich 0 und bei der Aufwärtsfahrt positiv (Abb. 1).

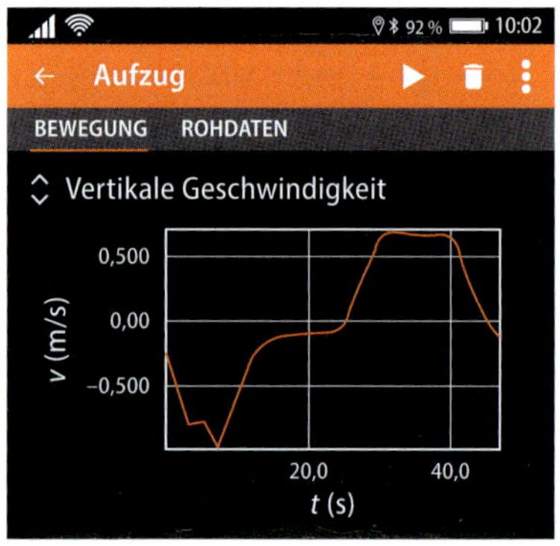

Abb. 1: *t*-*v*-Diagramm zu V2

V3 Eine Kugel wird auf eine schiefe Ebene aufgesetzt und rollen gelassen. In mehreren Durchgängen wird ihre Geschwindigkeit bestimmt.

Beobachtung: Die berechnete Geschwindigkeit ist bei Durchgang (1) klein, sie steigt bei kleineren Weg- und Zeitintervallen in Durchgang (3) auf bis zu $25\ \frac{\text{cm}}{\text{s}}$ an.

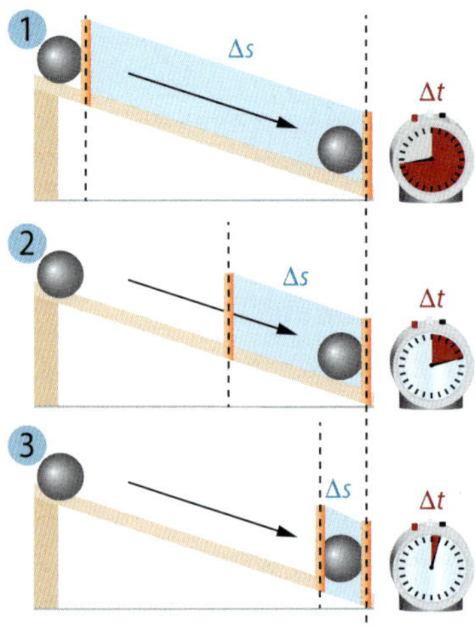

Δs in cm	60,0
Δt in s	7,00
$v = \frac{\Delta s}{\Delta t}$ in $\frac{\text{cm}}{\text{s}}$	8,57

Δs in cm	30,0
Δt in s	2,00
$v = \frac{\Delta s}{\Delta t}$ in $\frac{\text{cm}}{\text{s}}$	15,0

Δs in cm	10,0
Δt in s	0,40
$v = \frac{\Delta s}{\Delta t}$ in $\frac{\text{cm}}{\text{s}}$	25

Abb. 2: Rollende Kugel und ihre Geschwindigkeit

V1 zeigt, dass die berechnete Geschwindigkeit kleiner ist als die typische Geschwindigkeit im Straßenverkehr, da diese als **Durchschnittsgeschwindigkeit** auch kleine Geschwindigkeiten beim Anfahren und Bremsen oder im Stau berücksichtigt. Geschwindigkeitsangaben im Alltag, z. B. Maximalgeschwindigkeiten bei Tempolimits, beziehen sich häufig auf die Geschwindigkeiten von Körpern zu einem bestimmten Zeitpunkt. Diese Geschwindigkeiten werden als **Momentangeschwindigkeiten** bezeichnet.

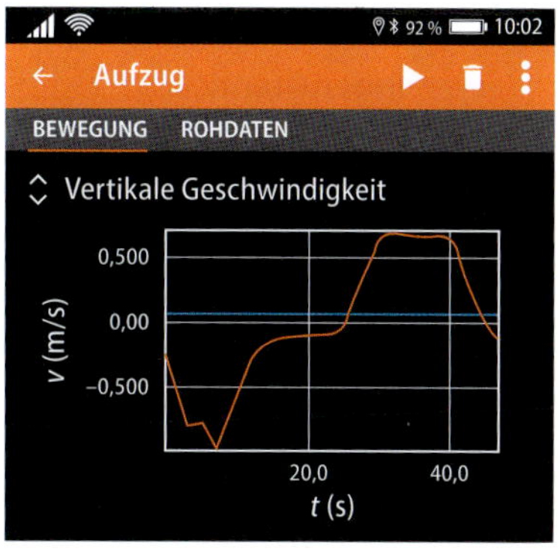

Abb. 3: Geschwindigkeiten zu V2

Abb. 3 zeigt in einem *t*-*v*-Diagramm die Momentangeschwindigkeiten (orange) sowie die Durchschnittsgeschwindigkeit (blau) des Fahrstuhls aus V2. In V3 wird die Geschwindigkeit einer auf einer schiefen Ebene rollenden Kugel in mehreren Durchgängen ermittelt. In Durchgang (1) wird die Durchschnittsgeschwindigkeit des gesamten Rollvorgangs und in Durchgang (3) (mit sukzessive kleiner werdendem Abstand der beiden Lichtschranken) die angenäherte Momentangeschwindigkeit am Ende der schiefen Ebene bestimmt.

Erklärung

Merkwissen

- Die **Geschwindigkeit** $v = \frac{\Delta s}{\Delta t}$ ist die **durchschnittliche Geschwindigkeit** eines bewegten Körpers entlang der Strecke Δs im Zeitintervall Δt.
- Die **Momentangeschwindigkeit** v_M eines Körpers ist die Geschwindigkeit des Körpers zu einem Zeitpunkt t und kann mit $v = \frac{\Delta s}{\Delta t}$ angenähert werden, wenn Δs oder Δt in der Umgebung des Messzeitpunkts t sehr klein ist.

Aufgaben

1 Die Durchschnittsgeschwindigkeit auf der Wasserrutsche im Escape Park beträgt $4{,}7\,\frac{\text{m}}{\text{s}}$, die Rutschenlänge beträgt 1140 m. Ermittle die Dauer einer Fahrt.

2 Ein Flugzeug startet und hebt nach 42 s bei einer Geschwindigkeit von $300\,\frac{\text{km}}{\text{h}}$ ab. Dabei hat es auf der Startbahn eine Strecke von 2300 m zurückgelegt.
- **a)** Berechne die Durchschnittsgeschwindigkeit des Flugzeugs.
- **b)** Beschreibe die Momentangeschwindigkeit des startenden Flugzeugs mithilfe eines qualitativen *t*-*v*-Diagramms.

3 **a)** Lies aus Abb. 1 die maximale Auf- bzw. Abwärtsgeschwindigkeit des Aufzugs ab.
- **b)** Beschreibe die Fahrt des Aufzugs anhand des *t*-*v*-Diagramms von Abb. 1. Verwende Begriffe wie „Abwärtsfahrt“, „Bremsbewegung“, …

Abb. 4: Aufzug

1.3 Gleichmäßig beschleunigte Bewegung

Einstieg

- Beschreibe die Bewegungszustände und benenne die Unterschiede und Gemeinsamkeiten.

Versuche

Arbeitsblatt zu V1 unter **67010-04**

V1 Starte in der App „Beschleunigung (ohne g)“.

Material
– Smartphone
– App „phyphox“
– Wägelchen

a) Bewege deine Hand mit dem Smartphone mit unterschiedlicher Stärke.

b) Lasse dein Smartphone auf einem Wägelchen frei rollen.

Beobachtung: Bei ruckartigen Bewegungen des Smartphones zeichnet der Sensor verschieden große Beschleunigungen auf. Bei der Bewegung in b) werden (fast) keine Beschleunigungen gemessen.

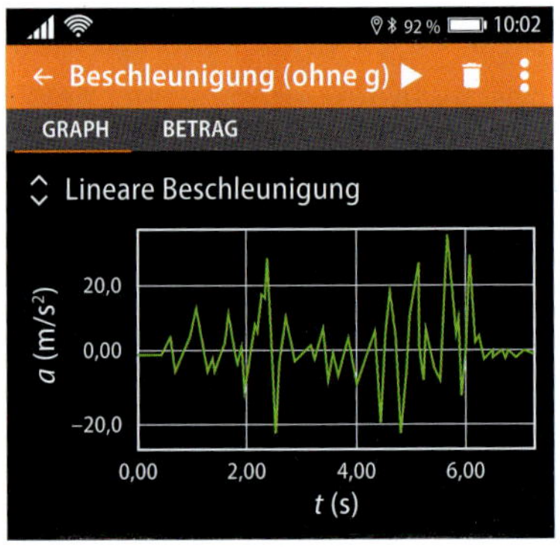

Abb. 1: Bewegung aus dem Handgelenk

V2 Ein Wagen mit Fähnchen wird von einem fallenden Körper gezogen (Abb. 2). Auf der Fahrbahn werden in gleichen Abständen fünf Lichtschranken platziert und die Eintrittszeit t sowie die Durchgangszeit Δt des Wagens an der Lichtschranke gemessen (Breite des Fähnchens $\Delta s = 2{,}0$ cm). Die jeweilige Momentangeschwindigkeit v_M des Wagens wird berechnet.

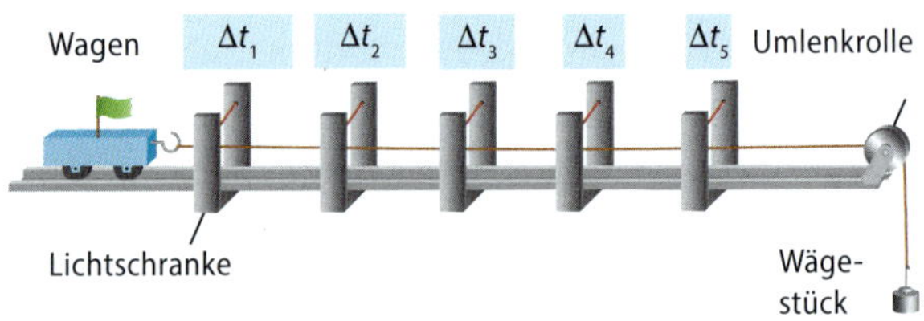

Abb. 2: Bahn mit Wagen

s in m	0,000	0,100	0,200	0,300	0,400	0,500
t in s	0,000	0,447	0,632	0,775	0,895	0,995
Δt in s	0,000	0,045	0,032	0,026	0,023	0,020
Δs in m	0,000	0,020	0,020	0,020	0,020	0,020
$v_M = \frac{\Delta s}{\Delta t}$ in $\frac{m}{s}$	–	0,44	0,63	0,77	0,87	1,0

Beobachtung: Je mehr Zeit vergeht, desto größer ist die Momentangeschwindigkeit des Wagens. Bei Verdopplung der Zeit t erhöht sich die Momentangeschwindigkeit v_M auch auf das Doppelte, die zurückgelegte Strecke s erhöht sich auf ungefähr auf das Vierfache.

Grafische Auswertung von V2

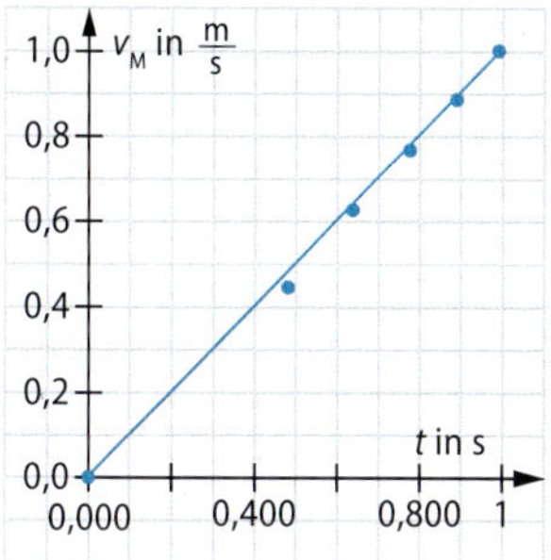

Abb. 3: t-v_M-Diagramm

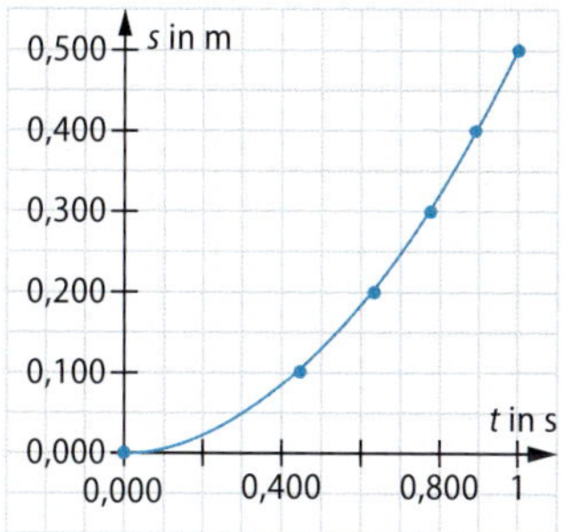

Abb. 4: t-s-Diagramm

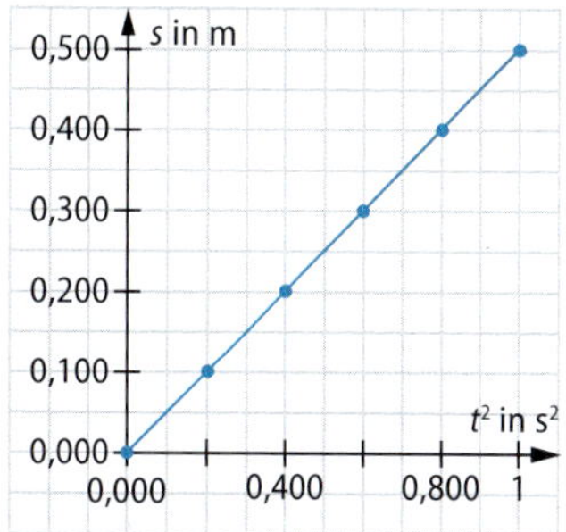

Abb. 5: t^2-s-Diagramm

Numerische Auswertung von V2

$\frac{v_M}{t}$ in $\frac{\frac{m}{s}}{s}$	–	0,98	1,0	0,99	0,97	1,0
t^2 in s^2	0,000	0,200	0,399	0,601	0,801	0,990
$\frac{s}{t^2}$ in $\frac{m}{s^2}$	–	0,500	0,501	0,499	0,499	0,505

Im Rahmen der Messgenauigkeit gilt: $\frac{v_M}{t}$ = konst. und $\frac{s}{t^2}$ = konst.
Die Momentangeschwindigkeit v_M ist direkt proportional zur Zeit t: $v_M \sim t$.
Die zurückgelegte Strecke s ist direkt proportional zum Quadrat der Zeit t: $s \sim t^2$

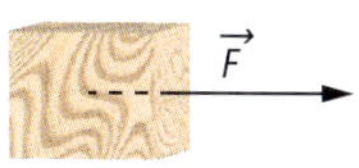

Abb. 6: Der Körper wird durch die Kraft $\vec{F}$ beschleunigt.

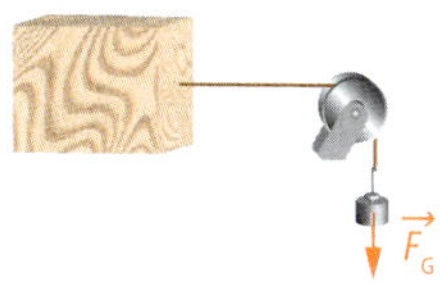

Abb. 7: Der Körper wird durch die Gewichtskraft $\vec{F}_G$ beschleunigt.

In V1 a) wirken unregelmäßige Kräfte auf das Smartphone, diese rufen unregelmäßige Beschleunigungen des Körpers hervor (Abb. 1). Ohne Änderung des Bewegungszustandes (V1 b) zeichnet der Sensor keine Beschleunigungen auf. Körper können nur durch äußere Kräfte beschleunigt werden (Abb. 6). In V2 wird der Wagen durch die Gewichtskraft des fallenden Körpers beschleunigt (Abb. 7). Da die Krafteinwirkung hier mit zunehmender Zeit konstant bleibt, erhöht sich die Momentangeschwindigkeit gleichmäßig: $v_M \sim t$.
Man spricht in diesen Fällen von einer **gleichmäßig beschleunigten Bewegung**.
Der konstante Quotient $\frac{\Delta v}{\Delta t}$ einer solchen Bewegung wird als **Beschleunigung *a*** bezeichnet, er beschreibt die gleichmäßige Veränderung der Momentangeschwindigkeit mit der Zeit: $a = \frac{\Delta v}{\Delta t} = \frac{v_M}{t}$.
Umformen ergibt das **Zeit-Geschwindigkeits-Gesetz:** $v_M = a \cdot t$.
V2 zeigt, dass der Weg direkt proportional zum Quadrat der Zeit ist: $s \sim t^2$.
Der Wagen beschleunigt mit $a = \frac{\Delta v}{\Delta t} = \overline{\left(\frac{v_M}{t}\right)} = 1{,}0\ \frac{m}{s^2}$.
Ein Verdoppeln des Mittelwerts $\overline{\left(\frac{s}{t^2}\right)}$ ergibt $2 \cdot \overline{\left(\frac{s}{t^2}\right)} = 2 \cdot 0{,}501\ \frac{m}{s^2} = 1{,}002\ \frac{m}{s^2} = a$
Umformen der Gleichung nach s ergibt das **Zeit-Weg-Gesetz:** $s = \frac{1}{2} a \cdot t^2$.

1.3 Gleichmäßig beschleunigte Bewegung

Merkwissen

Die angegebenen Formeln beziehen sich nur auf geradlinige, gleichmäßig beschleunigte Bewegungen und nur auf solche, bei denen aus dem Stand beschleunigt oder bis zum Stillstand abgebremst wird.

- Wirkt auf einen Körper eine in Betrag und Richtung **konstante Kraft**, dann wird der Körper **gleichmäßig beschleunigt**, d. h. der Körper erfährt in gleichen Zeitintervallen gleiche Geschwindigkeitsänderungen. Die Momentangeschwindigkeit ist dabei direkt proportional zur Zeit: $v_M \sim t$.
- Für die gleichmäßige Beschleunigung a gilt: $a = \frac{v_{Ende} - v_{Anfang}}{\Delta t}$ mit $[a] = 1\,\frac{m}{s^2}$.
- Bei gleichmäßig beschleunigter Bewegung gelten folgende Gesetze:
  Zeit-Geschwindigkeits-Gesetz: $v = a \cdot t$
  Zeit-Weg-Gesetz: $s = \frac{1}{2} a \cdot t^2$

Musteraufgabe

1 Berechne jeweils die Beschleunigung und die zurückgelegte Weglänge.
a) Ein Pkw beschleunigt gleichmäßig von $0\,\frac{km}{h}$ auf $50\,\frac{km}{h}$ in 4,0 s.
b) Anschließend bremst er in 2,5 s gleichmäßig bis zum Stillstand ab.

Lösung:

a) geg.: $v_{Anfang} = 0\,\frac{km}{h}$; $v_{Ende} = 50\,\frac{km}{h}$; $\Delta t = 4{,}0\,s$

ges.: a; s

Ansatz: $a = \frac{v_{Ende} - v_{Anfang}}{\Delta t}$; $s = \frac{1}{2} a \cdot t^2$

Rechnung: $a = \frac{50\,\frac{km}{h} - 0\,\frac{km}{h}}{\Delta t} = \frac{50\,\frac{km}{h}}{4{,}0\,s} = \frac{\frac{50}{3{,}6}\,\frac{m}{s}}{4{,}0\,s} = 3{,}5\,\frac{m}{s^2}$

$s = \frac{1}{2} \cdot 3{,}5\,\frac{m}{s^2} \cdot (4{,}0\,s)^2 = 28\,m$

b) geg.: $v_{Anfang} = 50\,\frac{km}{h}$; $v_{Ende} = 0\,\frac{km}{h}$; $\Delta t = 2{,}5\,s$

ges.: a; s

Ansatz: $a = \frac{v_{Ende} - v_{Anfang}}{\Delta t}$; $s = \frac{1}{2} a \cdot t^2$

Rechnung: $a = \frac{0\,\frac{km}{h} - 50\,\frac{km}{h}}{\Delta t} = \frac{-50\,\frac{km}{h}}{2{,}5\,s} = \frac{-\frac{50}{3{,}6}\,\frac{m}{s}}{2{,}5\,s} = -5{,}6\,\frac{m}{s^2}$

$s = \frac{1}{2} \cdot \left|-5{,}6\,\frac{m}{s^2}\right| \cdot (2{,}5\,s)^2 = 18\,m$

Eine negative Beschleunigung stellt eine Bremsbewegung dar. Wenn man von einer Anfangsgeschwindigkeit bis zum Stillstand abbremst, legt man den gleichen Weg zurück, wie wenn man aus dem Stand auf dieselbe Geschwindigkeit (in jeweils derselben Zeit) beschleunigt. Für die Rechnung verwendet man deshalb im einen Fall Betragsstriche, um einen positiven Weg zu erhalten.

Aufgaben

1 a) Beschreibe anhand von Alltagssituationen die Änderung des Betrags der Geschwindigkeit eines Körpers bei gleichbleibender Bewegungsrichtung.
b) Begründe die unterschiedlichen Messwerte für die Beschleunigung bei V1 (Abb. 1) und interpretiere die negativen Werte der Beschleunigung.

2 Beschreibe die Bewegungszustände und beurteile anhand von Betrag und Richtung der Kraft, ob es sich um eine gleichmäßig beschleunigte Bewegung handelt.

a)

b)

c)

3 Angegeben ist, wie und in welcher Zeit Fahrzeuge gleichmäßig beschleunigen. Berechne jeweils die Beschleunigung a und die zurückgelegte Weglänge s.

a) von 0 $\frac{km}{h}$ auf 80 $\frac{km}{h}$ in 8,0 s
b) von 0 $\frac{km}{h}$ auf 80 $\frac{km}{h}$ in 12,3 s
c) von 20 $\frac{m}{s}$ auf 0 $\frac{m}{s}$ in 3,5 s
d) von 140 $\frac{km}{h}$ auf 0 $\frac{km}{h}$ in 7,5 s

4 a) Ein Schnellzug erhält aus dem Stillstand eine Beschleunigung von 0,80 $\frac{m}{s^2}$. Nach welcher Zeit hat er eine Geschwindigkeit von 140 $\frac{km}{h}$ erreicht?
b) Ein Sportwagen fährt mit einer Geschwindigkeit von 130 $\frac{km}{h}$. Innerhalb von 4,5 s kommt der Wagen zum Stillstand. Berechne seine Bremsbeschleunigung.
c) Ein Sportpilot beschleunigt seinen Rennwagen in 2,75 s von 0 $\frac{km}{h}$ auf 100 $\frac{km}{h}$. Anschließend bremst er mit einer Beschleunigung von –12,0 $\frac{m}{s^2}$ bis zum Stillstand. Berechne jeweils die Längen der zurückgelegten Wege.

In allen Fällen liegen gleichmäßig beschleunigte Bewegungen vor.

Komplexere Bewegungen

Alltag

Bisher wurden nur „einfache" Beschleunigungen untersucht, bei denen entweder v_{Anfang} oder v_{Ende} jeweils 0 waren. In der Realität sind viele Bewegungen komplexer, weil beispielsweise ein Auto schon eine Ausgangsgeschwindigkeit v_0 hat und nicht bis zum Stillstand abbremst, oder weil es weiter beschleunigt. Für solche Fälle gleichmäßig beschleunigter Bewegungen werden die Bewegungsgesetze erweitert, sodass auch das Setzen von Beträgen entfällt:

Zeit-Geschwindigkeits-Gesetz: $v = v_0 + a \cdot t$

Zeit-Weg-Gesetz: $s = v_0 \cdot t + \frac{1}{2}a \cdot t^2$

- Ein Auto bremst innerhalb von 5,0 s von 135 $\frac{km}{h}$ bis zum Stillstand ab. Welchen Weg hat das Auto zurückgelegt? Zeige, dass man mit beiden Ansätzen (1 Musteraufgabe 1 b) und 2 $s = v_0 \cdot t + \frac{1}{2}a \cdot t^2$) dasselbe Ergebnis erhält.
- Berechne jeweils die Endgeschwindigkeit des Fahrzeugs und seine bis dahin zurückgelegte Wegstrecke mit den obigen Bewegungsgesetzen.
  a) Ein Fahrzeug bremst bei einer Geschwindigkeit von 120 $\frac{km}{h}$ für 2,4 s mit einer Beschleunigung von –7,5 $\frac{m}{s^2}$.
  b) Ein Fahrzeug beschleunigt bei einer Ausgangsgeschwindigkeit von 30 $\frac{m}{s}$ für 2,0 s mit $a = 4{,}0 \frac{m}{s^2}$.
- a) Ermittle die Beschleunigung eines Elektroautos, das aus dem Stand nach 3,2 s eine Geschwindigkeit von 50 $\frac{km}{h}$ erreicht.
  b) Das Auto beschleunigt ab 50 $\frac{km}{h}$ für 10 s bis zur Höchstgeschwindigkeit. Berechne diese und den zurückgelegten Weg.
  c) Berechne die Länge des Anhaltewegs, wenn das Auto von 160 $\frac{km}{h}$ mit $a = -8{,}50 \frac{m}{s^2}$ bis zum Stillstand bremst und der Fahrer zuvor eine Reaktionszeit von 1,0 s hatte.

Abb. 8: Elektroauto

1.4 Freier Fall

Einstieg

In einem Freizeitpark soll ein Fallturm gebaut werden.

- Wie hoch muss der Turm gebaut werden, damit die Fahrgäste einen freien Fall von vier Sekunden erleben können?

Versuche

V1 Ein Eisenstück und eine Feder werden aus gleicher Höhe fallen gelassen. Der Versuch wird im Vakuum wiederholt.
Beobachtung: Das Eisenstück fällt schneller zu Boden als die Feder. Wird der Versuch im Vakuum wiederholt, dann fallen die beiden Körper gleich schnell.

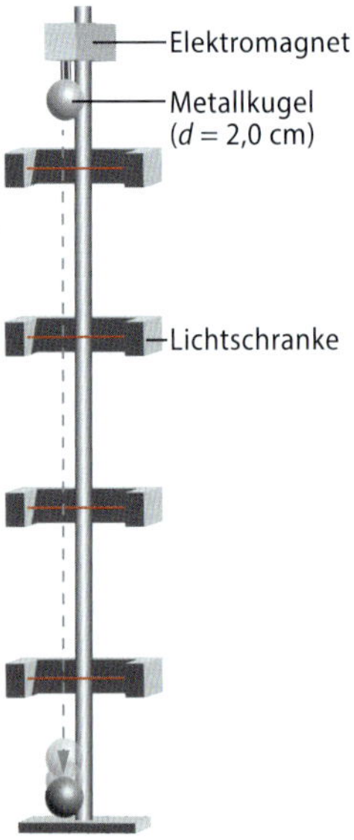

Abb. 1: Fallturm

V2 An einem Fallturm werden Lichtschranken in gleichen Abständen und am oberen Ende ein Elektromagnet platziert (Abb. 1). Nun werden jeweils die Eintrittszeit t sowie die Durchgangszeit Δt der fallenden Eisenkugel mit einem Durchmesser von $d = 2{,}0$ cm an den Lichtschranken gemessen und die Momentangeschwindigkeiten der Eisenkugel $v_M = \frac{\Delta s}{\Delta t}$ berechnet. Die Strecke Δs entspricht dem Durchmesser der Eisenkugel.

s in m	0,000	0,050	0,100	0,150	0,200
t in s	0,000	0,102	0,144	0,174	0,204
Δs in m	–	0,020	0,020	0,020	0,020
Δt in s	–	0,020	0,014	0,012	0,010
$v_M = \frac{\Delta s}{\Delta t}$ in $\frac{m}{s}$	–	1,0	1,4	1,7	2,0

Beobachtung: Bei Verdopplung der Zeit t erhöht sich die Momentangeschwindigkeit v_M auf das Doppelte und die zurückgelegte Strecke auf ungefähr das Vierfache.

Erklärung

Grafische und numerische Auswertung

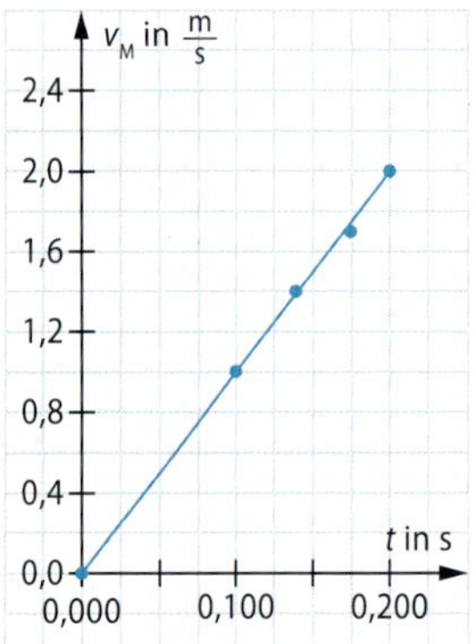

Abb. 2: t-v_M-Diagramm

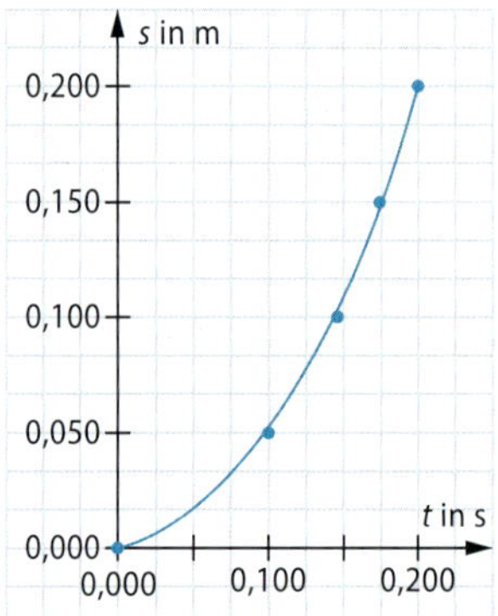

Abb. 3: t-s-Diagramm

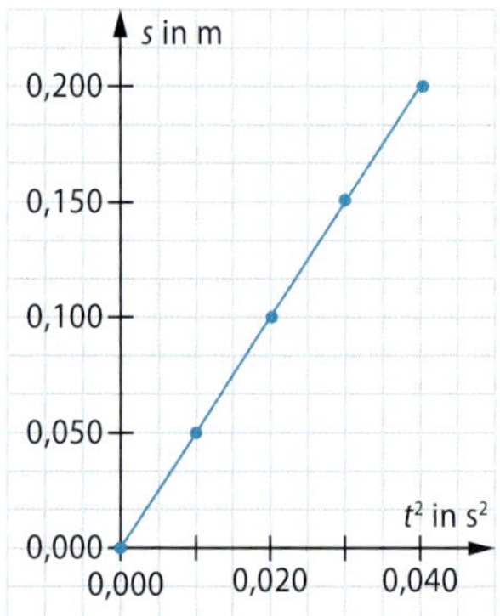

Abb. 4: t^2-s-Diagramm

t^2 in s^2	0,000	0,0104	0,0207	0,0303	0,0416
s in m	0,000	0,050	0,100	0,150	0,200
$\frac{s}{t^2}$ in $\frac{m}{s^2}$	–	4,8	4,83	4,95	4,81
$\frac{v_M}{t}$ in $\frac{\frac{m}{s}}{s}$	–	9,8	9,7	9,8	9,8

Im Rahmen der Messgenauigkeit gilt: $\frac{s}{t^2} = \text{konst.}$ und $\frac{v_M}{t} = \text{konst.}$

$$\overline{\left(\frac{s}{t^2}\right)} = \left(\frac{4{,}8 + 4{,}83 + 4{,}95 + 4{,}81}{4}\right)\frac{m}{s^2} = 4{,}8\,\frac{m}{s^2} \qquad \overline{\left(\frac{v_M}{t}\right)} = \left(\frac{9{,}8 + 9{,}7 + 9{,}8 + 9{,}8}{4}\right)\frac{m}{s^2} = 9{,}8\,\frac{m}{s^2}$$

V1 zeigt, dass im Vakuum alle Körper unter der Wirkung der Gewichtskraft gleich schnell fallen. Wir bezeichnen diese Bewegung als **freien Fall**. Da die Gewichtskraft konstant ist, ist der freie Fall eine **gleichmäßig beschleunigte Bewegung** ($v_M \sim t$).

In V2 beschleunigt die Kugel mit $a = \overline{\left(\frac{v_M}{t}\right)} = 9{,}8\,\frac{m}{s^2}$, also dem Ortsfaktor g auf der Erde. Bestimmt man den Ortsfaktor mit einer Feder, nutzt man die Schwere eines Körpers. Weil in unserem Versuch aber die Trägheit des beschleunigten Körpers eine Rolle spielt, erhalten wir die Einheit $1\,\frac{m}{s^2}$ für den Ortsfaktor. Damit folgen für den freien Fall das Zeit-Geschwindigkeits-Gesetz: $v_M = g \cdot t$ und das Zeit-Weg-Gesetz: $s = \frac{1}{2}\,g \cdot t^2$.

Unterschiedliche Fallbeschleunigungen im Alltag resultieren aus den verschieden großen Luftwiderständen, die die Körper aufgrund ihrer unterschiedlichen Oberflächen hervorrufen. Bei einfachen Fallexperimenten kann bei kurzen Fallzeiten aufgrund der geringen Fallgeschwindigkeiten der Luftwiderstand vernachlässigt werden.

Merkwissen

- Der **freie Fall** ist eine gleichmäßig beschleunigte Bewegung unter der Wirkung der konstanten Gewichtskraft.
- Diese für alle Körper gleiche Fallbeschleunigung beträgt im Vakuum **9,81** $\mathbf{\frac{m}{s^2}}$ und entspricht dem Ortsfaktor g.
- Für den freien Fall gelten: $\boldsymbol{v = g \cdot t}$ und $\boldsymbol{s = \frac{1}{2}\,g \cdot t^2}$.

Aufgaben

1 Ein Stein wird von einem hohen Turm fallen gelassen.
- **a)** Benenne und begründe die Art der Bewegung.
- **b)** Berechne die Fallgeschwindigkeit und Fallhöhe des Steins nach 2,0 s.
- **c)** Bestimme die Fallzeit, nach der eine Fallgeschwindigkeit von $30\,\frac{m}{s}$ erreicht ist.
- **d)** Nach welcher Zeit und mit welcher Geschwindigkeit trifft der Stein auf den Boden, wenn der Turm 100 m hoch ist?

2 Ein Sportler springt von einem 10-m-Brett ins Wasser.
- **a)** Bestimme den Zeitpunkt, an dem er in das Wasser eintaucht, und die Eintauchgeschwindigkeit.
- **b)** Im Wasser wird die Eintauchgeschwindigkeit des Sportlers innerhalb von 4,0 m auf $0\,\frac{m}{s}$ gleichmäßig reduziert. Berechne die Bremsdauer und vergleiche die Bremsbeschleunigung mit der Fallbeschleunigung.
- **c)** Wie tief taucht der Sportler in das Wasser ein, wenn er den Sprung von einem 5-m-Brett wiederholt?

1.5 Grundgleichung der Mechanik

Einstieg

Passagierflugzeuge mit Strahlantrieb benötigen häufig eine Startbahnlänge von 2500 m. Für Interkontinentalflüge und große Flugzeuge müssen die Startbahnen länger sein.

- Finde Gründe für die unterschiedlichen Startbahnlängen.

Versuche

Arbeitsblatt zu V1 unter **67010-05**

V1 Öffne auf deinem Smartphone die App „phyphox" und starte „Beschleunigung (ohne g)". Beschleunige dein Smartphone mehrmals mit zunehmender Stärke aus dem Handgelenk (Abb. 1).

Beobachtung: Die Beschleunigung des Körpers nimmt schrittweise zu (Abb. 2).

Material
– Smartphone
– App „phyphox"

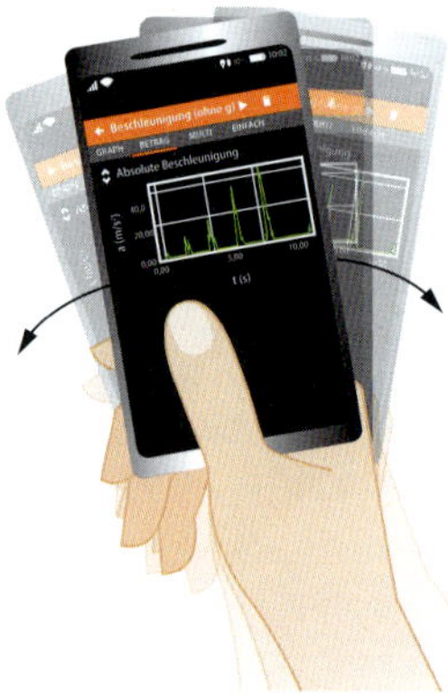

Abb. 1: Bewegung aus dem Handgelenk

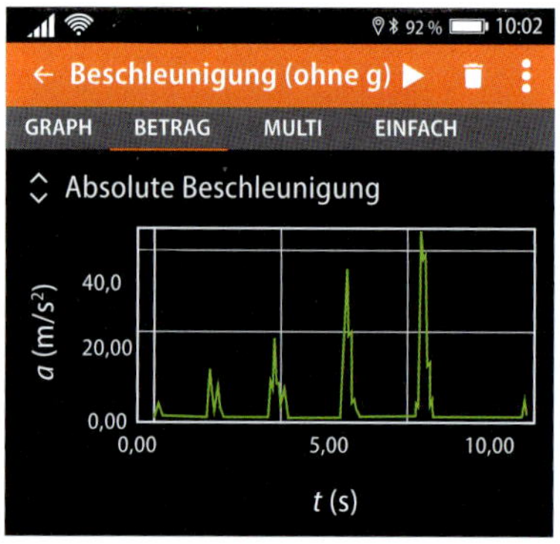

Abb. 2: Beschleunigungen

V2 Ein Wagen soll auf einer Fahrbahn mit $l = 1{,}00$ m über eine Umlenkrolle von Wägestücken beschleunigt werden. Von insgesamt acht Wägestücken mit jeweils $m = 100$ g werden beim ersten Durchgang sieben Wägestücke auf dem Wagen und ein Wägestück zur Beschleunigung platziert. Mit Lichtschranken wird die Momentangeschwindigkeit des Wagens im Abschnitt Δs gemessen. Nach jedem Durchgang wird ein Wägestück vom Wagen genommen und angehängt.

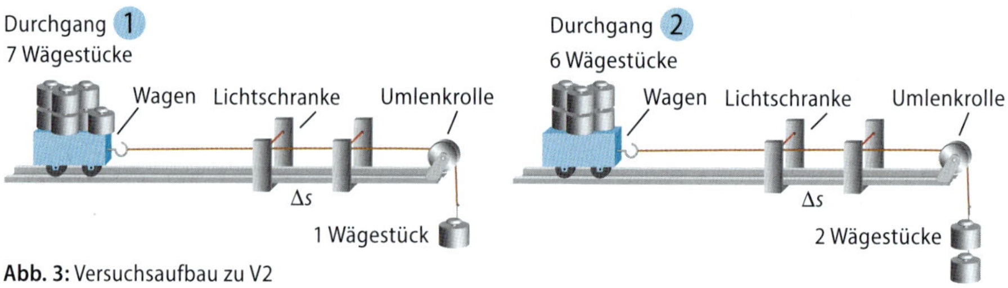

Abb. 3: Versuchsaufbau zu V2

Durchgang	1	2	3	4	5
m_{Zug} in kg	0,100	0,200	0,300	0,400	0,500
$F_{Zug} = m_{Zug} \cdot g$ in N	0,981	1,96	2,94	3,92	4,91
t in s	1,27	0,89	0,73	0,64	0,57
v_M in $\frac{m}{s}$	1,57	2,21	2,71	3,13	3,50
$a = \frac{v_M}{t}$ in $\frac{\frac{m}{s}}{s}$	1,24	2,5	3,7	4,9	6,1

Beobachtung: Je größer die Zugkraft ist, desto größer ist die Beschleunigung. Bei Verdopplung (Verdreifachung, ...) der Zugkraft erhöht sich die Beschleunigung auf das Doppelte (Dreifache, ...). Die gesamte beschleunigte Masse $m_{gesamt} = 800$ g aus der Summe der acht Wägestücke bleibt konstant.

$\frac{a}{F_{Zug}}$ in $\frac{m}{s^2 \cdot N}$	1,26	1,3	1,3	1,3	1,2

Im Rahmen der Messgenauigkeit gilt: $\frac{a}{F_{Zug}} = \text{konst.}$

Mit $m_{gesamt} = \text{konst.}$ liegt eine direkte Proportionalität zwischen a und F_{Zug} vor.

Als Mittelwert erhält man: $\overline{\left(\frac{a}{F_{Zug}}\right)} = \frac{1{,}26 + 1{,}3 + 1{,}3 + 1{,}3 + 1{,}2}{5} \frac{m}{Ns^2} = 1{,}3 \frac{m}{Ns^2}$

Erklärung

V1 zeigt, dass mit zunehmender Zugkraft auf einen Körper auch die Beschleunigung des Körpers zunimmt (solange keine Verformung auftritt). In V2 wurde der aus allen acht Wägestücken zusammengesetzte Körper ($m_{gesamt, grün}$) nach jedem Durchgang mit zunehmender Zugkraft der Wägestücke (orange) beschleunigt (Abb. 4). Da die zusätzlichen Wägestücke dem Wagen (blau) entnommen wurden, hat sich die Gesamtmasse des beschleunigten Körpers (grün) nicht verändert (Wagen und Schnüre sind nahezu masselos).

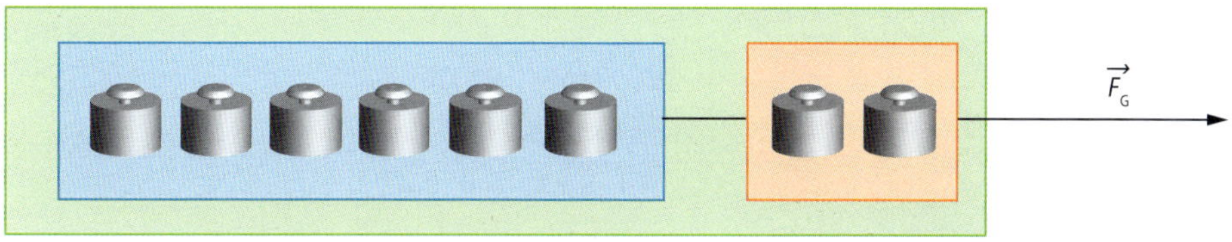

Abb. 4: Der Gesamtkörper (grün) wird durch die Gewichtskraft seines Teilkörpers (orange) beschleunigt.

Der Kehrwert der Konstanten $\overline{\left(\frac{a}{F_{Zug}}\right)}$ ergibt den Betrag $\frac{F_{Zug}}{a} = 0{,}77 \frac{Ns^2}{m}$. Im Rahmen der Messgenauigkeit entspricht das der konstanten Gesamtmasse des beschleunigten Körpers von $m_{gesamt} = 800 \text{ g} = 0{,}800 \text{ kg}$. Weitere Versuche bestätigen diese Vermutung $\frac{F_{Zug}}{a} = m$. Umgeformt ergibt sich die **Grundgleichung der Mechanik**: $F = m \cdot a$ mit der Einheit: $[F] = 1 \, [m] \cdot [a] = 1 \text{ kg} \cdot \frac{m}{s^2}$

1.5 Grundgleichung der Mechanik

Merkwissen

- Die Beschleunigung eines Körpers ist direkt proportional zum Betrag der einwirkenden Kraft.
- **Grundgleichung der Mechanik** (für m = konst.): $\boldsymbol{F = m \cdot a}$ mit $[F] = 1\,\frac{\text{kg} \cdot \text{m}}{\text{s}^2}$.
  Um einen Körper der Masse m mit einer Beschleunigung vom Betrag a zu beschleunigen, ist eine Kraft mit dem Betrag $F = m \cdot a$ erforderlich.

Musteraufgaben

1 Ein Flugzeug (Gesamtmasse ohne Treibstoff 360 t) mit vier Triebwerken beschleunigt auf einer Startbahn gleichmäßig mit $2{,}28\,\frac{\text{m}}{\text{s}^2}$. Ein Triebwerk liefert dabei einen Schub von 320 kN. Die beiden inneren Triebwerke des Flugzeugs besitzen eine Schubumkehr, die bei einem Abbremsvorgang die Richtung des Schubs um 180° dreht. Betrachte im Folgenden die Gesamtmasse während des Starts und der Landung als konstant.

Abb. 5: Flugzeug

Abb. 6: Triebwerk in Schubumkehr

a) Berechne die Masse des Treibstoffs.

b) Berechne die Beschleunigung des Flugzeugs beim Abbremsen. Gehe davon aus, dass noch 20,0 % des Treibstoffs an Bord sind und die inneren Triebwerke volle Schubumkehr liefern.

Lösung:

a) geg.: $a = 2{,}28\,\frac{\text{m}}{\text{s}^2}$; $F_{\text{Schub}} = 320\text{ kN}$; $m_{\text{leer}} = 360\text{ t}$

ges: $m_{\text{Treibstoff}}$

Ansatz: $F = m \cdot a \quad |:a$

$m_{\text{ges}} = m_{\text{leer}} + m_{\text{Treibstoff}}$

Rechnung: $F_{\text{ges}} = 4 \cdot F_{\text{Schub}} = 4 \cdot 320\text{ kN} = 1280\text{ kN}$

$$m_{\text{ges}} = \frac{F_{\text{ges}}}{a} = \frac{1280\text{ kN}}{2{,}28\,\frac{\text{m}}{\text{s}^2}} = \frac{1280 \cdot 10^3\,\frac{\text{kg} \cdot \text{m}}{\text{s}^2}}{2{,}28\,\frac{\text{m}}{\text{s}^2}} = 561 \cdot 10^3\text{ kg} = 561\text{ t}$$

$m_{\text{Treibstoff}} = m_{\text{ges}} - m_{\text{leer}} = 561\text{ t} - 360\text{ t} = 201\text{ t}$

b) geg.: $m_{\text{Treibstoff}} : m_{\text{Treibstoff, ges}} = 0{,}200$; $m_{\text{Treibstoff}} = 201\text{ t}$; $F_{\text{Schub}} = 320\text{ kN}$

ges.: a

Ansatz: $F = m \cdot a \quad |:m$

Rechnung: $m_{\text{ges}} = m_{\text{leer}} + m_{\text{Treibstoff}}$

$m_{\text{ges}} = m_{\text{leer}} + 0{,}200 \cdot m_{\text{Treibstoff, ges}}$

$m_{\text{ges}} = 360\text{ t} + 0{,}200 \cdot 201\text{ t} = 400\text{ t}$

$F_{\text{ges}} = 2 \cdot 320\text{ kN} = 640\text{ kN}$

$$a = \frac{F_{\text{ges}}}{m_{\text{ges}}} = \frac{640\text{ kN}}{400\text{ t}} = \frac{640 \cdot 10^3\,\frac{\text{kg} \cdot \text{m}}{\text{s}^2}}{400 \cdot 10^3\text{ kg}} = 1{,}60\,\frac{\text{m}}{\text{s}^2}$$

Da die Beschleunigung entgegen der Bewegungsrichtung erfolgt: $a = -1{,}60\,\frac{\text{m}}{\text{s}^2}$.

1 Beschreibe einen Versuch zur Messung der Masse eines Körpers ohne Waage.

2 Welche Kraft benötigt eine Sportlerin ($m = 55$ kg), um beim Start eines 100-m-Laufs mit 4,0 $\frac{m}{s^2}$ gleichmäßig zu beschleunigen?

Abb. 7: Beschleunigung am Start

3 Astronauten erfahren zu Beginn eines Raketenstarts eine bis zu vierfache Fallbeschleunigung. Berechne den Betrag der Kraft, mit der ein Astronaut der Masse 70 kg beim Beginn des Raketenstarts in den Sitz gepresst wird.

4 Beim Curling beschleunigen sich die Spieler gemeinsam mit ihren Curlingsteinen, um diese geschickt auf einer Zielscheibe auf der Eisfläche zu platzieren. Martin ($m = 50$ kg) beschleunigt sich und seinen Curl mit 0,50 $\frac{m}{s^2}$ und wendet dabei eine Kraft von 34 N auf. Berechne die Masse des Curls.

Abb. 8: Curl und Spieler

5 Geländelimousinen besitzen deutlich größere Massen als durchschnittliche Pkw.
- **a)** Begründe physikalisch den erhöhten Spritverbrauch.
- **b)** Berechne die Masse eines SUV ($F_{Antrieb} = 10{,}2$ kN), das bei gleichmäßiger Beschleunigung nach 6,0 s eine Geschwindigkeit von 100 $\frac{km}{h}$ erreicht.
- **c)** Berechne die notwendige Antriebskraft eines Pkws der Masse 1,5 t, um mit gleicher Beschleunigung wie in b) zu starten.
- **d)** Recherchiere weitere Gründe für den erhöhten Spritverbrauch der SUV.

6 Lui liest in einer Statistik: „Ein Gepard beschleunigt von 0 $\frac{km}{h}$ auf 100 $\frac{km}{h}$ in 3,0 s. Um einen Körper so stark zu beschleunigen, wird eine Kraft von 470 N benötigt."
Daraufhin meint Lui erstaunt: „Das ist ja wie beim Fall von einem Sprungturm".
- **a)** Bestätige oder widerlege Luis Aussage durch Rechnung.
- **b)** Berechne die auf den Gepard wirkende Gewichtskraft.
- **c)** Ein Gepard erreicht Spitzengeschwindigkeiten von 110 $\frac{km}{h}$. Wie hoch muss ein Sprungturm sein, damit ein Mensch dieselbe Geschwindigkeit im freien Fall erreicht? Vernachlässige die Luftreibung.

Abb. 9: Gepard

1.6 Teste dich

Aufgaben zur Einzelarbeit

Die Lösungen zu dieser Doppelseite stehen im Anhang.

1. Teste dich! Bearbeite dazu die folgenden Aufgaben und bewerte die Lösungen mit einem Smiley.
2. Die Aufgaben haben unterschiedliche Schwierigkeitsgrade: leicht mittel schwer

☺	😐	☹
Das kann ich!	Das kann ich fast!	Das kann ich noch nicht!

1 Das folgende Zeit-Orts-Diagramm beschreibt vereinfacht eine Motorradfahrt.

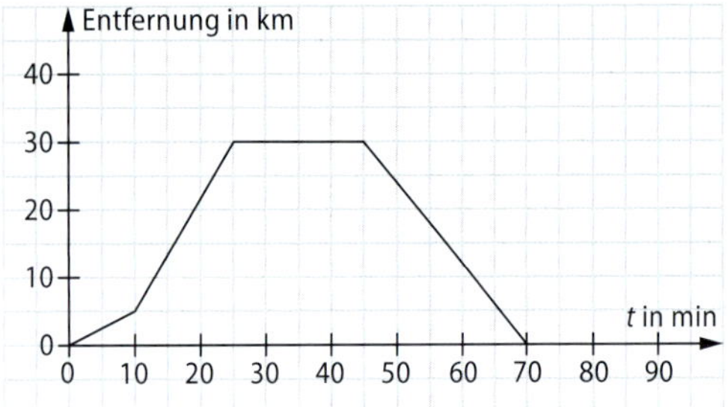

a) Erstelle ein Zeit-Weg-Diagramm, teile die Fahrt in verschiedene Phasen auf und beschreibe jeweils den Bewegungszustand.

b) Berechne die durchschnittliche Geschwindigkeit, mit der sich der Motorradfahrer unmittelbar vor der Pause bewegt.

c) Zeichne das zugehörige Zeit-Geschwindigkeits-Diagramm.

d) Erkläre, warum es sich beim obigen Diagramm um eine idealisierte Darstellung der Bewegung handelt.

2 Leon springt im Freibad vom 10-m-Turm ins Wasser.

a) Wie lange dauert der freie Fall von Leon?

b) Mit welcher Geschwindigkeit taucht Leon in das Wasser ein?

3 Ein Pkw fährt mit einer Geschwindigkeit von 80 $\frac{km}{h}$. Der Fahrer bemerkt in 65 m Entfernung ein Hindernis und bremst nach einer Reaktionszeit von 0,80 s mit konstanter Bremsbeschleunigung von $-6{,}0\ \frac{m}{s^2}$.

a) Berechne, ob das Fahrzeug rechtzeitig zum Stillstand kommt.

b) Zeichne das zugehörige t-v-Diagramm.

4 Eine Fahrerin von 65 kg Masse bremst ihren 80 kg schweren Roller innerhalb von 5,0 s von 40 $\frac{km}{h}$ gleichmäßig bis zum Stillstand ab.

a) Beurteile, welcher der beiden Graphen A oder B den Bremsvorgang im t-s- bzw. im t-v-Diagramm jeweils richtig beschreibt, und begründe deine Entscheidung.

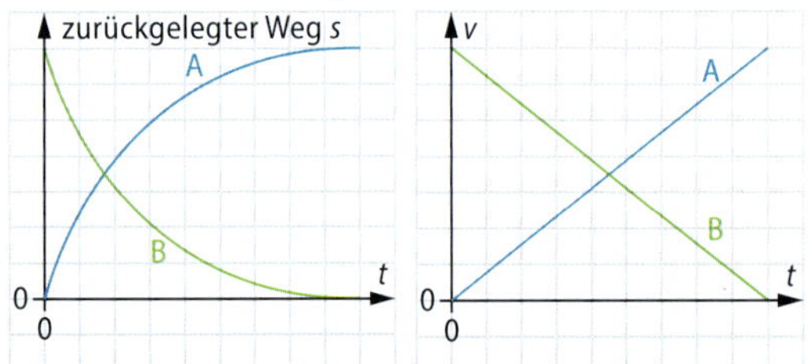

b) Berechne die Bremsbeschleunigung und die daraus resultierende Bremskraft.

c) Überprüfe, ob ein Anhalteweg von 25 m ausreicht.

5 Ein Fahrer (80 kg) wird im Auto bei einem Unfall auf einer Strecke von 40 cm von 72 $\frac{km}{h}$ bis zum Stillstand abgebremst. Dabei vergehen 89 ms.

a) Berechne die Bremskraft, die auf den Autofahrer wirkt.

b) Erläutere, ob man sich ohne Sicherheitsgurt schützen könnte, wenn man beim Abstützen am Lenkrad höchstens eine Kraft von 500 N „aufbringen“ kann.

6 Niklas meint: „Wir können die gleichmäßige Beschleunigung einer Rakete ganz einfach berechnen, indem wir die gesamte Schubkraft aller Triebwerke durch die Gesamtmasse der Rakete dividieren."

a) Nimm Stellung zu Niklas' Aussage.

b) Überprüfe deine Aussage in a) unter der Annahme, dass die Gesamtmasse der Rakete sich zu einem Großteil aus der Treibstoffmasse zusammensetzt.

7 Die als gleichmäßig angenommene Beschleunigung eines ICE kann bis zu $1{,}2\ \frac{m}{s^2}$ betragen.

a) Berechne, nach welcher Zeit der Zug seine Höchstgeschwindigkeit von $350\ \frac{km}{h}$ erreichen würde.

b) Welche Strecke hat er dann zurückgelegt?

c) Danach reduziert der Zug auf einer Strecke von 3,5 km die Höchstgeschwindigkeit gleichmäßig bis zum Stillstand. Bestimme die Bremszeit und die Bremsbeschleunigung.

Aufgaben für Lernpartner

1 Bearbeite die folgenden Aufgaben alleine.

2 Suche dir einen Partner und erkläre ihm deine Lösungen. Höre aufmerksam und gewissenhaft zu, wenn dein Partner dir seine Lösungen erklärt.

3 Korrigiere gegebenenfalls deine Antworten und benutze dazu eine andere Farbe.

Sind folgende Behauptungen **richtig** oder **falsch**? Begründe schriftlich.

A Je höher die Geschwindigkeit eines Körpers ist, desto flacher ist der Graph im *t*-*s*-Diagramm.

B Die durchschnittliche Geschwindigkeit gibt die Geschwindigkeit eines Körpers zu einem festen Zeitpunkt an.

C Verdoppelt sich die Zeit der gleichmäßigen Beschleunigung eines Körpers, dann legt der Körper die doppelte Wegstrecke zurück.

D Der Bremsweg verdoppelt sich, wenn die auf den Körper einwirkende Kraft halbiert wird.

E Ein Fallschirmspringer befindet sich vor dem Öffnen des Fallschirms im freien Fall.

F Beim freien Fall eines Körpers ist die Geschwindigkeit unabhängig von der Masse.

G Für den freien Fall kann die Grundgleichung der Mechanik wie folgt formuliert werden: $F = m \cdot g$.

Aufgabe	Ich kann …	Hilfe
1, A, B	Bewegungsabläufe mithilfe von Zeit-Weg-Diagrammen beschreiben und die Durchschnittsgeschwindigkeit von der Momentangeschwindigkeit abgrenzen.	S. 16, 20
3, 4, 5, 6, 7, C, D	Berechnungen zur gleichmäßig beschleunigten Bewegung durchführen.	S. 22
2, E, F	den freien Fall identifizieren und Berechnungen dazu durchführen.	S. 26
5, 6, 7, G	mithilfe der Grundgleichung der Mechanik Beträge wirkender Kräfte und herrschender Beschleunigungen bestimmen.	S. 28

1.7 Kinetische Energie

Einstieg

Skispringer haben eine geringe Masse. Um dem Vorwurf des Magerwahns unter den Sportlern entgegenzuwirken, wurde eine Untergrenze des Body-Mass-Index (BMI) der Springer festgelegt. Nur mit einem entsprechend festgelegten BMI dürfen die Springer bei den Wettkämpfen die volle Skilänge ausnutzen. Am Ende der Schanze erreichen die Springer Geschwindigkeiten von 90 $\frac{\text{km}}{\text{h}}$.

- Welche Energieumwandlung findet beim Herunterfahren statt?
- Welche Rolle spielen die Masse und die Geschwindigkeit beim Skispringen?

Versuche

Arbeitsblatt zu V1 unter **67010-06**

V1 Ein Wagen fährt aus einer bestimmten Höhe eine Rampe herunter und verschiebt anschließend einen Holzklotz.

Material
- *Rampe*
- *Experimentierwagen*
- *Massestücke*
- *Holzklotz*

a) Erhöhe mithilfe von Massestücken die Masse des Wagens und wiederhole den Versuch.
Beobachtung: Bei größerer Masse wird der Holzklotz weiter verschoben als zuvor.

b) Erhöhe die Geschwindigkeit, indem du die Starthöhe vergrößerst.
Beobachtung: Auch bei erhöhter Geschwindigkeit wird der Holzklotz weiter verschoben.

Abb. 1: Wagen auf der Rampe

V2 Der Versuchswagen der Masse $m = 0{,}15$ kg fährt erneut aus verschiedenen Höhen eine Rampe hinunter. Am Ende der Rampe wird seine Geschwindigkeit mithilfe einer Lichtschranke gemessen.

h in cm	5	10	20	40
v in $\frac{\text{m}}{\text{s}}$	1,0	1,4	2,0	2,8

Beobachtung: Die Geschwindigkeit nimmt mit größer werdender Höhe zu.

Erklärung

In V1 a) wandelt der Wagen während des Herunterfahrens potenzielle Energie in kinetische Energie um. Mithilfe dieser Energie ist er in der Lage, Arbeit am Holzklotz zu verrichten. Aufgrund des Energieerhaltungssatzes ist die Arbeit auch gleich der potenziellen Energie des Wagens am Startpunkt, da die Reibung in diesem Fall vernachlässigt werden kann. Die verrichtete Arbeit und die kinetische Energie sind umso größer, je größer die Masse (V1 a) bzw. die Geschwindigkeit (V1 b) des Wagens ist.

Mithilfe der Messreihe aus V2 wird der Zusammenhang zwischen der kinetischen Energie und der Geschwindigkeit des Körpers untersucht. Dazu wird mit der Masse *m* und der Höhe *h* die jeweilige potenzielle Energie des Wagens an den verschiedenen Startpunkten und folglich auch seine jeweilige kinetische Energie bestimmt. Bestimmt man das Quadrat der Geschwindigkeit, so zeigt sich: $E_{kin} \sim v^2$

$E_{pot} = E_{kin}$ in J	0,07	0,15	0,29	0,59
v^2 in $\frac{m^2}{s^2}$	1,0	2,0	4,0	7,8
$\frac{E_{kin}}{v^2}$ in $\frac{J}{\frac{m^2}{s^2}}$	0,07	0,075	0,073	0,076

Für den Zusammenhang zwischen der kinetischen Energie und der Masse benötigt man wieder den **Energieerhaltungssatz**. Da die Masse direkt proportional zur potenziellen Energie ist, ist sie auch direkt proportional zur kinetischen Energie: $E_{kin} \sim m$.
$E_{kin} \sim v^2$ und $E_{kin} \sim m$ lassen sich durch Multiplikation zusammenfassen: $E_{kin} \sim m \cdot v^2$.
Die genaue Auswertung der Messreihe ergibt für den Proportionalitätsfaktor 0,5.
Entsprechend folgt für die kinetische Energie:
$E_{kin} = \frac{1}{2} \cdot m \cdot v^2$ mit $[E_{kin}] = [m] \cdot [v]^2 = 1\ \text{kg} \cdot 1 \left(\frac{\text{m}}{\text{s}}\right)^2 = 1\ \text{kg} \cdot \frac{\text{m}^2}{\text{s}^2} = 1\ \text{Nm} = 1\ \text{J}$

Merkwissen

- Die **kinetische Energie** eines Körpers ist direkt proportional zu seiner Masse und zum Quadrat seiner Geschwindigkeit: $E_{kin} \sim m$ und $E_{kin} \sim v^2$.
- $E_{kin} = \frac{1}{2} \cdot m \cdot v^2$ mit $[E_{kin}] = 1\ \text{J}$ (Joule)

Musteraufgabe

1 Berechne die kinetische Energie eines Körpers der Masse 80 kg, der sich mit einem Geschwindigkeitsbetrag von 101 $\frac{\text{km}}{\text{h}}$ bewegt.
Lösung:
geg.: $m = 80\ \text{kg};\ v = 101\ \frac{\text{km}}{\text{h}}$
ges.: E_{kin}
Ansatz: $E_{kin} = \frac{1}{2} \cdot m \cdot v^2$
Rechnung: $E_{kin} = \frac{1}{2} \cdot 80\ \text{kg} \cdot \left(101\ \frac{\text{km}}{\text{h}}\right)^2 = \frac{1}{2} \cdot 80\ \text{kg} \cdot \left(28{,}1\ \frac{\text{m}}{\text{s}}\right)^2 = 32 \cdot 10^3\ \text{J} = 32\ \text{kJ}$

Aufgaben

1 Bestätige rechnerisch mithilfe der Werte aus V2 den Proportionalitätsfaktor 0,5.

2 Im August 2009 stellte Usain Bolt ($m = 95$ kg) die aktuelle Weltrekordzeit im 100-Meter-Lauf auf. Vergleiche seine kinetische Energie mit der, die du während des Radfahrens erreichst.

3 Bestimme die Momentangeschwindigkeit einer Rakete mit der Masse 8,0 t und einer kinetischen Energie von 12 GJ.

1.8 Energieerhaltung

Einstieg

Mit einer Kugelbahn kann man tolle Experimente machen, denn ab einer bestimmten Höhe schafft es die Kugel durch den Looping.

- Beschreibe die Geschwindigkeit der Kugel im tiefsten Punkt der Bahn.
- Spielt die Masse der Kugel für das Gelingen des Experiments eine Rolle?

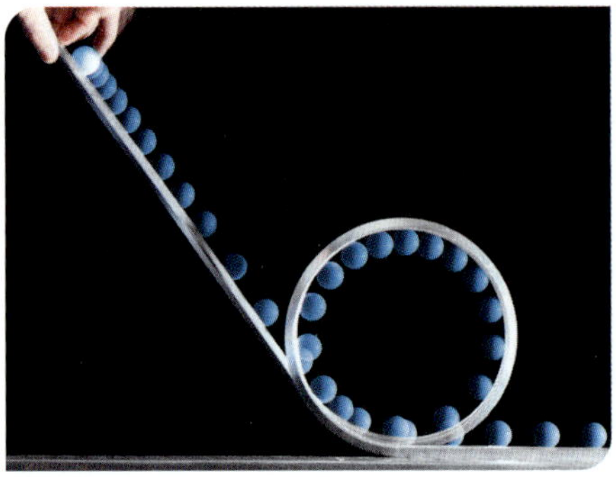

Versuche

V1 a) Ein Versuchswagen der Masse $m = 0{,}15$ kg wird aus verschiedenen Höhen eine Rampe hinunterfahren gelassen. Am Ende der Rampe wird mithilfe einer Lichtschranke seine Geschwindigkeit gemessen.

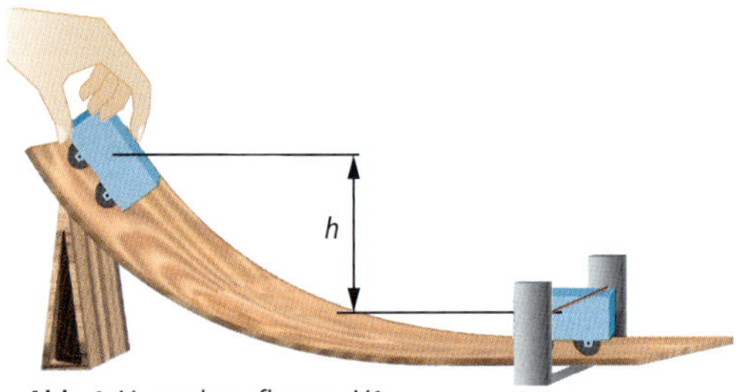

Abb. 1: Versuchsaufbau zu V1

h in cm	4,0	6,0	8,0	10,0	12,0
v in $\frac{\text{m}}{\text{s}}$	0,9	1,1	1,3	1,4	1,5

Beobachtung: Die Geschwindigkeit nimmt mit größer werdender Höhe zu.

b) V1 a) wird mehrere Male wiederholt und dabei jeweils die Masse des Wagens erhöht.

Beobachtung: Die Geschwindigkeit ist im Rahmen der Messgenauigkeit bei einer bestimmten Höhe für jede Masse gleich groß.

Erklärung

Je größer die zu Beginn von V1 a) im Wagen gespeicherte potenzielle Energie ist, desto höher ist auch die kinetische Energie nach der Umwandlung. Begründet wird dies durch den Energieerhaltungssatz, der besagt, dass die gesamte Energie umgewandelt wird. V1 b) zeigt, dass die Energieumwandlung und damit die Geschwindigkeit des Körpers unabhängig ist von der Masse des beteiligten Körpers.

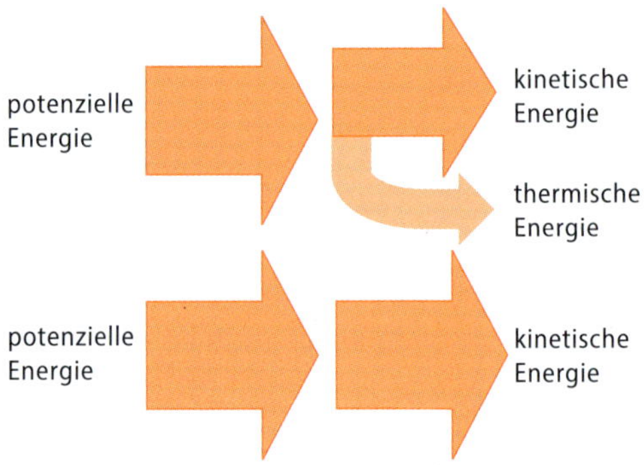

Abb. 2: Energieflussdiagramm mit Reibung (oben) und ohne Reibung (unten)

Unter der Annahme, dass die gesamte potenzielle Energie in kinetische Energie umgewandelt wird (Abb. 2 unten), kann aus dem Energieerhaltungssatz die Geschwindigkeit eines Körpers wie folgt berechnet werden:

$E_{kin} = E_{pot}$

$\frac{1}{2} \cdot m \cdot v^2 = m \cdot g \cdot h \qquad | : m \qquad | \cdot 2$

$v^2 = 2 \cdot g \cdot h \qquad | \sqrt{\ }$

$v = \sqrt{2 \cdot g \cdot h}$

Folglich ist im Falle der vollständigen Energieumwandlung von potenzieller in kinetische Energie des Wagens die Geschwindigkeit des Wagens ausschließlich vom Ortsfaktor und der Starthöhe abhängig und insbesondere unabhängig von seiner Masse.

Merkwissen

- Bei der vollständigen (reibungsfreien) Umwandlung potenzieller Energie in kinetische Energie folgt aus dem **Energieerhaltungssatz**:
  $E_{pot} = E_{kin}$
  $v = \sqrt{2 \cdot g \cdot h}$
  Die Geschwindigkeit ist unabhängig von der Masse des Körpers.

Musteraufgaben

1 Ermittle die Geschwindigkeit eines Wagens am Ende einer 5,0 m hohen Rampe unter der Annahme, dass die gesamte potenzielle Energie in kinetische Energie umgewandelt wird.

Lösung:

geg.: $h = 5{,}0\ \text{m}$

ges.: v

Ansatz: $E_{vorher} = E_{nachher}$ bzw. $E_{pot} = E_{kin}$

$m \cdot g \cdot h = \frac{1}{2} \cdot m \cdot v^2 \qquad | : m \qquad | \cdot 2$

$v^2 = 2 \cdot g \cdot h \qquad | \sqrt{\ }$

Rechnung: $v = \sqrt{2 \cdot g \cdot h} = \sqrt{2 \cdot 9{,}81\ \frac{\text{m}}{\text{s}^2} \cdot 5{,}0\ \text{m}} = 9{,}9\ \frac{\text{m}}{\text{s}}$

2 Ein Pfeil wird mit einer Energie von 50 J in einem Bogen gespannt. Nach dem Abschuss erreicht der Pfeil eine durchschnittliche Geschwindigkeit von $22{,}4\ \frac{\text{m}}{\text{s}}$. Berechne die Masse des Pfeils, wenn die Spannenergie vollständig in kinetische Energie umgewandelt wird.

Abb. 3: Pfeil und Bogen

Lösung:

geg.: $E_{Spann} = 50\ \text{J}; v = 22{,}4\ \frac{\text{m}}{\text{s}}$

ges.: m

Ansatz: $E_{vorher} = E_{nachher}$ bzw. $E_{Spann} = E_{kin}$

$E_{Spann} = \frac{1}{2} \cdot m \cdot v^2 \qquad | \cdot 2 \qquad | : v^2$

Rechnung: $m = \frac{2 \cdot E_{Spann}}{v^2} = \frac{2 \cdot 50\ \text{J}}{\left(22{,}4\ \frac{\text{m}}{\text{s}}\right)^2} = 0{,}20\ \text{kg}$

1.8 Energieerhaltung

Aufgaben

1 Erkläre die Energieumwandlungen bzw. die Energieerhaltung in den folgenden Situationen, einmal mit Energieentwertung und einmal ohne.

a) 

Abb. 4: Den Berg hinunter

b) 

Abb. 5: Die Straße entlang

c) 

Abb. 6: Durch die Luft

2 Während eines Seifenkistenrennens legt Emma (60 kg) mit ihrem Wagen (12 kg) bergab einen Höhenunterschied von 44 m zurück.

a) Ermittle die Geschwindigkeit des Wagens am Ende der 800 m langen Bahn, wenn man annimmt, dass die gesamte potenzielle Energie in kinetische Energie umgewandelt wird.

b) Begründe, warum Emma in Wirklichkeit kaum die in a) berechnete Geschwindigkeit erreicht haben dürfte.

3 Ein Apfel und eine Daunenfeder unterschiedlicher Massen werden zeitgleich fallen gelassen.

a) Erkläre, warum der Apfel früher den Boden berührt.

b) Der Versuch wird in einer großen Vakuumkammer wiederholt. Apfel und Feder berühren nach dem Fall zeitgleich den Boden. Erkläre.

c) Im Fall b) wandeln beide Körper ihre potenzielle Energie in kinetische Energie um. Zeige mithilfe der Größengleichungen, dass der freie Fall im Vakuum unabhängig von den Massen der Körper ist.

Abb. 7: Apfel und Feder im Vakuum

4 Ein Fadenpendel besteht aus einem Seil und einem angehängten Massestück. Ein solches Pendel wird um 5,0 cm Höhe gegenüber der Ruhelage ausgelenkt und dann losgelassen. Berechne die kinetische Energie, die das Massestück ($m = 80$ g) am tiefsten Punkt der Pendelbewegung hat.

5 Ein Gummiball erreicht, wenn man ihn frei fallen lässt, anschließend wieder 80 % der ursprünglichen Höhe, bevor er erneut fällt.

a) Nimm Stellung zu der Behauptung, dass der Ball bei jedem Fall 20 % seiner Geschwindigkeit verliert.

b) Berechne nach 5-maligem Fallen den Anteil der „verlorenen" Energie.

Abb. 8: Gummiball

6 Eine zusammengedrückte Feder besitzt eine Spannenergie von 0,25 J. Mit dieser Feder wird eine Kugel der Masse $m = 20$ g in Bewegung versetzt. Die Kugel rollt entlang der abgebildeten Bahn bis zu einer maximalen Höhe h.

Abb. 9: Kugel auf der Bahn nach oben

a) Beschreibe die Energieumwandlungen, die bei diesem Versuch auftreten.

b) Erstelle die Energiebilanz der Kugel am unteren Ende der Rampe sowie an ihrem höchsten Punkt.

c) Berechne die Geschwindigkeit der Kugel, nachdem sie die Feder verlassen hat.

d) Berechne die maximale Höhe h, die die Kugel erreicht.

e) Berechne die kinetische und die potenzielle Energie der Kugel für $h' = 80$ cm.

Energiebilanz eines Trampolinsprungs

Alltag

Beim Trampolinsprung hat die Springerin am tiefsten Punkt weder kinetische noch potenzielle Energie (wenn wir das Bezugsniveau in diesen Punkt legen). Die Gesamtenergie der Springerin im tiefsten Punkt entspricht der Spannenergie des Trampolins. Am höchsten Punkt dagegen wurde die Spannenergie vollständig in potenzielle Energie umgewandelt (wobei wir hier die Reibung vernachlässigen). Auf halber Höhe hat die Springerin sowohl kinetische als auch potenzielle Energie. Aufgrund der Energieerhaltung muss die Summe dieser beiden Energien so groß sein wie die Spannenergie am Anfang. Die Energiebilanz zu diesem Zeitpunkt sieht also wie folgt aus:

$$E_{\text{kin, halbe Höhe}} + E_{\text{pot, halbe Höhe}} = E_{\text{Spann, Anfang}}$$

Abb. 10: Trampolinspringerin am tiefsten und am höchsten Punkt des Sprungs und auf halber Höhe

- Begründe, dass es günstig ist, die Position der Trampolinspringerin am tiefsten Punkt des Sprungs als Nullpunkt der potenziellen Energie festzulegen.
- Ein Trampolinspringer hat eine Masse von 50 kg, das Trampolin eine Spannenergie von 1,4 kJ. Berechne die Sprunghöhe.
- Abb. 11 zeigt die Beträge der einzelnen Energiearten in Abhängigkeit von der Höhe des Springers. Erläutere die Energieumwandlungen und erkläre, dass die Gesamtenergie während des Sprungs konstant ist.

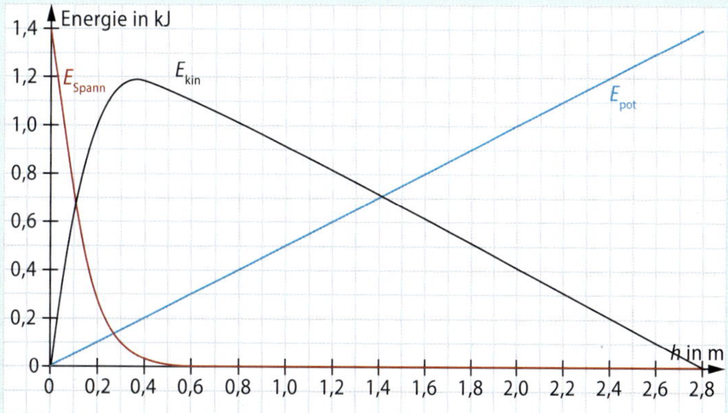

Abb. 11: Energieumwandlungen am Trampolin

1.9 Stoßvorgänge

Einstieg

Im Falle eines Zusammenstoßes kann ein Airbag Leben retten.

- Wie funktioniert der Airbag im Auto?
- Welche Kraftwirkungen können bei einem solchen Zusammenstoß beobachtet werden?

Versuche

V1 Ein Stoffball, ein Flummi sowie ein mit Sand gefüllter Ball werden auf den Boden geworfen.
Beobachtung: Die Bälle verhalten sich beim Zusammenstoß mit dem Boden ganz unterschiedlich.

V2 Auf einer waagrecht ausgerichteten Luftkissenbahn befinden sich zwei Gleiter unterschiedlicher Massen.

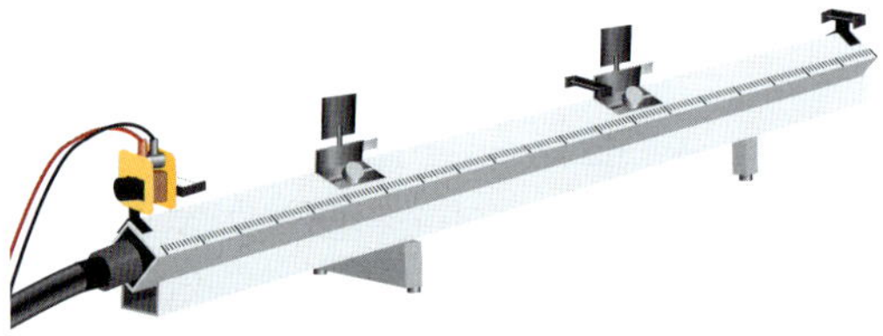

Abb. 1: Versuchsaufbau zu V2

a) An den einander zugewandten Seiten werden Federn befestigt. Die Gleiter werden mit verschiedenen Geschwindigkeiten aufeinander zu bewegt.
Beobachtung: Die Gleiter stoßen zusammen und bewegen sich danach mit unterschiedlichen Geschwindigkeiten in die jeweils entgegengesetzte Richtung.

b) An den einander zugewandten Seiten wird je ein Stück Knete befestigt. Die Gleiter bewegen sich vor dem Stoß mit unterschiedlicher Geschwindigkeit in dieselbe Richtung, wobei der hintere Gleiter die größere Geschwindigkeit hat.
Beobachtung: Die Gleiter stoßen zusammen, verbinden sich und bewegen sich gemeinsam mit derselben Geschwindigkeit in dieselbe Richtung weiter.

Erklärung

V1 zeigt, dass verschiedene Arten von Zusammenstößen, abhängig von den auftretenden Kraftwirkungen und Energieumwandlungen, unterschieden werden können. Bei allen Zusammenstößen handelt es sich um zentrale Zusammenstöße, da die Körper mittig aufeinandertreffen und ihre Bewegungsrichtungen auf einer gemeinsamen Linie liegen. Beim Flummi und Stoffball spricht man von teilelastischen Stößen zwischen den Körpern und dem Boden, da jeweils ein Teil der ursprünglichen kinetischen Energie während des Stoßes in innere Energie umgewandelt wird. Der andere Teil wird zunächst in Spannenergie und anschließend wieder in kinetische Energie umgewandelt. Beim mit Sand gefüllten Ball wird die gesamte kinetische Energie in innere Energie umgesetzt. Hierbei handelt es sich um einen Sonderfall eines inelastischen Stoßes, wobei sich ein Körper vor dem Zusammenstoß im Stillstand befindet, die Körper nach dem Stoß jedoch aneinander haften. Dies wird auch in V2 b) beobachtet, einem gewöhnlichen inelastischen Zusammenstoß, nach welchem sich die Körper mit einer gemeinsamen Geschwindigkeit in eine Richtung weiter bewegen (Abb. 2).

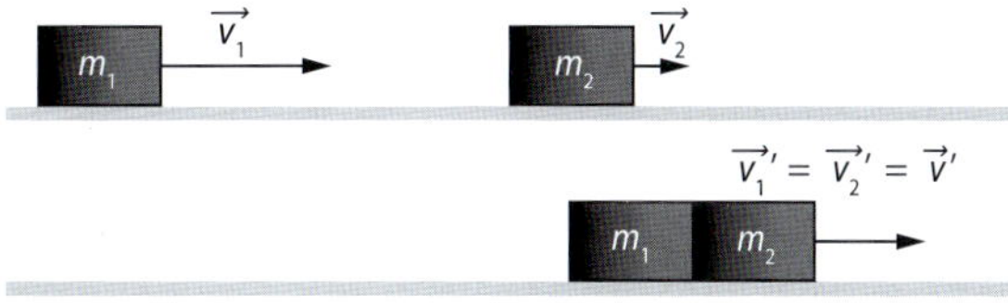

Abb. 2: Inelastischer Stoß

Demgegenüber steht der vollständig elastische Stoß, bei dem alle kinetische Energie erhalten bleibt: Es findet also keine Energieumwandlung in Wärme oder Deformation statt, es verändern sich lediglich die Geschwindigkeiten der beiden Körper in Abhängigkeit von ihren Massen (V2 a), Abb. 3).

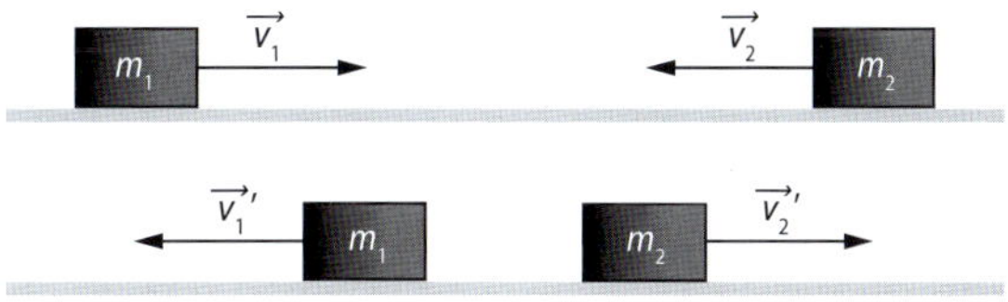

Abb. 3: Elastischer Stoß

Erklärung

Merkwissen

- Ein **elastischer Stoß** liegt vor, wenn die beteiligten Körper nach dem Stoß dieselbe kinetische Gesamtenergie wie vor dem Stoß haben.
- Stöße, bei denen ein Teil der Bewegungsenergie in innere Energie umgewandelt wird, werden als **teilelastische Stöße** bezeichnet.
- Beim **inelastischen Stoß** bewegen sich die beiden Körper nach dem Stoß gemeinsam mit gleicher Geschwindigkeit in dieselbe Richtung weiter.

Ein inelastischer Stoß wird auch als unelastischer oder plastischer Stoß bezeichnet.

Aufgaben

1 **a)** Nenne Beispiele für die verschiedenen Arten von Stößen und erkläre, wie sie unterschieden werden können.

b) Begründe, welche Art von Stoß in den folgenden Situationen jeweils vorliegt.

1

2

3

2 Erläutere, inwiefern in V2 a) nahezu keine Energie entwertet wird.

3 Erstelle eine Übersicht über Situationen, in denen die verschiedenen Arten von Stößen erwünscht bzw. unerwünscht sind.

4 Nimm Stellung zur Aussage, dass sich der Sandsack und der Boden aus V1 nach dem Zusammenstoß ebenfalls gemeinsam mit der gleichen Geschwindigkeit weiter bewegen.

1.10 Impuls

Einstieg

Im Frühling und Herbst sind Wildtiere während der Morgen- und Abenddämmerung besonders aktiv.

- Worauf weist das Verkehrszeichen hin?
- Von welchen Größen ist die Wucht des Aufschlags bei einem Unfall abhängig?

Versuche

V1 a) Ein Versuchswagen, dessen Masse m_1 mithilfe von Zuladungen erhöht wird, rollt eine schiefe Ebene hinunter und prallt auf ein Hindernis. Die Starthöhe und damit die erreichte Endgeschwindigkeit v_1 wird dabei jeweils so gewählt, dass das Hindernis gerade noch umfällt.

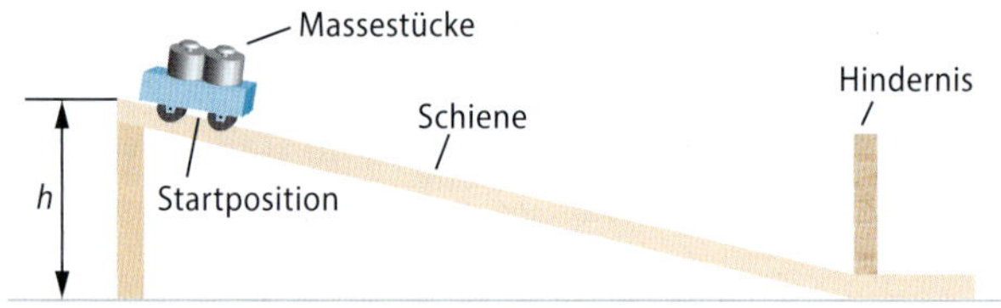

Abb. 1: Versuchsaufbau zu V1

Die Wucht eines Körpers wird daran „gemessen", ob das Hindernis umfällt. Je größer dessen Masse ist, desto größer auch die Wucht, die zum Umfallen führt.

m_1 in kg	0,13	0,18	0,23	0,28	0,33	0,38
v_1 in $\frac{m}{s}$	1,01	0,73	0,63	0,52	0,46	0,37

Beobachtung: Mit zunehmender Masse ergibt sich unter der gegebenen Bedingung eine Verringerung der Geschwindigkeit des Wagens. Es lässt sich eine indirekte Proportionalität vermuten.

b) V1 a) wird mit einem Hindernis anderer Masse wiederholt.

m_2 in kg	0,13	0,18	0,23	0,28	0,33	0,38
v_2 in $\frac{m}{s}$	1,51	1,10	0,93	0,78	0,65	0,56

Beobachtung: Auch hier verringert sich die nötige Geschwindigkeit mit steigender Masse.

Erklärung

Die Produktgleichheit der numerischen Auswertung von V1 bestätigt die Vermutung: Die Masse m ist indirekt proportional zur Geschwindigkeit v: $m \sim \frac{1}{v}$.

a)	$m_1 \cdot v_1$ in kg $\cdot \frac{m}{s}$	0,13	0,13	0,14	0,15	0,15	0,14
b)	$m_2 \cdot v_2$ in kg $\cdot \frac{m}{s}$	0,20	0,20	0,21	0,22	0,21	0,21

pellere (lat.): stoßen

Das konstante Produkt $m \cdot v$ gibt dabei an, wie groß die Wucht des Zusammenstoßes eines Körpers mit der Masse m und der Geschwindigkeit v mit einem anderen Körper ist. Je größer der Produktwert ist, desto größer auch der sogenannte Impuls (V1 b). Der Impuls ist eine physikalische Größe mit dem Größensymbol p und der Einheit $[p] = [m] \cdot [v] = 1\ \text{kg} \cdot 1\ \frac{\text{m}}{\text{s}} = 1\ \frac{\text{kg} \cdot \text{m}}{\text{s}}$.

Merkwissen

- Der **Impuls** ist ein Maß für die Wucht eines Körpers bei einem Zusammenstoß.
- Das Produkt aus der Masse eines Körpers und seiner Geschwindigkeit bezeichnet man als Impuls p: $\boldsymbol{p = m \cdot v}$ mit $[p] = 1\ \frac{\text{kg} \cdot \text{m}}{\text{s}}$.

Musteraufgabe

1 Ermittle, ob Fahrzeug A (m = 1,5 t; $v = 75\ \frac{\text{km}}{\text{h}}$) oder Fahrzeug B ($m$ = 4,5 t; $v = 30\ \frac{\text{km}}{\text{h}}$) einen größeren physikalischen Impuls hat.

Lösung:

geg.: $m_A = 1{,}5\ \text{t}$; $v_A = 75\ \frac{\text{km}}{\text{h}}$; $m_B = 4{,}5\ \text{t}$; $v_B = 30\ \frac{\text{km}}{\text{h}}$

ges.: p_A; p_B

Ansatz: $p = m \cdot v$

Rechnung: $p_A = 1{,}5\ \text{t} \cdot 75\ \frac{\text{km}}{\text{h}} = 1{,}5 \cdot 10^3\ \text{kg} \cdot \frac{75}{3{,}6}\ \frac{\text{m}}{\text{s}} = 31 \cdot 10^3\ \frac{\text{kg} \cdot \text{m}}{\text{s}}$

$p_B = 4{,}5\ \text{t} \cdot 30\ \frac{\text{km}}{\text{h}} = 4{,}5 \cdot 10^3\ \text{kg} \cdot \frac{30}{3{,}6}\ \frac{\text{m}}{\text{s}} = 38 \cdot 10^3\ \frac{\text{kg} \cdot \text{m}}{\text{s}}$

Aufgaben

1 a) Erkläre am Beispiel eines Fußballs, der gegen eine Wand stößt, die physikalische Größe Impuls und gib an, von welchen Größen diese abhängt.

b) Ein geschossener Fußball besitzt einen Impuls von $12{,}0\ \frac{\text{kg} \cdot \text{m}}{\text{s}}$. Bestimme rechnerisch die Geschwindigkeit des 430 g schweren Balls.

c) Welche Masse besitzt eine Kugel, die beim Kugelstoß der Männer eingesetzt wird, wenn die Abwurfgeschwindigkeit $49{,}50\ \frac{\text{km}}{\text{h}}$ beträgt und der Impuls $99{,}78\ \frac{\text{kg} \cdot \text{m}}{\text{s}}$ groß ist?

2 Vergleiche den Impuls eines Fußgängers (m = 65 kg; $v = 5{,}0\ \frac{\text{km}}{\text{h}}$) mit dem eines Geschosses (m = 12 g; $v = 750\ \frac{\text{m}}{\text{s}}$). Begründe mithilfe der kinetischen Energie, warum ein Geschoss trotzdem so gefährlich ist.

3 SUVs (Sport Utility Vehicles) werden gerne als sichere Familienautos verwendet.

a) Erkläre, warum das so ist.

b) Erläutere, welche Nachteile ein SUV hat.

Abb. 2: SUV

4 Recherchiere, wie der Rückstoß am Beispiel eines Gewehrschusses eines Biathleten mithilfe des Impulses beschrieben werden kann.

Abb. 3: Biathlon

1.11 Impulserhaltung beim elastischen Stoß

Einstieg

Beim Zorbing befinden sich die Teilnehmer im Inneren einer aufblasbaren, transparenten, doppelwandigen Kugel.

- Welche Art des Zusammenstoßes liegt bei einem Aufprall zweier Kugeln vor?
- Wovon hängt ab, wie sich die Kugeln nach dem Zusammenstoß weiterbewegen?

Versuche

V1 Zwei Wagen, bei denen an der Stoßseite jeweils Federn befestigt sind, werden auf einer Luftkissenbahn mit verschiedenen Geschwindigkeiten aufeinander zu bewegt. Es werden die Massen der beiden Wagen sowie die Geschwindigkeiten vor und nach dem Stoß bestimmt.

a) Wagen 1 fährt auf den stehenden Wagen 2 auf. Für die Massen und die Geschwindigkeiten gilt: $m_1 = 150$ g, $m_2 = 200$ g sowie $v_1 = 1{,}20\ \frac{\text{m}}{\text{s}}$ und $v_2 = 0{,}00\ \frac{\text{m}}{\text{s}}$

Beobachtung: Wagen 1 wird zurückgestoßen, wechselt also seine Richtung. Wagen 2 bewegt sich in Richtung des Stoßes. Für die Geschwindigkeiten nach dem Stoß gilt: $v_1' = 0{,}17\ \frac{\text{m}}{\text{s}}$ und $v_2' = 1{,}03\ \frac{\text{m}}{\text{s}}$.

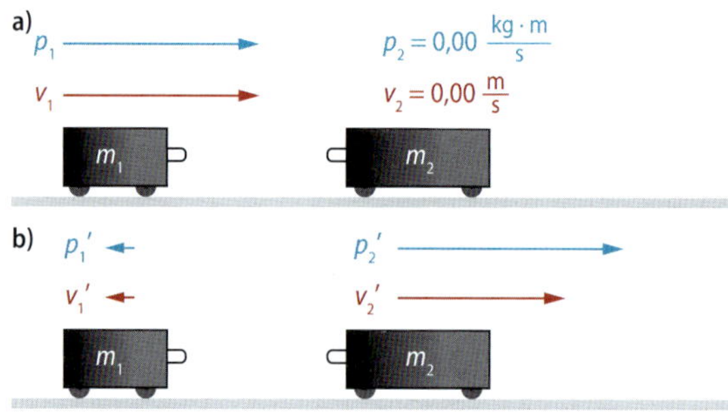

Abb. 1: Versuchssituation bei V1
a) vor dem Stoß
b) nach dem Stoß

Um die Größen bei Stoßvorgängen besser unterscheiden zu können, werden sie vor dem Stoß ohne Strich und nach dem Stoß mit Strich gekennzeichnet.

b) $m_1 > m_2$ und $v_2 = 0{,}00\ \frac{\text{m}}{\text{s}}$

Beobachtung: Wagen 1 behält seine Bewegungsrichtung bei, wird jedoch langsamer. Wagen 2 wird in Stoßrichtung weggestoßen und bewegt sich schneller als Wagen 1. Es gilt: $v_1' < v_1$ und $v_2' > v_1$

c) $m_1 = m_2$ und $v_2 = 0{,}00\ \frac{\text{m}}{\text{s}}$

Beobachtung: Wagen 1 bleibt stehen. Wagen 2 bewegt sich mit der gleichen Geschwindigkeit wie Wagen 1 vor dem Stoß.

d) $m_1 = m_2$ und $v_1 \neq 0{,}00\ \frac{\text{m}}{\text{s}}$ sowie $v_2 \neq 0{,}00\ \frac{\text{m}}{\text{s}}$

Beobachtung: Beide Wagen wechseln ihre Bewegungsrichtung und entfernen sich nach dem Stoß voneinander.

e) $m_1 = m_2$ und $v_1 > v_2$

Beobachtung: Wagen 1 wird durch den Stoß etwas langsamer, Wagen 2 wird beschleunigt. Nach dem Stoß vergrößert sich ihr Abstand. Es gilt: $v_2' > v_1'$.

V2 Bei einem Versuch ähnlich zu V1 stößt Wagen 1 ($v_1 = 1{,}20\ \frac{m}{s}$) nun mit einer festen Barriere zusammen.
Beobachtung: Der Wagen bewegt sich nach dem Stoß mit nahezu gleicher Geschwindigkeit in die entgegengesetzte Richtung. Die Barriere bleibt in Ruhe.
Es gilt annähernd: $v_1' = -v_1$ und $v_2' = 0{,}00\ \frac{m}{s}$

Erklärung

Mithilfe von V1 a) werden die Impulse sowie die jeweiligen kinetischen Energien vor und nach dem **elastischen Zusammenstoß** genauer untersucht.

Vor dem Stoß

$p_1 = m_1 \cdot v_1$
$p_1 = 0{,}150\ \text{kg} \cdot 1{,}20\ \frac{m}{s} = 0{,}180\ \frac{\text{kg} \cdot \text{m}}{\text{s}}$
$p_2 = 0{,}000\ \frac{\text{kg} \cdot \text{m}}{\text{s}}$
$E_{\text{kin},1} = \frac{1}{2} \cdot m_1 \cdot v_1^2 = \frac{1}{2} \cdot 0{,}150\ \text{kg} \cdot \left(1{,}20\ \frac{m}{s}\right)^2 = 0{,}108\ \text{J}$
$E_{\text{kin},2} = 0{,}000\ \text{J}$

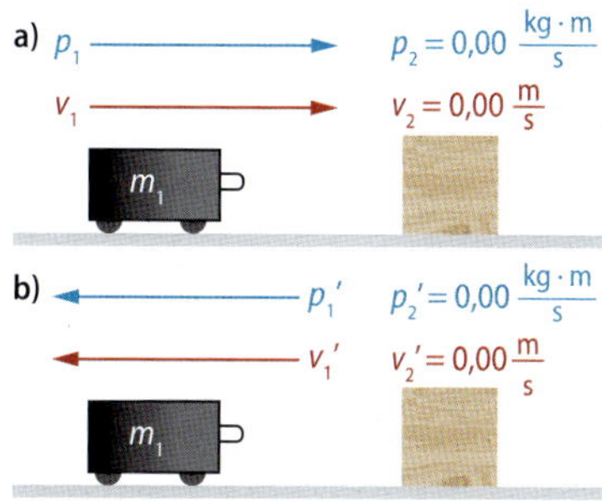

Abb. 2: Versuchssituation bei V2
a) vor dem Stoß
b) nach dem Stoß

Nach dem Stoß

$p_1' = m_1 \cdot v_1' = 0{,}150\ \text{kg} \cdot 0{,}17\ \frac{m}{s} = 0{,}026\ \frac{\text{kg} \cdot \text{m}}{\text{s}}$
$p_2' = m_2 \cdot v_2' = 0{,}200\ \text{kg} \cdot 1{,}03\ \frac{m}{s} = 0{,}206\ \frac{\text{kg} \cdot \text{m}}{\text{s}}$
$E_{\text{kin},1}' = \frac{1}{2} \cdot m_1 \cdot v_1'^2 = \frac{1}{2} \cdot 0{,}150\ \text{kg} \cdot \left(0{,}17\ \frac{m}{s}\right)^2 = 0{,}0022\ \text{J}$
$E_{\text{kin},2}' = \frac{1}{2} \cdot m_2 \cdot v_2'^2 = \frac{1}{2} \cdot 0{,}200\ \text{kg} \cdot \left(1{,}03\ \frac{m}{s}\right)^2 = 0{,}106\ \text{J}$

Wagen 1 und Wagen 2 bewegen sich nach dem Stoß in unterschiedliche Richtungen, was man bei Impuls und Geschwindigkeit durch negative Vorzeichen ausdrückt. Somit gilt für $p_1' = 0{,}150\ \text{kg} \cdot \left(-0{,}17\ \frac{m}{s}\right) = -0{,}026\ \frac{\text{kg} \cdot \text{m}}{\text{s}}$. Für den Gesamtimpuls vor und nach dem Stoß gilt:
$p_{\text{ges}} = p_1 + p_2 = 0{,}180\ \frac{\text{kg} \cdot \text{m}}{\text{s}} + 0{,}000\ \frac{\text{kg} \cdot \text{m}}{\text{s}} = 0{,}180\ \frac{\text{kg} \cdot \text{m}}{\text{s}}$
$p_{\text{ges}}' = p_1' + p_2' = -0{,}026\ \frac{\text{kg} \cdot \text{m}}{\text{s}} + 0{,}206\ \frac{\text{kg} \cdot \text{m}}{\text{s}} = 0{,}180\ \frac{\text{kg} \cdot \text{m}}{\text{s}}$

Der Gesamtimpuls vor dem Stoß entspricht dem Gesamtimpuls nach dem Stoß. Es gilt der **Impulserhaltungssatz**:

$$p_{\text{ges}} = p_{\text{ges}}' \text{ bzw.}$$
$$m_1 \cdot v_1 + m_2 \cdot v_2 = m_1 \cdot v_1' + m_2 \cdot v_2'$$

Selbiges gilt auch für die kinetischen Energien der Wagen aus V1 a), was als Energieerhaltungssatz bereits bekannt ist:
$E_{\text{kin},1} + E_{\text{kin},2} = E_{\text{kin},1}' + E_{\text{kin},2}'$
$0{,}108\ \text{J} + 0{,}000\ \text{J} = 0{,}0022\ \text{J} + 0{,}106\ \text{J}$
$0{,}108\ \text{J} = 0{,}108\ \text{J}$

1.11 Impulserhaltung beim elastischen Stoß

Impulserhaltungssatz und Energieerhaltungssatz sind nicht auf V1 a) bis e) beschränkt, vielmehr sind es universelle Prinzipien. So übernimmt in V1 c) Wagen 2 die Geschwindigkeit und damit auch den Impuls sowie die Energie von Wagen 1. Es gilt:
$m_1 \cdot v_1 = m_2 \cdot v_2'$ bzw. $\frac{1}{2} \cdot m_1 \cdot v_1^2 = \frac{1}{2} \cdot m_2 \cdot v_2'^2$

V2 beschreibt einen Sonderfall eines elastischen Stoßes. Der Zusammenstoß des Wagens mit der Barriere ist vergleichbar mit einem Flummi (Abb. 3), der auf eine Wand prallt. Aus den unterschiedlichen Massen der beteiligten Körper sowie beiden Erhaltungssätzen folgt, dass sich Wagen 1 nach dem Stoß mit annähernd gleicher Geschwindigkeit in entgegengesetzte Richtung bewegt.
$m_1 \cdot v_1 = m_1 \cdot v_1'$

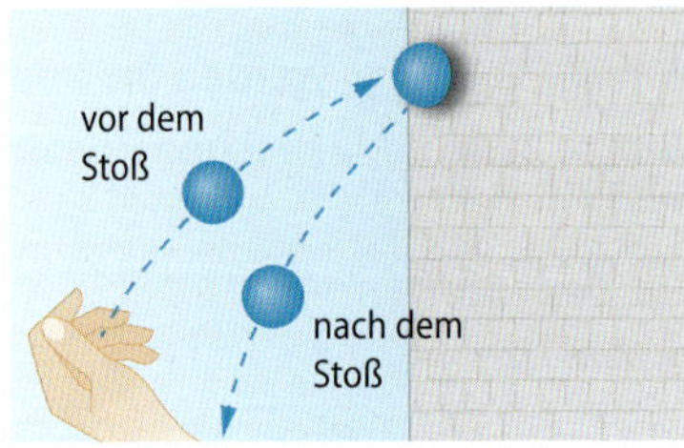

Abb. 3: Aufprall eines Flummis

Merkwissen

Wir betrachten nur Stöße auf einer waagrechten Ebene, also ohne Änderung der Höhe.

- Beim **zentralen elastischen Stoß** zweier Körper ist die **Summe der Impulse** vor dem Stoß genauso groß wie nach dem Stoß. Es gilt der **Impulserhaltungssatz:**
  $m_1v_1 + m_2v_2 = m_1v_1' + m_2v_2'$
- Beim **zentralen elastischen Stoß** ist die **Summe der kinetischen Energien** vor dem Stoß genauso groß wie nach dem Stoß. Es gilt der **Energieerhaltungssatz** in folgender Form:
  $\frac{1}{2}m_1v_1^2 + \frac{1}{2}m_2v_2^2 = \frac{1}{2}m_1v_1'^2 + \frac{1}{2}m_2v_2'^2$

Musteraufgabe

Beim Einsetzen der Geschwindigkeit muss beachtet werden, dass die Geschwindigkeiten mit gemeinsamer Richtung dasselbe Vorzeichen besitzen.

1 Ein Güterwagen der Masse 25 t stößt mit 4,0 $\frac{km}{h}$ gegen einen Güterwagen der Masse 14 t, der sich mit 6,0 $\frac{km}{h}$ auf den ersten Wagen zubewegt hatte. Der Stoß wird als vollständig elastisch angenommen. Welche Geschwindigkeit besitzt der leichtere Wagen nach dem Stoß, wenn der schwerere Wagen sich nun mit 3,2 $\frac{km}{h}$ gegen die ursprüngliche Richtung bewegt?

Abb. 4: Kupplung von Güterwaggons

Lösung:

geg.: $m_1 = 25\,t;\ v_1 = 4{,}0\,\frac{km}{h};\ m_2 = 14\,t;\ v_2 = 6{,}0\,\frac{km}{h};\ v_1' = -3{,}2\,\frac{km}{h}$

ges.: v_2'

Ansatz: $m_1 \cdot v_1 + m_2 \cdot v_2 = m_1 \cdot v_1' + m_2 \cdot v_2' \quad | - m_1 \cdot v_1'$
$m_2 \cdot v_2' = m_1 \cdot v_1 + m_2 \cdot v_2 - m_1 \cdot v_1' \quad |: m_2$

Rechnung: $v_2' = \frac{25\,t \cdot 4{,}0\,\frac{km}{h} + 14\,t \cdot \left(-6{,}0\,\frac{km}{h}\right) - 25\,t \cdot \left(-3{,}2\,\frac{km}{h}\right)}{14\,t} = 6{,}9\,\frac{km}{h}$

Aufgaben

1 Erkläre die vorliegenden Abläufe mithilfe des Impulserhaltungssatzes.

a) Abschlag beim Baseball

b) Vorwärtsbewegung eines Ruderboots

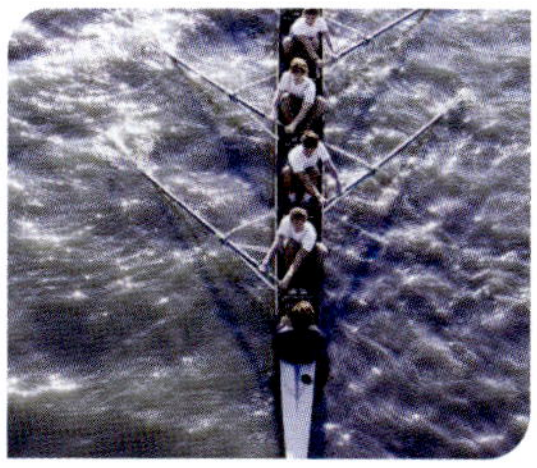

c) Newtonsches Kugelpendel

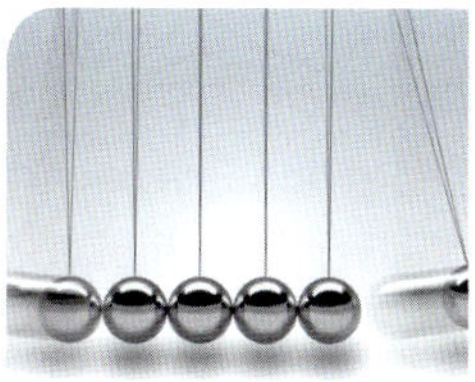

2 Ein Fußball ($m_1 = 430$ g) und ein Basketball ($m_2 = 567$ g) rollen mit unterschiedlichen Geschwindigkeiten $v_1 = 6{,}0\,\frac{\text{m}}{\text{s}}$ und $v_2 = 8{,}0\,\frac{\text{m}}{\text{s}}$ aufeinander zu.

a) Berechne die Geschwindigkeit v_2' des Basketballs nach dem Stoß, wenn sich der Fußball danach mit $v_1' = 9{,}9\,\frac{\text{m}}{\text{s}}$ entgegen seiner ursprünglichen Richtung bewegt. Eine Skizze kann dir dabei helfen.

b) Wie verändert sich die Geschwindigkeit v_1, wenn sich der Basketball vor dem Stoß in Ruhe befindet und sich nach dem Zusammenstoß der Fußball mit einer Geschwindigkeit von $v_1' = 1{,}0\,\frac{\text{m}}{\text{s}}$ entgegengesetzt zum Basketball ($v_2' = 6{,}0\,\frac{\text{m}}{\text{s}}$) bewegt?

3 Lisa trainiert beim Tennisspielen, indem sie den Ball immer wieder gegen eine feste Wand schlägt.

a) Begründe, warum sich die Wand in diesem Fall zum Training eignet.

b) Erkläre, warum die Masse der Wand für den elastischen Zusammenstoß keine Rolle spielt.

c) Wie könnte man das Training mit der Wand noch effektiver gestalten?

Abb. 5: Tennistraining

4 Ein Lkw mit Anhänger ($m_1 = 35$ t; $v_1 = 80\,\frac{\text{km}}{\text{h}}$) prallt mit einem Auto ($m_2 = 1{,}5$ t; $v_2 = 70\,\frac{\text{km}}{\text{h}}$) nach einer Fahrt in entgegengesetzte Richtungen zentral und vollständig elastisch zusammen.

a) Erkläre, warum sich beide Fahrzeuge nach dem Stoß in eine gemeinsame Richtung, jedoch mit unterschiedlichen Geschwindigkeiten weiterbewegen.

b) Bestimme die Geschwindigkeit v_2' des Autos nach dem Stoß für den Fall, dass sich der Lkw unmittelbar nach dem Zusammenstoß mit einer Geschwindigkeit von $v_1' = 70\,\frac{\text{km}}{\text{h}}$ weiterbewegt.

c) Begründe, dass es sich bei dem Zusammenstoß in Wirklichkeit nicht um einen vollständig elastischen Zusammenstoß handelt, und schätze ab, wie gefährlich der Zusammenstoß für die beteiligten Personen ist.

1.12 Impulserhaltung beim inelastischen Stoß

Einstieg

Erik springt zum Beschleunigen auf sein stehendes Longboard.

- Welche Art des Zusammenstoßes liegt hier vor?
- Entspricht die Geschwindigkeit von Board und Erik nach dem Zusammenstoß der Geschwindigkeit von Erik zuvor?

Versuche

Zur Koppelung der Wagen können auch Klettverschlüsse verwendet werden.

Die gemeinsame Geschwindigkeit nach dem zentralen inelastischen Stoß wird mit v' gekennzeichnet.

V1 Zwei Wagen werden auf jeweils einer Seite mit je einem Stück Knetgummi so versehen, dass sie nach einem Zusammenstoß aneinander hängen bleiben und sich mit einer gemeinsamen Geschwindigkeit weiterbewegen. Folgende Fälle werden in mehreren Teilversuchen unterschieden.

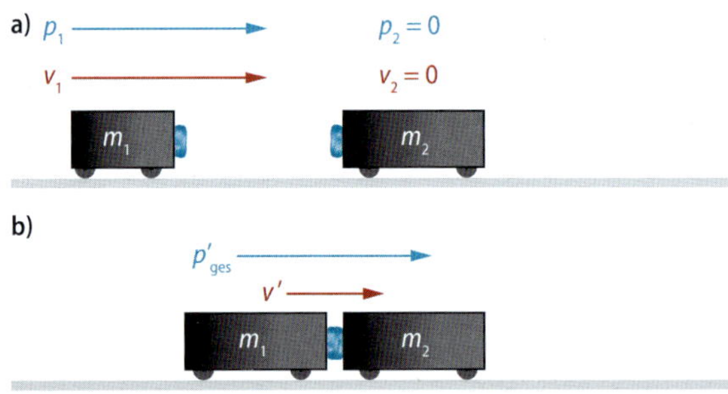

Abb. 1: Versuchssituation bei V1
a) vor dem Stoß
b) nach dem Stoß

a) Beide Wagen haben die gleiche Masse. Wagen 2 ist in Ruhe, Wagen 1 fährt auf Wagen 2 auf. Es gilt: $m_1 = m_2 = 200$ g; $v_1 = 1{,}20\,\frac{\text{m}}{\text{s}}$ und $v_2 = 0{,}00\,\frac{\text{m}}{\text{s}}$.
Beobachtung: Nach dem Stoß bewegen sich beide Wagen in Richtung von Wagen 1 mit verringerter Geschwindigkeit $v' = 0{,}60\,\frac{\text{m}}{\text{s}}$.

b) $m_1 = m_2$ und $v_2 = -v_1$
Beobachtung: Nach dem Stoß bleiben beide Wagen stehen.

c) $m_1 < m_2$ und $v_2 = 0{,}00\,\frac{\text{m}}{\text{s}}$
Beobachtung: Nach dem Stoß bewegen sich beide Wagen in die Richtung, aus der Wagen 1 kam, allerdings mit deutlich verringerter Geschwindigkeit.

V2 In einem weiteren Stoßexperiment werden die Massen m_1 und m_2 so gewählt, dass sie sich stark unterscheiden.

a) $m_1 >> m_2$ und $v_2 = 0{,}00\,\frac{\text{m}}{\text{s}}$
Beobachtung: Nach dem Stoß bewegen sich beide Wagen nahezu mit der ursprünglichen Geschwindigkeit von Wagen 1 weiter.

b) $m_1 << m_2$ und $v_2 = 0{,}00\,\frac{\text{m}}{\text{s}}$
Beobachtung: Beide Wagen bleiben nach dem Zusammenstoß in Ruhe.

Erklärung

Zur Auswertung von V1 a) werden der Gesamtimpuls sowie die kinetischen Energien vor dem **inelastischen Zusammenstoß** mit dem Impuls und der Energie danach verglichen. Zur Bestimmung des Gesamtimpulses p' nach dem Stoß werden beide Körper als ein Körper mit der Masse $m' = m_1 + m_2$ betrachtet.

Vor dem Stoß

$p_1 = m_1 \cdot v_1 = 0{,}200\ \text{kg} \cdot 1{,}20\ \frac{\text{m}}{\text{s}} = 0{,}240\ \frac{\text{kg} \cdot \text{m}}{\text{s}}$ $\qquad p_2 = 0{,}000\ \frac{\text{kg} \cdot \text{m}}{\text{s}}$

$E_{\text{kin, 1}} = \frac{1}{2} \cdot m_1 \cdot v_1^2 = \frac{1}{2} \cdot 0{,}200\ \text{kg} \cdot \left(1{,}20\ \frac{\text{m}}{\text{s}}\right)^2 = 0{,}144\ \text{J}$ $\qquad E_{\text{kin, 2}} = 0{,}000\ \text{J}$

Nach dem Stoß

$p' = m' \cdot v' = 0{,}400\ \text{kg} \cdot 0{,}60\ \frac{\text{m}}{\text{s}} = 0{,}24\ \frac{\text{kg} \cdot \text{m}}{\text{s}}$

$E_{\text{kin}}' = \frac{1}{2} \cdot m' \cdot v'^2 = \frac{1}{2} \cdot 0{,}400\ \text{kg} \cdot \left(0{,}60\ \frac{\text{m}}{\text{s}}\right)^2 = 0{,}072\ \text{J}$

$p_{\text{ges}} = p_1 + p_2 = 0{,}240\ \frac{\text{kg} \cdot \text{m}}{\text{s}} + 0{,}000\ \frac{\text{kg} \cdot \text{m}}{\text{s}} = 0{,}240\ \frac{\text{kg} \cdot \text{m}}{\text{s}}$ $\qquad p' = 0{,}24\ \frac{\text{kg} \cdot \text{m}}{\text{s}}$

$E_{\text{kin, vor}} = E_{\text{kin, 1}} + E_{\text{kin, 2}} = 0{,}144\ \text{J} + 0{,}000\ \text{J} = 0{,}144\ \text{J}$ $\qquad E_{\text{kin}}' = 0{,}072\ \text{J}$

Der Gesamtimpuls ist nach dem Stoß so groß wie vor dem Stoß. Die gesamte kinetische Energie ist nach dem Stoß kleiner als vor dem Stoß. Während in den Versuchen V1 b) und V1 c) ebenfalls der Impuls jeweils erhalten bleibt, gilt dies für die kinetischen Energien nicht. So ist in b) die Geschwindigkeit v' nach dem Zusammenstoß $0{,}00\ \frac{\text{m}}{\text{s}}$ und damit auch die kinetische Energie. Die ursprüngliche kinetische Energie wurde durch die Verformung des Knetgummis vollständig in innere Energie umgewandelt und entwertet. Selbiges gilt für Teilversuch c). Der **inelastische Zusammenstoß** kann rechnerisch somit nur mit dem **Impulserhaltungssatz** beschrieben werden.

$$p_{\text{ges}} = p_{\text{ges}}' \text{ bzw.}$$
$$m_1 \cdot v_1 + m_2 \cdot v_2 = (m_1 + m_2) \cdot v'$$

V2 beleuchtet zwei Sonderfälle. In Teilversuch a) ist die Masse des ersten Wagens viel größer als die des zweiten. Somit wird der Gesamtimpuls nach dem Stoß viel stärker von m_1 beeinflusst. Vergleichbar ist dieser Fall mit einem Zusammenstoß zwischen einem Lkw und einem Kleinwagen. Stößt – wie in Teilversuch b) – ein Körper mit einer im Vergleich zu einem anderen Körper viel kleineren Masse auf diesen, wirkt sich dessen Impuls nahezu gar nicht aus. Es wäre, als würde man eine kleine Klebekugel auf ein Auto werfen. Hier wird sogar die ganze kinetische Energie der Kugel entwertet.

Abb. 2: Kollision zweier Körper mit stark unterschiedlichen Massen

1.12 Impulserhaltung beim inelastischen Stoß

Merkwissen

- Beim **inelastischen** oder **teilelastischen Stoß** zweier Körper ist die Summe der Impulse nach dem Stoß genauso groß wie vor dem Stoß. Es gilt der **Impulserhaltungssatz:**
  $m_1 \cdot v_1 + m_2 \cdot v_2 = (m_1 + m_2) \cdot v'$
- Beim inelastischen oder teilelastischen Stoß bleibt die **kinetische Energie nicht erhalten.**

Musteraufgabe

1 Beim Elfmeterschießen wird der Ball ($m_1 = 450$ g) vom Torwart ($m_2 = 80{,}0$ kg) gefangen. Mit welcher Geschwindigkeit bewegt sich der Torwart nach hinten, wenn der Ball vor dem Zusammenstoß eine Geschwindigkeit von $v_1 = 96{,}0\,\frac{\text{km}}{\text{h}}$ besitzt?

Abb. 3: Rückstoß beim Torwart

Lösung:

geg.: $m_1 = 450\text{ g};\ v_1 = 96{,}0\,\frac{\text{km}}{\text{h}};$ $m_2 = 80{,}0\text{ kg};\ v_2 = 0{,}0\,\frac{\text{km}}{\text{h}}$

ges.: v'

Ansatz: $m_1 \cdot v_1 + m_2 \cdot v_2 = (m_1 + m_2) \cdot v' \quad | : (m_1 + m_2)$

Rechnung: $v' = \frac{m_1 \cdot v_1 + m_2 \cdot v_2}{m_1 + m_2} = \frac{0{,}450\text{ kg} \cdot 96{,}0\,\frac{\text{km}}{\text{h}} + 80{,}0\text{ kg} \cdot 0{,}0\,\frac{\text{km}}{\text{h}}}{0{,}450\text{ kg} + 80{,}0\text{ kg}}$

$v' = 0{,}537\,\frac{\text{km}}{\text{h}} = 0{,}149\,\frac{\text{m}}{\text{s}}$

2 Mete springt mit einer Geschwindigkeit von $v_1 = 1{,}6\,\frac{\text{m}}{\text{s}}$ auf ein stehendes Skateboard ($m_2 = 4{,}0$ kg). Berechne die Masse von Mete, wenn er sich nach dem Sprung mit dem Skateboard mit $v' = 1{,}5\,\frac{\text{m}}{\text{s}}$ bewegt.

Abb. 4: Sprung auf das Skateboard

Lösung:

geg.: $v_1 = 1{,}6\,\frac{\text{m}}{\text{s}};\ m_2 = 4{,}0\text{ kg};$ $v_2 = 0{,}0\,\frac{\text{km}}{\text{h}};\ v' = 1{,}5\,\frac{\text{m}}{\text{s}}$

ges.: m_1

Ansatz:

$m_1 v_1 + m_2 v_2 = (m_1 + m_2) \cdot v'$

$m_1 v_1 + m_2 v_2 = m_1 v' + m_2 v' \quad | - m_1 v' - m_2 v_2$

$m_1 v_1 - m_1 v' = m_2 v' - m_2 v_2$

$m_1 \cdot (v_1 - v') = m_2 \cdot (v' - v_2) \quad | : (v_1 - v')$

Rechnung: $m_1 = \frac{m_2 \cdot (v' - v_2)}{v_1 - v'} = \frac{4{,}0\text{ kg} \cdot \left(1{,}5\,\frac{\text{m}}{\text{s}} - 0{,}0\,\frac{\text{m}}{\text{s}}\right)}{1{,}6\,\frac{\text{m}}{\text{s}} - 1{,}5\,\frac{\text{m}}{\text{s}}} = 60\text{ kg}$

Aufgaben

1 Erkläre den Unterschied zwischen einem elastischen und einem inelastischen Stoß mithilfe des …

a) Impulserhaltungssatzes. **b)** Energieerhaltungssatzes.

2 Um die Geschwindigkeit einer Gewehrkugel (m_1 = 20 g) zu bestimmen, wird diese in einen anfangs ruhenden Sandsack der Masse 4,5 kg geschossen, in dem die Kugel stecken bleibt. Unmittelbar nach dem Einschuss bewegt sich der Sandsack mit einer Geschwindigkeit von $v' = 3{,}10\,\frac{\text{m}}{\text{s}}$.

Abb. 5: Gewehr

a) Berechne die Geschwindigkeit v_1 der Gewehrkugel.

b) Wie viel Prozent der ursprünglichen kinetischen Energie werden beim Einschuss entwertet?

3 Ein Güterwagen der Masse 25 t stößt mit $4{,}0\,\frac{\text{km}}{\text{h}}$ mit einem Güterwagen der Masse 14 t und $6{,}0\,\frac{\text{km}}{\text{h}}$ durch die automatische Kupplung vollständig inelastisch zusammen. Welche gemeinsame Geschwindigkeit besitzen die Wagen nach dem Stoß, wenn sie sich vor dem Stoß …

a) frontal aufeinander zu bewegen. **b)** in dieselbe Richtung bewegen.

4 Im Nebel übersieht ein Autofahrer das Ende eines Staus. Er fährt mit seinem Fahrzeug der Masse 1,5 t mit einer Geschwindigkeit von $150\,\frac{\text{km}}{\text{h}}$ von hinten zentral auf ein stehendes Auto der Masse 800 kg auf und verhakt sich mit diesem.

Abb. 6: Auto im Nebel

a) Berechne die gemeinsame Geschwindigkeit der beiden Fahrzeuge unmittelbar nach dem Aufprall.

b) Ermittle rechnerisch die bei diesem Zusammenstoß entwertete kinetische Energie.

c) Wie verändert sich die Geschwindigkeit beider Fahrzeuge nach dem Stoß, wenn das zweite Auto nun mit einer Geschwindigkeit von $80\,\frac{\text{km}}{\text{h}}$ in dieselbe Richtung fährt?

d) Erläutere, was man im Straßenverkehr bei schlechter Sicht beachten muss.

5 Ein Knetgummibällchen der Masse 250 g wird mit der Geschwindigkeit $20\,\frac{\text{m}}{\text{s}}$ gegen eine starre Wand geworfen und bleibt daran kleben.

Die Masse der Erde beträgt $6{,}0 \cdot 10^{24}$ kg.

a) Welche Impulsänderung erfährt es beim Aufprall?

b) Wohin geht dieser Impuls? Welche Auswirkung hat dies?

c) Berechne die entwertete Energie des Bällchens. Wohin geht diese Energie?

1.13 Themenseite: Verkehrssicherheit

Reaktionszeit und Reaktionsweg

Abb. 1: Ablenkung beim Autofahren

Bevor ein Auto effektiv bremst, nachdem dessen Fahrer eine Gefahrensituation erkannt hat, vergehen in der Regel 1,0 s. Während dieser sogenannten Reaktionszeit fährt das Auto ungebremst mit gleichbleibender Geschwindigkeit weiter und legt dabei eine Strecke zurück, die man als Reaktionsweg bezeichnet.

- Berechne den Reaktionsweg bei einer Geschwindigkeit von 50 $\frac{\text{km}}{\text{h}}$.
- Die oben genannten 1,0 s Reaktionszeit setzen sich aus verschiedenen Phasen zusammen. Recherchiere und berichte.
- Nenne Faktoren, welche sich negativ auf die Reaktionszeit auswirken. Recherchiere gegebenenfalls.

Eine der häufigsten Unfallursachen beim Autofahren ist Ablenkung, denn zum Reaktionsweg kommt noch der Weg hinzu, den das Auto zurücklegt, während der Fahrer abgelenkt ist.

- Recherchiere die häufigsten Ablenkungsgründe beim Autofahren und bewerte sie.
- Angenommen, der Fahrer eines Fahrzeugs, das mit 100 $\frac{\text{km}}{\text{h}}$ unterwegs ist, ist für 2,0 s abgelenkt. Berechne die zurückgelegte Wegstrecke.
- Recherchiere weitere mögliche Unfallursachen im Straßenverkehr und überlege dir Gegenmaßnahmen.

Bremsweg und Anhalteweg

Bis ein Fahrzeug vollständig zum Stillstand kommt, legt es den sogenannten Anhalteweg (Abb. 2) zurück. Dieser setzt sich aus dem Reaktionsweg und dem Bremsweg zusammen. Dessen Länge ist abhängig von der Qualität der Bremsen, von der Haftung der Reifen auf der Straße und natürlich (wie der Reaktionsweg) von der Geschwindigkeit des Fahrzeugs.

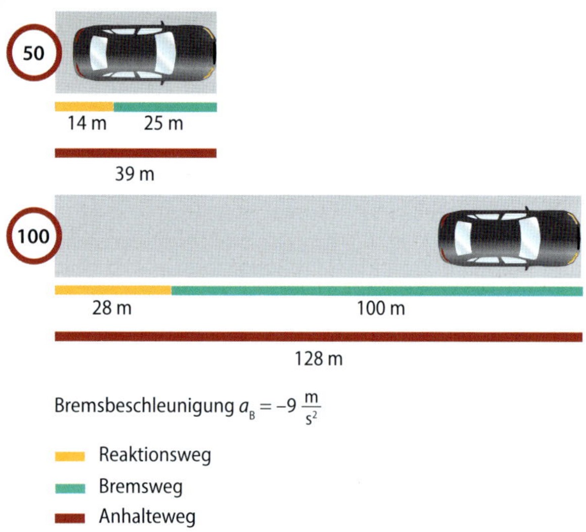

Abb. 2: Anhalteweg eines Fahrzeugs bei unterschiedlichen Geschwindigkeiten

Für die Länge des Bremswegs gilt die Faustformel:

$$s_{\text{Bremsweg}} = \frac{\left(\text{Geschwindigkeit in } \frac{\text{km}}{\text{h}}\right)^2}{100}\,\text{m}$$

Bei einer Geschwindigkeit von $v = 50\,\frac{\text{km}}{\text{h}}$ beträgt der Bremsweg somit:

$$s_{\text{Bremsweg}} = \frac{50^2}{100}\,\text{m} = \frac{2500}{100}\,\text{m} = 25\,\text{m}$$

- Benenne Einflussfaktoren, die sich negativ auf die Haftung der Reifen auf der Straße auswirken. Wie sollte man sich in diesen Fällen verhalten?
- Abb. 2 zeigt, dass sich der Bremsweg bei doppelter Geschwindigkeit ungefähr vervierfacht. Begründe dies anhand der obigen Formel.
- Berechne mithilfe der Formel die Länge des Brems- und Anhaltewegs eines Autos bei einer Geschwindigkeit von 25 $\frac{\text{km}}{\text{h}}$ (50 $\frac{\text{km}}{\text{h}}$, 100 $\frac{\text{km}}{\text{h}}$, 180 $\frac{\text{km}}{\text{h}}$).

Sicherheitsabstand und Verkehrszonen

Abb. 3: Fehlender Sicherheitsabstand

Eine häufige Unfallursache im Straßenverkehr ist zu dichtes Auffahren. Ist der Abstand zum nächsten Fahrzeug zu gering, reicht selbst eine Vollbremsung nicht aus, um eine Kollision zu verhindern. Die Faustregel für den Mindestabstand lautet „halber Tacho". Dies bedeutet, dass als Abstand die Maßzahl der aktuellen Geschwindigkeit (in $\frac{km}{h}$) halbiert wird. Der errechnete Wert gibt dann in Metern an, wie viel Abstand eingehalten werden sollte.

- Begründe, warum der Abstand der Fahrzeuge in Abb. 3 nicht ausreicht.
- Gemäß der Faustformel genügt bei einer Geschwindigkeit von 100 $\frac{km}{h}$ ein Abstand von 50 m zum vorausfahrenden Fahrzeug, was erheblich weniger ist als der Anhalteweg. Begründe.
- Die Leitpfosten entlang von Straßen können beim Abschätzen von Abständen helfen. Recherchiere, in welchen Abständen sie jeweils auf Autobahnen bzw. Landstraßen positioniert werden.
- Begründe, warum unterschiedliche Geschwindigkeitsbegrenzungen in unterschiedlichen Verkehrsbereichen sinnvoll sind.
- Welche Auswirkungen haben Geschwindigkeitsbegrenzungen im Hinblick auf das „Fassungsvermögen" einer Straße?
- Erkläre mithilfe des Impulses, warum hohe Geschwindigkeiten bei Zusammenstößen von Fahrzeugen fatale Folgen haben können.

Sicherheitssysteme

Abb. 4: Crashtest eines Pkws

Selbst wenn sich der Fahrer eines Kraftfahrzeugs vollkommen richtig verhält, lassen sich Verkehrsunfälle manchmal nicht verhindern. Aus diesem Grund sind in den Fahrzeugen verschiedene Sicherheitssysteme eingebaut, die die Folgen eines Unfalls möglichst gering halten sollen. So verfügen Pkws über Knautschzonen, die die Energie bei einem Zusammenstoß gezielt entwerten, während der Fahrer im Inneren des Wagens geschützt ist. Gleiches gilt für Airbags. Sie blasen sich in Bruchteilen von Sekunden auf und nehmen Energie beim Aufprall des Kopfes bzw. des Oberkörpers auf. Auch der Sicherheitsgurt ist ein solches System. Er verhindert, dass Fahrzeuginsassen herumgeschleudert werden und sich dabei verletzen. Dies verhindern auch die Kopfstützen im Wagen. Sie sind weniger zum Anlehnen gedacht, sondern sollen Verletzungen am Kopf bzw. an der Halswirbelsäule verhindern.

- Benenne die Energieumwandlungen, die beim Zusammenstoß zweier Fahrzeuge bei einem Auffahrunfall stattfinden.
- Vergleiche die Sicherheitssysteme von zwei- und vierrädrigen Fahrzeugen. Welche Grenzen besitzt das Sicherheitssystem „Knautschzone" beim Pkw?
- Recherchiere weitere Sicherheitssysteme in Fahrzeugen und beachte dabei auch jene, die nicht nur die Fahrzeuginsassen schützen.

1.14 Teste dich

Aufgaben zur Einzelarbeit

Die Lösungen zu dieser Doppelseite stehen im Anhang.

1 Teste dich! Bearbeite dazu die folgenden Aufgaben und bewerte die Lösungen mit einem Smiley.

2 Die Aufgaben haben unterschiedliche Schwierigkeitsgrade: leicht mittel schwer

☺	😐	☹
Das kann ich!	Das kann ich fast!	Das kann ich noch nicht!

1 Erkläre, warum Geschosse mit sehr geringen Massen trotzdem sehr gefährlich sein können.

2 Der Eurofighter hat ein Triebwerk mit einer maximalen Schubkraft von 180 kN. Voll beladen beträgt die Masse des Eurofighters beim Start etwa 23,5 t.

a) Berechne die beim Start maximal mögliche Beschleunigung.

b) Bei einer Geschwindigkeit von 234 $\frac{\text{km}}{\text{h}}$ hebt der Eurofighter ab. Bestimme rechnerisch, welche Strecke er bis zum Abheben zurückgelegt hat.

c) Ermittle die kinetische Energie des Flugzeugs beim Abheben mit zwei unterschiedlichen Ansätzen.

3 Ein Ball der Masse 12 g wird mit einem Schläger senkrecht nach oben geschossen und erreicht eine Höhe von 6,2 m.

a) Berechne die Abschussgeschwindigkeit, die der Ball dafür haben muss, wenn keine Energie durch Reibung entwertet wird.

b) Gib die anfängliche Spannenergie des Schlägers an.

c) Berechne die maximale Höhe, wenn während des Flugs des Balls 15 % der Anfangsenergie durch Reibung entwertet wird.

4 Mithilfe eines Schleuderbretts kann eine Person in die Höhe katapultiert werden. Ein Schüler (70 kg) springt dazu aus 2,50 m Höhe auf das Brett.

a) Berechne, wie hoch sein Partner (60 kg) geschleudert wird.

b) Für den Bau einer Menschenpyramide muss der Partner 2,0 m hoch geschleudert werden. Mache Vorschläge, wie man das erreichen kann.

5 Erkläre anhand der folgenden Themen an einem selbst gewählten Beispiel, um welche Art von Stoß es sich handelt. Gehe dabei auch auf Impuls- und Energieerhaltung ein.

a) Verwendung von Matten in verschiedenen Sportarten

b) Leitplanken am Straßenrand

c) Zusammenstoß von Billardkugeln

d) Kometeneinschlag

6 Das Gewehr (m_G = 4,0 kg) eines Sportschützen beschleunigt eine Kugel (m_K = 10 g) auf eine Geschwindigkeit von 400 $\frac{\text{m}}{\text{s}}$. Bestimme die Geschwindigkeit, mit der das Gewehr in die entgegengesetzte Richtung bewegt wird.

7 Eine Kugel der Masse 2,0 kg stößt mit 8,0 $\frac{\text{m}}{\text{s}}$ zentral auf eine ruhende Kugel unbekannter Masse. Nach dem vollkommen elastischen Stoß bewegen sich beide Kugeln mit je 4,0 $\frac{\text{m}}{\text{s}}$ in entgegengesetzte Richtungen. Bestimme die Masse der zweiten Kugel.

8 Das folgende Diagramm beschreibt den Ablauf eines Fußballschusses. Der Ball befindet sich vor dem Schuss in Ruhe.

a) Begründe, weshalb die Geschwindigkeit des Fußes kurz vor dem Ballkontakt wieder absinkt.

b) Erkläre, wie es möglich ist, dass der Ball eine größere Geschwindigkeit (knapp 120 $\frac{km}{h}$) als die Fußspitze (etwa 105 $\frac{km}{h}$) hat.

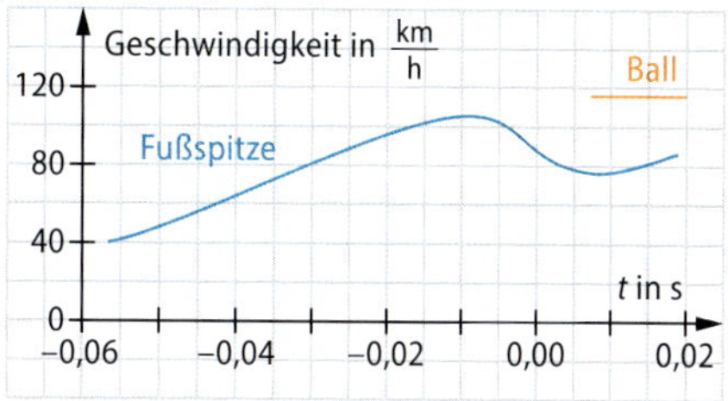

9 Ein Auto rollt mit 10 $\frac{m}{s}$ gegen ein gleich schweres stehendes Auto.

a) Bestimme rechnerisch, welche gemeinsame Geschwindigkeit beide nach dem Crash haben.

b) Wie viel Prozent der kinetischen Energie wandeln sich dabei in thermische Energie um?

Aufgaben für Lernpartner

1 Bearbeite die folgenden Aufgaben alleine.

2 Suche dir einen Partner und erkläre ihm deine Lösungen. Höre aufmerksam und gewissenhaft zu, wenn dein Partner dir seine Lösungen erklärt.

3 Korrigiere gegebenenfalls deine Antworten und benutze dazu eine andere Farbe.

Sind folgende Behauptungen **richtig** oder **falsch**? Begründe schriftlich.

A Verdoppelt sich die kinetische Energie eines Körpers mit fester Masse, vervierfacht sich dessen Geschwindigkeit.

B Bei Vorgängen mit Reibung gilt der Energieerhaltungssatz nicht.

C Ein elastischer Stoß liegt vor, wenn die beteiligten Körper nach dem Stoß jeweils dieselbe kinetische Energie wie vor dem Stoß haben.

D Ein Körper mit einer bestimmten Masse und einer bestimmten Geschwindigkeit besitzt denselben Impuls wie ein Körper, der doppelt so schwer, aber halb so schnell ist.

E Der Impuls bleibt nicht bei jeder Art des Zusammenstoßes erhalten.

F Bei inelastischen Zusammenstößen bleibt die kinetische Energie erhalten.

Aufgabe	Ich kann …	Hilfe
1, 2, 3, 4, A, B	das Prinzip der Energieerhaltung nutzen, um die kinetische Energie quantitativ zu erfassen und Vorhersagen zu alltäglichen Situationen zu treffen.	S. 36
5, C	elastische, teilelastische sowie inelastische Stöße unterscheiden.	S. 40
D, E	aus Masse und Geschwindigkeit eines Körpers den Impuls herleiten.	S. 42
6, 7, 8, C	Abschätzungen und Berechnungen zu elastischen Stößen durchführen.	S. 44
9, F	Abschätzungen und Berechnungen zu inelastischen Stößen durchführen.	S. 48

1.15 Grundwissen

Zeit-Weg-Diagramm

- Zeit-Weg-Diagramme (***t*-*s*-Diagramme**) stellen die von einem Körper zurückgelegte Strecke s in Abhängigkeit von der verstrichenen Zeit t dar.
- Ein Graph im t-s-Diagramm beginnt stets im Ursprung und steigt bei Bewegung mit zunehmender Zeit an.
- Je größer die Strecke ist, die ein Körper in gleichen Zeitintervallen zurücklegt, d. h. je größer der Betrag seiner Geschwindigkeit ist, desto steiler ist der Verlauf des Graphen im t-s-Diagramm.

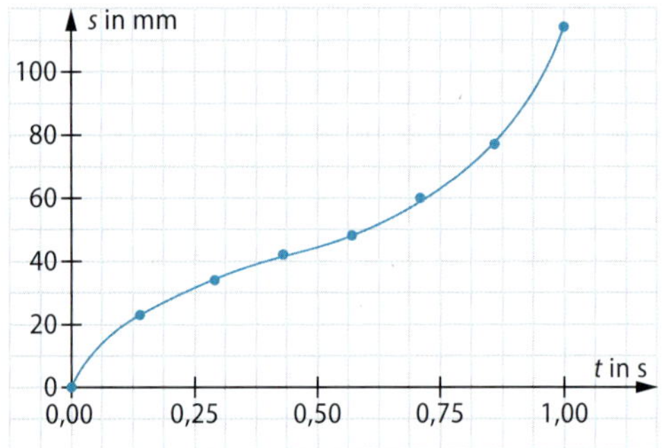

Momentan- und Durchschnittsgeschwindigkeit

- Die Geschwindigkeit $v = \frac{\Delta s}{\Delta t}$ ist die **durchschnittliche Geschwindigkeit** eines bewegten Körpers entlang der Strecke Δs im Zeitintervall Δt.
- Die **Momentangeschwindigkeit** v_M eines Körpers ist die Geschwindigkeit des Körpers zu einem Zeitpunkt t und kann mit $v = \frac{\Delta s}{\Delta t}$ angenähert werden, wenn Δs oder Δt in der Umgebung des Messzeitpunkts t sehr klein ist.

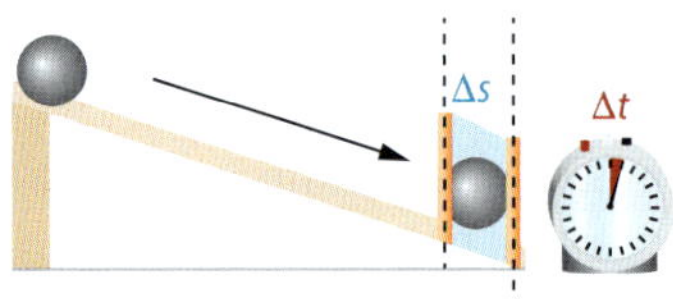

Gleichmäßig beschleunigte Bewegung

- Ändert sich durch äußere Kräfte der Betrag oder die Richtung der Geschwindigkeit eines Körpers, spricht man von einer **Beschleunigung**.
- Wirkt auf einen Körper eine in Betrag und Richtung **konstante Kraft**, dann wird der Körper **gleichmäßig beschleunigt**, d. h. der Körper erfährt in gleichen Zeitintervallen gleiche Geschwindigkeitsänderungen. Die Momentangeschwindigkeit ist dabei direkt proportional zur Zeit: $v_M \sim t$.
- Für die gleichmäßige Beschleunigung a gilt: $a = \frac{v_{Ende} - v_{Anfang}}{\Delta t}$ mit $[a] = 1\ \frac{m}{s^2}$
- **Zeit-Geschwindigkeits-Gesetz:** $\boldsymbol{v = a \cdot t}$ bzw. $\boldsymbol{v = v_0 + a \cdot t}$ (mit Anfangsgeschwindigkeit v_0)
- **Zeit-Weg-Gesetz:** $\boldsymbol{s = \frac{1}{2} a \cdot t^2}$ bzw. $\boldsymbol{s = v_0 \cdot t + \frac{1}{2} a \cdot t^2}$ (mit Anfangsgeschwindigkeit v_0)

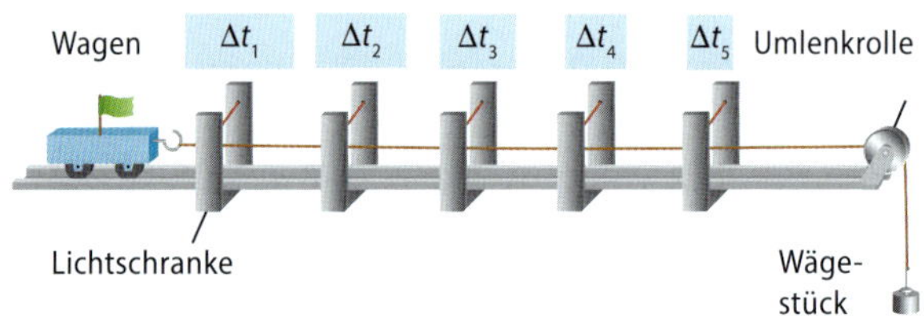

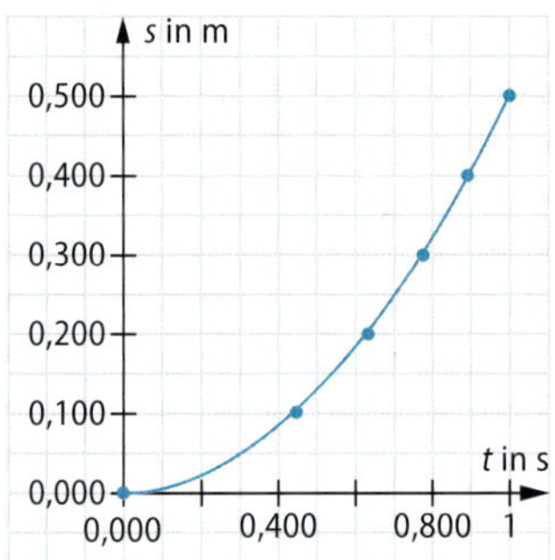

Freier Fall

- Der **freie Fall** ist eine gleichmäßig beschleunigte Bewegung unter der Wirkung der konstanten Gewichtskraft.
- Diese für alle Körper gleiche Fallbeschleunigung beträgt im Vakuum **9,81** $\frac{\mathbf{m}}{\mathbf{s}^2}$ und entspricht dem Ortsfaktor g.
- Für den freien Fall gelten: $\boldsymbol{v = g \cdot t}$ und $\boldsymbol{s = \frac{1}{2} g \cdot t^2}$.
- Unterschiedliche Fallbeschleunigungen im Alltag resultieren aus verschieden großen Luftwiderständen, die die Körper aufgrund ihrer Oberflächen hervorrufen.

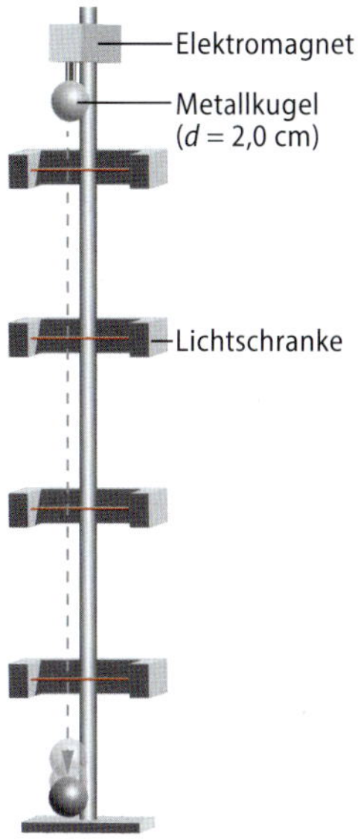

Grundgleichung der Mechanik

- Die Beschleunigung eines Körpers ist direkt proportional zur einwirkenden Kraft.
- **Grundgleichung der Mechanik** (für m = konst.):
  $\boldsymbol{F = m \cdot a}$ mit $[F] = \frac{1\,\mathbf{kg} \cdot \mathbf{m}}{\mathbf{s}^2}$
  Um einen Körper der Masse m mit einer Beschleunigung vom Betrag a zu beschleunigen, ist eine Kraft mit dem Betrag $F = m \cdot a$ erforderlich.

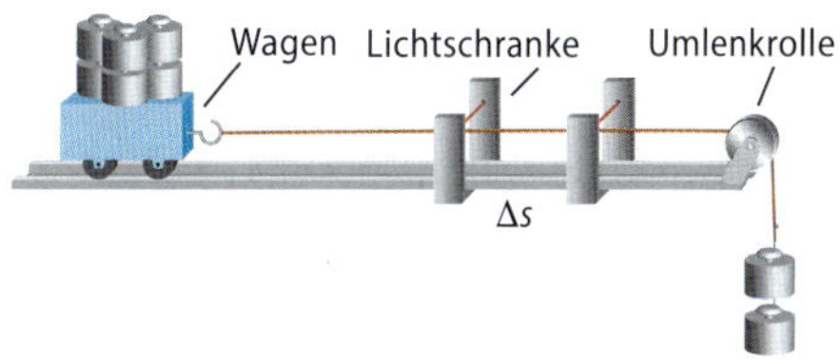

Kinetische Energie und Energieerhaltung

- Die **kinetische Energie** eines Körpers ist direkt proportional zu seiner Masse und zum Quadrat seiner Geschwindigkeit: $E_{kin} \sim m$ und $E_{kin} \sim v^2$.
- $E_{kin} = \frac{1}{2} \cdot m \cdot v^2$ mit $[E_{kin}] = 1$ J (Joule)
- Bei der vollständigen (reibungsfreien) Umwandlung potenzieller Energie in kinetische Energie folgt aus dem Energieerhaltungssatz:
  $E_{pot} = E_{kin}$
  $v = \sqrt{2 \cdot g \cdot h}$
  Die Geschwindigkeit ist unabhängig von der Masse des Körpers.

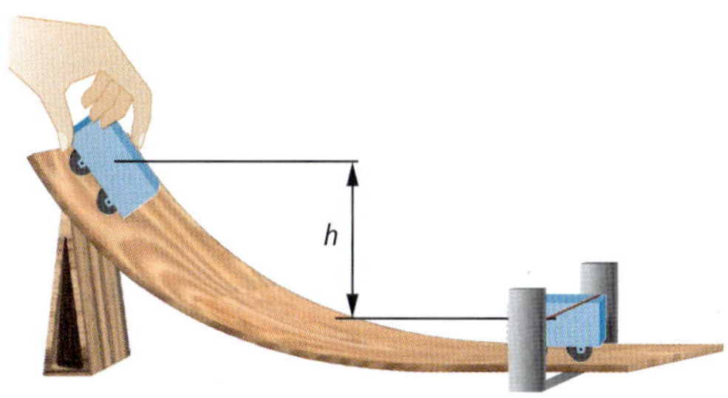

1.15 Grundwissen

Impuls

- Der **Impuls** ist ein Maß für die Wucht eines Körpers bei einem Zusammenstoß.
- Das Produkt aus der Masse eines Körpers und seiner Geschwindigkeit bezeichnet man als Impuls p: $\boldsymbol{p} = \boldsymbol{m} \cdot \boldsymbol{v}$ mit $[p] = 1\,\frac{\text{kg} \cdot \text{m}}{\text{s}}$

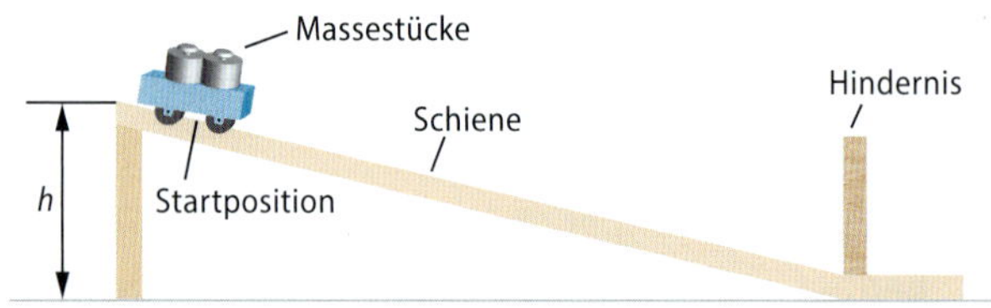

Elastischer Stoß

- Ein **zentraler elastischer** Stoß liegt vor, wenn die beteiligten Körper nach dem Stoß **dieselbe kinetische Gesamtenergie** wie vor dem Stoß haben. Es gilt der **Energieerhaltungssatz** in folgender Form:
  $\frac{1}{2}m_1v_1{}^2 + \frac{1}{2}m_2v_2{}^2 = \frac{1}{2}m_1v_1{}'^2 + \frac{1}{2}m_2v_2{}'^2$
- Beim **zentralen elastischen Stoß** zweier Körper ist die **Summe der Impulse** vor dem Stoß genauso groß wie nach dem Stoß. Es gilt der **Impulserhaltungssatz**:
  $m_1v_1 + m_2v_2 = m_1v_1{}' + m_2v_2{}'$

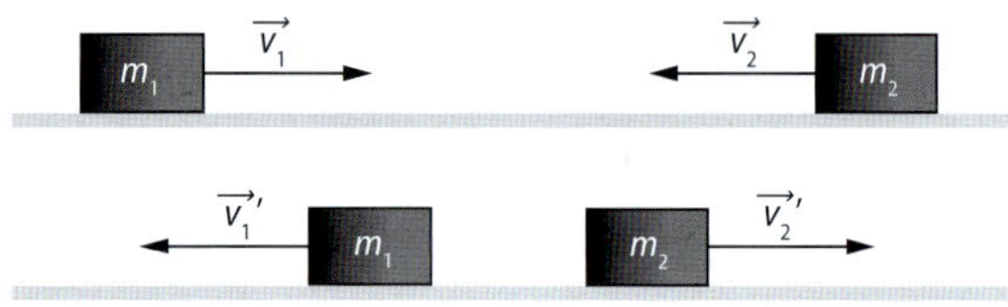

Elastischer Stoß

Inelastischer Stoß

- Stöße, bei denen ein Teil der Bewegungsenergie in innere Energie umgewandelt wird, werden als **teilelastische Stöße** bezeichnet.
- Beim **inelastischen Stoß** bewegen sich die beiden Körper nach dem Stoß gemeinsam mit gleicher Geschwindigkeit in dieselbe Richtung weiter.
- Beim **inelastischen** oder **teilelastischen** Stoß zweier Körper ist die Summe der Impulse nach dem Stoß genauso groß wie vor dem Stoß. Es gilt der **Impulserhaltungssatz**:
  $m_1 \cdot v_1 + m_2 \cdot v_2 = (m_1 + m_2) \cdot v'$
- Beim inelastischen oder teilelastischen Stoß bleibt die **kinetische Energie nicht erhalten**.

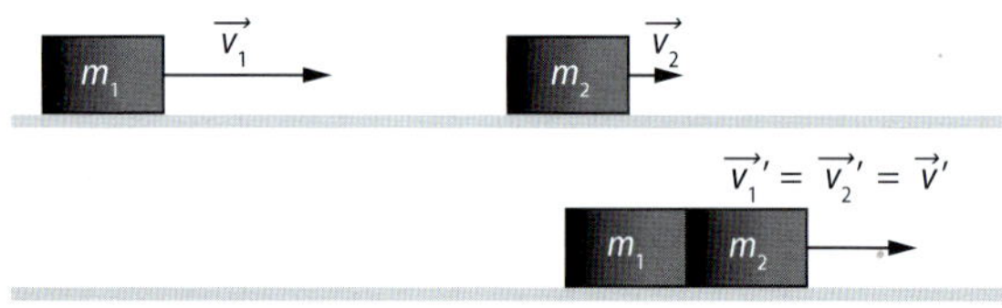

Inelastischer Stoß

1.16 Vermischte Aufgaben

1 a) Zeichne das zum Zeit-Orts-Diagramm zugehörige Zeit-Weg-Diagramm und beschreibe die Bewegung.

b) Zeichne das zugehörige Zeit-Geschwindigkeits-Diagramm.

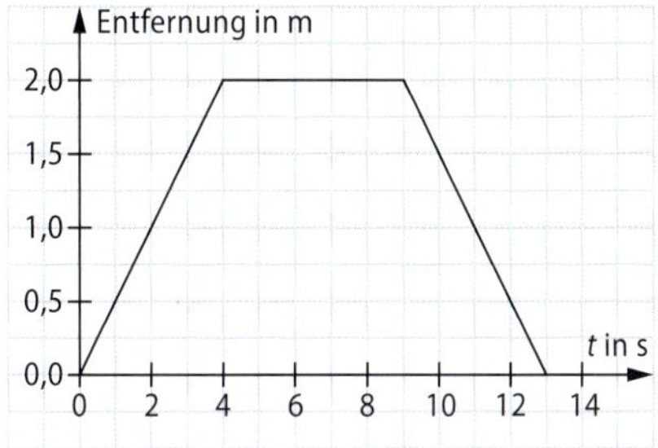

2 Ein Körper bewegt sich auf gerader Strecke gemäß dem abgebildeten *t*-*v*-Diagramm vor und zurück.

a) Berechne den insgesamt nach 70 s zurückgelegten Weg sowie die Entfernung zwischen Start- und Zielpunkt.

b) Zeichne das zugehörige Zeit-Weg-Diagramm.

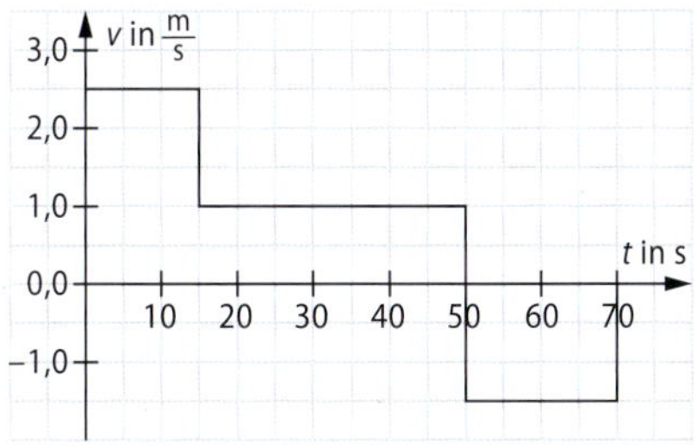

3 Ein Ruderboot fährt mit 4,50 $\frac{km}{h}$ vom Ufer eines Sees los. Zeitgleich startet vom 2000 m entfernten gegenüberliegenden Ufer ein Boot mit 2,70 $\frac{km}{h}$. Beide Boote halten direkt aufeinander zu. Zu welchem Zeitpunkt und an welchem Ort haben sie zum ersten Mal einen Abstand von 50 m?

4 a) Ermittle die Beschleunigung eines Schnellzugs, der nach einer Anlaufzeit von 40 s eine Geschwindigkeit von 126 $\frac{km}{h}$ erreicht. Gehe von einer gleichmäßig beschleunigten Bewegung aus.

b) Der Schnellzug beschleunigt 85 s lang gleichmäßig, bis er seine Höchstgeschwindigkeit erreicht. Berechne die Höchstgeschwindigkeit des Zugs.

c) Der Zug bremst mit einer maximalen Beschleunigung von $a = -0{,}70\ \frac{m}{s^2}$. Berechne die Bremsdauer des Zugs für eine Vollbremsung bei einer Geschwindigkeit von 300 $\frac{km}{h}$ bis zum Stillstand des Zugs.

d) In Wirklichkeit nimmt bei Fahrzeugen die Beschleunigung ab, je höher die bereits erreichte Geschwindigkeit des Fahrzeugs ist. Recherchiere.

5 Für einen städtischen Freizeitpark soll ein neuer Fallturm konstruiert werden. Die Parkbetreiber fordern eine Turmhöhe, die einen freien Fall von 4,5 s ermöglicht.

a) Darf der Fallturm gebaut werden, wenn die von der Stadt genehmigte Maximalhöhe bei 100 m liegt?

b) Die tatsächliche Turmhöhe weicht von der in a) berechneten Höhe ab. Begründe.

1.16 Vermischte Aufgaben

6 Ein Verkehrsclub gibt bei trockener Fahrbahn, gutem Reifenprofil und guten Bremsen für Pkw eine Bremsbeschleunigung von $a = -9{,}0\ \frac{\text{m}}{\text{s}^2}$ an.

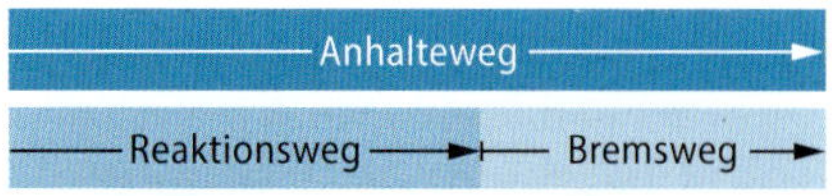

a) Berechne zuerst die Zeit, die ein Pkw in der 30er-Zone benötigt, um von $30\ \frac{\text{km}}{\text{h}}$ auf $0\ \frac{\text{km}}{\text{h}}$ abzubremsen, und danach den Bremsweg des Pkws.

b) Ermittle den Anhalteweg (Reaktionsweg + Bremsweg) eines Pkws in der 30er-Zone bei einer Reaktionszeit des Fahrers von 1,0 s.

7 Am Start bzw. Ziel einer 100-m-Bahn stehen sich ein Pkw ($m = 1{,}5$ t) und ein Sprinter ($m = 75$ kg) gegenüber. Pkw und Sprinter starten auf ein Signal hin gleichzeitig und bewegen sich (auf benachbarten Bahnen) aufeinander zu. Vereinfachend wird angenommen, dass der Sprinter sofort mit einer konstanten Geschwindigkeit von $10\ \frac{\text{m}}{\text{s}}$ läuft und der Pkw mit der konstanten Beschleunigung von $2{,}0\ \frac{\text{m}}{\text{s}^2}$ losfährt.

a) Zeichne den Bewegungsvorgang qualitativ in einem Zeit-Weg-Diagramm und einem Zeit-Orts-Diagramm, wobei der Startzeitpunkt von Pkw und Sprinter jeweils $t = 0{,}0$ s beträgt.

b) Bestimme grafisch den Zeitpunkt, an dem sich Sprinter und Pkw begegnen.

c) An welcher Stelle der 100-m-Bahn begegnen sich die beiden?

d) Vergleiche die kinetischen Energien von Sprinter und Pkw am Ort der Begegnung. Was stellst du fest?

8 Ein SUV ($m = 2{,}5$ t) wird in 4,0 s von $50\ \frac{\text{km}}{\text{h}}$ auf $90\ \frac{\text{km}}{\text{h}}$ bescheunigt.

a) Berechne die Beschleunigung und die daraus resultierende Kraft auf den SUV.

b) Berechne den zurückgelegten Weg und die Beschleunigungsarbeit.

c) Vergleiche die Beschleunigungsarbeit aus b) mit der Differenz der kinetischen Energien $E_{\text{kin, 2}} - E_{\text{kin, 1}}$. Begründe deine Feststellung.

d) Berechne die Geschwindigkeit des SUV, wenn er mit der gleichen Beschleunigungsarbeit aus dem Stand beschleunigt hätte.

9 Auf einem Air-Hockey-Tisch trifft ein Puck (m_1 = 30 g) mit einer Geschwindigkeit von 6,0 $\frac{m}{s}$ mittig auf einen ruhenden Puck mit doppelter Masse. Berechne die Geschwindigkeiten des ersten Pucks nach dem Stoß, wenn sich der zweite Puck nach dem Stoß mit einer Geschwindigkeit von 4,0 $\frac{m}{s}$ bewegt.

10 Mit einem Luftgewehr wird auf ein ruhendes Pendel der Masse 250 g geschossen. Die Geschwindigkeit des Pendelkörpers nach dem Aufprall der Kugel (m = 0,50 g) beträgt 0,38 $\frac{m}{s}$, die Kugel bleibt im Pendel stecken.

a) Berechne mithilfe des Impulserhaltungssatzes die Mündungsgeschwindigkeit der Luftgewehrkugel.

b) Zeige, dass die kinetischen Energien vor bzw. nach dem Aufprall unterschiedlich groß sind. Wo ist die restliche Energie geblieben?

11 Ein Boot der Masse 44 kg treibt auf einem Fluss (Strömungsgeschwindigkeit 4,0 $\frac{km}{h}$). Ein Junge (56 kg) springt mit einer Geschwindigkeit von 3,0 $\frac{m}{s}$ ins Boot. Bestimme die Geschwindigkeit des jetzt bemannten Bootes nach dem Sprung, falls der Junge…

a) in Flussrichtung springt.

b) entgegengesetzt zur Flussrichtung springt.

12 In einem Experiment wird auf horizontaler Bahn der zentrale Stoß zwischen einem Körper (1) mit der Masse 100 g und einem Körper (2) mit der Masse 200 g experimentell untersucht. An Körper (1) ist in Stoßrichtung eine elastisch verformbare Feder angebracht. Die Bewegungen beider Körper werden im folgenden Zeit-Orts-Diagramm ausgewertet. Die Masse der Feder ist vernachlässigbar. Weise nach, dass näherungsweise sowohl kinetische Energie als auch der Impuls erhalten bleiben.

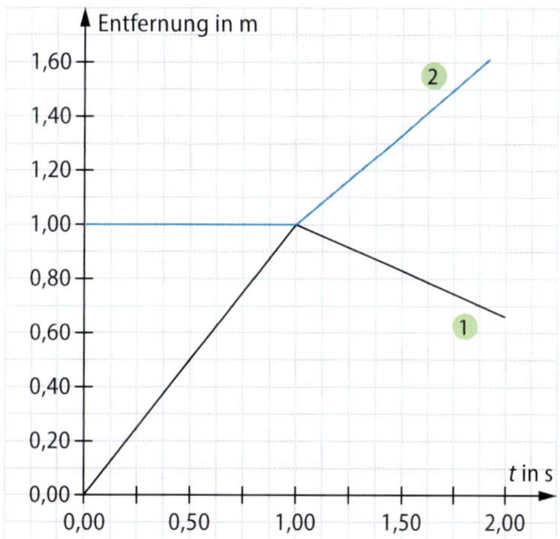

13 Eine Kugel (m_1 = 100 g) stößt zentral mit einer Geschwindigkeit von $v_1 = 1{,}0\,\frac{m}{s}$ auf eine ruhende Kugel (m_2 = 150 g), die dadurch eine Geschwindigkeit von $v_2' = 0{,}50\,\frac{m}{s}$ erhält.

a) Welche Geschwindigkeit hat die erste Kugel nach dem Stoß?

b) Prüfe rechnerisch, ob bei diesem Stoß die mechanische Energie erhalten bleibt.

2 Elektrizitätslehre

Unverzweigter Stromkreis

Magnetfeld

Reihenschaltung

TEILSTROMSTÄRKE

Sinus

Primärspule

Transformator

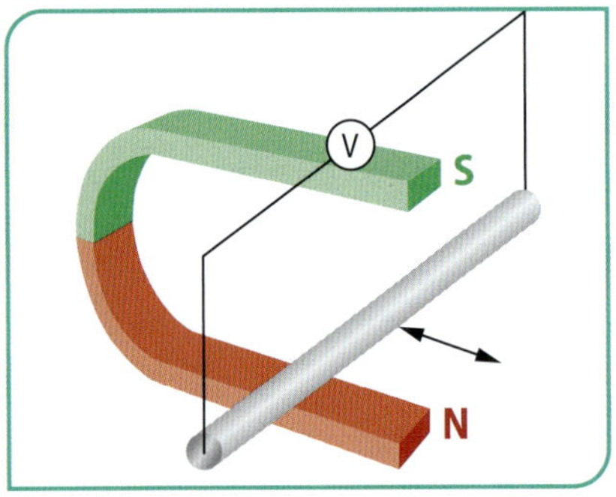

INDUKTION

GESAMTSPANNUNG

INDUKTIONSGESETZ

VORWIDERSTAND

- Welche der Begriffe hast du schon gehört? Erkläre sie.
- Findest du weitere passende Bilder oder weitere Begriffe?
- Die Doppelseite ist gut für die Vorbereitung auf eine Schulaufgabe geeignet: Erkläre dazu (evtl. einem Partner) jeden Begriff und erläutere auch die Zusammenhänge zwischen ihnen. Ergänze gegebenenfalls fehlende Stichworte.

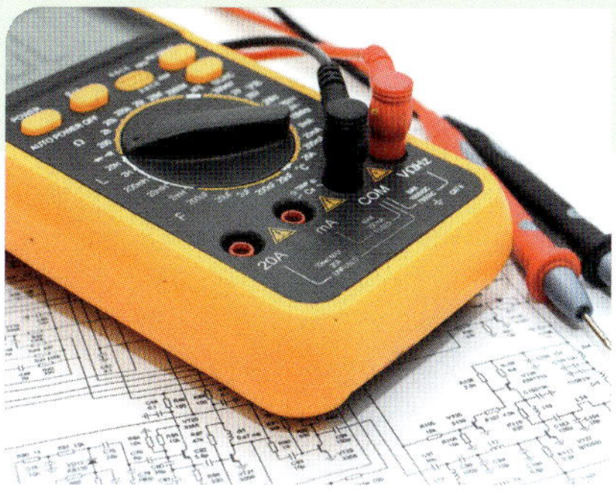

MESSBEREICHSERWEITERUNG

Generator

Leerlaufspannung

Wirkungsgrad

Gesamtwiderstand

WECHSELSPANNUNG

Induktives Laden

Regel von Lenz

ENERGIEÜBERTRAGUNG

INDUKTIONSSPULE

VERZWEIGTER STROMKREIS

Magnete

- Ein Magnet übt auf **ferromagnetische Stoffe magnetische Kräfte** aus.
- Die Stärke der magnetischen Kräfte hängt vom Abstand zwischen den Körpern und vom Magneten selbst ab .
- Die magnetische Wirkung geht durch nicht-ferromagnetische Stoffe hindurch und kann durch **ferromagnetische Stoffe abgeschirmt** werden.
- Jeder Magnet besitzt einen **Nord-** und einen **Süd-pol.**
- Gleichnamige Magnetpole stoßen sich ab, ungleichnamige ziehen sich an.

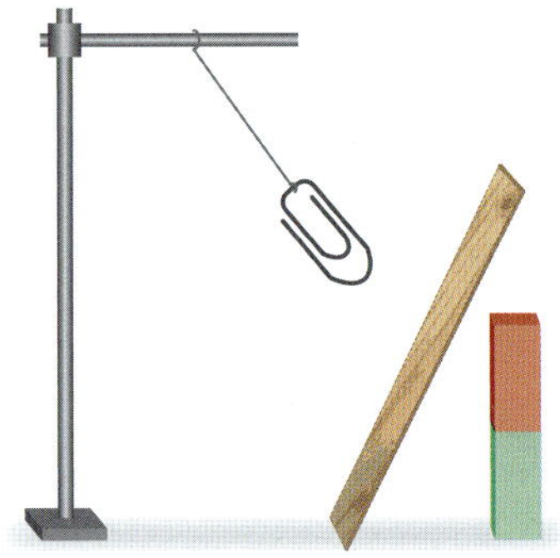

Modellvorstellung zum Magnetismus

- Ferromagnetische Stoffe werden in der Nähe von Magneten selbst magnetisch (**magnetische Influenz**).
- Je nach Ausrichtung der Elementarmagnete ist ein ferromagnetischer Körper entweder magnetisch oder nicht.
- Durch Überstreichen mit einem Magneten kann ein Körper aus magnetisch hartem Eisen zum **Dauermagneten** werden.
- Bei magnetisch weichem Eisen verlieren die **Elementarmagnete** ihre Ordnung nach dem Entfernen des Magneten wieder.
- Durch **Erschütterung** oder **Erhitzen** kann ein Magnet **entmagnetisiert** werden.

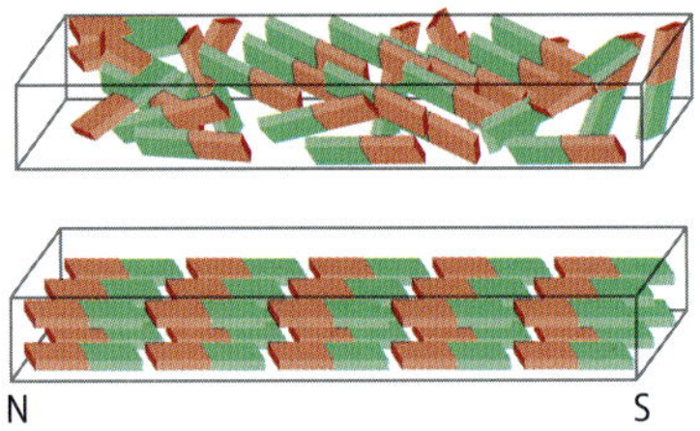

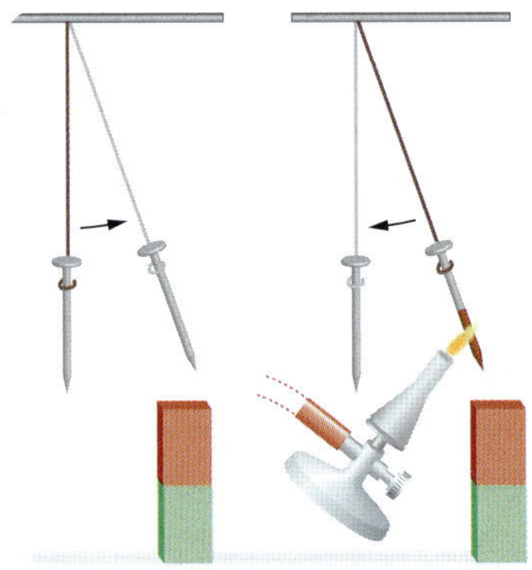

Magnetfelder

- In der Umgebung eines Magneten besteht ein **Magnetfeld**, das mithilfe von Feldlinien veranschaulicht werden kann.
- Je dichter die **Feldlinien** liegen, desto größer ist die magnetische Kraft.
- **Feldlinien** schneiden sich nie. Sie verlaufen außerhalb eines Magneten vom Nord- zum Südpol.

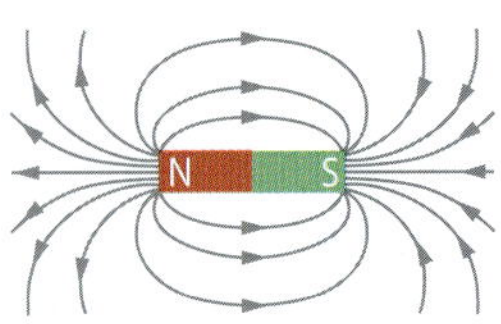

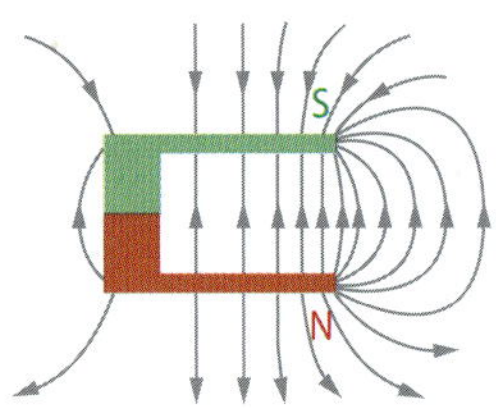

Elektrische Schaltungen

- **Elektrischer Strom** kann nur in einem **geschlossenen Stromkreis** fließen.
- **Elektrische Stromkreise** und **Schaltungen** stellt man mithilfe von **Schaltsymbolen** in Schaltbildern dar.
- Zwei grundlegende Schaltungen sind die **Reihenschaltung** und die **Parallelschaltung**. In den abgebildeten Schaltungen gilt: Entfernt man ein Lämpchen, leuchtet im Falle der Reihenschaltung das andere auch nicht mehr, bei der Parallelschaltung hingegen trotzdem.
- Weitere wichtige Schaltungen sind:
  - **UND-Schaltung** (zwei Schalter in Reihe)
  - **ODER-Schaltung** (zwei Schalter parallel)
  - **Wechselschaltung**

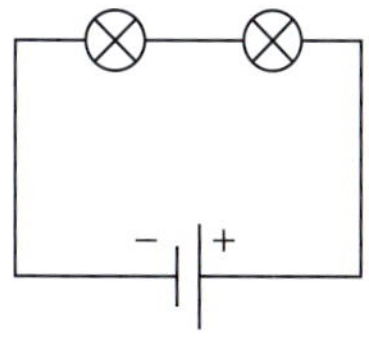

Reihenschaltung

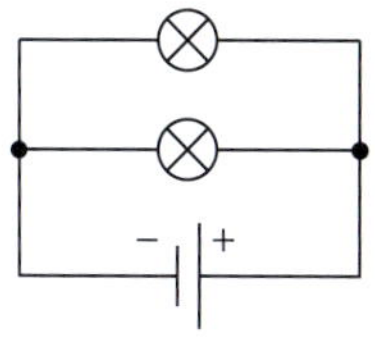

Parallelschaltung

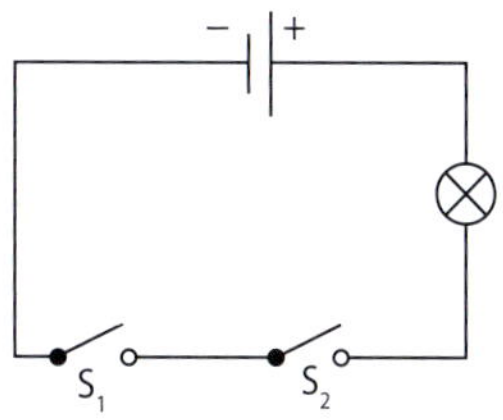

UND-Schaltung

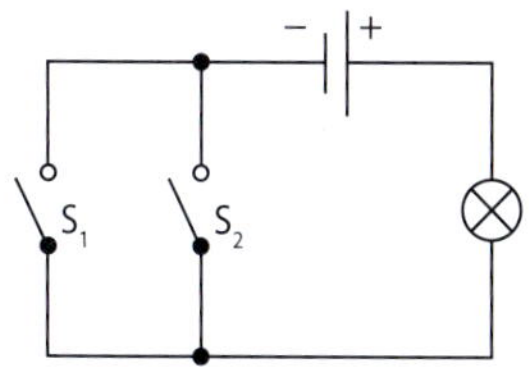

ODER-Schaltung

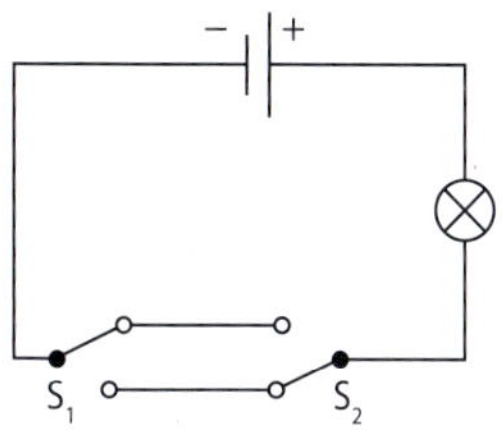

Wechselschaltung

Elektrische Ladung und elektrische Spannung

- Jeder Körper besteht aus **Atomen**, diese setzen sich aus Atomkern und Atomhülle zusammen. In der Atomhülle befinden sich die **elektrisch negativ geladenen Elektronen**, die sich um den **elektrisch positiv geladenen Kern** aufhalten (Kern-Hülle-Modell).
- Durch engen Kontakt bzw. durch Reibung kann ein Körper elektrisch geladen werden (**Kontaktelektrizität**).
- Man unterscheidet zwischen **elektrisch positiver Ladung** und **elektrisch negativer Ladung**.
- Gleichnamige Ladungen stoßen sich ab, ungleichnamige ziehen sich an.
- In einer Elektrizitätsquelle werden elektrische Ladungen getrennt, dabei gilt das Prinzip der Ladungserhaltung.
- Die voneinander getrennten elektrischen Ladungen haben eine höhere Energie als vor der Trennung (elektrische Spannung).

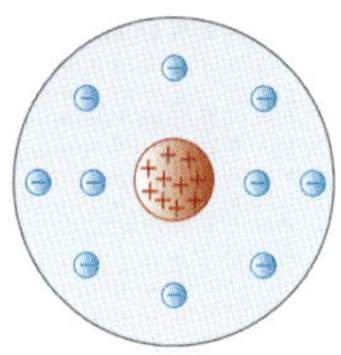
Atom mit elektrisch negativ geladenen Elektronen und elektrisch positiv geladenem Kern

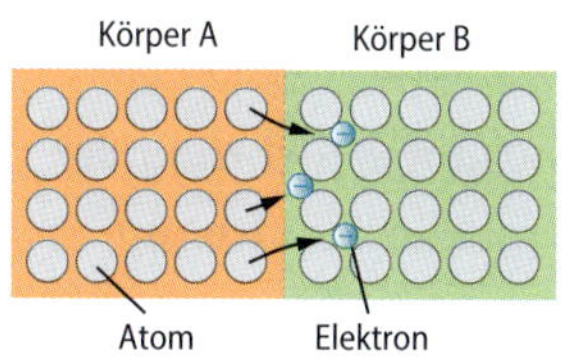

Elektronenwanderung

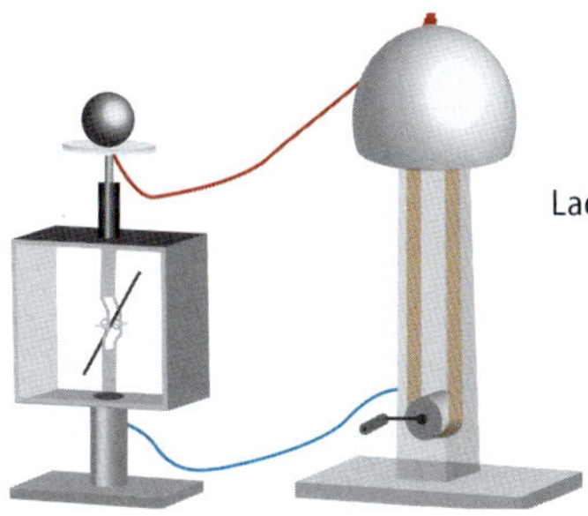
Ladungstrennung

Elektrische Ladungsmenge und Elementarladung

- Die **elektrische Ladung** ist eine physikalische Größe mit dem Symbol Q und der Einheit **Coulomb**:
  $[Q] = 1\ \mathrm{C}$
- Die kleinste elektrische Ladung ist die eines Elektrons. Der Betrag dieser Ladungsmenge wird als **Elementarladung *e*** bezeichnet.
  $e = 1{,}602 \cdot 10^{-19}\ \mathrm{C}$
- Jede Ladungsmenge kann als Vielfaches von e berechnet werden:
  $Q = n \cdot e$

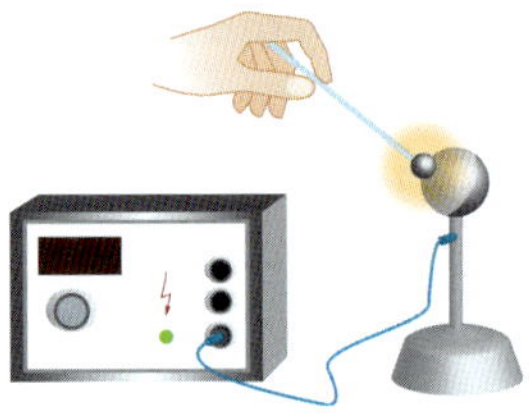
Ladungsmessung

Elektrisches Feld

- Eine elektrische Ladung erzeugt ein elektrisches Feld. Dieses beschreibt an jedem Ort den Betrag und die Richtung der Kraft auf einen anderen geladenen Körper.
- Ein äußeres elektrisches Feld bewirkt bei elektrisch neutralen Metallen eine Verschiebung der frei beweglichen Elektronen (**elektrische Influenz**). Bei elektrisch neutralen Nichtmetallen bewirkt es eine Ausrichtung der Atome und Moleküle (**elektrische Polarisation**).

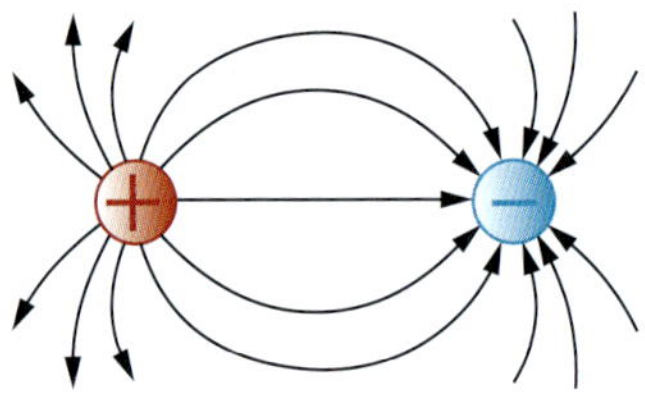

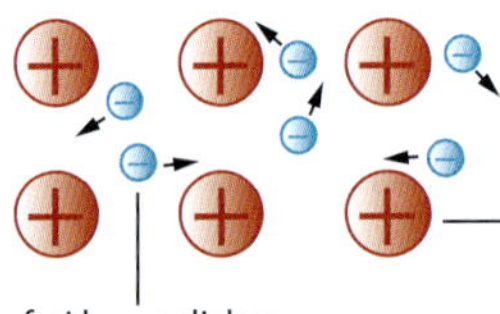

Elektrischer Strom

- In Metallen bilden die frei beweglichen, negativ geladenen Elektronen den elektrischen Strom. Sie fließen dabei **vom Minuspol in Richtung des Pluspols** einer Elektrizitätsquelle (**Elektronenstromrichtung**).

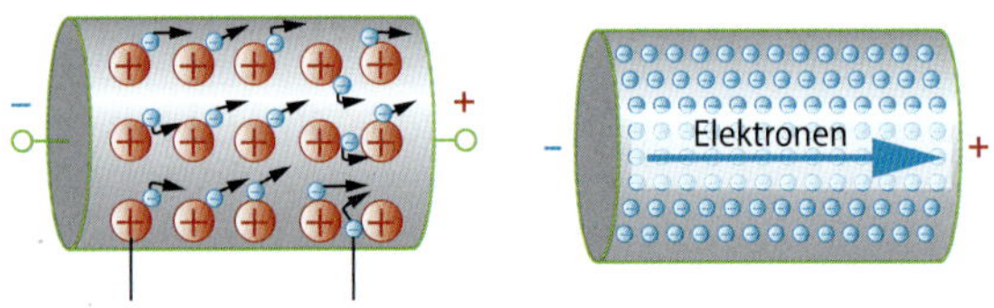

Elektrische Stromstärke

- Die **Stromstärke** I gibt die elektrische Ladungsmenge Q an, die pro Zeit t eine Messstelle passiert:
  $I = \frac{Q}{t}$
- Die Einheit von I ist das **Ampere**:
  $[I] = \frac{[Q]}{[t]} = 1\ \frac{\mathrm{C}}{\mathrm{s}} = 1\ \mathrm{A}$

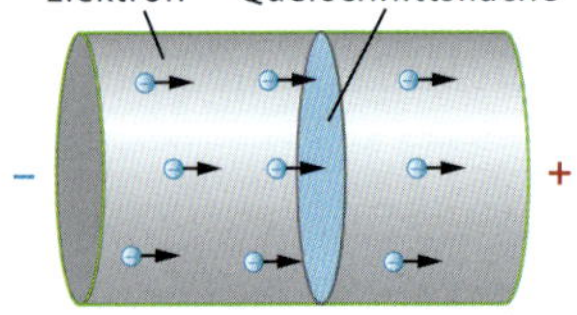

Gefahren und Schutzvorrichtungen bei elektrischem Strom

- Materialien, in denen Strom fließen kann, nennt man **Leiter**. Fließt Strom durch einen Leiter, so erwärmt sich dieser.
- Elektrischer Strom kann lebensgefährlich sein.
- **Isolatoren** sind **Nichtleiter** und schützen vor Kontakt mit elektrischem Strom.
- Die Leitungen von Haushaltsnetzen bestehen aus dem **Außenleiter**, dem **Neutralleiter** und dem gelb-grün gestreiften **Schutzleiter**.
- Der Schutzleiter leitet die elektrischen Ladungen vom Gehäuse ab und schützt so den Menschen vor dem elektrischen Strom („Stromschlägen").
- Der Fehlerstrom-Schutzschalter („FI" oder „RCD") überprüft an mehreren Stellen die elektrische Stromstärke und unterbricht bei großen Unterschieden in der Stromstärke sehr schnell den Stromkreis.

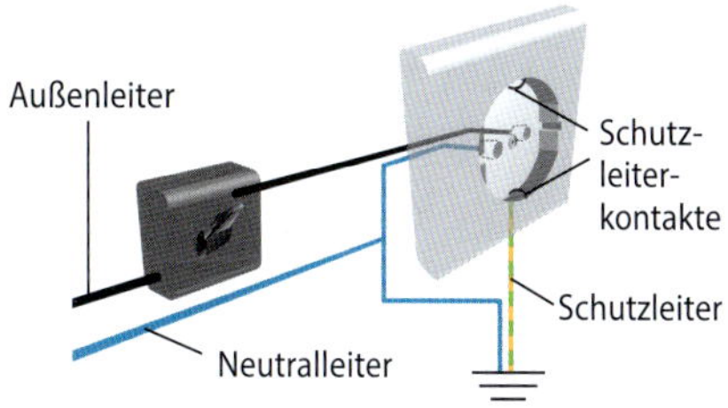

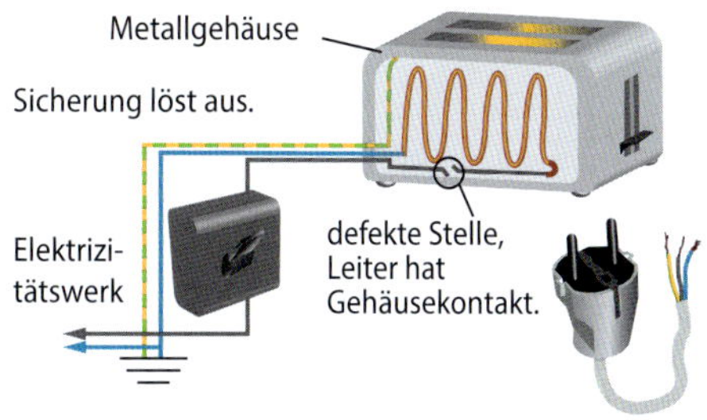

Magnetfeld eines geraden Leiters

- Ein **stromdurchflossener Leiter** erzeugt ein **Magnetfeld**, dessen Feldlinien ihn in konzentrischen Kreisen umgeben.
- Die Magnetfeldrichtung kann mithilfe der **Linke-Hand-Regel** bestimmt werden.
- Mithilfe der Symbole ⊙ und ⊗ kann man die Stromrichtung in einem Leiter im Querschnitt bzw. in der Draufsicht kennzeichnen.

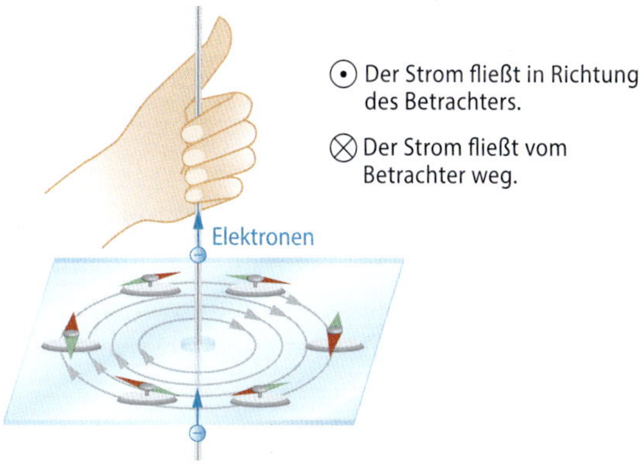

Magnetfeld einer Spule

- Die Magnetfeldlinien einer stromdurchflossenen Spule verlaufen wie bei einem Stabmagneten.
- Mithilfe der Linke-Faust-Regel lassen sich Nord- und Südpol bestimmen.
- Eine **stromdurchflossene Spule** mit einem Weicheisenkern ist ein **Elektromagnet**.

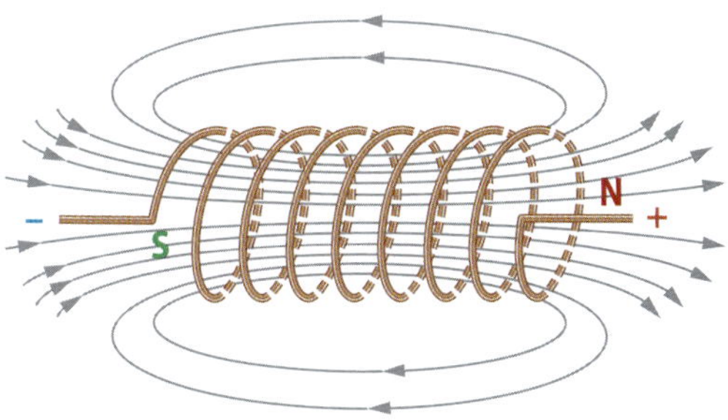

Kraftwirkung auf einen geraden Leiter

- Auf einen **stromdurchflossenen Leiter** in einem **Magnetfeld** wirkt eine **Kraft**, die senkrecht zur Richtung des Stroms und senkrecht zur Magnetfeldrichtung steht.
- Die **Richtung dieser Kraft** ergibt sich durch **Überlagerung der Magnetfelder** und lässt sich mithilfe der **3-Finger-Regel (UVW-Regel) der linken Hand** bestimmen.

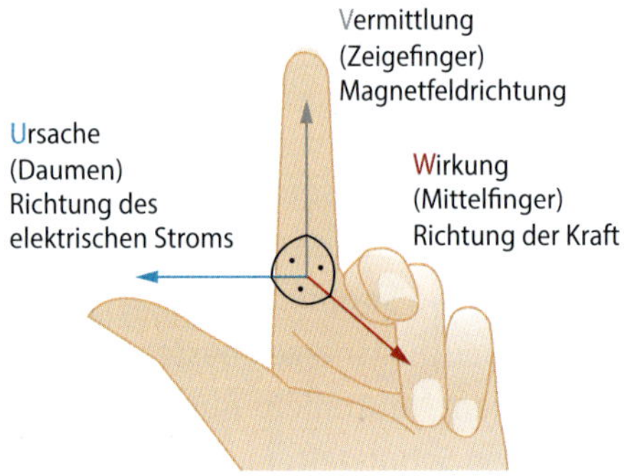

Lorentzkraft

- Bewegt sich ein Ladungsträger nicht parallel zu den Feldlinien durch ein Magnetfeld, so wirkt auf diesen die **Lorentzkraft**.
- Die Richtung der Lorentzkraft ergibt sich mit der **UVW-Regel (3-Finger-Regel) der linken Hand**.

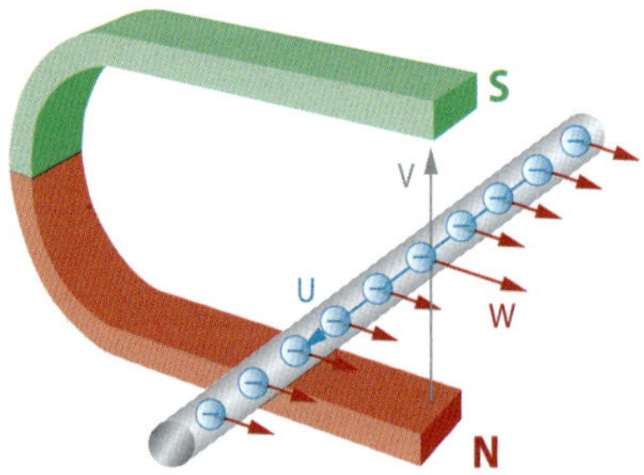

Stromdurchflossene Spule im Magnetfeld

- Eine von **Gleichstrom durchflossene Spule** erfährt in einem **äußeren Magnetfeld eine Drehwirkung**.
- Je höher die Stromstärke ist, desto größer ist auch die Drehwirkung.
- Die Drehrichtung ist von der Stromrichtung und der Magnetfeldrichtung abhängig und kann mithilfe der Linke-Faust-Regel bestimmt werden.
- Ein Elektromotor wandelt auf diese Weise elektrische in mechanische Energie um.

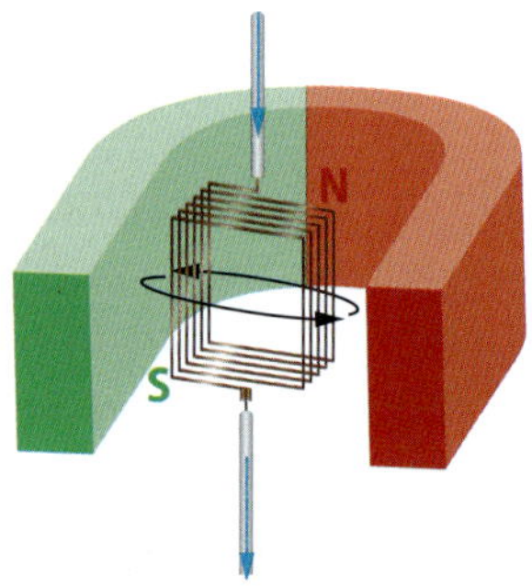

Elektrische Arbeit und Spannung

- Eine Elektrizitätsquelle verrichtet **elektrische Arbeit W_{el}**, indem sie Ladungsträger trennt und diese beschleunigt.
- Der Quotient $\frac{W_{el}}{Q}$ heißt **elektrische Spannung U**:
  $U = \frac{W_{el}}{Q} = \frac{E_{el}}{Q}$ mit $[U] = 1\,\frac{J}{C} = 1\,V$ („Volt")

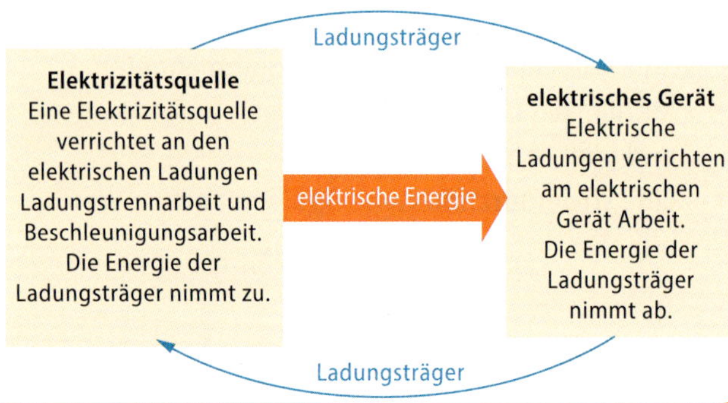

Elektrische Leistung und Wirkungsgrad

- Die **elektrische Leistung P_{el}** ist das Produkt aus der elektrischen Spannung U und der elektrischen Stromstärke I:
  $\boldsymbol{P_{el} = U \cdot I}$ mit der Einheit $[P_{el}] = 1\ \text{W}$
- Äquivalent gilt: $P_{el} = \frac{W_{el}}{t}$.
- Die Gesamtleistung mehrerer Geräte ist die Summe aller Einzelleistungen: $P_{ges} = P_1 + P_2 + \ldots$
- Die Güte der Energieumwandlung wird durch den **Wirkungsgrad** beschrieben:
  $\eta = \frac{P_{Nutz}}{P_{zu}} = \frac{W_{Nutz}}{W_{zu}} = \frac{E_{Nutz}}{E_{zu}}$

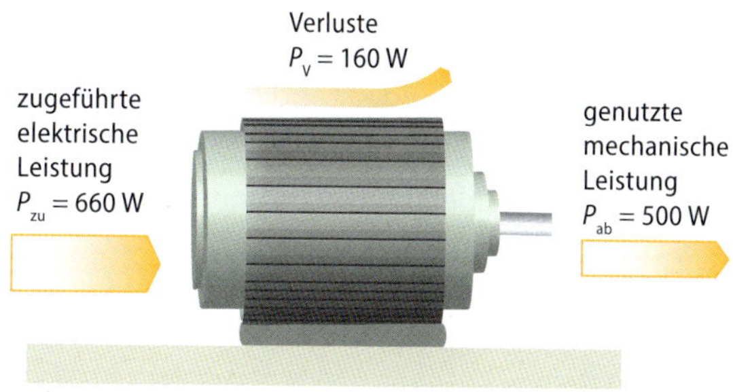

Ohmsches Gesetz

- Ist bei einem elektrischen Leiter die Stromstärke I direkt proportional zur Spannung U, dann gilt das **ohmsche Gesetz:** $U \sim I$ bzw. $\frac{U}{I} = \text{konst.}$
- Das ohmsche Gesetz gilt für die meisten Leiter nur bei **konstanter Leitertemperatur**.

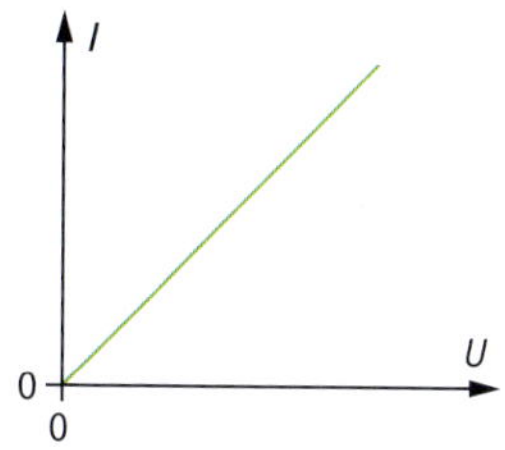

Elektrischer Widerstand, Temperaturabhängigkeit und Leitwert

- Die Eigenschaft eines Leiters, den elektrischen Strom zu hemmen, wird durch seinen Widerstand R beschrieben.
  $\boldsymbol{R} = \frac{U}{I}$ mit $[R] = \frac{1\ \text{V}}{1\ \text{A}} = 1\ \Omega$ (1 Ohm)
- Viele Leiter ändern ihren **elektrischen Widerstand** mit der **Temperatur.**
- **Bei den meisten Metallen erhöht sich der Widerstand mit steigender Temperatur.**
- Bei Konstantan ist der Widerstand unabhängig von der Temperatur konstant.
- Wenn der **Widerstand** bei **steigender** Temperatur sinkt, handelt es sich um einen **Heißleiter** bzw. NTC (z. B. Kohle, Graphit).
- Der Leitwert G ist ein Maß für die Leitfähigkeit:
  $\boldsymbol{G} = \frac{I}{U}$ mit $[G] = \frac{1\ \text{A}}{1\ \text{V}} = 1\ \text{S}$ (1 Siemens)

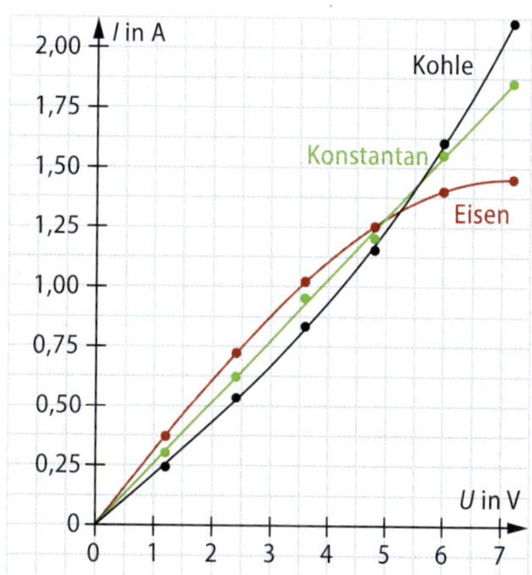

- Den Zustand eines Leiters, dessen **elektrischer Widerstand** bei sehr starker **Abkühlung sprunghaft auf 0 Ω** absinkt, nennt man **Supraleitung**.
- Für den elektrischen Widerstand R eines Leiters gilt: $\boldsymbol{R} = \rho \cdot \frac{l}{A}$ (**Widerstandsgesetz**).
- Der spezifische Widerstand ρ ist dabei eine Materialkonstante: $[\rho] = 1\,\frac{\Omega \cdot mm^2}{m}$.

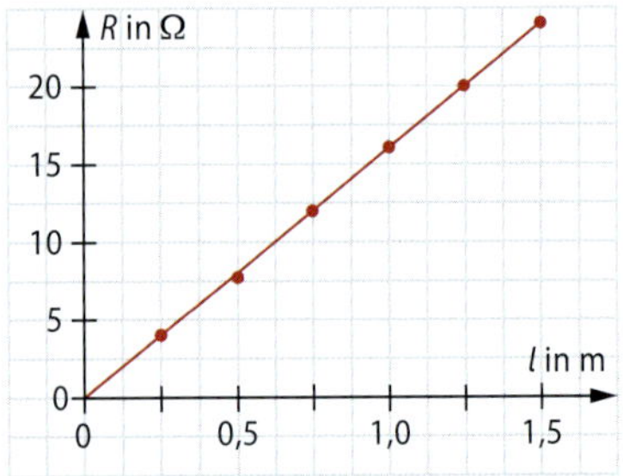

Halbleiter und Eigenleitung

- Bei **Halbleitern** steigt die Anzahl der freien Ladungsträger mit der Temperatur stark an.
- Wird einem Halbleiterkristall Wärme zugeführt, so lösen sich die **Elektronenpaar-Bindungen** und es entsteht ein Elektron und ein Loch (**Paarbildung**).
- Besetzt ein Elektron ein zuvor entstandenes Loch, dann wird die Bindung wieder aufgebaut (**Rekombination**).
- Die Bewegung freier Elektronen vom Minus- zum Pluspol im Halbleiter heißt **n-Leitung** oder **Elektronenleitung**.
- Durch ständige Paarbildung und Rekombination bewegen sich die Löcher scheinbar auf den Minuspol zu (**p-Leitung** oder **Löcherleitung**).

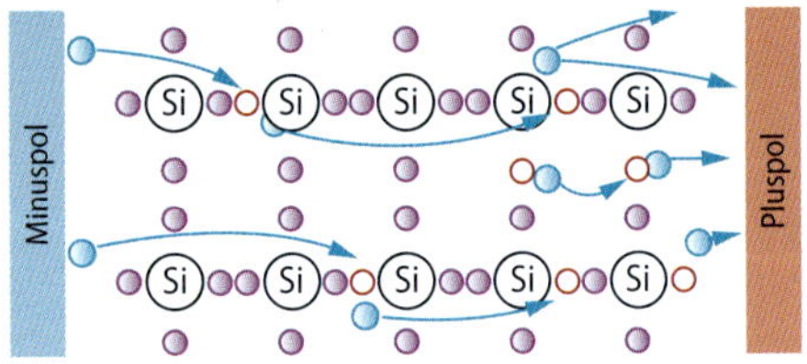

Elektronenleitung oder n-Leitung

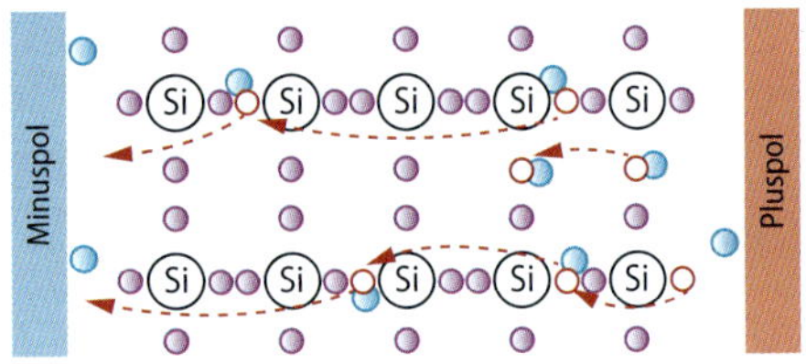

Löcherleitung oder p-Leitung

Halbleiter und Fremdleitung

- Unter Dotierung versteht man die gezielte Verunreinigung hochreinen Siliziums durch 3- oder 5-wertige Fremdatome zur Steigerung der Leitfähigkeit.
- **p-leitendes Silizium** entsteht durch Dotieren mit 3-wertigen Elementen (z. B. Indium).
- **n-leitendes Silizium** entsteht durch Dotieren mit 5-wertigen Elementen (z. B. Phosphor).

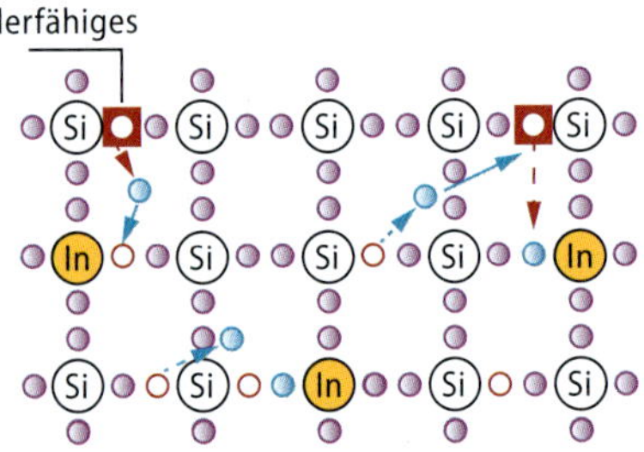

Dotierung mit 3-wertigem Indium (p-Halbleiter)

Halbleiterbauteile

- **Heißleiter** (NTC-Widerstände) wandeln die nichtelektrische Größe Temperatur in elektrische Größen um. Bei Temperaturerhöhung sinkt der Widerstand.
- **Fotowiderstände** (LDR) wandeln Licht in elektrische Größen um. Der Widerstandswert sinkt bei Lichteinfall.

Halbleiterdioden

- Ein Bauteil mit einem p-n-Übergang heißt Halbleiterdiode oder kurz **Diode**.
- An der **Grenzschicht** wird durch Rekombination eine **Sperrschicht** und durch die ortsfesten Fremdatome der beiden Halbleiter ein elektrisches Feld aufgebaut.
- Liegt der Pluspol der Elektrizitätsquelle am n-Halbleiter (Kathode) und der Minuspol am p-Halbleiter (Anode) an, sperrt die Diode.
- In dazu umgekehrter Polung fließt ein **Durchlassstrom**, wenn die **Schwellenspannung** überschritten wird.

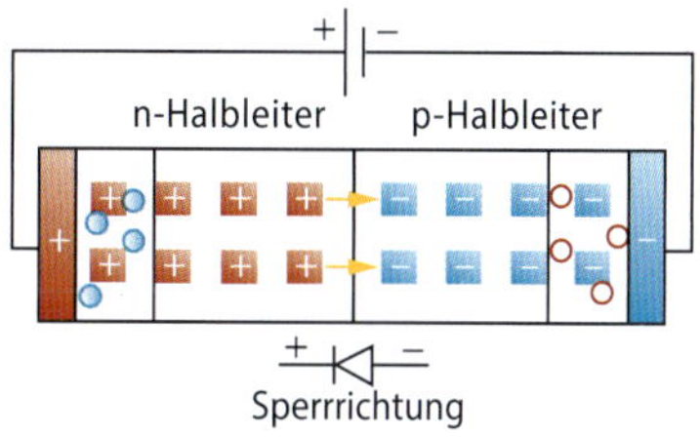

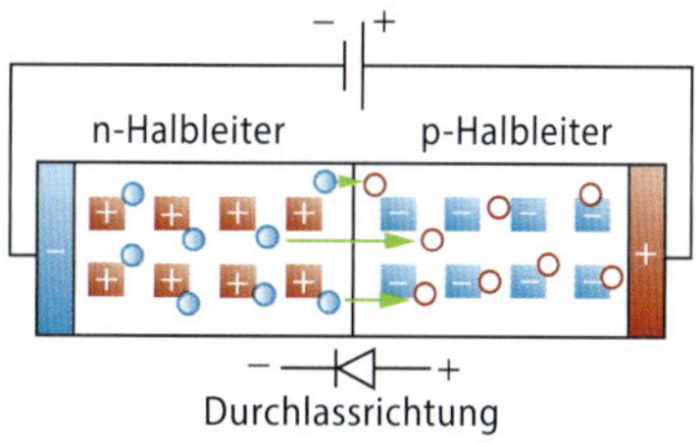

Halbleiterdioden-Bauteile

- Dioden können als **Gleichrichter** eingesetzt werden, der eine Wechselspannung in eine pulsierende Gleichspannung umwandelt.
- **Leuchtdioden** (LEDs) wandeln elektrische Energie hocheffizient in Licht um.
- **Solarzellen** wandeln Licht in elektrische Energie um.

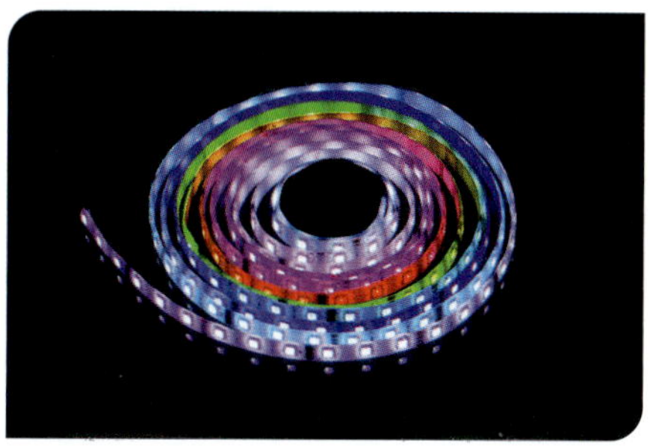

2.1 Unverzweigter Stromkreis

Einstieg

Bei einer Lichterkette sind 23 Lampen hintereinander geschaltet. Jede dieser Lampen trägt den Aufdruck „10 V, 2 W".
Lara ist entsetzt, als ihr Vater die Lichterkette an die Steckdose mit 230 V Spannung anschließen will.

- Kann ihr Vater die Lichterkette anschließen?
- Erkläre, was passiert, wenn eine Glühlampe defekt ist.

Versuche

V1 Eine Glühlampe und ein veränderbarer Widerstand sind wie in Abb. 1 an eine Elektrizitätsquelle angeschlossen. Der Widerstandswert wird vergrößert.
Beobachtung: Die Lampenhelligkeit nimmt mit größer werdendem Widerstand ab.

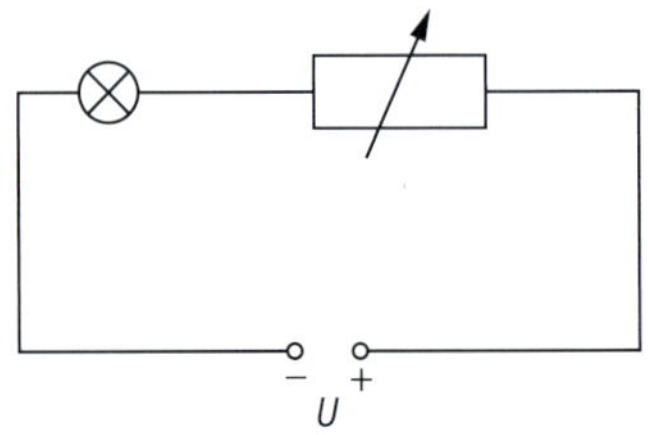

Abb. 1: Schaltskizze zu V1

Arbeitsblatt zu V2 unter **67010-07**

V2 a) Bei einer Schaltung nach Abb. 2 werden an verschiedenen Stellen die Stromstärken gemessen.
Beobachtung: Die Stromstärken sind mit 27 mA an allen Stellen gleich groß.

b) Bei der Schaltung aus V2 a) werden nun die Spannungen an jedem Teilwiderstand und an der Elektrizitätsquelle gemessen.
Beobachtung: Die Spannungen sind unterschiedlich groß. Am kleinsten Widerstand liegt die kleinste Teilspannung, am größten Widerstand liegt die größte Teilspannung an. Es ergeben sich folgende Messwerte:

Material
– Elektrizitätsquelle
– Leiter
– elektrische Widerstände
– Vielfachmessgerät

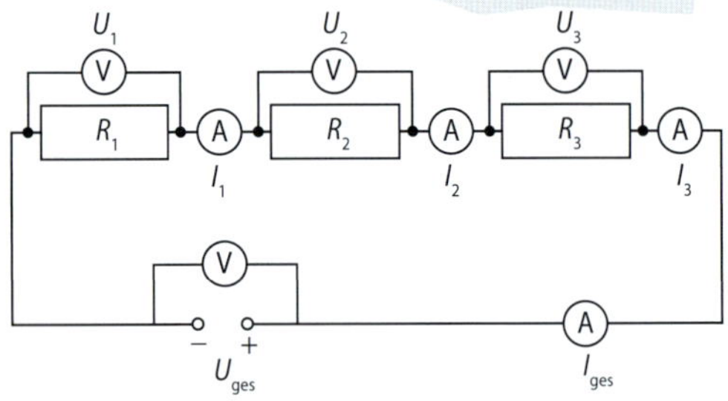

Abb. 2: Schaltskizze zu V2

$R_1 = 10\ \Omega$	$R_2 = 47\ \Omega$	$R_3 = 100\ \Omega$	R_{ges}
$I_1 = 27$ mA	$I_2 = 27$ mA	$I_3 = 27$ mA	$I_{ges} = 27$ mA
$U_1 = 0{,}30$ V	$U_2 = 1{,}3$ V	$U_3 = 2{,}8$ V	$U_{ges} = 4{,}4$ V

Erklärung

Sind Widerstände oder Glühlampen wie bei V1 nur hintereinander geschaltet, so spricht man von einer **Reihenschaltung** oder vom **unverzweigten Stromkreis**.
Nach V2 a) ist hier die **Stromstärke** an allen Stellen **gleich:** $I_{ges} = I_1 = I_2 = I_3 = I$.
Die in V2 b) gemessenen Teilspannungen an den einzelnen Widerständen sind unterschiedlich groß. Vergleicht man sie, so stellt man fest, dass sich die Gesamtspannung aufteilt und sich als Summe der Teilspannungen ergibt: $U_{ges} = U_1 + U_2 + U_3$.

Mit $U = R \cdot I$ folgt: $R_{ges} \cdot I = R_1 \cdot I + R_2 \cdot I + R_3 \cdot I$.
Nach Division durch I ergibt sich für den Gesamtwiderstand: $R_{ges} = R_1 + R_2 + R_3$.

Merkwissen

Für einen **unverzweigten Stromkreis** (**Reihenschaltung**) mit n Widerständen gilt:

- Die Stromstärke ist an allen Stellen gleich: $I = I_1 = I_2 = \ldots = I_n = I_{ges}$.
- Die Gesamtspannung ist die Summe der Teilspannungen:
  $U_{ges} = U_1 + U_2 + \ldots + U_n$
- Der Gesamtwiderstand ist die Summe der Teilwiderstände:
  $R_{ges} = R_1 + R_2 + \ldots + R_n$

Musteraufgabe

1 Drei hintereinander geschaltete Widerstände mit den Werten $R_1 = 180\ \Omega$, $R_2 = 150\ \Omega$ und $R_3 = 120\ \Omega$ sind an ein Netzgerät mit einer Spannung von $U = 24\ V$ angeschlossen. Berechne die Stromstärke und die Teilspannung U_1.

Lösung:

geg.: $R_1 = 180\ \Omega$; $R_2 = 150\ \Omega$; $R_3 = 120\ \Omega$; $U_{ges} = 24\ V$

ges.: I_{ges}; U_1

Ansatz: $R_{ges} = R_1 + R_2 + R_3$; $I_{ges} = \frac{U_{ges}}{R_{ges}}$; $U_1 = R_1 \cdot I_{ges}$

Rechnung: $R_{ges} = 180\ \Omega + 150\ \Omega + 120\ \Omega = 450\ \Omega$

$I_{ges} = \frac{24\ V}{450\ \Omega} = 53\ mA$

$U_1 = 180\ \Omega \cdot 53\ mA = 9{,}5\ V$

Aufgaben

1 Zwei Widerstände $R_1 = 20\ \Omega$ und $R_2 = 40\ \Omega$ sind in Reihe an eine Elektrizitätsquelle mit der Spannung $U = 24\ V$ angeschlossen.

a) Berechne den Gesamtwiderstand, die Stromstärke sowie die Teilspannungen an den Widerständen.

b) Berechne die in den beiden Widerständen umgesetzten Leistungen sowie die Gesamtleistung und beschreibe den Zusammenhang.

2 Eine Lichterkette wird direkt an einer Steckdose ($U_{ges} = 230\ V$) angeschlossen und besteht aus einer Reihenschaltung von Lampen (5,0 V; 0,24 W).

a) Wie viele Lampen hat die Kette?

b) Welche Gesamtleistung hat die Kette?
Welcher Strom fließt beim Betrieb?

c) Welchen Gesamtwiderstand hat die Kette, welchen Widerstand eine Lampe?

Abb. 3: Lichterkette

2.2 Verzweigter Stromkreis

Einstieg

Ein Knopfdruck und schon ist der Stromfluss unterbrochen.

- Begründe, dass der Schalter bei einer Mehrfachsteckdose normalerweise auf „aus“ stehen sollte, wenn kein elektrisches Gerät betrieben wird.
- Liegt bei einer Mehrfachsteckdose eine Reihenschaltung vor? Begründe.

Versuche

V1 Drei Glühlampen mit gleichen Kenndaten sind über drei Schalter mit einer Elektrizitätsquelle verbunden. Es werden alle möglichen Stellungen von „Schalter geschlossen“ und „Schalter offen“ kombiniert.
Beobachtung: Wenn die Lampen leuchten, so leuchten sie jeweils gleich hell.

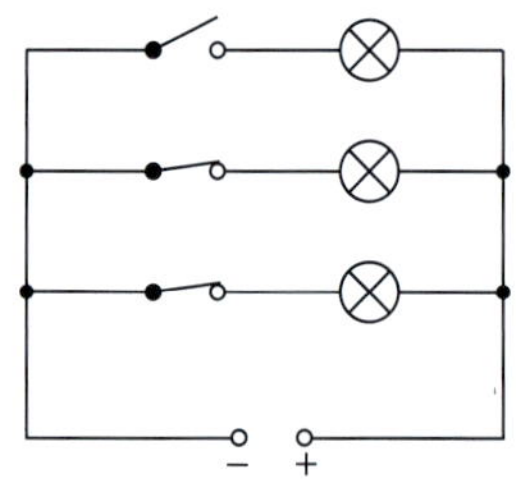

Abb. 1: Schaltskizze zu V1

Arbeitsblatt zu V2 unter **67010-08**

V2 Bei einer Schaltung nach Abb. 2 werden die Spannungen an jedem einzelnen Widerstand und an der Elektrizitätsquelle gemessen. Zusätzlich werden an verschiedenen Stellen in den Stromkreisen die Stromstärken gemessen.

Material
- *Elektrizitätsquelle*
- *Leiter*
- *elektrische Widerstände*
- *Vielfachmessgerät*

Beobachtung: Die Spannungen sind überall gleich groß. Die Stromstärke ist direkt an der Elektrizitätsquelle am größten. Am größten Widerstand ist die zugehörige Teilstromstärke am kleinsten, am kleinsten Widerstand ist sie am größten. Es ergeben sich folgende Messwerte:

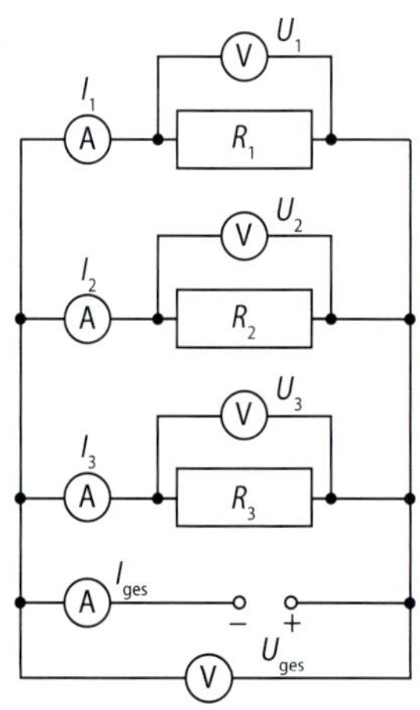

Abb. 2: Schaltskizze zu V2

$R_1 = 10\ \Omega$	$R_2 = 47\ \Omega$	$R_3 = 100\ \Omega$	R_{ges}
$U_1 = 3{,}6\ V$	$U_2 = 3{,}7\ V$	$U_3 = 3{,}6\ V$	$U_{ges} = 3{,}6\ V$
$I_1 = 350\ mA$	$I_2 = 76{,}0\ mA$	$I_3 = 35{,}0\ mA$	$I_{ges} = 470\ mA$

Erklärung

Mit der Schaltung von V1 gelingt das unabhängige Schalten der drei Glühlampen. Man nennt diese Schaltungsform **Parallelschaltung** oder **verzweigter Stromkreis**. Sobald man einen Schalter schließt, fließt Strom durch den entsprechenden Zweig.
Nach V2 sind bei einer Parallelschaltung die Gesamtspannung und die Teilspannungen an den einzelnen Zweigen gleich groß: $\boldsymbol{U_{ges} = U_1 = U_2 = U_3}$.
Die Gesamtstromstärke ist die Summe der **einzelnen** Teilstromstärken: $I_{ges} = I_1 + I_2 + I_3$.

Daraus ergibt sich für den Gesamtwiderstand mithilfe der Beziehung $I = \frac{U}{R}$ und Division durch U: $\frac{U}{R_{ges}} = \frac{U}{R_1} + \frac{U}{R_2} + \frac{U}{R_3}$ bzw. $\frac{1}{R_{ges}} = \frac{1}{R_1} + \frac{1}{R_2} + \frac{1}{R_3}$.

Merkwissen

Für einen **verzweigten Stromkreis (Parallelschaltung)** mit n Widerständen gilt:

- Die Spannung ist an allen Stellen gleich: $U = U_1 = U_2 = \ldots = U_n = U_{ges}$.
- Die Gesamtstromstärke ist die Summe der Teilstromstärken: $I_{ges} = I_1 + I_2 + \ldots + I_n$.
- Für den Gesamtwiderstand gilt: $\frac{1}{R_{ges}} = \frac{1}{R_1} + \frac{1}{R_2} + \ldots + \frac{1}{R_n}$.

Musteraufgabe

1 Drei parallel geschaltete Widerstände mit den Werten $R_1 = 180\ \Omega$, $R_2 = 150\ \Omega$ und $R_3 = 120\ \Omega$ sind an ein Netzgerät mit einer Spannung von $U = 24\ \text{V}$ angeschlossen. Berechne den Gesamtwiderstand und die Gesamtstromstärke.

Lösung:

geg.: $R_1 = 180\ \Omega;\ R_2 = 150\ \Omega;\ R_3 = 120\ \Omega;\ U_{ges} = 24\ \text{V}$

ges.: $R_{ges};\ I_{ges}$

Ansatz: $\frac{1}{R_{ges}} = \frac{1}{R_1} + \frac{1}{R_2} + \frac{1}{R_3};\ I_{ges} = \frac{U_{ges}}{R_{ges}}$

Rechnung: $\frac{1}{R_{ges}} = \frac{1}{180\ \Omega} + \frac{1}{150\ \Omega} + \frac{1}{120\ \Omega} \Rightarrow R_{ges} = 49\ \Omega$

$I_{ges} = \frac{24\ \text{V}}{49\ \Omega} = 0{,}49\ \text{A}$

Aufgaben

1 An ein Netzgerät ($U = 12{,}0\ \text{V}$) wird zu zwei parallel geschalteten Widerständen $R_1 = 50\ \Omega$ und $R_2 = 70\ \Omega$ ein dritter Widerstand mit $R_3 = 120\ \Omega$ parallel geschaltet. Überprüfe, ob die Gesamtstromstärke kleiner als 500 mA ist.

2 In einem Wohnraum werden gleichzeitig drei Lampen an der Netzspannung von 230 V betrieben: eine Stehlampe mit Halogenstab (100 W), eine Wandbeleuchtung mit Energiesparlampe (15 W) und eine Deckenleuchte (60 W).

Abb. 3: Wohnraumbeleuchtung

a) Begründe, welche Schaltung hier sinnvoll ist, und erstelle eine Schaltskizze.

b) Berechne die Stromstärken und Widerstände in den einzelnen Zweigen und insgesamt.

c) Bestimme die Gesamtleistung und beschreibe den Zusammenhang zu den umgesetzten Teilleistungen.

2.3 Kombinierte Widerstandsschaltungen

Einstieg

Schaltungen elektrischer oder elektronischer Geräte bestehen in der Regel nicht nur aus einer einfachen Reihen- oder Parallelschaltung, sondern aus Kombinationen mehrerer Schaltungen.

- Wie lassen sich Widerstandswerte in solchen kombinierten Schaltungen berechnen?

Versuche

V1 Es werden drei Schaltungen gemäß Abb. 1 aufgebaut und der Gesamtwiderstand der Schaltungen mit einem Widerstandsmessgerät bestimmt.

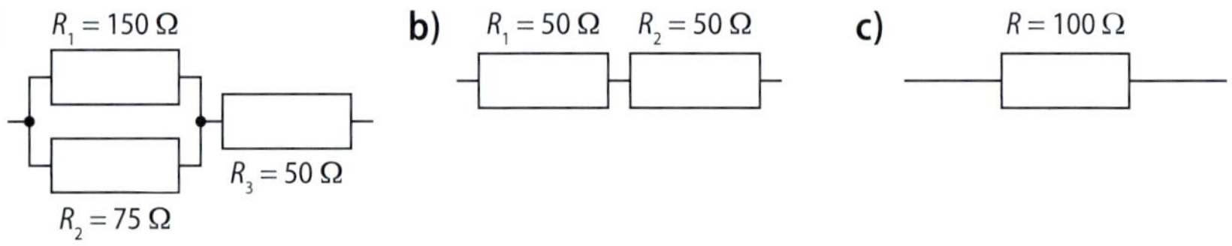

Abb. 1: Schaltskizzen zu V1

Beobachtung: Alle drei Schaltungen besitzen denselben Gesamtwiderstand.

Erklärung

Kombinationen von Widerständen oder anderen Schaltungen können zu einem Gesamtwiderstand zusammengefasst werden. Hierzu werden für Teilschaltungen Ersatzwiderstände bestimmt. So berechnet sich der **Ersatzwiderstand** $R_{1/2}$ der Parallelschaltung innerhalb der Reihenschaltung aus V1 a) folgendermaßen:

$\frac{1}{R_{1/2}} = \frac{1}{R_1} + \frac{1}{R_2}$ mit $\frac{1}{R_{1/2}} = \frac{1}{150\ \Omega} + \frac{1}{75\ \Omega}$, also $R_{1/2} = 50\ \Omega$

Die Reihenschaltung der beiden Widerstände $R_{1/2}$ und R_3 ergibt:

$R_{ges} = R_{1/2} + R_3$ mit $R_{ges} = 50\ \Omega + 50\ \Omega = 100\ \Omega$

Folglich beträgt auch der Gesamtwiderstand der Schaltung aus V1 a) 100 Ω.

Merkwissen

- Der **Gesamtwiderstand** einer kombinierten Schaltung wird berechnet, indem man sie in **Teilschaltungen aufteilt,** die aus Reihen- und Parallelschaltungen bestehen.
- Zunächst berechnet man die **Ersatzwiderstände** der einzelnen Teilschaltungen und daraus den Gesamtwiderstand der Schaltung.
- Spannungen und Stromstärken an Widerständen werden nach den Gesetzmäßigkeiten von Reihen- und Parallelschaltung berechnet.

Musteraufgabe

1 Gegeben ist eine Schaltung nach Abb. 2 mit $R_1 = 12\ \Omega$, $R_2 = 18\ \Omega$ und $R_3 = 22\ \Omega$ sowie $U = 4{,}5$ V. Berechne alle auftretenden Spannungen und Stromstärken.

Lösung:

geg.: $R_1 = 12\ \Omega$; $R_2 = 18\ \Omega$; $R_3 = 22\ \Omega$; $U = 4{,}5$ V

ges.: I_{ges}; I_1; I_2; I_3; U_1; U_2; U_3

Ansatz:

$$R_{2/3} = R_2 + R_3 \qquad \frac{1}{R_{ges}} = \frac{1}{R_1} + \frac{1}{R_{2/3}}$$

$$I_{ges} = \frac{U}{R_{ges}} \qquad I_1 = \frac{U}{R_1}$$

$$I_2 = I_3 = I_{ges} - I_1 \qquad U_1 = U_{ges}$$

$$U_2 = R_2 \cdot I_2 \qquad U_3 = U_{ges} - U_2$$

Rechnung:

$$R_{2/3} = 18\ \Omega + 22\ \Omega = 40\ \Omega$$

$$\frac{1}{R_{ges}} = \frac{1}{12\ \Omega} + \frac{1}{40\ \Omega} \Rightarrow R_{ges} = 9{,}2\ \Omega$$

$$I_{ges} = \frac{4{,}5\ \text{V}}{9{,}2\ \Omega} = 0{,}49\ \text{A}$$

$$I_1 = \frac{4{,}5\ \text{V}}{12\ \Omega} = 0{,}38\ \text{A}$$

$$I_2 = I_3 = 0{,}49\ \text{A} - 0{,}38\ \text{A} = 0{,}11\ \text{A}$$

$$U_1 = 4{,}5\ \text{V}$$

$$U_2 = 18\ \Omega \cdot 0{,}11\ \text{A} = 2{,}0\ \text{V}$$

$$U_3 = 4{,}5\ \text{V} - 2{,}0\ \text{V} = 2{,}5\ \text{V}$$

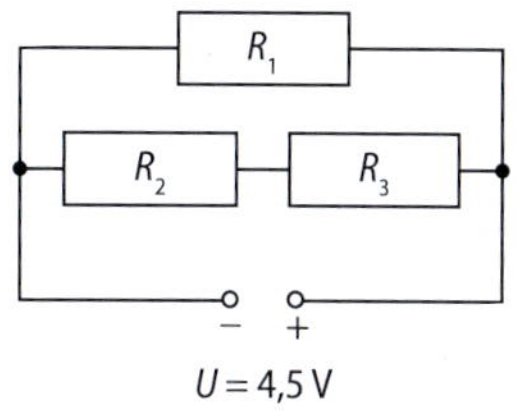

Abb. 2: Kombinierte Schaltung

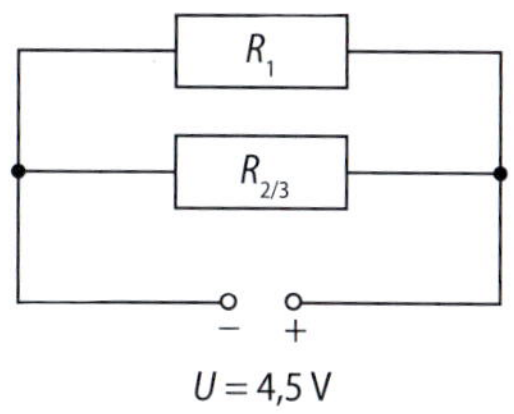

Abb. 3: Ersatzschaltung

Aufgaben

1 Erstelle eine Übersicht, aus der hervorgeht, wie du bei der Berechnung von kombinierten Widerstandsschaltungen vorgehst.

2 An die Schaltung aus Abb. 4 wird eine Spannung von $U = 12{,}0$ V angelegt. Gliedere die Schaltung und berechne die Spannungen und Stromstärken an den Widerständen, den Gesamtwiderstand R_{ges} und die Gesamtstromstärke I_{ges}. Für die Widerstände gilt:
$R_1 = 51\ \Omega$; $R_2 = 100\ \Omega$; $R_3 = 110\ \Omega$; $R_4 = 36\ \Omega$; $R_5 = 27\ \Omega$

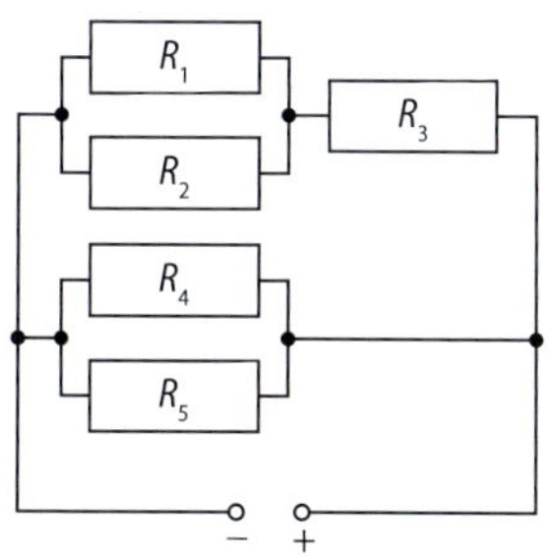

Abb. 4: Schaltskizze zu Aufgabe 2

3 Entwerfe aus den fünf Widerständen aus Aufgabe 2 eine weitere Schaltung und berechne den Gesamtwiderstand R_{ges} und die Gesamtstromstärke I_{ges}.

4 Drei Widerstände mit den Werten $R_1 = 470\ \Omega$, $R_2 = 220\ \Omega$ und $R_3 = 50\ \Omega$ werden so geschaltet, dass sich ein Gesamtwiderstand von $R_{ges} = 200\ \Omega$ ergibt.
Wie müssen die Widerstände geschaltet werden? Begründe deine Entscheidung rechnerisch.

2.4 Vorwiderstand

Einstieg

Fritz meint: „Jetzt habe ich den Stromkreis richtig aufgebaut und trotzdem hat das Glühlämpchen nur kurz ganz hell geleuchtet und war dann kaputt. Eine andere Batterie und andere Lämpchen habe ich aber nicht. Nur weitere elektrische Widerstände!"

- Warum könnte das Glühlämpchen „durchgebrannt" sein?
- Kann Fritz seine Schaltung mit einem neuen Lämpchen retten?

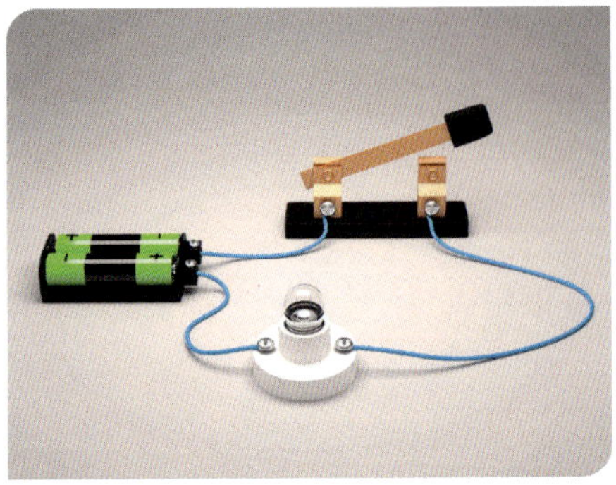

Versuche

Arbeitsblatt zu V1 unter **67010-09**

V1 Eine Glühlampe mit den Kenndaten 3,8 V / 0,30 A wird gemäß Abb. 1. in Reihe mit einem Widerstand betrieben. Für den Widerstand R_V werden der Reihe nach die Widerstandswerte 1,0 kΩ, 470 Ω, 100 Ω und 27 Ω eingesetzt.

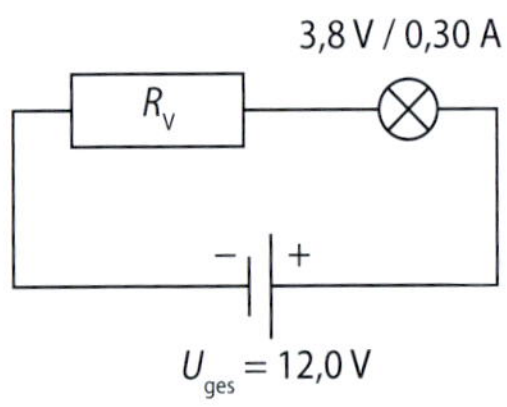

Abb. 1: Schaltskizze zu V1

Material
- Glühlampe (3,8 V/0,30 A)
- 12,0-V-Batterie
- Elektrische Widerstände (1,0 kΩ, 470 Ω, 100 Ω, 27 Ω)
- Kabel

Beobachtung: Je niedriger der Wert des Widerstands ist, desto heller leuchtet das Lämpchen.

Erklärung

Häufig stehen zum Betrieb elektrischer Geräte nur Elektrizitätsquellen mit einer festen Spannung (z. B. Batterien) zur Verfügung. Aus Kapitel 2.1 wissen wir, dass eine Reihenschaltung von Widerständen zu einer Aufteilung der Gesamtspannung führt. V1 zeigt, dass eine Reihenschaltung mit einem Vorwiderstand R_V den Strom beim Anschluss der Glühlampe an eine Elektrizitätsquelle mit zu hoher Spannung begrenzt. Allerdings sind die in V1 gewählten Werte der Vorwiderstände zunächst zu hoch, die Lampe leuchtet nicht oder nur schwach. Damit an der Lampe die nötige Spannung von 3,8 V anliegt, muss über dem Vorwiderstand eine Teilspannung $U_V = U_{ges} - U_L$ abfallen. Die konkrete Rechnung zeigt die Musteraufgabe.

Merkwissen

- Steht für ein elektrisches Gerät nur eine Elektrizitätsquelle zur Verfügung, deren Spannung größer ist als die **Betriebsspannung** des Geräts, so kann man dieses in Reihe mit einem passenden **Vorwiderstand** betreiben.
- Am Vorwiderstand muss dann genau die Spannung abfallen, die sich aus der Differenz der Spannung der Elektrizitätsquelle und der Betriebsspannung des Geräts ergibt.

Musteraufgabe

1 Berechne den Wert des Vorwiderstands aus V1 bzw. Abb. 1.
Lösung:
geg.: $U_{ges} = 12{,}0\,V$; $U_L = 3{,}8\,V$; $I_L = 0{,}30\,A$
ges.: R_V
Ansatz: $U_V = U_{ges} - U_L$; $I_V = I_L$; $R_V = \frac{U_V}{I}$
Rechnung: $U_V = 12{,}0\,V - 3{,}8\,V = 8{,}2\,V$ $\quad R_V = \frac{8{,}2\,V}{0{,}30\,A} = 27\,\Omega$

Aufgaben

1 a) Begründe den Einsatz von Vorwiderständen.
b) Erläutere, ob man Vorwiderstand und Lampe in V1 auch vertauschen kann.
c) Benenne einen Nachteil der Verwendung eines Vorwiderstands.

2 Berechne den Vorwiderstand, der nötig wäre, um in der Schaltung nach Abb. 1 eine 24-V-Batterie verwenden zu können. Welcher Anteil der Gesamtleistung würde am Vorwiderstand in Wärmeenergie umgewandelt?

3 Ein Bauteil mit den Kenndaten 6,0 V/0,060 W soll betrieben werden. Es stehen nur zwei 4,5-V-Batterien und ein veränderbarer Widerstand mit 1000 Ω zur Verfügung.
a) Zeichne den entsprechenden Schaltplan für den Betrieb des Bauteils.
b) Führe alle zur Schaltung nötigen Berechnungen durch.

Veränderbare Widerstände sind elektrische Widerstände, die bis zu einem maximalen Wert variabel eingestellt werden können.

4 Vier parallel geschaltete Lämpchen zu je 36 Ω Widerstand sind über einen regelbaren Vorwiderstand an eine 12-V-Batterie angeschlossen. Der Vorwiderstand ist auf 9 Ω eingestellt und kann beliebig vergrößert und verkleinert werden.
Auf welchen Wert muss der Vorwiderstand nach Ausfall eines Lämpchens eingestellt werden, wenn die Stromstärke in den übrigen gleich bleiben soll?

Alltag

Spannungsteiler

Eine besondere Anwendung des Vorwiderstands ist ein Spannungsteiler, wie er beispielsweise in Potentiometern von analogen Audiomischpulten verwendet wird (Abb. 2). Ein Potentiometer ist ein Widerstand mit den äußeren Anschlüssen A und B und einem beweglichen Schleifkontakt S. Abhängig von der Stellung von S teilt sich die Gesamtspannung U_{ges} auf die Teilspannungen U_{AS} und U_{SB} auf. Durch Abgriff einer dieser Spannungen können Signale geregelt werden.

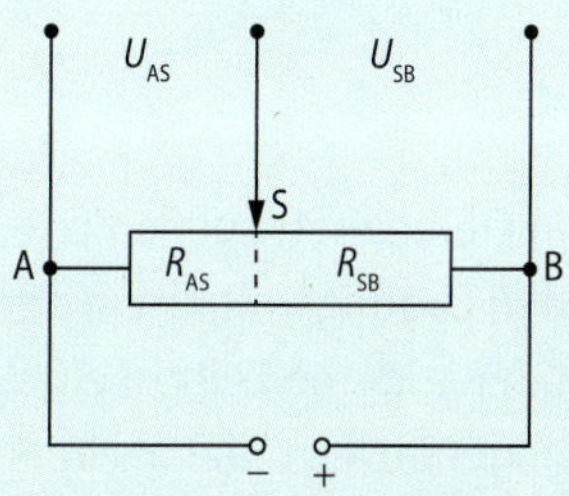

Abb. 2: Spannungsteilerschaltung und Anwendung im analogen Audiomischpult mit Schiebe- und Drehpotentiometern

- Recherchiere zum Aufbau eines Dreh- und Schiebepotentiometers.
- Wo finden Spannungsteiler Anwendung im Alltag?
- Informiere dich, was man unter einem belasteten Spannungsteiler versteht.

2.5 Innenwiderstand von Elektrizitätsquellen

Einstieg

Antonias Mutter schimpft, dass sie eine neue Autobatterie benötigt: „Beim Starten des Motors gehen die Scheinwerfer fast komplett aus! Es ist es höchste Zeit, die Batterie zu ersetzen!"

- Wie kann es sein, dass die Scheinwerfer beim Anlassen fast ausgehen?

Versuche

Arbeitsblatt zu V1 unter **67010-10**

V1 Eine Glühlampe und ein Spannungsmessgerät sind entsprechend Abb. 1 an eine 4,5-V-Batterie angeschlossen. Bei geöffnetem und bei geschlossenem Schalter wird jeweils die Spannung gemessen.

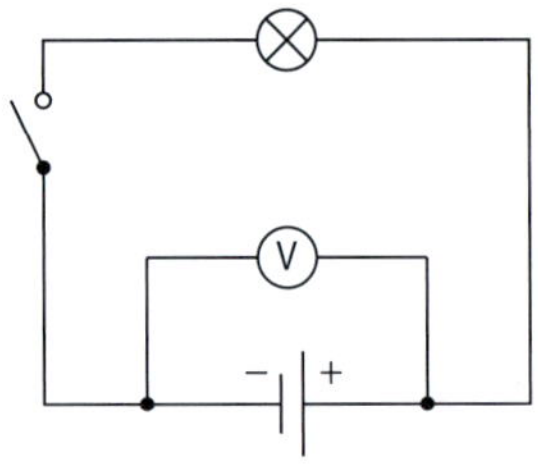

Abb. 1: Schaltskizze zu V1

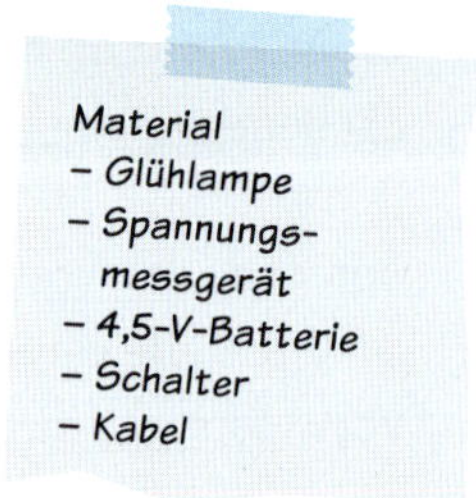

Beobachtung: Bei geöffnetem Schalter beträgt die Batteriespannung 4,5 V. Nach dem Schließen des Schalters verringert sich die Spannung.

V2 Entsprechend Abb. 2 werden an einer Batterie die Spannung und die Stromstärke gemessen. Zunächst wird bei geöffnetem Schalter gemessen, danach wird der Wert des veränderbaren Widerstands verkleinert und schließlich werden die beiden Batteriepole kurzgeschlossen (nur kurzzeitig!).

Beobachtung: Bei geöffnetem Schalter ist die Spannung am größten, sie sinkt mit zunehmender Belastung und hat beim idealen Kurzschluss den Wert 0 V. Exemplarisch ergeben sich folgende Messwerte:

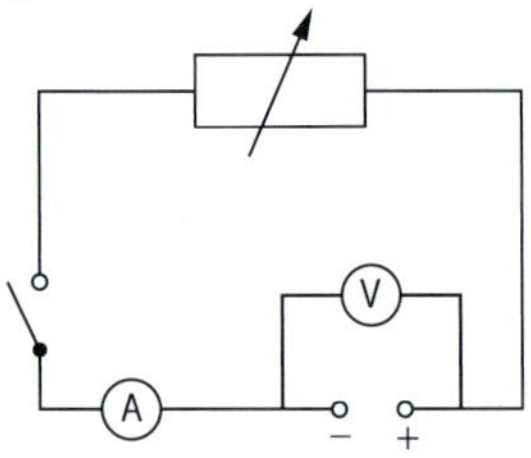

Abb. 2: Schaltskizze zu V2

I in A	0,00	0,60	0,97	1,30	1,85
U in V	8,6	5,7	4,1	2,7	0,40

Erklärung

In Elektrizitätsquellen (z. B. Batterien) wird den Ladungsträgern in den Leitungsdrähten oder anderen Leitern ein Widerstand entgegengesetzt, der als Innenwiderstand R_i der Elektrizitätsquelle bezeichnet wird. Er ist bei galvanischen Elementen (Batterie, Akku, Abb. 3) durch den Elektrolyten, bei Generatoren und Dynamos überwiegend durch den Spulendraht bestimmt.

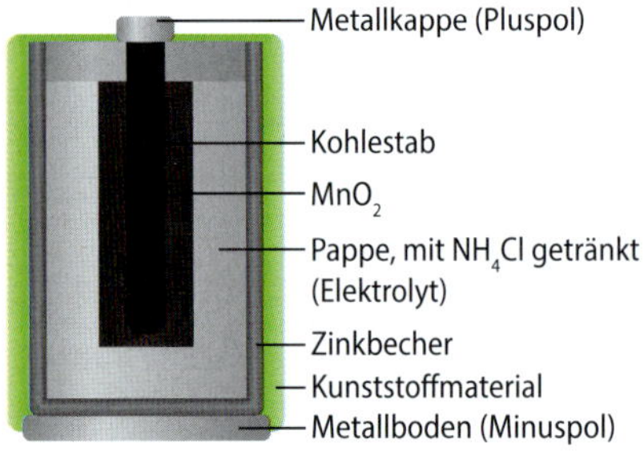

Abb. 3: Aufbau einer Batterie

Wird, wie in V1 und V2 bei geöffnetem Schalter, an eine Elektrizitätsquelle kein elektrisches Gerät angeschlossen, spricht man von einer **realen unbelasteten Elektrizitätsquelle** (Abb. 4). Sie besteht aus einer idealen Elektrizitätsquelle mit der Spannung U_0 (Leerlaufspannung) und dem Innenwiderstand R_i. Die in V1 an den Batterieklemmen anliegende Spannung wird als Klemmspannung U_{Kl} bezeichnet. Es gilt auf Grund der Reihenschaltung:

$U_0 = U_{Kl} + U_i$ bzw. $U_0 = U_{Kl} + R_i \cdot I$

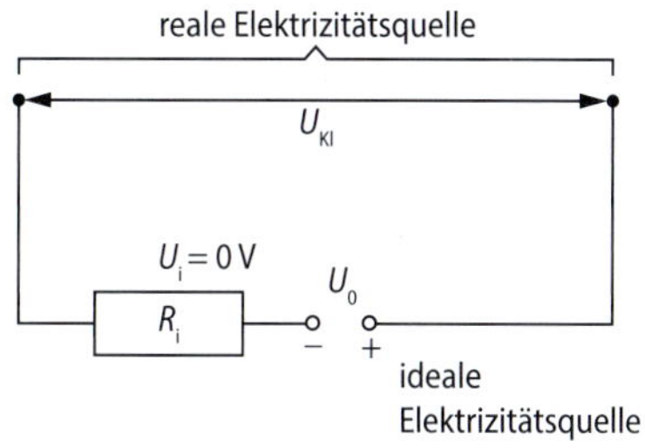

Abb. 4: Schaltskizze einer unbelasteten Elektrizitätsquelle

Im Falle einer unbelasteten Elektrizitätsquelle ($I = 0$) entspricht der Wert der Klemmspannung dem der Leerlaufspannung: $\boldsymbol{U_{Kl} = U_0}$.

Wird in den Versuchen der Schalter geschlossen, führt dies zu einer **belasteten Elektrizitätsquelle**. Zum Innenwiderstand R_i wird nun ein Außenwiderstand R_a in Reihe geschaltet (Abb. 5). Die Klemmspannung entspricht jetzt der Spannung am Außenwiderstand $U_{Kl} = U_a$.

Es gilt weiter:

$U_0 = U_{Kl} + U_i$ bzw. $U_0 = U_{Kl} + R_i \cdot I$

und entsprechend für die Klemm- bzw. Außenspannung $\boldsymbol{U_{Kl} = U_0 - R_i \cdot I}$.

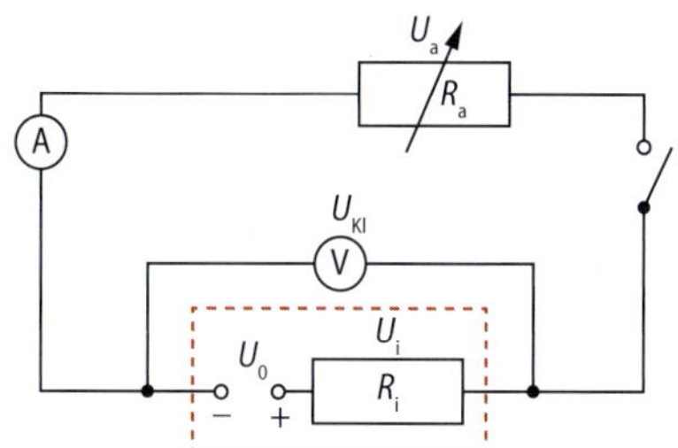

Abb. 5: Schaltskizze einer belasteten Elektrizitätsquelle

Somit hängt die Klemmspannung vom Innenwiderstand R_i sowie der Stromstärke I im Stromkreis ab. Gute Elektrizitätsquellen besitzen einen möglichst geringen Innenwiderstand. Eine ideale Elektrizitätsquelle hätte den Innenwiderstand null.

Die grafische Auswertung von V2 zeigt: Je höher der Wert der Stromstärke I ist, desto geringer ist auch der Wert der Klemmspannung. Diese steigt, je größer der Außenwiderstand, also die Belastung der Elektrizitätsquelle, ist.

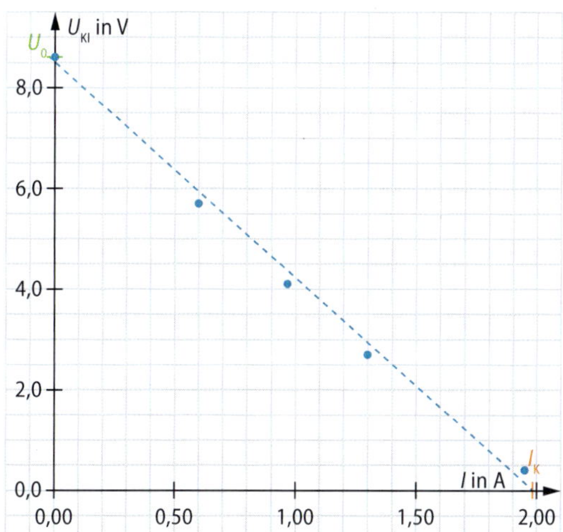

Abb. 6: Grafische Auswertung von V2 mit Bestimmung der Leerlaufspannung und des Kurzschlussstroms

2.5 Innenwiderstand von Elektrizitätsquellen

Die grafische Auswertung zeigt auch, dass ein maximaler Strom I erreicht wird, wenn die Klemmspannung U_{Kl} den Wert 0 V besitzt, den sogenannten Kurzschlussstrom I_K. In diesem Fall gilt für den Außenwiderstand $R_a = 0\ \Omega$, sodass die gesamte Spannung am Innenwiderstand abfällt. Weiter gilt:
$U_{Kl} = U_0 - R_i \cdot I$ bzw. $0 = U_0 - R_i \cdot I_K$ und es folgt $I_K = \frac{U_0}{R_i}$.
Für V2 ergibt sich damit für den Innenwiderstand der verwendeten Flachbatterie mit dem abgelesenen Wert von $I_K = 1{,}9$ A:
$R_i = \frac{U_0}{I_K} = \frac{8{,}6\ \text{V}}{1{,}9\ \text{A}} = 4{,}5\ \Omega$

Merkwissen

- Der **Innenwiderstand** R_i einer Elektrizitätsquelle ergibt sich aus dem Quotienten aus **Leerlaufspannung** U_0 und **Kurzschlussstrom** I_K: $R_i = \frac{U_0}{I_K}$.
- Eine **reale Elektrizitätsquelle** verhält sich wie eine **Reihenschaltung** aus einer **idealen Elektrizitätsquelle** mit der Leerlaufspannung U_0 und einem **Innenwiderstand** R_i.
- Der **Spannungsabfall** an belasteten Elektrizitätsquellen wird durch den Innenwiderstand R_i verursacht.
- Für die am Außenwiderstand R_a abfallende **Klemmspannung** U_{Kl} gilt: $U_{Kl} = U_0 - R_i \cdot I$

Musteraufgabe

Die Klemmspannung U_{Kl} wird häufig auch als Betriebsspannung U_B bezeichnet.

1 Der Anlasser eines Automotors wird über eine Batterie (Leerlaufspannung $U_0 = 12{,}0$ V; Innenwiderstand $R_i = 0{,}030\ \Omega$) betrieben. Berechne die Betriebsspannung U_B, den Widerstand R_A des Anlassers und dessen Leistung P_A beim Startvorgang, wenn dabei die Stromstärke 120 A beträgt.

Abb. 7: Blick in die Motorhaube

Lösung:

geg.: $U_0 = 12{,}0$ V; $R_i = 0{,}030\ \Omega$; $I = 120$ A

ges.: U_B; R_A; P_A

Ansatz: $U_i = R_i \cdot I$; $U_B = U_0 - U_i$
$R_A = \frac{U_B}{I}$; $P_A = U_B \cdot I$

Rechnung: $U_i = 0{,}030\ \Omega \cdot 120\ \text{A} = 3{,}6\ \text{V}$
$U_B = 12{,}0\ \text{V} - 3{,}6\ \text{V} = 8{,}4\ \text{V}$
$R_A = \frac{8{,}4\ \text{V}}{120\ \text{A}} = 0{,}070\ \Omega$
$P_A = 8{,}4\ \text{V} \cdot 120\ \text{A} = 1{,}0\ \text{kW}$

Aufgaben

1 Erkläre, warum sich die Spannung an den Anschlüssen einer Elektrizitätsquelle bei Belastung verringert.

2 **a)** Beschreibe, wie man den Innenwiderstand einer Elektrizitätsquelle bestimmen kann, ohne die Elektrizitätsquelle tatsächlich kurz zu schließen.
b) An einer 24-V-Lkw-Batterie wurden bei steigender Last nachstehende Werte gemessen. Bestimme den Innenwiderstand dieser Batterie.

U in V	23	18	12	6	1
I in A	10	35	60	100	120

3 Erkläre mithilfe der Formel $I_K = \frac{U_0}{R_i}$, warum aus einer Batterie nicht beliebig hohe Ströme entnommen werden können.

4 **a)** Berechne die Betriebsspannung eines Akkus (U_0 = 10 V; R_i = 0,60 Ω) bei den Außenwiderständen 100 Ω und 0,50 Ω.
b) Berechne den Kurzschlussstrom.

5 Eine Batterie hat eine Leerlaufspannung von U_0 = 1,6 V. Ihr Kurzschlussstrom beträgt I_K = 1,0 A.
a) Berechne den Innenwiderstand der Batterie.
b) An die Batterie wird ein Glühlämpchen mit einem Widerstand von 15 Ω angeschlossen. Berechne die Betriebsstromstärke.

Abb. 8: Batterien

6 Eine Batterie hat einen Innenwiderstand von R_i = 2,5 Ω und eine Quellenspannung von U_0 = 30 V. Drei Widerstände haben die Werte R_1 = 15 Ω, R_2 = 12 Ω und R_3 = 18 Ω.
a) Berechne die Kurzschlussstromstärke I_K.
b) An die Batterie wird der Widerstand R_1 angeschlossen. Berechne die Betriebsspannung U_B.
c) Anstelle des Widerstandes R_1 werden die Widerstände R_2 und R_3 parallel zueinander angeschlossen. Berechne erneut die Betriebsspannung U_B.
d) Fertige ein quantitatives I-U_B-Diagramm an. Verwende die Werte aus allen bisherigen Teilaufgaben.

7 Schließt man ein Lämpchen (Widerstand R = 8,0 Ω) an eine „frische" Flachbatterie mit der Leerlaufspannung U_0 = 4,5 V an, so sinkt die Betriebsspannung auf 4,1 V.
a) Berechne den Innenwiderstand der Batterie und die Stromstärke.
b) Nach längerem Betrieb dieses Lämpchens an der Batterie ist die Betriebsspannung auf 3,0 V abgesunken. Berechne auch in diesem Fall den Innenwiderstand und die Stromstärke und vergleiche die Werte mit denen aus a).

2.6 Messbereichserweiterung

Einstieg

Bei Strom- und Spannungsmessgeräten muss man häufig zunächst an einem Drehschalter eine bestimmte Einstellung vorwählen.

- Wozu dient die Einstellung des Drehschalters?
- Was passiert dabei im Messgerät?

Versuche

Arbeitsblatt zu V1 unter **67010-11**

V1 **a)** Baue eine Schaltung nach Abb. 1 auf und miss zunächst den Stromfluss durch die Glühlampe ohne den Widerstand. Bringe dann den 10-Ω-Widerstand in die Schaltung ein und miss erneut.

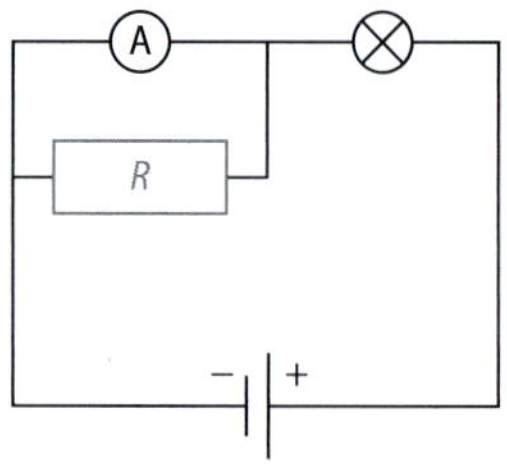

Abb. 1: Schaltskizze zu V1 a)

Material
- *Glühlampe (5 V | 0,3 A)*
- *Batterie*
- *Elektrischer Widerstand*
- *Stromstärke- bzw. Spannungsmessgerät*
- *Kabel*

Beobachtung: Das Messgerät zeigt zunächst den Nennstrom für den Betrieb der Glühlampe an. Durch Ergänzung des Widerstands geht die Stromanzeige deutlich zurück.

b) Baue eine Schaltung nach Abb. 2 auf und miss zunächst den Spannungsabfall an der Glühlampe ohne den Widerstand. Bringe dann den 1-kΩ-Widerstand in die Schaltung ein und miss erneut.

Beobachtung: Das Messgerät zeigt zunächst die Nennspannung für den Betrieb der Glühlampe an. Durch Ergänzung des Widerstands geht die Spannungsanzeige deutlich zurück.

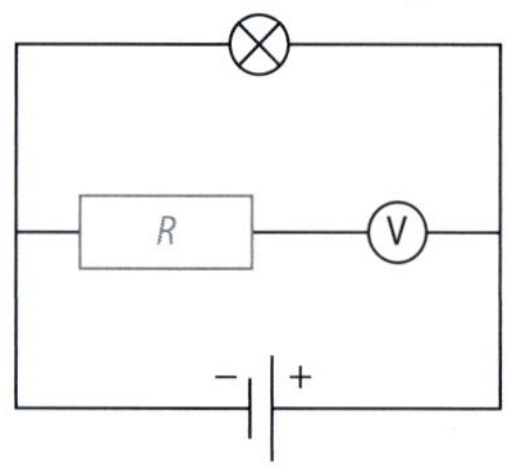

Abb. 2: Schaltskizze zu V1 b)

Erklärung

V1 a) zeigt, dass durch paralleles Hinzuschalten eines Widerstands mit niedrigem Wert der Ausschlag des Stromstärkemessgeräts deutlich zurückgeht. Dies erklärt sich dadurch, dass sich der Gesamtstrom durch die Lampe nun auf einen Teilstrom durch das Messgerät und einen Teilstrom durch den Widerstand aufteilt.

Abb. 3: Analoges Vielfachmessgerät

V1 b) zeigt, dass durch einen in Reihe geschalteten Widerstand mit hohem Wert der Ausschlag des Spannungsmessgeräts ebenfalls deutlich zurückgeht, weil die Gesamtspannung über dem Widerstand und dem Messwerk abfällt (Vorwiderstand).

Vielfachmessgeräte oder Multimeter, mit denen man elektrische Ströme und Spannungen messen kann, sind so gebaut, dass man mit nur einem Drehspulmesswerk einen sehr großen Messbereich abdecken kann.

Um genaue Werte auf der Skala ablesen zu können und zum Schutz des Messgeräts, muss der grundsätzliche Messbereich des Drehspulmesswerks entsprechend angepasst bzw. vorgewählt werden.
Nehmen wir an, dass das verwendete Drehspulmesswerk folgende Kenndaten besitzt: Innenwiderstand $R_M = 100\ \Omega$ und Vollausschlag bei $I_M = 1{,}0$ mA bzw. $U_M = 0{,}10$ V.

Mit dem Drehspulmesswerk soll nun maximal ein Strom von $I_{neu} = 500$ mA gemessen werden. Der den ursprünglichen Messbereich $I_M = 1{,}0$ mA überschreitende Strom muss um das Messwerk herum geleitet werden. Dies gelingt durch den Einbau eines Nebenwiderstandes R_N (Abb. 4), über den ein Strom von $I_N = I_{neu} - I_M = 500\text{ mA} - 1{,}0\text{ mA} = 499\text{ mA}$ fließen muss. Unter Verwendung der Formel für die Parallelschaltung von Widerständen ergibt sich für den Nebenwiderstand R_N:

$U_N = U_M$ mit $U = R \cdot I$, also $R_N \cdot I_N = R_M \cdot I_M$

$$R_N = \frac{R_M \cdot I_M}{I_N} = \frac{100\ \Omega \cdot 1{,}0\text{ mA}}{499\text{ mA}} = 0{,}20\ \Omega$$

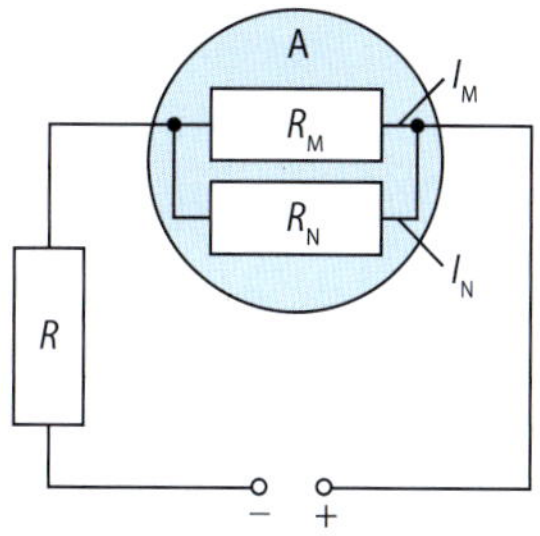

Abb. 4: Messbereichserweiterung eines Stromstärkemessgeräts

Soll mit dem Messwerk eine Spannung von maximal 10,0 V gemessen werden, muss die den ursprünglichen Messbereich überschreitende Spannung am Vorwiderstand R_V abfallen (Abb. 5). Es gilt:

$U_V = U_{neu} - U_M = 10{,}0\text{ V} - 0{,}10\text{ V} = 9{,}9\text{ V}$

Unter Verwendung der Formel für die Reihenschaltung von Widerständen ergibt sich für den Vorwiderstand R_V:

$I_V = I_M$ mit $I = \frac{U}{R}$, also $\frac{U_V}{R_V} = \frac{U_M}{R_M}$

$$R_V = \frac{R_M \cdot U_V}{U_M} = \frac{100\ \Omega \cdot 9{,}9\text{ V}}{0{,}10\text{ V}} = 9{,}9\text{ k}\Omega$$

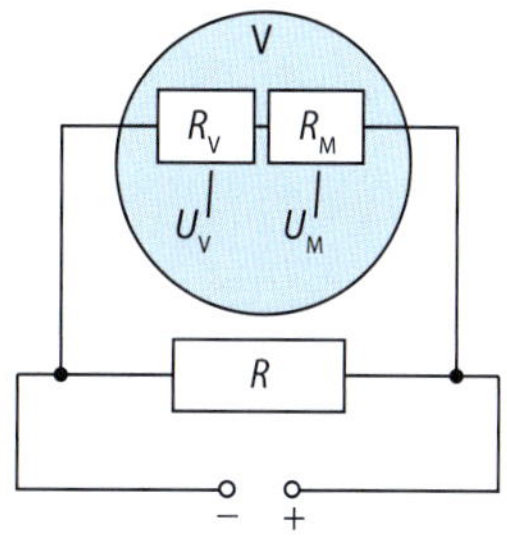

Abb. 5: Messbereichserweiterung eines Spannungsmessgeräts

Merkwissen

- Der Messbereich eines **Stromstärkemessgeräts** wird erweitert, indem man einen **Nebenwiderstand** R_N **parallel** zum Messwerk schaltet.
- Der Messbereich eines **Spannungsmessgeräts** wird erweitert, indem man einen **Vorwiderstand** R_V vor das Messwerk schaltet.

Musteraufgabe

1 Ein Stromstärkemessgerät mit einem Innenwiderstand von 50 Ω hat einen Messbereich von 2,0 mA. Berechne die maximal messbare Stromstärke, wenn der parallel geschaltete Widerstand einen Wert von $R_N = 12{,}5\ \Omega$ hat.
Lösung:
geg.: $R_M = 50\ \Omega$; $I_M = 2{,}0$ mA; $R_N = 12{,}5\ \Omega$
ges.: I_{neu}

Der Widerstand R_M des Messgeräts wird häufig auch als Innenwiderstand R_i bezeichnet.

2.6 Messbereichserweiterung

Ansatz: $U_N = U_M$ bzw. $R_N \cdot I_N = R_M \cdot I_M$ $\quad | : R_N$

$I_{neu} = I_N + I_M$

Rechnung: $I_N = \frac{R_M \cdot I_M}{R_N} = \frac{50\,\Omega\ 2{,}0 \cdot \text{mA}}{12{,}5\,\Omega} = 8{,}0\ \text{mA}$

$I_{neu} = 8{,}0\ \text{mA} + 2{,}0\ \text{mA} = 10{,}0\ \text{mA}$

2 Der Messbereich eines Spannungsmessgeräts mit einem Innenwiderstand von 15,0 kΩ, der bei Vollausschlag eine Spannung von 3,00 V anzeigt, soll auf 30,0 V erweitert werden. Berechne den Innenwiderstand des Spannungsmessgeräts nach der Messbereichserweiterung.

Lösung:

geg.: $R_M = 15{,}0\ \text{k}\Omega$; $U_M = 3{,}00\ \text{V}$; $U_{Neu} = 30{,}0\ \text{V}$

ges.: R_{neu}

Ansatz: $U_V = U_{neu} - U_M$

$I_V = I_M$ bzw. $\frac{U_V}{R_V} = \frac{U_M}{R_M}$ $\quad | \cdot \frac{R_V \cdot R_M}{U_M}$

$R_{neu} = R_M + R_V$

Rechnung: $U_V = 30{,}0\ \text{V} - 3{,}00\ \text{V} = 27{,}0\ \text{V}$

$R_V = \frac{R_M \cdot U_V}{U_M} = \frac{15{,}0\ \text{k}\Omega \cdot 27{,}0\ \text{V}}{3{,}00\ \text{V}} = 135\ \text{k}\Omega$

$R_{neu} = 135\ \text{k}\Omega + 15{,}0\ \text{k}\Omega = 150\ \text{k}\Omega$

Aufgaben

1 Ein Stromstärkemessgerät mit einem Innenwiderstand von 0,34 Ω hat einen Messbereich von 300 mA.

a) Begründe, warum zur Messbereichserweiterung eines Stromstärkemessgeräts ein Widerstand parallel zum Messwerk geschaltet werden muss.

b) Wie ändert sich der Messbereich, wenn zusätzlich ein Nebenwiderstand von 0,060 Ω geschaltet wird?

2 Einem Spannungsmessgerät mit einem Innenwiderstand von 0,50 kΩ wird ein Widerstand von 49,5 kΩ vorgeschaltet. Wie ändert sich der Messbereich, wenn bisher bei Vollausschlag eine Spannung von 1,0 V gemessen wurde?

3 Ein Messgerät, dessen Drehspulmesswerk einen Widerstand von $R_M = 60\ \Omega$ besitzt, zeigt bei Vollausschlag eine Stromstärke von $I_M = 1{,}0$ mA an. Über den Drehschalter von Abb. 6 können verschiedene Messbereiche eingestellt werden. Berechne für die Strom- und Spannungsbereiche die nötigen Neben- und Vorwiderstände.

Abb. 6: Drehschalter zur Messbereichswahl

4 Das Messwerk eines Vielfachmessgeräts zeigt als Stromstärkemessgerät bei maximaler Zeigerauslenkung 1,00 mA, als Spannungsmessgerät 100 mV an. Mit Vor- und Nebenwiderständen lassen sich über den Drehschalter die Messbereiche auf 0,030 A, 0,30 A, 1,5 A und 6,0 A bzw. auf 3,0 V, 6,0 V, 30 V und 300 V erweitern.

a) Ermittle den Innenwiderstand des ursprünglichen Messwerks.

b) Bestimme die für die einzelnen Messbereiche erforderlichen Widerstände.

Vertiefung

Zur Bestimmung der Werte für Neben- und Vorwiderstand bei der Messbereichserweiterung von Stromstärke- bzw. Spannungsmessgeräten kann auch ein anderer Ansatz verwendet werden. Hierzu wird zunächst bestimmt, mit welchem Faktor sich der Messbereich jeweils ändert:

Stromstärkemessgerät

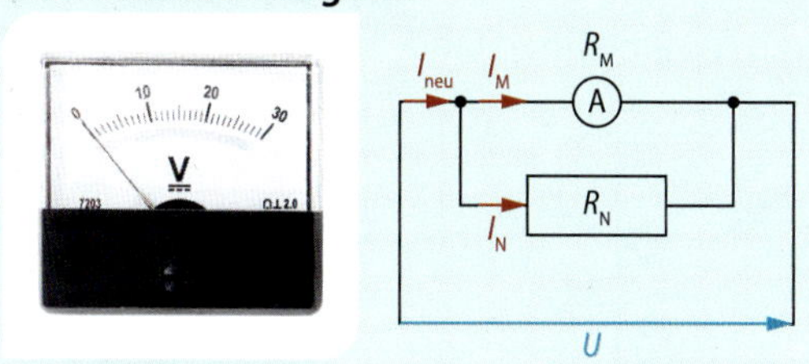

Abb. 7: Messbereichserweiterung bei einem Stromstärkemessgerät

Erweiterung von 1,0 mA auf 500 mA:

$$n = \frac{I_{neu}}{I_M} = \frac{500\ \text{mA}}{1{,}0\ \text{mA}} = 5{,}0 \cdot 10^2$$

Anschließend wird die Gesetzmäßigkeit der Parallelschaltung $I_N = I_{neu} - I_M$ umgeformt:

$$I_N = I_{neu} - I_M \qquad |:I_M$$

$$\frac{I_N}{I_M} = \frac{I_{neu} - I_M}{I_M}$$

$$\frac{I_N}{I_M} = n - 1 \qquad |\cdot I_M$$

$$I_N = (n-1) \cdot I_M \qquad |:U \qquad (U = U_N = U_M)$$

$$\frac{1}{R_N} = (n-1) \cdot \frac{1}{R_M}$$

$$R_N = \frac{R_M}{n-1}$$

- Erkläre, warum bei der Messbereichserweiterung des Stromstärkemessgeräts die Spannung überall gleich ist.
- Bestätige mithilfe der hergeleiteten Formel den Wert des Nebenwiderstands aus der Erklärung ($R_M = 100\ \Omega$; $n = 5{,}0 \cdot 10^2$).

Spannungsmessgerät

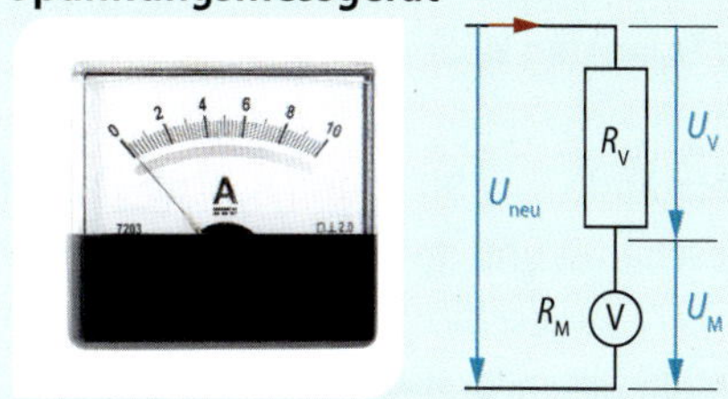

Abb. 8: Messbereichserweiterung bei einem Spannungsmessgerät

Erweiterung von 0,10 V auf 10 V:

$$n = \frac{U_{neu}}{U_M} = \frac{10\ \text{V}}{0{,}10\ \text{V}} = 1{,}0 \cdot 10^2$$

Anschließend wird die Gesetzmäßigkeit der Reihenschaltung $U_V = U_{neu} - U_M$ umgeformt:

$$U_V = U_{neu} - U_M \qquad |:U_M$$

$$\frac{U_V}{U_M} = \frac{U_{neu} - U_M}{U_M}$$

$$\frac{U_V}{U_M} = n - 1 \qquad |\cdot U_M$$

$$U_V = (n-1) \cdot U_M \qquad |:I \qquad (I = I_V = I_M)$$

$$R_V = (n-1) \cdot R_M$$

- Erkläre, warum bei der Messbereichserweiterung des Spannungsmessgeräts die Stromstärke überall gleich ist.
- Bestätige mithilfe der hergeleiteten Formel den Wert des Vorwiderstands aus der Erklärung ($R_M = 100\ \Omega$; $n = 1{,}0 \cdot 10^2$).

2.7 Teste dich

Aufgaben zur Einzelarbeit

Die Lösungen zu dieser Doppelseite stehen im Anhang.

1 Teste dich! Bearbeite dazu die folgenden Aufgaben und bewerte die Lösungen mit einem Smiley.

2 Die Aufgaben haben unterschiedliche Schwierigkeitsgrade: leicht mittel schwer

☺	😐	☹
Das kann ich!	Das kann ich fast!	Das kann ich noch nicht!

1 Zwei Widerstände $R_1 = 80\ \Omega$ und $R_2 = 120\ \Omega$ sind in Reihe geschaltet und an eine Elektrizitätsquelle mit $U = 12\ V$ angeschlossen.

a) Fertige ein Schaltbild an, mit dem die Teilspannungen an den Widerständen gemessen werden können.

b) Berechne den Gesamtwiderstand R_{ges} sowie die Stromstärke I und die einzelnen Teilspannungen U_1 und U_2 an den Widerständen R_1 bzw. R_2.

2 Zwei Widerstände $R_1 = 90\ \Omega$ und $R_2 = 60\ \Omega$ sind parallel geschaltet und an eine Elektrizitätsquelle mit $U_{ges} = 24\ V$ angeschlossen.

a) Fertige ein beschriftetes Schaltbild des Versuchsaufbaus an, mit dem die Teilspannungen und Teilströme an den Widerständen gemessen werden können.

b) Berechne den Gesamtwiderstand R_{ges}, die Stromstärke I_{ges} sowie die einzelnen Teilströme I_1 und I_2 durch die Widerstände R_1 bzw. R_2.

3 Berechne alle fehlenden Größen U, I und R bei folgenden Schaltungen:

a) $I_1 = 1{,}5\ A$; $U_2 = 10\ V$; $I_3 = 4{,}5\ A$ und $U_{ges} = 30\ V$

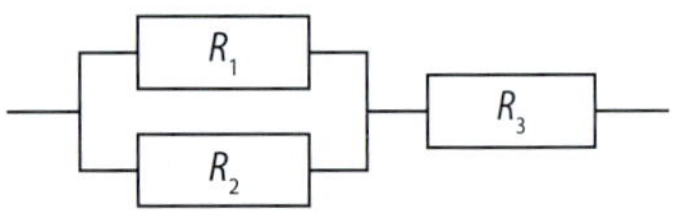

b) $U_1 = 60\ V$; $U_2 = 20\ V$; $I_2 = 5{,}0\ A$ und $R_3 = 40\ \Omega$

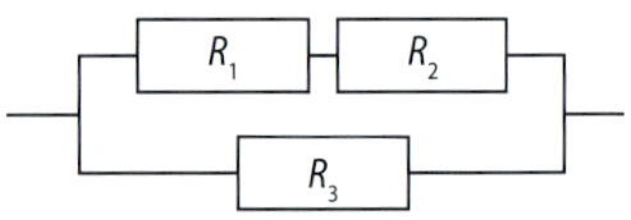

4 Berechne den Gesamtwiderstand der Schaltung. $R_1 = 100\ \Omega$; $R_2 = 50\ \Omega$; $R_3 = 75\ \Omega$ und $R_4 = 20\ \Omega$

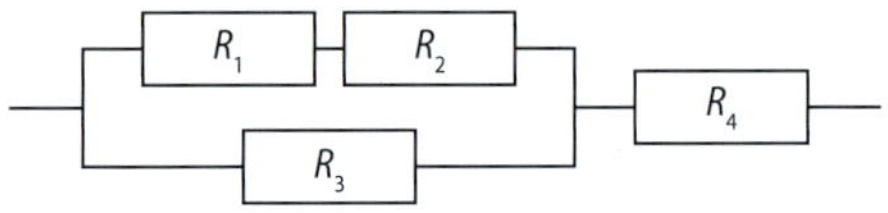

5 Forme den Schaltplan so um, dass besser erkennbar ist, wie die Schaltung aufgebaut ist. Berechne dann ihren Gesamtwiderstand.

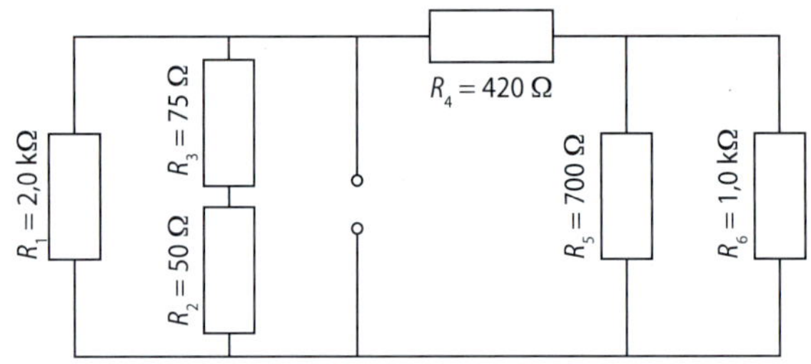

6 In einem Versuch entsprechend der Schaltskizze zeigt das Spannungsmessgerät bei geöffnetem Schalter die Ruhespannung U_0 der Batterie an. Nach dem Schließen des Schalters wird der Widerstand R_a schrittweise verringert. Es ergeben sich folgende Messwerte:

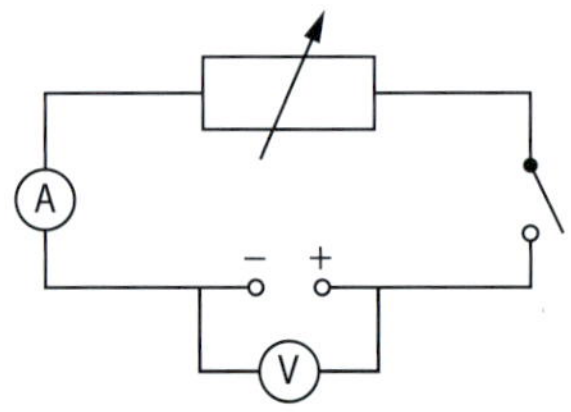

I in A	0,80	1,60	2,00	3,00	4,30	5,10
U_B in V	4,0	3,5	3,3	2,7	1,8	1,4

a) Stelle die Betriebsspannung U_B in Abhängigkeit von der Stromstärke I grafisch dar.

b) Entnimm dem Diagramm die Ruhespannung U_0 und die Kurzschlussstromstärke I_K der Batterie.

c) Bestimme rechnerisch den Wert des Innenwiderstands R_i der Batterie.

7 Der Strom durch eine unbekannte Leuchtdiode soll 20 mA keinesfalls überschreiten. Zum Schutz der Diode schaltet man einen Widerstand R_V vor. Bestimme den Wert des Vorwiderstands, um den Stromfluss sicher unter 20 mA zu halten, wenn die verwendete Quelle eine Spannung von 5,0 V hat.

8 Der Messbereich eines Stromstärkemessgeräts soll auf das 10-Fache (100-Fache, 1000-Fache) erweitert werden. In welchem Verhältnis stehen dabei jeweils R_N und R_M?

9 Eine Batterie mit einer Leerlaufspannung von 4,50 V ist mit einem veränderbaren Widerstand verbunden. Stellt man einen Widerstand von 10,0 Ω ein, so beträgt die Betriebsspannung 4,00 V.

a) Erstelle eine Schaltskizze.

b) Berechne den Innenwiderstand und die Kurzschlussstromstärke.

c) Der Widerstand wird so verändert, dass im Stromkreis ein Strom von 2,0 A fließt. Berechne, wie groß der eingestellte Widerstand ist.

Aufgaben für Lernpartner

1 Bearbeite die folgenden Aufgaben alleine.

2 Suche dir einen Partner und erkläre ihm deine Lösungen. Höre aufmerksam und gewissenhaft zu, wenn dein Partner dir seine Lösungen erklärt.

3 Korrigiere gegebenenfalls deine Antworten und benutze dazu eine andere Farbe.

Sind folgende Behauptungen **richtig** oder **falsch**? Begründe schriftlich.

A Bei einer Reihenschaltung ist der Gesamtwiderstand stets größer als der größte Einzelwiderstand.

B Bei der Parallelschaltung liegt der Gesamtwiderstand immer zwischen den Werten der Einzelwiderstände.

C Bei Kurzschluss einer Energiequelle ist die Klemmspannung am höchsten.

D Die Messbereichserweiterung eines Strommessers erfolgt durch einen niederohmigen Parallelwiderstand.

E Bei der Messbereichserweiterung eines Spannungsmessers muss der Vorwiderstand hohe Ströme aushalten können.

F Ein Messgerät stellt einen zusätzlichen Widerstand dar, der die eigentliche Messung beeinflusst.

Aufgabe	Ich kann …	Hilfe
1, 2, 9	Schaltbilder erstellen.	S. 72, 74, 76
1, A	Größen in Reihenschaltungen berechnen.	S. 72
2, B	Größen in Parallelschaltungen berechnen.	S. 74
3, 4, 5	kombinierte Widerstandsschaltungen schrittweise vereinfachen.	S. 76
6, C	mit dem Innenwiderstand einer Energiequelle umgehen.	S. 80
7, 8, 9, D, E, F	Messbereichserweiterungen anwenden.	S. 84

2.8 Elektromagnetische Induktion

Einstieg

Bei Stromausfall funktioniert das Licht im Haus nicht mehr. Im Schrank ist noch eine Taschenlampe, doch die ist scheinbar kaputt. Vielleicht sind die Batterien leer? Aber die gibt es bei dieser Taschenlampe gar nicht!

- Wie bringt man solch eine Taschenlampe zum Leuchten?

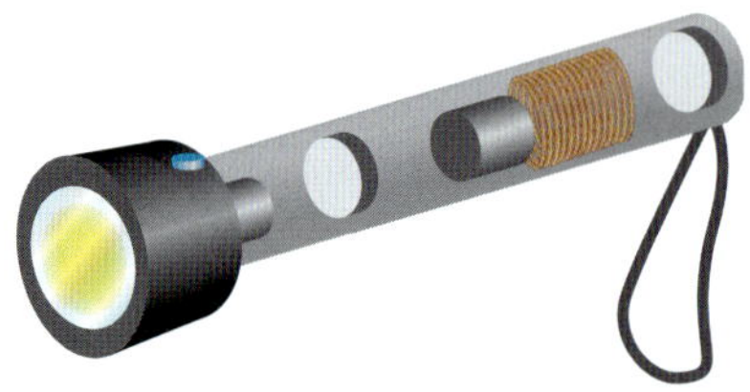

Versuche

Arbeitsblatt zu V1 unter **67010-12**

V1 Untersucht den Aufbau einer Schüttellampe.
Beobachtung: In der Taschenlampe befindet sich eine ortsfeste Spule und ein Magnet, der sich durch die Spule hin und her bewegen kann. Nach kräftigem Schütteln kann die Taschenlampe angeschaltet werden und leuchtet.

Material
– Schütteltaschenlampe

V2 **a)** Eine Leiterschaukel aus Aluminium wird frei schwingend zwischen die Pole eines Hufeisenmagneten gehängt. Die Enden der Leiterschaukel sind dabei mit einem sehr empfindlichen Spannungsmessgerät verbunden (Abb. 1). Nun bewegt man die Leiterschaukel in unterschiedlichen Richtungen im Magnetfeld hin und her.
Beobachtung: Der Zeiger des Spannungsmessgeräts schlägt je nach Bewegungsrichtung in die eine oder andere Richtung aus. Der Zeigerauschlag ist maximal, wenn der Leiter senkrecht zu den Magnetfeldlinien bewegt wird. Bei paralleler Bewegungsrichtung kann keine Spannung gemessen werden.

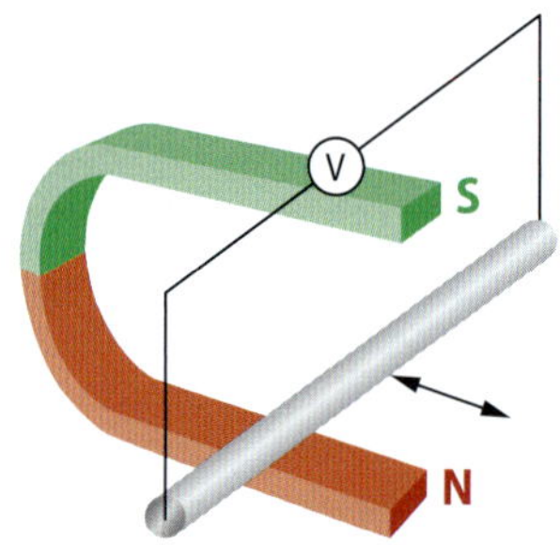

Abb. 1: Versuchsaufbau zu V1

b) Nun wird die Leiterschaukel unterschiedlich schnell bewegt.
Beobachtung: Je schneller die Bewegung der Leiterschaukel ist, desto stärker ist der Zeigerausschlag am Messgerät.

c) Der Hufeisenmagnet wird umgedreht, also umgepolt, und V2 a) wiederholt.
Beobachtung: Der Zeiger des Spannungsmessgeräts schlägt wieder aus, jedoch in die jeweils entgegengesetzte Richtung.

d) Nun wird das Magnetfeld verstärkt und V2 a) wiederholt (Abb. 2).
Beobachtung: Der Zeiger schlägt stärker aus als in a).

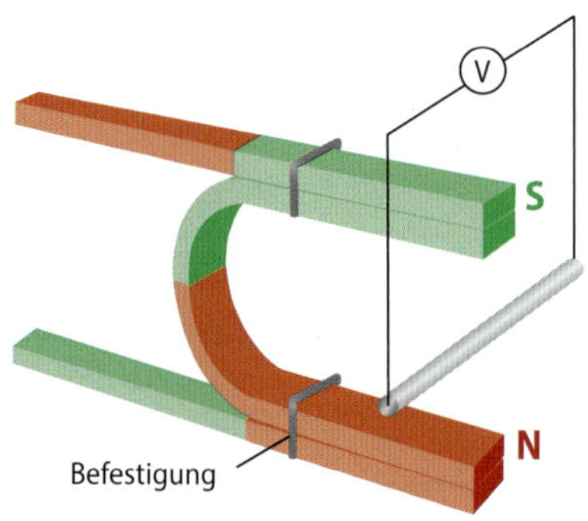

Abb. 2: Verstärkter Hufeisenmagnet

e) Nun wird das Spannungsmessgerät gegen ein empfindliches Stromstärkemessgerät ausgetauscht, wodurch ein geschlossener Stromkreis entsteht.
Beobachtung: Bei Bewegung des Leiters ist eine Stromstärke messbar.

Erklärung

Bewegt man einen geraden elektrischen Leiter durch ein Magnetfeld nicht parallel zu dessen Feldlinien, so kann zwischen den Leiterenden eine Spannung gemessen werden. Man spricht von **elektromagnetischer Induktion**. Die Bewegungsrichtung des Leiters sowie die Magnetfeldrichtung bestimmen dabei die Polung der Induktionsspannung bzw. die Richtung des Induktionsstroms. Die Bewegungsgeschwindigkeit sowie die Magnetfeldstärke bestimmen den Betrag der gemessenen Spannung bzw. Stromstärke.
Ursache für die Induktionsspannung im Leiter ist eine Ladungsverschiebung, welche durch die Lorentzkraft herbeigeführt wird. Mit der UVW-Regel der linken Hand (Abb. 4) lässt sich die Bewegungsrichtung der Elektronen und somit die Polung an den Leiterenden bestimmen.

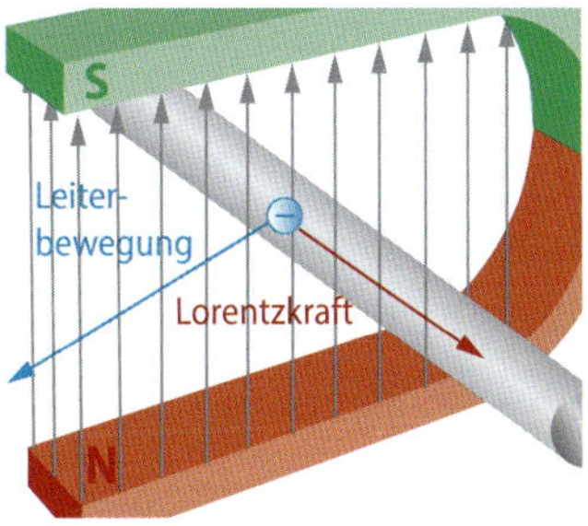

Abb. 3: Kraftwirkung auf ein einzelnes Elektron bei Leiterbewegung

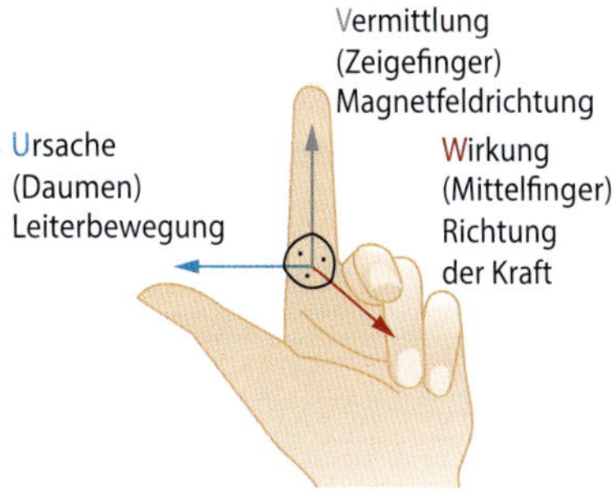

Abb. 4: UVW-Regel der linken Hand

Merkwissen

- Durch **elektromagnetische Induktion** kann mechanische Bewegungsenergie in elektrische Energie umgewandelt werden.
- Bewegt sich ein elektrischer Leiter nicht parallel zu den Feldlinien eines Magneten, so wird im Leiter eine (Induktions-)Spannung erzeugt. Diese ist maximal, wenn der Leiter senkrecht zu den Magnetfeldlinien bewegt wird.
- Bei geschlossenem Stromkreis fließt ein **Induktionsstrom**.
- Die Polung der Induktionsspannung bzw. die Richtung des Induktionsstroms ist abhängig von der Bewegungs- und Magnetfeldrichtung.
- Der Induktionsvorgang ist umso stärker, je schneller die Bewegung bzw. je stärker das Magnetfeld ist.
- Ursache für die elektromagnetische Induktion ist die **Lorentzkraft**. Diese kann mithilfe der UVW-Regel der linken Hand bestimmt werden.

Aufgaben

1 Erkläre und begründe das Phänomen der elektromagnetischen Induktion.

2 In welchen der folgenden Fällen tritt eine Induktionsspannung auf? Gib auch die Kraftrichtung und die anschließende Polung im Leiter an.

a) 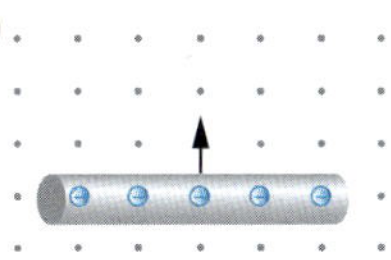

b) 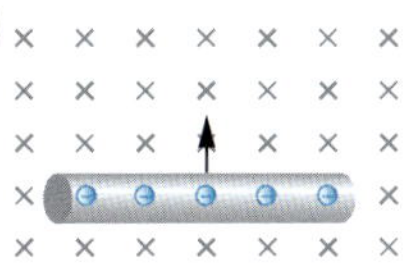

c) 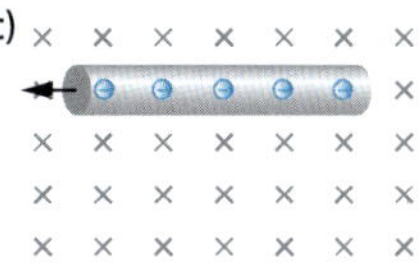

2.9 Elektromagnetische Induktion in Spulen

Einstieg

Im Gegensatz zu den letzten Versuchen mit der Leiterschaukel bewegt sich bei der Schütteltaschenlampe nicht der Leiter, sondern der Magnet.

- Kann mit einem veränderten Versuchsaufbau eine Spannung induziert werden?

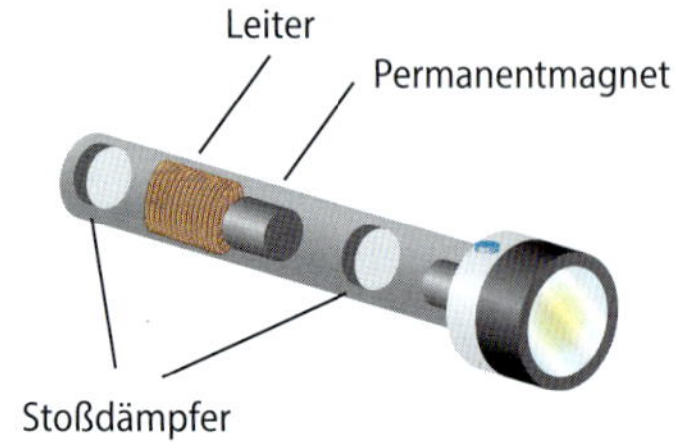

Versuche

V1 Eine Leiterschaukel wird zwischen die Pole eines Hufeisenmagneten gehängt und an ein empfindliches Spannungsmessgerät angeschlossen. Nun bleibt der Leiter in Ruhe und der Hufeisenmagnet wird vor und zurück bewegt (Abb. 1).
Beobachtung: Der Zeiger des Spannungsmessgeräts schlägt je nach Bewegungsrichtung in die eine oder andere Richtung aus.

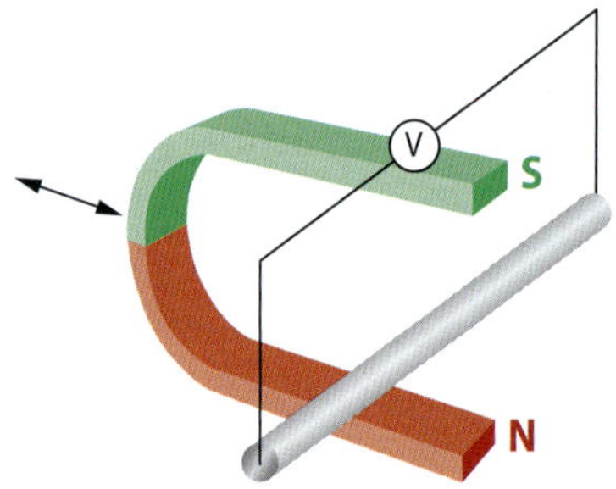

Abb. 1: Versuchsaufbau zu V1

V2 Der Aufbau aus V1 wird etwas abgeändert, indem anstelle des Leiters nun eine Spule um einen Pol eines Hufeisenmagneten an ein Spannungsmessgerät angeschlossen wird. Wieder wird der Magnet vor und zurück bewegt (Abb. 1).
Beobachtung: Die gemessene Spannung ist größer als bei der Leiterschaukel.

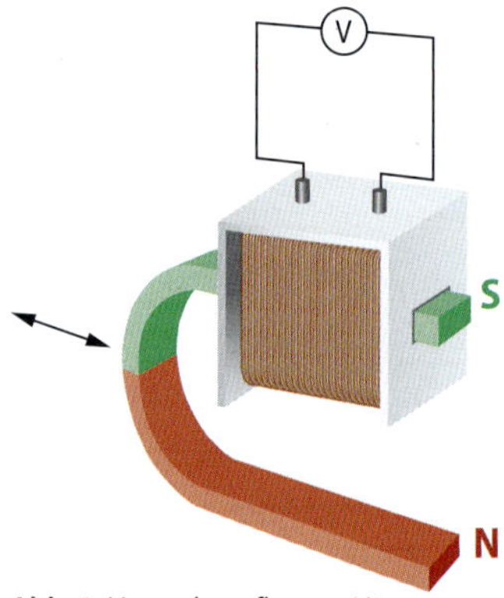

Abb. 2: Versuchsaufbau zu V2

V3 Drei Spulen (Windungszahlen $n_1 = 250$, $n_2 = 500$, $n_3 = 1000$) werden in Reihe geschaltet und mit einem Spannungsmessgerät verbunden. Nun wird nacheinander ein Stabmagnet mit möglichst gleicher Geschwindigkeit in die Spulen bewegt (Abb. 3).
Beobachtung: Die gemessene Spannung ist bei n_2 etwa doppelt und bei n_3 etwa viermal so hoch wie bei n_1.

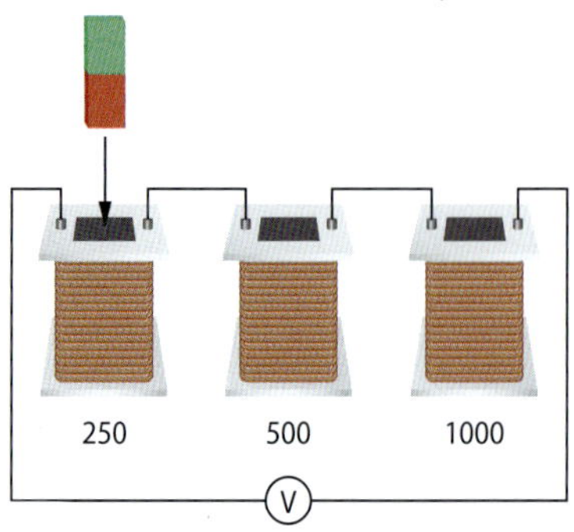

Abb. 3: Versuchsaufbau zu V3

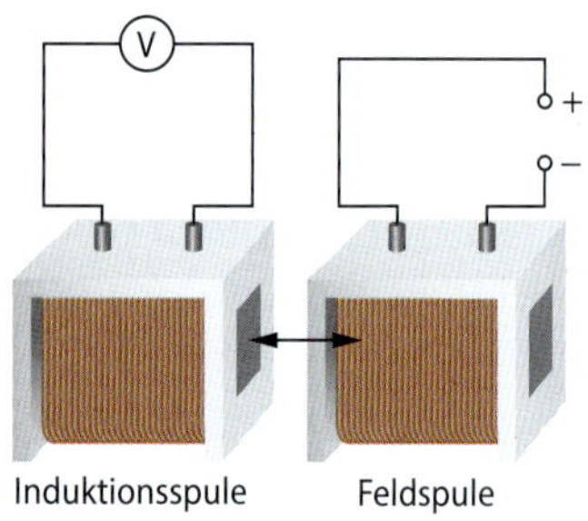

Abb. 4: Versuchsaufbau zu V4

V4 Anstelle eines Dauermagneten wird nun ein Elektromagnet (Feldspule) verwendet. Dieser wird auf eine an ein Spannungsmessgerät angeschlossene Spule (Induktionsspule) zu und wieder weg bewegt (Abb. 4).
Beobachtung: Der Zeiger des Spannungsmessgeräts schlägt je nach Bewegungsrichtung in die eine oder andere Richtung aus.

Erklärung

Alle Versuche zeigen, dass für eine elektromagnetische Induktion nicht die Bewegung des Leiters entscheidend ist, sondern lediglich die **Relativbewegung zwischen Magnet und elektrischem Leiter**. Bewegen sich Magnetfeld und Leiter nicht parallel aufeinander zu, so wirkt auf den Leiter ein stärker werdendes Magnetfeld. Bewegen sie sich voneinander weg, so wirkt auf den elektrischen Leiter ein schwächer werdendes Magnetfeld. Die Ursache der Induktion ist die zeitliche Änderung (Zu- oder Abnahme) des Magnetfelds, welches den Leiter/die Spule durchsetzt. Die Induktionsspannung nimmt zu, wenn statt eines einfachen Leiters eine Spule verwendet wird. Je höher deren Windungszahl ist, desto höher ist die induzierte Spannung (V2, V3).

Merkwissen

- Bewegen sich ein elektrischer Leiter und ein Magnetfeld relativ und nicht parallel zueinander, so wird im Leiter eine Spannung induziert. Bei geschlossenem Stromkreis fließt ein Induktionsstrom.
- Ursache der **elektromagnetischen Induktion** ist eine **zeitliche Änderung des Magnetfelds** am Ort des Leiters.
- Die Nutzung einer **Spule** führt zu **höherer Induktionsspannung.** Je höher die Windungszahl der Spule ist, desto höher ist die Induktionsspannung.

Aufgaben

1 Beschreibe die Funktionsweise einer Schütteltaschenlampe.

2 Erkläre den Zusammenhang zwischen Höhe und Polung der induzierten Spannung in einer Spule, die von einem sich ändernden Magnetfeld durchsetzt wird.

3 Ein Stabmagnet wird relativ zu einer Spule bewegt. Die dabei auftretende Induktionsspannung U wird in Abhängigkeit von der Zeit t dargestellt.

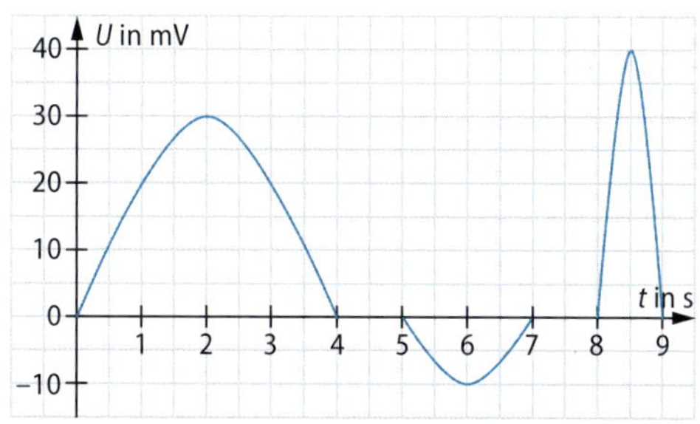

Abb. 5: Zu Aufgabe 3

a) Beschreibe die Bewegungen des Stabmagneten, passend zum t-U-Diagramm. Anfangs hat sich der Magnet der Spule genähert.
b) Wie würde sich das Diagramm verändern, wenn die Spule doppelt so viele Windungen hätte?

2.10 Induktionsgesetz

Einstieg

Der Akku einer elektrischen Zahnbürste wird durch Induktion elektrisch aufgeladen.

- Wie kann eine Spannung auch ohne Bewegung von Magnet oder Leiter induziert werden?
- Wovon hängt die Stärke der induzierten Spannung ab?

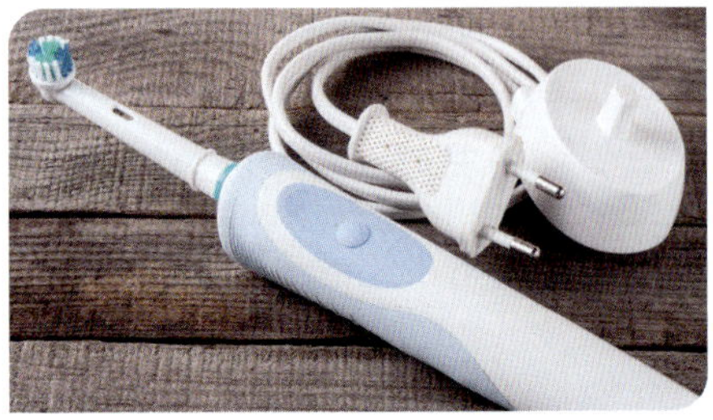

Versuche

V1 Mit kleinem Abstand werden eine Induktionsspule und ein Elektromagnet (Feldspule) aufgebaut (Abb. 1).

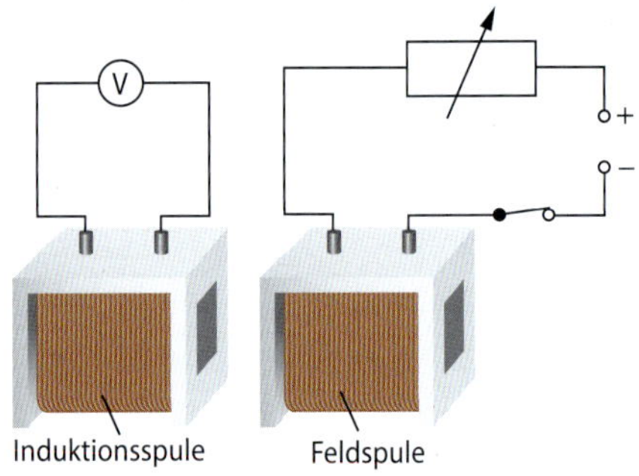

Abb. 1: Versuchsaufbau zu V1

a) Der Stromkreis in der Feldspule wird geschlossen.
Beobachtung: Der Zeiger des Spannungsmessgeräts schlägt beim Schließen kurzzeitig aus und geht wieder auf null zurück.

b) Der Stromkreis wird wieder geöffnet.
Beobachtung: Der Zeiger schlägt wieder kurz, aber in entgegengesetzte Richtung aus. Anschließend geht er wieder auf null zurück.

c) Der Stromkreis wird geschlossen. Nun wird die Stromstärke verändert, indem der Wert des Widerstands verändert wird.
Beobachtung: Bei Erhöhen der Stromstärke schlägt der Zeiger des Spannungsmessgeräts aus. Beim Verringern der Stromstärke ebenso, jedoch in entgegengesetzte Richtung.

d) Die Stromstärke wird gegenüber c) schneller verändert.
Beobachtung: Der Zeiger schlägt stärker aus.

e) In die Feldspule wird ein Weicheisenkern geschoben. Anschließend wird V1 a) mit derselben konstanten Stromstärke wiederholt.
Beobachtung: Der Zeiger des Spannungsmessgeräts schlägt stärker aus als in a).

f) An die Feldspule wird Wechselspannung angelegt.
Beobachtung: An der Induktionsspule ist dauerhaft eine (Wechsel-)Spannung messbar.

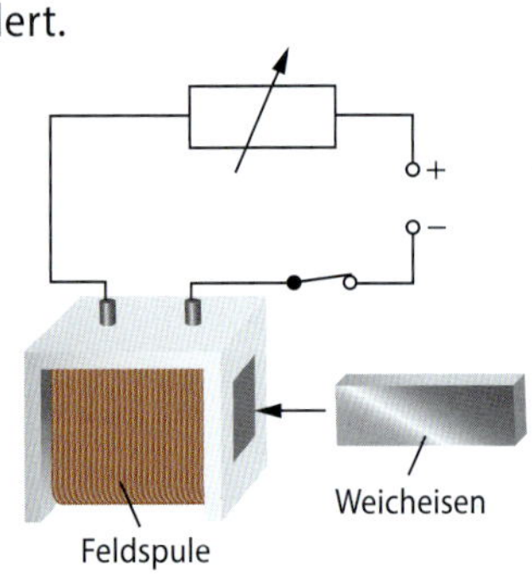

Abb. 2: Versuchsänderung zu V1 e)

Erklärung

In allen Teilversuchen von V1 wird eine Spannung nicht durch Bewegung, sondern durch die Veränderung des elektrischen Stroms in der Feldspule induziert. Für eine Induktion in der Induktionsspule ist folglich nur eine zeitliche Änderung des Magnetfelds notwendig ist. Wird der Stromkreis geschlossen / geöffnet (V1 a/b), baut sich in kurzer Zeit ein Magnetfeld auf / ab, wodurch eine Spannung induziert wird.

Bleibt der Stromfluss anschließend konstant, so ist auch das Magnetfeld konstant und es wird keine Spannung induziert. Eine Magnetfeldänderung kann auch durch Stromstärkeänderung (V1c/d) herbeigeführt werden. Je schneller die Änderung dabei ist, desto höher ist die Induktionsspannung. Ein Weicheisenkern verstärkt das Magnetfeld des Feldmagneten (V1 e). Da dadurch die Magnetfeldänderung beim Ein- und Ausschalten größer ist, wird auch eine größere Spannung induziert. Den Einfluss der Magnetfeldänderung auf die Induktion bezeichnet man als **Induktionsgesetz**.
Die Polung der Induktionsspannung ist bei jedem Vorgang immer davon abhängig, ob das Magnetfeld verstärkt oder abgeschwächt wird.
In V1 f) sorgt Wechselspannung in der Feldspule für eine ständige Änderung des Magnetfelds und somit für eine permanente Induktionsspannung in der Induktionsspule.

Merkwissen

- Wird eine Spule von einem sich zeitlich ändernden Magnetfeld durchsetzt, so tritt in ihr eine Induktionsspannung auf.
- **Induktionsgesetz:** Die Induktionsspannung ist größer, …
  - je schneller die Magnetfeldänderung stattfindet.
  - je größer der Betrag ist, um den sich das Magnetfeld ändert.
  - je größer die Windungszahl der Spule ist.
  - wenn sich in der Spule ein Weicheisenkern befindet.
- Die Polung der Induktionsspannung ist abhängig davon, ob es zu einer Verstärkung oder einer Schwächung des Magnetfelds kommt.

Aufgaben

1 Nenne fünf Möglichkeiten, in einer Induktionsspule eine Spannung zu induzieren.

2 a) Skizziere einen Versuch, mit dem eine Induktionsspannung nachgewiesen werden kann, und erkläre diesen.
b) Erkläre, wie man den Versuchsaufbau ändern muss, um eine größere Induktionsspannung zu erhalten.

3 Eine Induktionsspule wird vom Magnetfeld einer Feldspule durchsetzt. Der Graph zeigt den zeitlichen Verlauf der Stromstärke in der Feldspule.

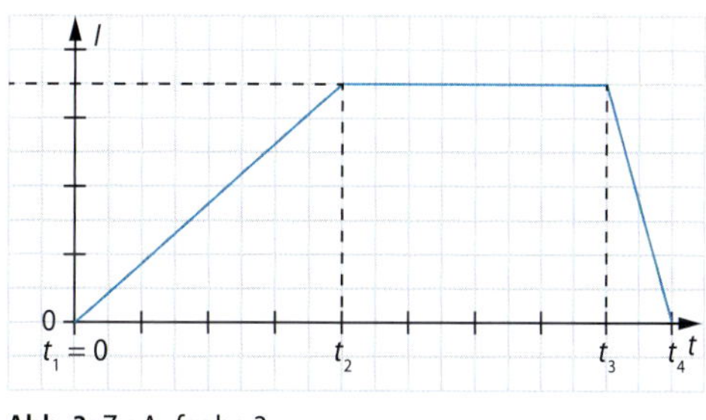

Abb. 3: Zu Aufgabe 3

a) Beschreibe den Verlauf der Induktionsspannung in den Abschnitten $t_1 - t_2$, $t_2 - t_3$ und $t_3 - t_4$.
b) Wie verändert sich die Induktionsspannung, wenn das Zeitintervall von t_3 nach t_4 verdoppelt (verdreifacht) wird?

2.11 Regel von Lenz

Einstieg

Wird bei nebenstehendem Versuchsaufbau der Stromkreis geschlossen, dann wird der Aluminiumring schlagartig in die Höhe geschleudert.

- Kannst du das mithilfe der elektromagnetischen Induktion erklären?

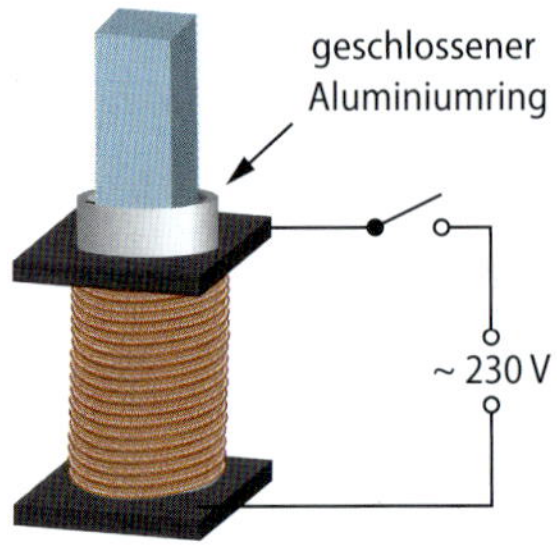

Versuche

V1 a) Ein geschlossener Aluminiumring wird frei schwingend aufgehängt. Anschließend wird ein Magnet in den ruhenden Ring geschoben (Abb. 1).
Beobachtung: Der Ring bewegt sich vom Magneten weg.

b) Der Magnet befindet sich im Aluminiumring und wird nun wieder herausgezogen.
Beobachtung: Der Ring folgt dem Magneten.

c) An Stelle des geschlossenen Rings wird nun ein durch einen Schlitz unterbrochener Ring verwendet.
Beobachtung: Der Ring bleibt in Ruhe.

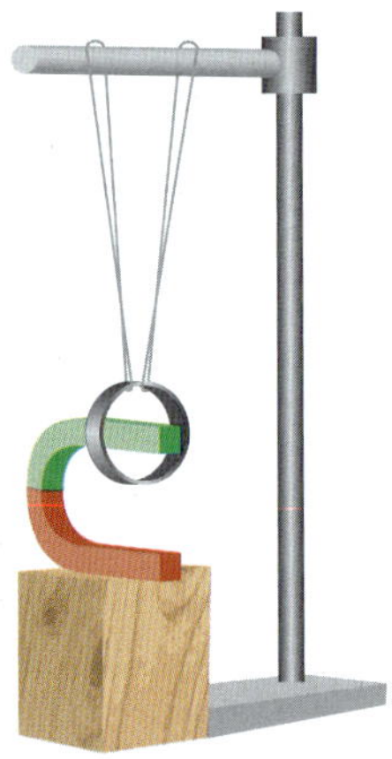

Abb. 1: Versuchsaufbau zu V1

V2 Ein Weicheisenkern wird in eine Feldspule und einen frei schwingenden Aluminiumring (ohne diesen zu berühren) geschoben. Anschließend wird der Stromkreis geschlossen und wieder geöffnet.
Beobachtung: Beim Schließen bewegt sich der Ring von der Spule weg, beim Öffnen auf sie zu.

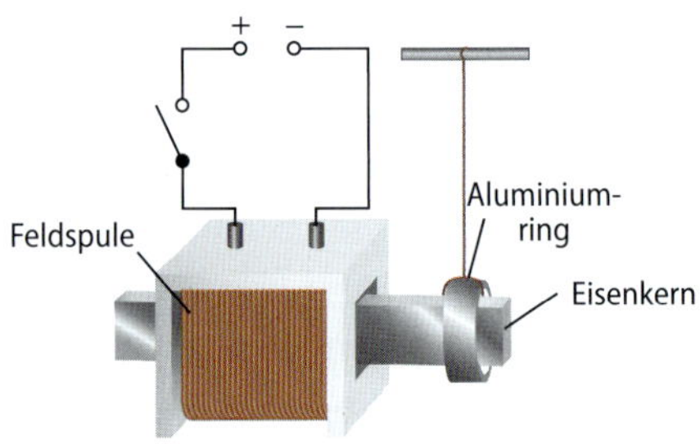

Abb. 2: Versuchsaufbau zu V2

Erklärung

In V1 und V2 wirkt auf den Aluminiumring ein zeitlich sich änderndes Magnetfeld. Durch diese Magnetfeldänderung wird im Ring eine Spannung induziert. Da der Ring geschlossen ist, fließt ein Induktionsstrom. Dieser induzierte Strom erzeugt wiederum selbst ein Magnetfeld, sodass es zu einer **Wechselwirkung der beiden Magnetfelder** von Magnet und Ring kommt. Der Induktionsstrom im Ring ist dabei stets so gerichtet, dass das von ihm erzeugte Magnetfeld der Ursache der Induktion entgegenwirkt. Bewegt sich der Magnet also auf den Alumimiumring zu (V1 a), dann wirkt das Magnetfeld des Rings dieser Magnetfeldverstärkung (Ursache der Induktion) am Ort des Rings entgegen und der Ring wird abgestoßen (Abb. 3). Der Stromfluss im Ring muss also so gerichtet sein, dass an der Seite zum Magneten ein gleichnamiger magnetischer Pol entsteht. Mit der Linke-Faust-Regel (Abb. 4) ergibt sich die Stromrichtung.

Bewegt sich hingegen der Magnet vom Ring weg, dann wird das Magnetfeld am Ort des Rings abgeschwächt (V1 b). Das Magnetfeld des Rings wirkt dieser Abschwächung entgegen, indem ein gleichgerichtetes Magnetfeld aufgebaut wird, sodass sich Ring und Magnet anziehen. Der Strom im Ring muss also so gerichtet sein, dass ein ungleichnamiger Pol an der Ringseite zum Magneten entsteht (Abb. 5).

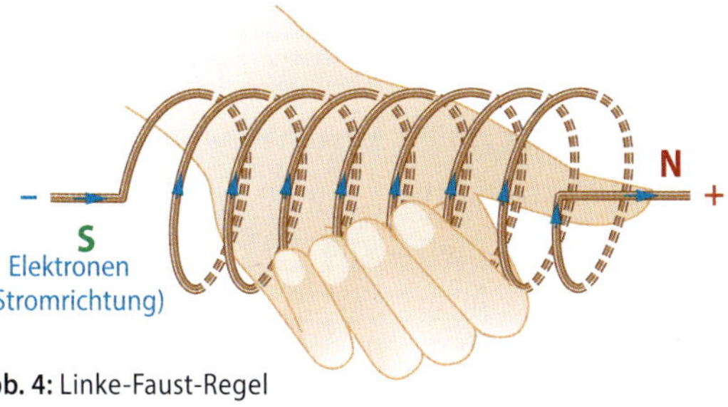

Abb. 4: Linke-Faust-Regel

Bei V1 c) ist der Ring nicht geschlossen, sodass kein Induktionsstrom fließt. Es kann kein Magnetfeld aufgebaut werden und der Ring bleibt in Ruhe.

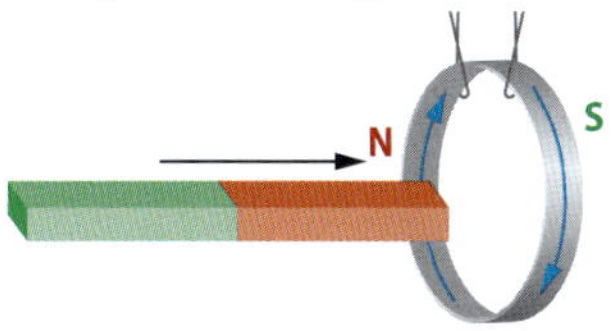

Abb. 3: Magnetfeld- und Stromrichtung des Aluminiumrings bei Verstärkung des Magnetfelds

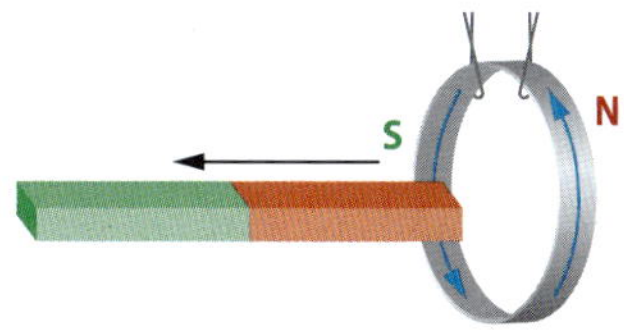

Abb. 5: Magnetfeld- und Stromrichtung des Aluminiumrings bei Schwächung des Magnetfelds

Merkwissen

- Der Induktionsstrom ist stets so gerichtet, dass das von ihm erzeugte Magnetfeld der Ursache der Induktion (also der ursächlichen Magnetfeldänderung) entgegenwirkt (**Regel von Lenz** oder **Lenz´sche Regel**).

Aufgaben

1 Auch bei der elektromagnetischen Induktion gilt der Energieerhaltungssatz. Erkläre, was die Regel von Lenz damit zu tun hat. Recherchiere gegebenenfalls.

2 Erkläre die Beobachtungen von V2 beim Schließen und beim Öffnen des Stromkreises der Feldspule mithilfe der Regel von Lenz.

3 Eine bewegliche Feldspule ist an eine Gleichspannungsquelle angeschlossen. Welche Vorgänge spielen sich in der nicht beweglichen Induktionsspule ab, wenn …

a) die stromdurchflossene Feldspule nicht bewegt wird?

b) der Stromkreis der Feldspule geschlossen und anschließend geöffnet wird?

c) die stromdurchflossene Feldspule auf die Induktionsspule zu- und wegbewegt wird?

Gib jeweils die Pole der Magnetfelder der Spulen sowie die Stromrichtung in der Induktionsspule an.

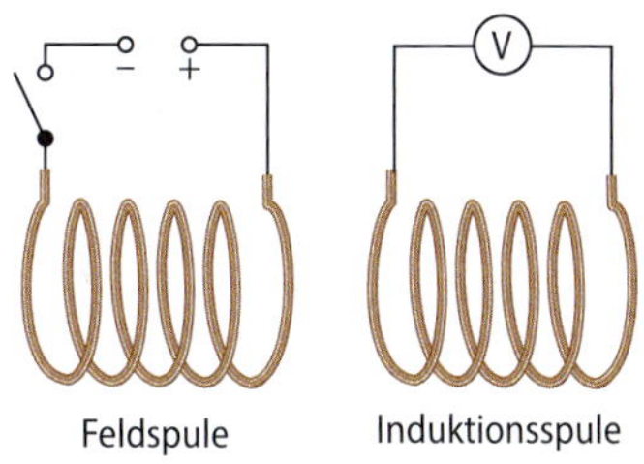

Abb. 6: Zu Aufgabe 3

2.12 Wirbelströme

Einstieg

Induktionskochfelder sieht man heutzutage in vielen Küchen.

- Hat das was mit elektromagnetischer Induktion zu tun?
- Wie könnte man damit die Pfanne zum Kochen erwärmen?

Versuche

V1 Eine Spule ($n = 500$) auf einem geschlossenen Eisenkern wird über eine Sicherheitssteckdose an die Netzspannung angeschlossen. Zunächst wird ein massiver Eisenkern verwendet, im Anschluss ein geblätterter Eisenkern.
Beobachtung: Beim massiven Eisenkern ist eine deutliche Erwärmung zu spüren.

V2 a) Eine Aluminiumplatte wird so aufgehängt, dass sie zwischen den Polschuhen eines Elektromagneten pendeln kann. Nun wird die Platte ausgelenkt und losgelassen, kurz darauf der Elektromagnet eingeschaltet.
Beobachtung: Nach dem Einschalten des Elektromagneten wird die Platte abgebremst.
b) Die massive Aluminiumplatte wird durch eine geschlitzte ersetzt und V2 a) wiederholt.
Beobachtung: Die Platte wird nur schwach abgebremst.

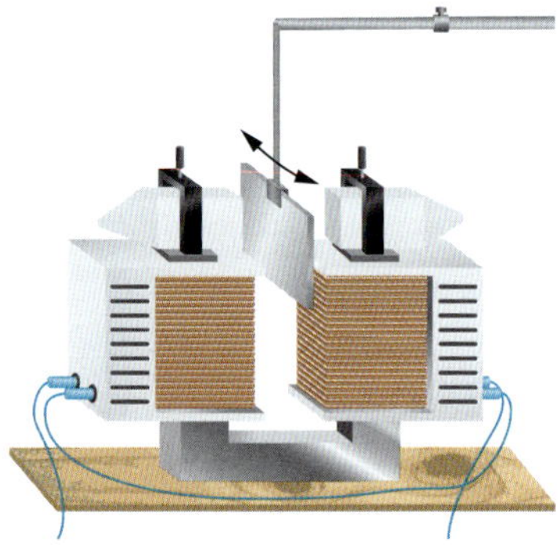

Abb. 1: Versuchsaufbau zu V2

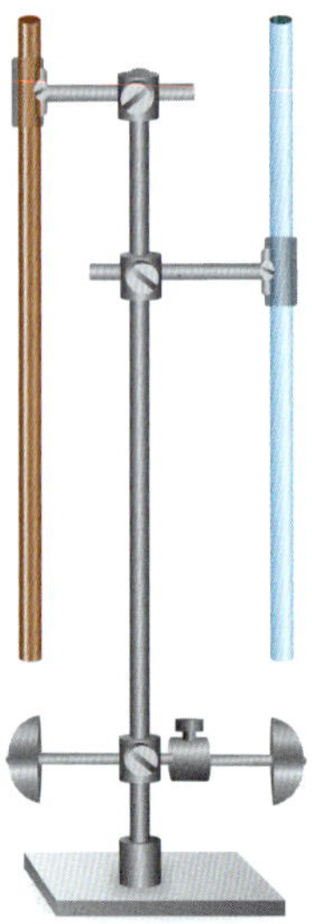

Abb. 2: Versuchsaufbau zu V3

V3 Durch ein Kupfer- und ein Kunststoffrohr mit gleichen Abmessungen wird gleichzeitig je ein kleiner zylinderförmiger Magnet fallen gelassen (Abb. 2).
Beobachtung: Der Magnet, der durch das Kupferrohr fällt, kommt viel später unten an als der im Kunststoffrohr.

Erklärung

Die Aluminiumplatte in V2 bewegt sich senkrecht zum Magnetfeld des Elektromagneten. In der elektrisch leitenden Aluminiumplatte findet folglich elektromagnetische Induktion statt. Dabei wird in dem Teil der Aluminiumplatte, der sich im Magnetfeld befindet, eine elektrische Spannung induziert. Die frei beweglichen Elektronen bewegen sich entsprechend der Polung der induzierten Spannung und bilden einen ringförmigen Stromfluss, einen sogenannten Wirbelstrom (blaue Pfeile in Abb. 3).

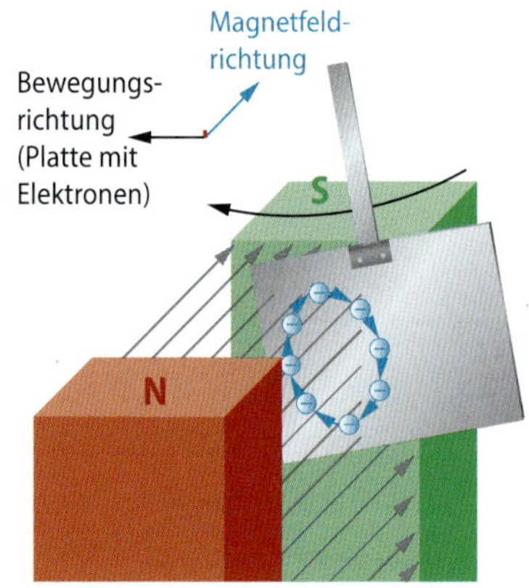

Abb. 3: Kreisströme beim Eintritt der Aluminiumplatte in das Magnetfeld

Auch hier gilt die **Regel von Lenz**: Der durch Induktion entstehende Wirbelstrom ist so gerichtet, dass sein Magnetfeld der Ursache und somit der Bewegung der Platte entgegengerichtet ist und diese hemmt (Abb. 4).
Bei der geschlitzten Aluminiumplatte in V2 b) können nur sehr kleine Wirbelströme entstehen, weshalb die Platte nur langsam gebremst wird. Nun können wir auch V1 erklären. In dem massiven Eisenkern entstehen starke Wirbelströme, welche durch das ständige Wechseln der Magnetfelder (Wechselspannung des Haushaltsnetzes) zur Erwärmung des Kerns führen.
Elektrische Energie wird dabei in thermische Energie umgewandelt.

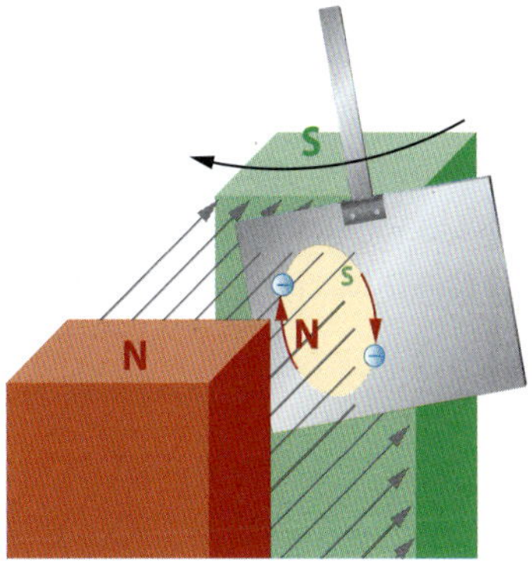

Abb. 4: Abbremsende Kraftwirkung aufgrund der Abstoßung von gleichnamigen magnetischen Polen (Regel von Lenz)

Merkwissen

- In einem massiven metallischen Leiter, welcher von einem sich ändernden Magnetfeld durchsetzt wird, werden **Wirbelströme** induziert.
- Diese Wirbelströme führen zur **Erwärmung des Leiters.**
- Wird die Magnetfeldänderung durch Relativbewegung von Leiter und Magnet herbeigeführt, können Wirbelströme diese Bewegung hemmen.

Aufgaben

1 Erkläre die Beobachtung von V3.

2 Welche Maßnahmen reduzieren das Auftreten von Wirbelströmen? Begründe.

Alltag

Erwünschte und unerwünschte Wirbelströme

Wirbelströme werden in Alltag und Technik häufig genutzt. Beim Induktionskochfeld beispielsweise wird die starke Wärmeentwicklung im Topfboden durch Wirbelströme genutzt. Auch die Wirbelstrombremse findet man häufig in Schienenfahrzeugen oder Aufzügen. Wie in V2 werden dabei starke Magnete benutzt, die das Fahrzeug mithilfe von Wirbelströmen abbremsen.
Wirbelströme können jedoch auch unerwünscht sein, beispielsweise in den Eisenkernen von Elektromotoren, Generatoren oder Transformatoren. Hier bewirken die Wirbelströme eine unerwünschte Erwärmung und damit einen geringeren Wirkungsgrad. Durch geblätterte Eisenkerne können diese Verluste reduziert werden.

- Recherchiere die technischen Details zu den genannten Beispielen und weitere Anwendungen von Wirbelströmen.

Abb. 5: Wirbelstrombremse

Induktives Laden

Elektrische Zahnbürsten werden induktiv geladen, indem die Zahnbürste auf eine Ladestation aufgesetzt wird. Ladestation und Zahnbürste bestehen dabei beide aus einer stromdurchflossenen Spule (Abb. 1).

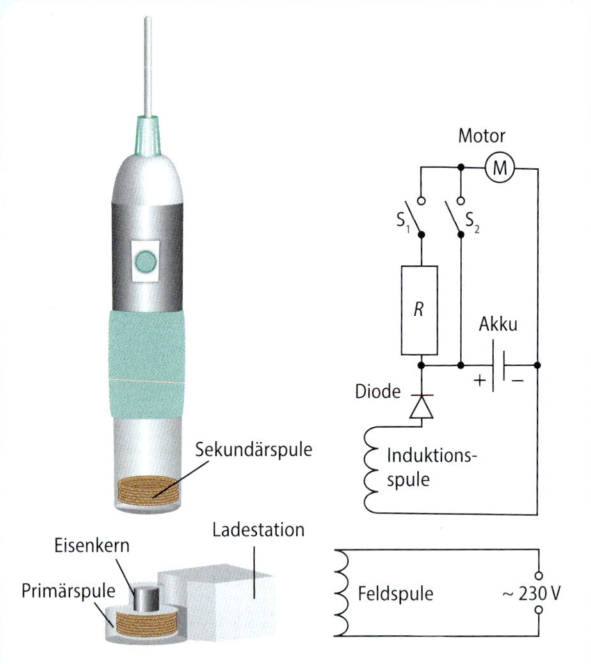

Abb. 1: Schaltbild zur Ladestation und zur elektrischen Zahnbürste

Abb. 2: Ladepad für das Smartphone zum induktiven Laden

Manche Smartphones können ebenfalls induktiv, also ohne direkte Verkabelung, geladen werden (Abb. 2 und Abb. 3).

Die Technik funktioniert folgendermaßen:
In der induktiven Ladestation befindet sich eine Spule. Fließt Wechselstrom durch sie hindurch, baut sich ein sich ständig änderndes Magnetfeld auf. Auch in dem zu ladenden Gerät ist eine Spule verbaut.

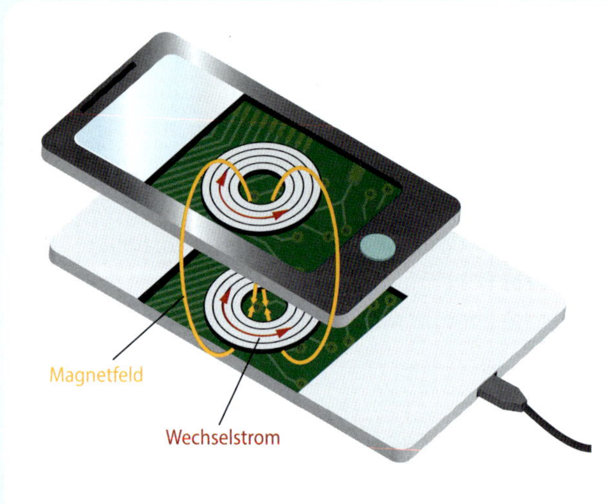

Abb. 3: Verwendung von Spulen in Ladepad und Smartphone für das induktive Laden

Befindet sich das Gerät in der Nähe der induktiven Ladestation, so wird die Spule des Geräts von dem sich ständig ändernden Magnetfeld der Station durchsetzt, sodass eine Spannung induziert wird. Der enthaltene Akku kann geladen werden.

- Recherchiere die Vor- und Nachteile des induktiven Ladens beim Smartphone gegenüber dem herkömmlichen Laden per Kabel.
- Erkläre anhand von Abb. 1 und Abb. 3 das induktive Laden.
- Recherchiere weitere Beispiele für die Technik des induktiven Ladens aus dem Alltag.

Induktionsschleifen

Vor manchen Ampeln steht das Schild „Bei Rot bis zur Haltelinie vorfahren". Befolgt man den Hinweis, schaltet die Ampel oft schneller auf Grün um. Unter dem Asphalt befinden sich dabei sogenannte Induktionsschleifen, das sind Spulen, durch die ein Strom fließt und die somit ein Magnetfeld umgibt. Fährt nun ein Auto über die Schleife, so bewirkt das Magnetfeld das Auftreten von Wirbelströmen, deren Magnetfeld nun rückwirkt und einen Strom induziert. Dieser wird von einem Sensor erkannt, der in einem Steuergerät eine günstige Schaltung für die Ampelanlage auslöst (Abb. 4).

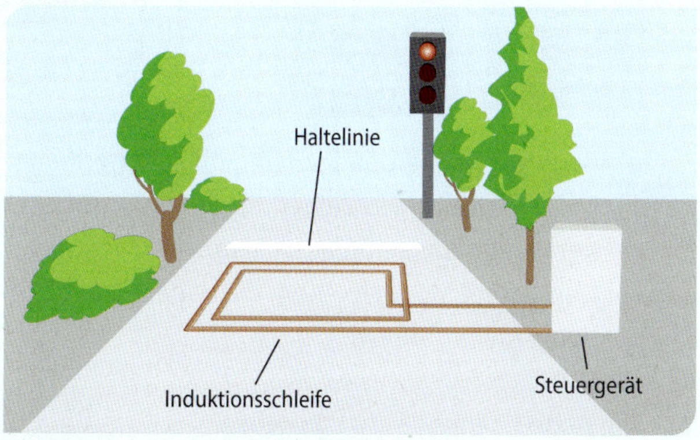

Abb. 4: Induktionsschleife vor einer Ampel

Dieses Verfahren hat jedoch noch deutlich mehr Anwendungsmöglichkeiten, v. a. im Verkehr: vor Schranken oder Rolltoren, zur Fahrzeugzählung (Abb. 5) oder zur Richtungserkennung.

Abb. 5: Induktionsschleifen zur Fahrzeugzählung

- Induktionsschleifen findet man auch in Hörgeräten. Recherchiere.

Wirbelstromsensoren

Wirbelstromsensoren sind heutzutage in Industrie und Technik nicht wegzudenken. Sie sind zuverlässig und liefern ohne jegliche Berührung äußerst präzise Ergebnisse.

So werden sie beispielsweise zur Abstands- und Positionsmessung eingesetzt: Die Wirbelströme, die im zu vermessenden Werkstoff entstehen, erzeugen ein Magnetfeld, welches dem ursprünglichen Feld entgegengerichtet ist und dieses somit abschwächt. Diese Änderung kann mit hoher Empfindlichkeit registriert und in ein Signal umgewandelt werden. Ist der Abstand beispielsweise größer, wird das ursprüngliche Magnetfeld weniger stark abgeschwächt als bei kleinerem Abstand (Abb. 6).

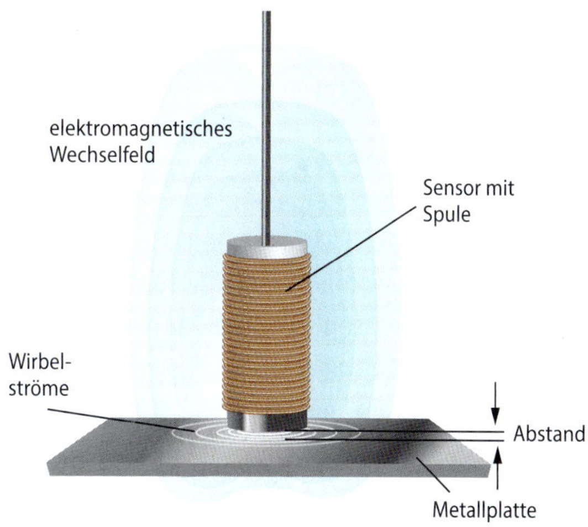

Abb. 6: Wirbelstromsensor zur Abstandsmessung

Bei Sensoren zur Werkstückprüfung und Fehlererkennung verändert sich der Wirbelstrom bei Unregelmäßigkeiten im Material. Diese Änderungen werden wiederum vom Sensor der Spule erfasst. Das daraus entstehende Signal wird verarbeitet und die Messergebnisse als Defekt-Signal angezeigt.

- Recherchiere, wo Wirbelstromsensoren beim Auto zum Einsatz kommen.
- Was haben ein Metalldetektor und ein Seismograph mit den oben beschriebenen Wirbelstromsensoren gemeinsam? Recherchiere.

2.14 Teste dich

Aufgaben zur Einzelarbeit

Die Lösungen zu dieser Doppelseite stehen im Anhang.

1 Teste dich! Bearbeite dazu die folgenden Aufgaben und bewerte die Lösungen mit einem Smiley.

2 Die Aufgaben haben unterschiedliche Schwierigkeitsgrade: leicht mittel schwer

☺	😐	☹
Das kann ich!	Das kann ich fast!	Das kann ich noch nicht!

1 Eine Leiterschaukel bewegt sich wie abgebildet in einem Magnetfeld hin und her. Begründe das Auftreten einer elektrischen Spannung an den Anschlüssen der Leiterschaukel und zeichne die Lorentzkraft ein.

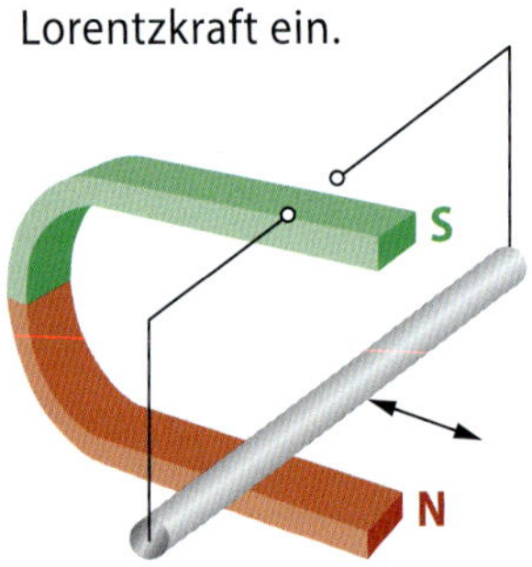

2 Ein Lämpchen ist an eine Spule angeschlossen und soll zum Leuchten gebracht werden. Zusätzlich steht ein Hufeisenmagnet zur Verfügung.

a) Benenne die Möglichkeiten, das Lämpchen zum Leuchten zu bringen.

b) Beschreibe die Energieumwandlung.

c) Beschreibe Änderungen am Versuch, damit das Lämpchen heller leuchtet.

3 Ein kleiner Magnet wird durch ein Kupferrohr und anschließend durch ein Kunststoffrohr fallen gelassen. Beschreibe und begründe die Beobachtung.

4 Ein geschlossener Aluminiumring ist frei schwingend aufgehängt. Nun bewegt sich ein Magnet auf ihn zu, ohne den Ring zu berühren.

a) Was ist zu beobachten? Begründe.

b) Nun wird der Ring an einer Stelle durchtrennt. Was ist nun zu beobachten? Begründe.

5 Wird der Stromkreis an der rechten Spule geschlossen, schlägt der Zeiger des Spannungsmessgeräts kurz aus und geht dann zum Nullpunkt zurück.

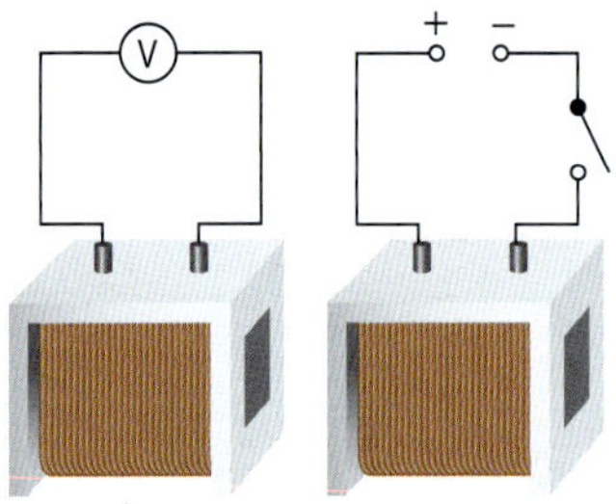

a) Benenne die beiden Spulen mit Fachbegriffen.

b) Erkläre, warum der Zeiger des Spannungsmessgeräts nur kurzzeitig ausschlägt.

c) Nenne drei Möglichkeiten, die angezeigte Spannung zu vergrößern.

6 Die nebenstehende Prinzipskizze stellt das bargeldlose Bezahlen mit Bankkarte dar. Im Lesegerät befindet sich eine von Wechselstrom durchflossene Spule 1. Die Bankkarte enthält einen Stromkreis aus einer Spule 2 und einen Mikrochip, auf dem die Informationen zur Identifikation gespeichert sind.

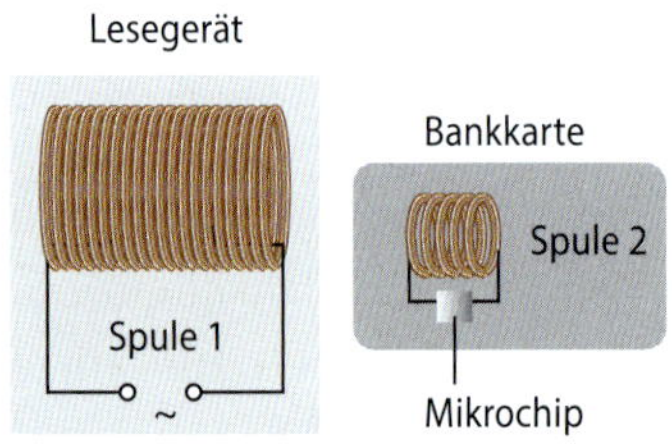

a) Während des Auslesevorgangs findet eine Übertragung von elektrischer Energie von Spule 1 auf Spule 2 statt, wodurch im Stromkreis der Bankkarte ein Strom fließt. Beschreibe das Zustandekommen dieses Stroms.

b) Nenne zwei Veränderungen am Lesegerät, um die Reichweite der Energieübertragung zu vergrößern.

c) Erkläre, was in der Karte aus Aufgabe 6 passiert, wenn man einen starken Magneten mehrmals über die Karte zieht. Recherchiere, ob dies eine Auswirkung auf die Funktion der Karte hat.

7 Nenne zwei Anwendungen von Wirbelströmen. Welche Wirkung der Wirbelströme wird dabei jeweils genutzt?

8 Eine Leiterschleife wird in ein Magnetfeld hinein und anschließend hindurchbewegt.

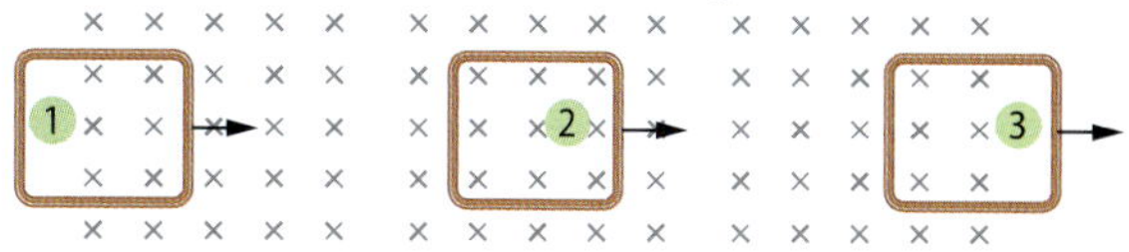

a) Begründe das Auftreten eines elektrischen Stroms und erkläre die Richtung des induzierten Stroms mithilfe der Regel von Lenz.

b) Beurteile mithilfe der Lorentzkraft, an welchen der drei Positionen ein elektrischer Strom in der Leiterschleife induziert wird.

Aufgaben für Lernpartner

1 Bearbeite die folgenden Aufgaben alleine.

2 Suche dir einen Partner und erkläre ihm deine Lösungen. Höre aufmerksam und gewissenhaft zu, wenn dein Partner dir seine Lösungen erklärt.

3 Korrigiere gegebenenfalls deine Antworten und benutze dazu eine andere Farbe.

Sind folgende Behauptungen **richtig** oder **falsch**? Begründe schriftlich.

A Bei elektromagnetischer Induktion wird thermische Energie in elektrische Energie umgewandelt.

B Bewegt sich ein Leiter parallel zu den Feldlinien eines Magneten, so wird in diesem Leiter eine Spannung induziert.

C Ursache für die Induktion ist ein konstant starkes Magnetfeld.

D Bedingung für elektromagnetische Induktion ist die Durchsetzung eines elektrischen Leiters mit einem sich zeitlich ändernden Magnetfeld.

E Mithilfe der UVW-Regel der rechten Hand kann die Polung der Induktionsspannung eines bewegten Leiters im Magnetfeld bestimmt werden.

Aufgabe	Ich kann …	Hilfe
1, 2, A, B	die elektromagnetische Induktion aufgrund der Relativbewegung von Spule und Magnet erklären.	S. 90, 92
5, C, D	das Induktionsgesetz anwenden.	S. 94
3, 4	die Regel von Lenz anwenden und damit Induktionsphänomene und die Entstehung von Wirbelströmen begründen.	S. 96, 98
6, 7	Anwendungen der elektromagnetischen Induktion in Alltag und Technik nennen und mithilfe des Induktionsgesetzes und der Regel von Lenz erklären.	S. 100
8, E	die UVW-Regel der linken Hand anwenden, um damit die Lorentzkraft und dadurch entstehende Induktionsphänomene zu erklären.	S. 90

2.15 Wechselspannungsgenerator

Einstieg

So unterschiedlich diese beiden Bilder auch sind, so haben sie doch eines gemeinsam: Bewegungsenergie wird in elektrische Energie umgewandelt.

- Wie nennt man ein Gerät, das für solche Energieumwandlungen genutzt wird?

Versuche

Am einfachsten geht die Zerlegung eines Seitenlaufdynamos.

V1 Ein Fahrraddynamo wird in seine Bauteile zerlegt.
Beobachtung: Im Inneren des Dynamos befinden sich ein drehbar gelagerter, mehrpoliger Dauermagnet und eine feste Spule.

V2 Eine rechteckige Leiterschleife (Spule mit $n = 1$) wird zwischen die Polschuhe eines Dauermagneten drehbar gelagert. Die entstehende Induktionsspannung wird an durchgängigen Schleifringen mit einem Spannungsmessgerät abgegriffen.
Beobachtung: Während einer vollen Drehung wandert der Zeiger am Spannungsmessgerät vom Nullpunkt zur maximalen Auslenkung rechts, dann zur maximalen Auslenkung links und wieder zurück zum Nullpunkt.

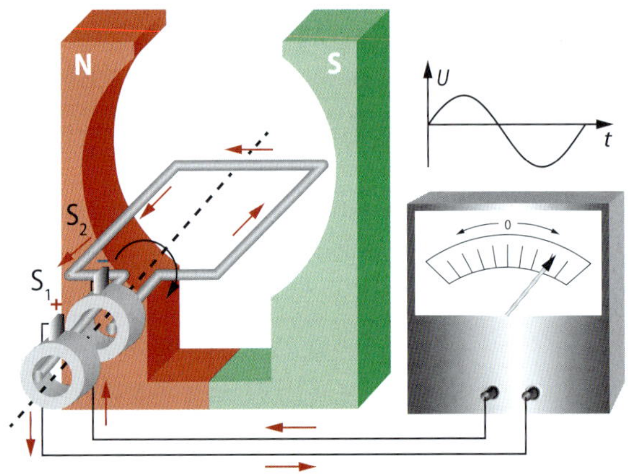

Abb. 1: Leiterschleife im homogenen Magnetfeld

V3 Die Leiterschleife in V2 wird durch eine Spule mit Doppel-T-Anker und das Spannungsmessgerät durch ein Oszilloskop ersetzt.
Beobachtung: Das Oszilloskop zeigt den Verlauf der induzierten Spannung, welcher dem einer Sinusfunktion ähnelt.

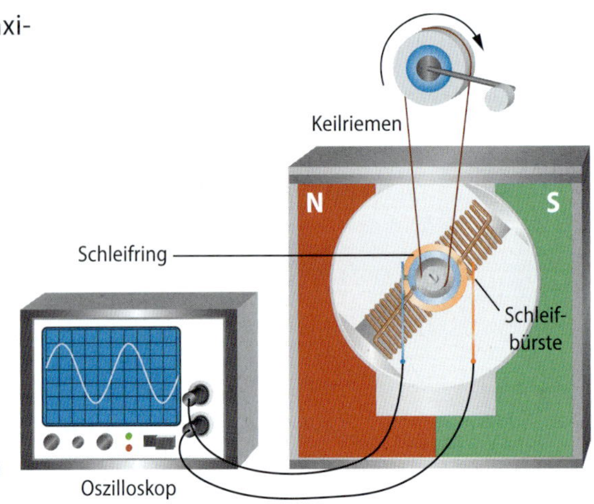

Abb. 2: Versuchsaufbau zu V3

Erklärung

Das Auftreten der Wechselspannung in V2 (Abb. 3) kann durch die Lorentzkräfte (Abb. 4) erklärt werden:

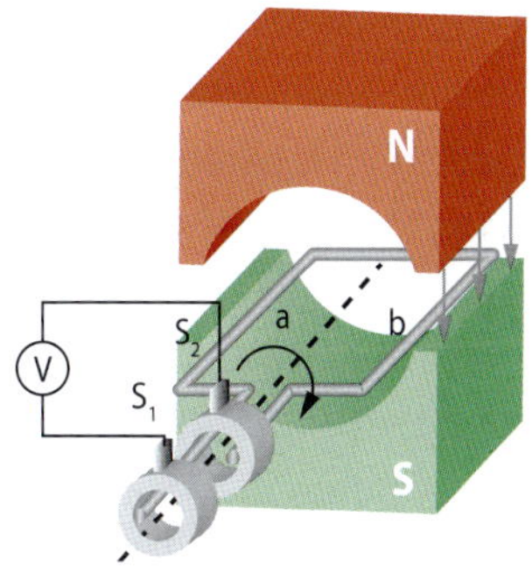

Abb. 3: Leiterschleife im Magnetfeld

1 Hier ist die Bewegungsrichtung des Leiters und damit der Elektronen parallel zu den Magnetfeldlinien. Folglich wirken keine Lorentzkräfte und $U_{ind} = 0\,V$.

2 Gemäß der UVW-Regel der linken Hand werden die Elektronen im Leiterstück a nach hinten beschleunigt, während auf die Elektronen im Leiterstück b die Lorentzkraft nach vorn wirkt. An S_1 herrscht ein Elektronenüberschuss (Minuspol), an S_2 ein Elektronenmangel (Pluspol). Da die Bewegungsrichtung senkrecht zu den Magnetfeldlinien ist, wird eine maximale Induktionsspannung messbar.

3 Hier ist die Bewegungsrichtung wieder parallel zum Magnetfeld, d. h. $U_{ind} = 0\,V$.

4 An dieser Stelle wird wieder ein Maximum erreicht. Diesmal wirken die Lorentzkräfte jedoch entgegengesetzt zu 2. Folglich ist auch die Polung der Spannung entgegengesetzt.

5 Die Stellung ist dieselbe wie bei Position 1.

Dazwischen liegen die Leiterstücke jeweils „schräg" zu den Magnetfeldlinien, sodass die Lorentzkräfte Spannungen zwischen 0 und dem Maximalwert bewirken.

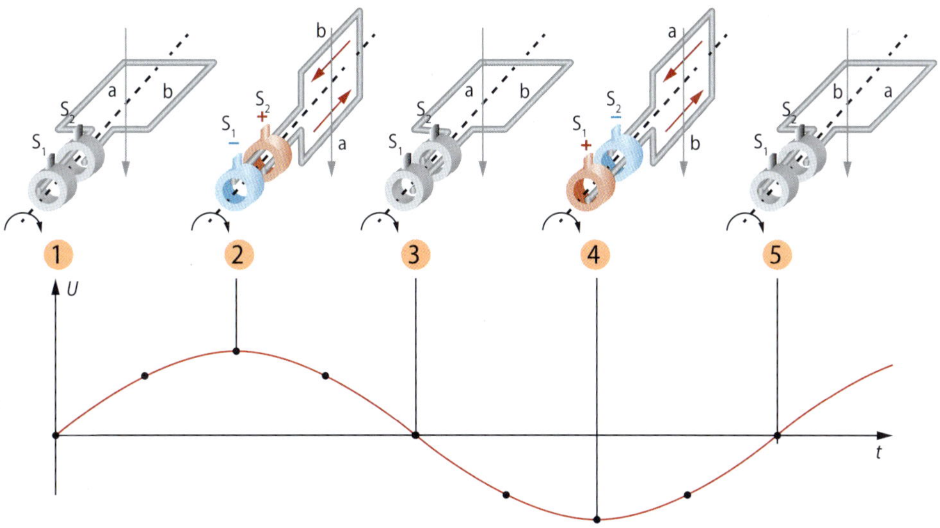

Abb. 4: Induzierte Wechselspannung bei einer im Magnetfeld rotierenden Leiterschleife

In allen Versuchen handelt es sich um einen **Generator**, der mechanische Bewegungsenergie in elektrische Energie umwandelt.

Bei V3 ist ein sinusförmiger Verlauf der induzierten Spannung zu sehen. Man spricht von (sinusförmiger) Wechselspannung und entsprechend von einem Wechselspannungsgenerator. Ist der Stromkreis geschlossen, fließt (sinusförmiger) Wechselstrom. Damit mechanische Energie in elektrische Energie umgewandelt werden kann, muss die Spule von einem sich zeitlich ändernden Magnetfeld durchsetzt werden.

2.15 Wechselspannungsgenerator

Beim Dynamo erfolgt dies durch Treten der Pedale, welche den mehrpoligen Dauermagneten im Inneren in Rotation versetzen. Beim Elektrizitätswerk werden Generatoren durch Turbinen (Abb. 5) angetrieben, welche (je nach Kraftwerk) durch Wasser oder Dampf angetrieben werden.
Generatoren können sehr hohe Wirkungsgrade von bis zu 98 % erreichen.

Abb. 5: Schaufelräder einer Dampfturbine

Merkwissen

- Rotiert eine Leiterschleife (Spule) in einem Magnetfeld, so wird in ihr eine (sinusförmige) **Wechselspannung** induziert.
- Ursache der Wechselspannung ist die sich ständig ändernde Lorentzkraft, die auf ihre Leitungselektronen wirkt.
- Ein Generator wandelt **Bewegungsenergie** in elektrische Energie um.
- Generatoren erreichen hohe Wirkungsgrade.

Aufgaben

1 a) Beschreibe an einem Beispiel das Funktionsprinzip eines Generators.
b) Zähle einige Beispiele aus dem Alltag für Generatoren mit kleiner, mittlerer und großer elektrischer Ausgangsleistung auf.
c) Benenne die Maschine, die das gegenteilige Prinzip des Generators nutzt.

2 Beschreibe auch anhand einer Skizze, wie es beim Generator zur Erzeugung einer sinusförmigen Wechselspannung kommt.

3 Im Maschinenhaus eines Kraftwerks (Abb. 6) strömt ständig sehr heißer Wasserdampf in die Dampfturbine hinein. Diese treibt den Rotor eines Generators an, der dadurch ununterbrochen elektrische Leistung abgibt.
Begründe die Funktionsweise dieses Kraftwerks durch Anwendung des Energieerhaltungssatzes.

Abb. 6: Der Generator (vorne) wird von einer Dampfturbine (hinten) angetrieben.

Außenpolgenerator

Beim Außenpolgenerator dreht sich die Induktionsspule (= Rotor) zwischen zwei feststehenden Magnetpolen (= Stator). Die induzierte Wechselspannung wird über zwei Schleifringe abgenommen.
In Industrie und Technik wird der Außenpolgenerator nur noch selten eingesetzt, weil eine hohe Induktionsspannung hohe Windungszahlen oder hohe Rotationsgeschwindigkeit der Spule voraussetzen. Beides würde die Drehachse stark belasten. Zusätzlich führt die Abnahme der induzierten Spannung über Schleifbürsten zu thermischen Energieentwertungen und hohem Materialverschleiß.

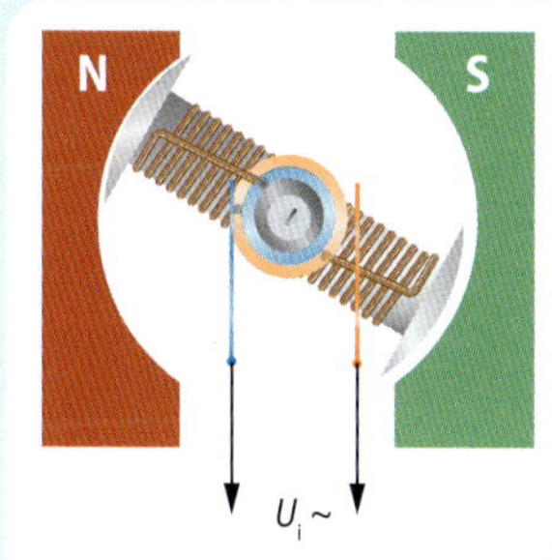

Abb. 7: Grundprinzip des Außenpolgenerators

Innenpolgenerator

Beim Innenpolgenerator drehen sich die Magnetpole (= Rotor) zwischen der feststehenden Induktionsspule (= Stator). Die induzierte Wechselspannung kann direkt an der Induktionsspule (also ohne Schleifkontakte) abgegriffen werden.
Der Innenpolgenerator ist der fast ausschließlich verwendete Generatortyp. Da die Induktionsspulen feststehen, können hohe Windungszahlen verwendet werden, sodass sehr große Spannungen und Leistungen möglich sind.
Der Innenpolgenerator lässt sich gegenüber seinem Grundprinzip in Abb. 8 optimieren: Zum einen kann der Stator nicht nur aus zwei, sondern aus mehreren radial angebrachten Induktionsspulen mit Eisenkernen gebaut werden. Zum zweiten kann der Rotor-Permanentmagnet durch einen mehrpoligen Elektromagneten ersetzt werden, der auf der sich drehenden Welle befestigt ist. Durch den Einsatz eines Elektromagneten lässt sich ein stärkeres und vor allem regelbares Magnetfeld und somit eine höhere Generatorleistung erzeugen. Allerdings muss zur Erzeugung des Magnetfelds zunächst Gleichspannung eingesetzt werden, die über Schleifkontakte die Feldspulen speist (Abb. 9). Zunächst mag das widersprüchlich erscheinen: Man führt beim Elektromagneten wieder Schleifkontakte ein, die man eigentlich bei der Konstruktion des Innenpolgenerators vermeiden wollte. Allerdings gilt: Verglichen mit der Generatorleistung ist die Leistung, die zum Aufbau des Magnetfelds nötig ist, vergleichsweise gering (wenige Prozent). Der Einsatz von Schleifkontakten an dieser Stelle führt also zu tolerierbaren Energieentwertungen. Die „Hauptenergie" eines Generators resultiert ohnehin aus der Drehung der Welle in beispielsweise einem Wind-, Wasser- oder Dampfkraftwerk.

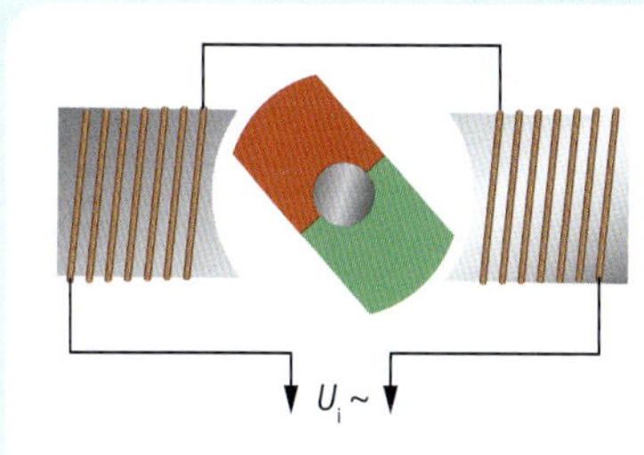

Abb. 8: Grundprinzip des Innenpolgenerators

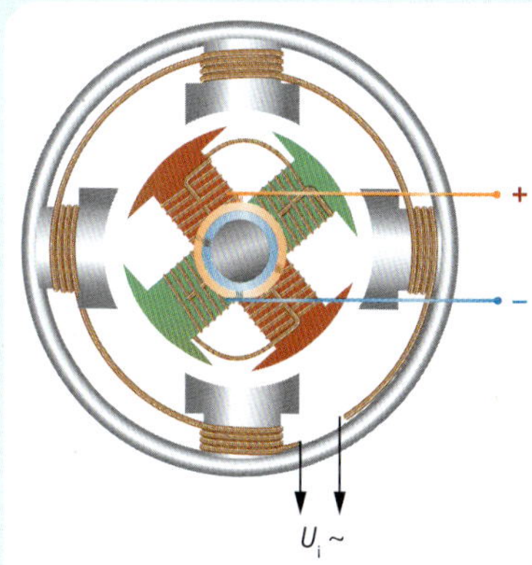

Abb. 9: Optimierter Innenpolgenerator: Der Rotor ist kein Permanent-, sondern ein Elektromagnet (Feldspule).

- Nenne Möglichkeiten, den Außenpolgenerator aus Abb. 7 zu optimieren.
- Um welche Art von Generator handelt es sich bei einem Fahrraddynamo?
- Stelle in einer Tabelle die wesentlichen Unterschiede zwischen Innenpol- und Außenpolgenerator dar. Nimm dabei Bezug auf die Punkte Aufbau, Abnahme der induzierten Spannung, Wirkungsgrad und Einsatz in Alltag und Technik.

2.16 Transformator

Einstieg

Um den Klang ihrer Gitarre anzupassen, verwenden fast alle E-Gitarristen Effekte. Viele dieser Effekte gibt es als kleine Boxen, die wahlweise mit einer 9-V-Batterie oder direkt über das Haushaltsnetz betrieben werden können.

- Welche Geräte sorgen dafür, dass man die 9-V-Bauteile auch an das 230-V-Netz anschließen kann?
- Was hat das mit Induktion zu tun?

Versuche

n_P steht für die Anzahl der Windungen der Primärspule. n_S steht für die Anzahl der Windungen der Sekundärspule.

V1 a) An eine Spule mit $n_P = 600$ Windungen (Primärspule) wird eine zweite baugleiche Spule (Sekundärspule) so gesetzt, sodass ihre Achsen zusammenfallen (Abb. 1). Mit einer regelbaren Elektrizitätsquelle (0–20 V) legt man Wechselspannung an die Primärspule an. Man variiert nun die Primärspannung und beobachtet den Spannungswert U_S auf der Sekundärseite:

$n_P = 600$	U_P in V	10,0	15,0
$n_S = 600$	U_S in V	1,1	1,6

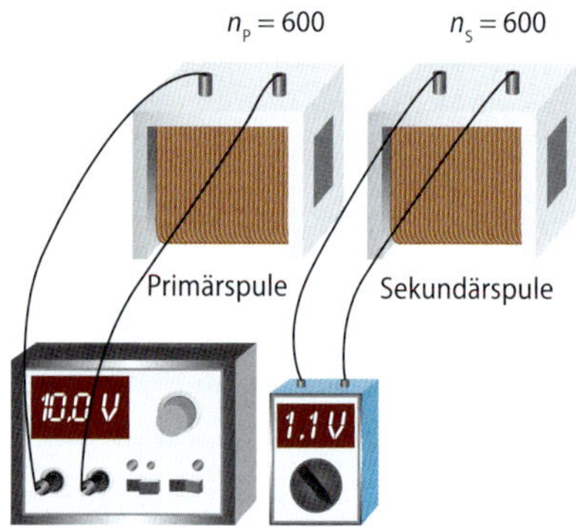

Abb. 1: Versuchsaufbau zu V1

Beobachtung: Je größer die Primärspannung ist, desto größer ist die Sekundärspannung. Die Sekundärspannung ist jedoch deutlich geringer als die Primärspannung.

b) Der Teilversuch a) wird mit einer Sekundärspule der Windungszahl n_S von 300 bzw. 900 wiederholt. Folgende Messwerte können beobachtet werden:

$n_P = 600$	U_P in V	10,0	15,0
$n_S = 300$	U_S in V	0,6	0,8
$n_S = 900$		1,7	2,4

Beobachtung: Im Vergleich zu V1 a) sind die Sekundärspannungen bei der Spule mit 300 Windungen geringer, bei der Spule mit 900 Windungen höher.

Erklärung

Die Spulen können auch anders bezeichnet werden:
Primärspule: Feldspule
Sekundärspule: Induktionsspule

Ein Transformator besteht aus zwei Spulen, die miteinander nicht elektrisch verbunden sind. Wenn an die Primärspule eine Wechselspannung angelegt wird, lässt sich an der Sekundärspule ebenfalls eine Wechselspannung abgreifen (V1 a).
Das lässt sich folgendermaßen erklären: Der Wechselstrom in der **Primärspule** erzeugt ein **sich zeitlich änderndes Magnetfeld**, welches die Sekundärspule durchsetzt. In der Sekundärspule wird in der Folge eine **Wechselspannung induziert**. Diese ist deutlich geringer als die Primärspannung.

Das lässt sich dadurch erklären, dass nur ein geringer Teil des Magnetfelds der Primärspule die Sekundärspule durchsetzt (Magnetfeldstreuung).

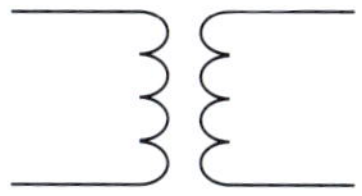
Abb. 2: Schaltzeichen eines Transformators (allgemein)

Für den Zusammenhang zwischen der in der Sekundärspule induzierten Spannung und den Windungszahlen der beiden Spulen gilt das Induktionsgesetz: Demnach ist eine Induktionsspannung abhängig von der Stärke des sich ändernden Magnetfelds und der Anzahl der Windungen der Induktionsspule.
Erhöht man also die Windungszahl der Primärspule, entsteht ein stärkeres, sich änderndes Magnetfeld, was auch (bei gleichbleibender Windungszahl der Sekundärspule) die Sekundärspannung erhöht.
Erhöht/erniedrigt man die Windungszahl der Sekundärspule, wird (bei gleichbleibender Windungszahl der Primärspule) auch eine höhere/niedrigere Sekundärspannung induziert (V1 b).
Somit lässt sich eine Spannung hoch- und heruntertransformieren, es gilt dabei:
$n_P < n_S$, also auch $U_P < U_S$
$n_P > n_S$, also auch $U_P > U_S$

Merkwissen

- Bei einem **Transformator** sind **zwei Spulen** so angeordnet, dass das Magnetfeld der **Primärspule** die **Sekundärspule** durchsetzt.
- Die Wechselspannung U_P, die an die Primärspule angelegt wird, führt zu einer Wechselspannung U_S, die an der Sekundärspule abgreifbar ist.
- Transformatoren nutzt man, um **Wechselspannungen hoch- oder herunterzutransformieren.**

Aufgaben

1 **a)** Erkläre mithilfe von Abb. 3 den Einsatzzweck eines Transformators und begründe seine Funktionsweise physikalisch.
b) Nenne weitere Anwendungsbeispiele aus dem Alltag, in welchen Transformatoren eingesetzt werden. Recherchiere gegebenenfalls.

Abb. 3: Transformator in einem Netzteil

2 Begründe, weshalb ein Transformator nicht mit Gleichspannung funktioniert.

3 Erkläre, warum man die Primärspule auch als Feldspule bzw. die Sekundärspule als Induktionsspule bezeichnet.

4 Erkläre die obigen Ungleichungen mit eigenen Worten.

2.17 Wirkungsgrad eines Transformators

Einstieg

Lina hat mit ihrem Vater ein altes Radio zerlegt. Dabei hat sie einen Transformator herausgebaut.

- Welche Rolle könnte der Metallrahmen haben?

Versuche

V1 **a)** V1 a) der vorherigen Doppelseite wird erneut aufgebaut ($n_P = n_S = 600$). Nun wird ein massiver und danach ein geblätterter Eisenkern in die Öffnungen der beiden Spulen gestellt (Abb. 1).

b) Anschließend werden die beiden Spulen gemäß Abb. 2 auf die Schenkel eines geblätterten *U*-Kerns gesteckt. Zusätzlich wird ein Joch aufgepresst, sodass ein geschlossener Eisenkern entsteht.

Für die Primärspannung $U_P = 10$ V ergeben sich folgende Sekundärspannungen U_S:

	Eisenkern	U_S in V
a)	keiner	1,1
	massiv	4,2
	geblättert	5,0
b)	geschlossen	9,7

Beobachtung: Die Sekundärspannungen werden immer höher.

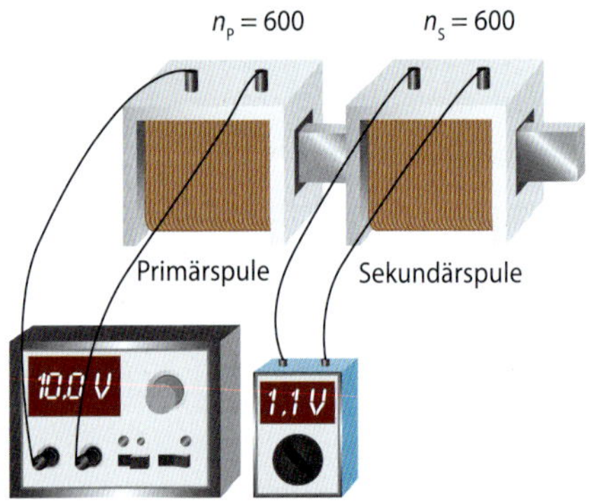

Abb. 1: Versuchsaufbau zu V1 a)

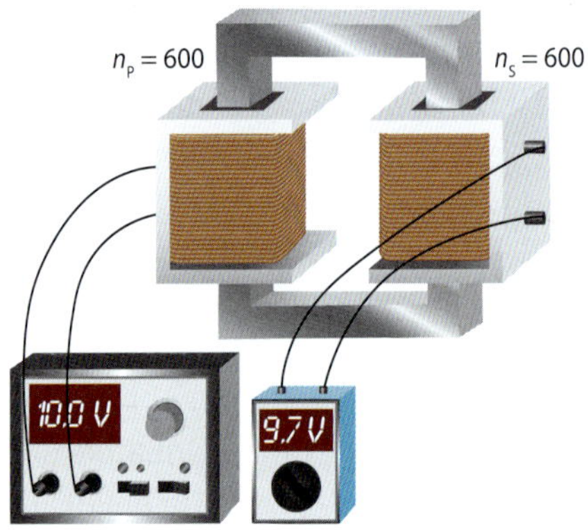

Abb. 2: Versuchsaufbau zu V1 b)

V2 Zur Bestimmung des Wirkungsgrads eines Experimentiertransformators belastet man diesen kurzzeitig z. B. durch ein Glühlämpchen (6 V; 3 W) und misst Spannung und Stromstärke auf beiden Seiten.

Beobachtung: Es ergeben sich folgende Messwerte:

Primärseite	Sekundärseite
$n_P = 500$	$n_S = 125$
$U_P = 20$ V	$U_S = 3{,}9$ V
$I_P = 125$ mA	$I_S = 360$ mA

Erklärung

Für vereinfachende Berechnungen geht man nicht selten von einem (theoretischen) idealen Transformator aus. Bei ihm gibt es keine Energieentwertung, er hat folglich einen Wirkungsgrad von 100 %.

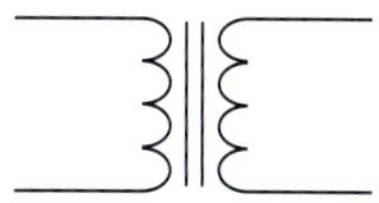

Abb. 3: Schaltzeichen eines Transformators mit Weicheisenkern

Bei realen Transformatoren wird ein Teil der Energie entwertet. Weist ein Transformator nur eine geringe Energieentwertung auf, ergibt sich ein hoher Wirkungsgrad η. Bei teuren Transformatoren in der Energietechnik kann er bei 99,5 % liegen.

Tab. 1 zeigt Ursachen für bzw. Gegenmaßnahmen gegen geringe Wirkungsgrade (V1):

Ursache	Gegenmaßnahme
Erwärmung der Drähte durch den elektrischen Strom , dadurch steigt R.	Kühlen, große Leiterquerschnitte
Magnetfeldstreuung	geschlossener Eisenkern (Abb. 3), Verwendung eines Ringkern- oder Manteltransformators
Wirbelströme im Eisenkern	geblätterter Eisenkern
Erwärmung durch ständige Ummagnetisierung	Verwendung spezieller Legierungen

Tab. 1: Geringe Wirkungsgrade bei Transformatoren

Man kann also unterscheiden:

Idealer Transformator
(ohne Leistungsentwertung)
$(P_S = P_P)$
$U_S \cdot I_S = U_P \cdot I_P$

Realer Transformator
(mit Leistungsentwertung)
$(P_S = \eta \cdot P_P)$
$U_S \cdot I_S = \eta \cdot U_P \cdot I_P$

Mithilfe der Messwerte aus V2 lässt sich der Wirkungsgrad eines Transformators wie gewohnt mit der Formel

$\eta = \frac{P_{Nutz}}{P_{zu}}$ berechnen. Dabei entspricht die Primärleistung der zugeführten Leistung und die Sekundärleistung der Nutzleistung.

$P_{zu} = P_P = U_P \cdot I_P = 20\,V \cdot 0{,}125\,A = 2{,}5\,W$

$P_{Nutz} = P_S = U_S \cdot I_S = 3{,}9\,V \cdot 0{,}360\,A = 1{,}4\,W$

$\eta = \frac{P_{Nutz}}{P_{zu}} = \frac{1{,}4\,W}{2{,}5\,W} = 0{,}56 = 56\,\%$

Abb. 4: Transformator mit geschlossenem Eisenkern

Merkwissen

- Ein **idealer Transformator** besitzt einen **Wirkungsgrad von 100 %.**
- Bei **realen Transformatoren** wird ein Teil der **Energie entwertet.**
- Für reale belastete Transformatoren gilt: $\eta = \frac{P_{Nutz}}{P_{zu}} = \frac{P_S}{P_P}$.

2.17 Wirkungsgrad eines Transformators

Musteraufgabe

1 Ein Schweißtransformator wird primärseitig an 230 V Wechselspannung angeschlossen. Die Primärstromstärke beträgt 1,9 A, die Sekundärstromstärke 120 A.

a) Ermittle die Sekundärleistung, wenn der Wirkungsgrad des Transformators 97 % beträgt.

b) Berechne die Sekundärspannung.

Abb. 5: Schweißtransformator

Lösung:

a) geg.: $U_P = 230\ \text{V}$; $I_P = 1{,}9\ \text{A}$; $I_S = 120\ \text{A}$; $\eta = 0{,}97$

ges.: P_S

Ansatz: $P_P = U_P \cdot I_P$; $\eta = \frac{P_S}{P_P}$ $\quad | \cdot P_P$

Rechnung: $P_P = 230\ \text{V} \cdot 1{,}9\ \text{A} = 0{,}44\ \text{kW}$

$P_S = \eta \cdot P_P = 0{,}97 \cdot 0{,}44\ \text{kW} = 0{,}43\ \text{kW}$

b) geg.: $P_S = 0{,}43\ \text{kW}$; $I_S = 120\ \text{A}$

ges.: U_S

Ansatz: $P_S = U_S \cdot I_S$ $\quad | : I_S$

Rechnung: $U_S = \frac{P_S}{I_S} = \frac{0{,}43\ \text{kW}}{120\ \text{A}} = 3{,}6\ \text{V}$

Aufgaben

1 a) Erkläre, warum ein realer Transformator keinen Wirkungsgrad von 100 % haben kann.

b) Benenne Maßnahmen, mit denen der Wirkungsgrad optimiert werden kann.

2 a) 1 Beschreibe, wozu ein Netzteil eingesetzt wird.

2 Erkläre die Bedeutung der Angaben auf dem nebenstehenden Typenschild.

3 Bei einer Sekundärstromstärke von $I_S = 1{,}0\ \text{A}$ fließt im Primärkreis ein Strom von 70 mA. Berechne in diesem Fall den Wirkungsgrad des Netzteils.

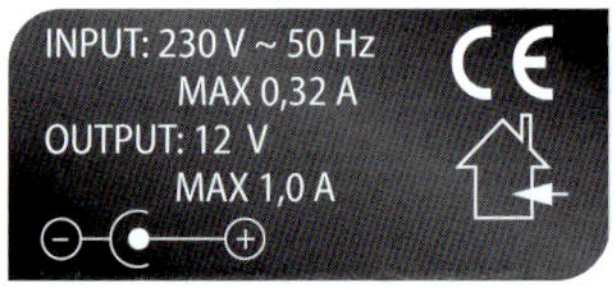

Abb. 6: Aufschrift auf einem Netzteil

b) Heute werden Netzteile mit Transformatoren kaum noch eingesetzt, stattdessen finden fast immer sogenannte Schaltnetzteile Verwendung. Recherchiere.

3 Für einen idealen Transformator gilt $P_P = P_S$. Beschreibe, wie sich die Primärstromstärke ($I_S = 0{,}50\ \text{A}$) ändert, wenn die Primärspannung von 10 V auf eine Sekundärspannung von 10 kV hochtransformiert wird.

4 Ein Transformator mit einem Wirkungsgrad von 58 % ist an das Stromnetz ($U = 230\ \text{V}$) angeschlossen. Sekundärseitig wird die Lampe ($U = 100\ \text{V}$; $I = 2{,}34\ \text{A}$) eines Beamers betrieben. Berechne die dem Stromnetz entnommene Leistung und die Primärstromstärke.

Abb. 7: Beamer im Klassenzimmer

5 Ein Elektroschweißgerät (3,5 V; 120 A) wird mithilfe eines Transformators am Netz (230 V) betrieben. Der Wirkungsgrad des Transformators beträgt 93 %.

a) Bestimme rechnerisch die Primärleistung.

b) Berechne die elektrische Energie, die dem Netz in 60 Sekunden entnommen wird.

6 Zwei baugleiche Glühlampen (12 V; 50 W) sind parallel geschaltet und werden mithilfe eines Transformators am Netz betrieben. Dabei fließt im Primärkreis ein Strom der Stärke 490 mA. Berechne den Wirkungsgrad des Transformators.

7 Ein Transformator mit geschlossenem U-Eisenkern nimmt 55 W Leistung auf und bildet bei einem Wirkungsgrad von 92 % ausgangsseitig eine Spannung von 16 V.

a) Berechne die Stromstärke im Sekundärkreis.

b) Erläutere, wie sich der Wirkungsgrad ändert, wenn der Eisenkern geöffnet wird. Welche Auswirkungen hat dies auf die Primär- und die Sekundärstromstärke?

8 In einem Versuch wird eine Spule mit 500 Windungen an das Netz (230 V) angeschlossen.

a) In die Metallrinne wird etwas Wasser gegeben. Beschreibe, was man beobachten kann.

b) Die Stromstärke in der Metallrinne beträgt 52 A bei einer Spannung von 460 mV, der abgebildete Transformator hat einen Wirkungsgrad von 82 %. Berechne die Primärstromstärke.

c) Welche Energie wird dabei dem Netz innerhalb von 2,0 Minuten entzogen?

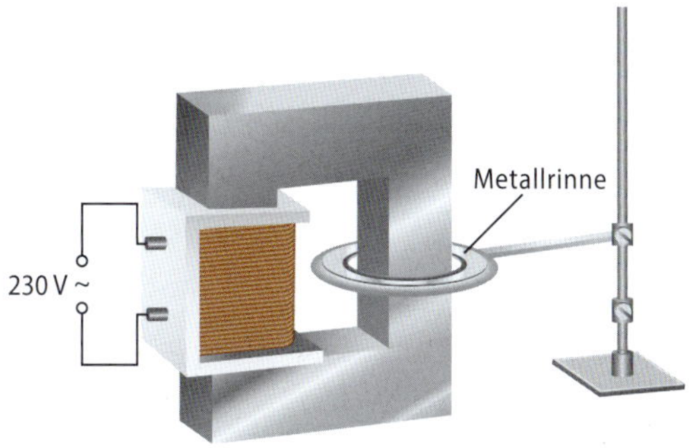

Abb. 8: Versuchsaufbau zu Aufgabe 7

9 In einem Versuch gemäß der abgebildeten Schaltskizze wird der veränderbare Widerstand *R* bei geschlossenem Schalter S stetig verkleinert.

a) Begründe die Entstehung einer Induktionsspannung in der Spule 2.

b) Gib drei mögliche Änderungen am Versuchsaufbau bzw. in der Versuchsdurchführung an, um den Betrag der auftretenden Induktionsspannung in Spule 2 zu vergrößern.

c) S wird geöffnet. Stelle den zeitlichen Verlauf der Induktionsspannung in Spule 2 vor, beim und nach dem Öffnen des Schalters grafisch dar. Recherchiere gegebenenfalls.

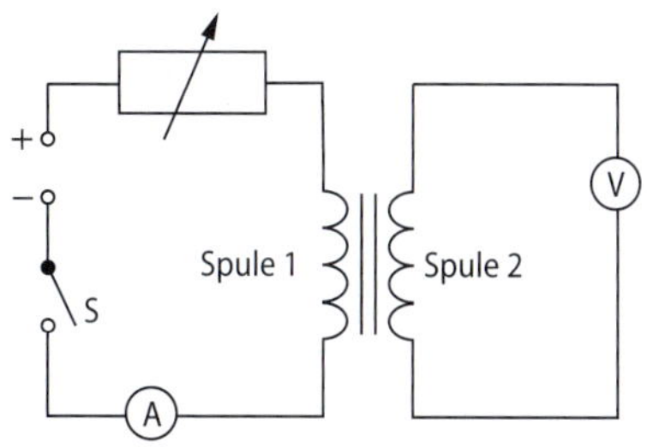

Abb. 9: Schaltskizze zu Aufgabe 8

2.18 Themenseite: Einsatz von Transformatoren

Transformatoren werden im Alltag unterschiedlich eingesetzt. Die verschiedenen Arten können mithilfe von Versuchen im Unterricht veranschaulicht werden.

Hochstromtransformator

Eine Primärspule mit 500 Windungen und eine Sekundärspule mit fünf dicken Windungen werden zu einem Aufbautransformator montiert. Dabei wird die Sekundärseite mit einem Eisennagel kurzgeschlossen und an die Primärseite Netzspannung angelegt (Abb. 1). Man kann beobachten, wie der Nagel zuerst rot, dann weiß glüht und schließlich durchschmilzt.

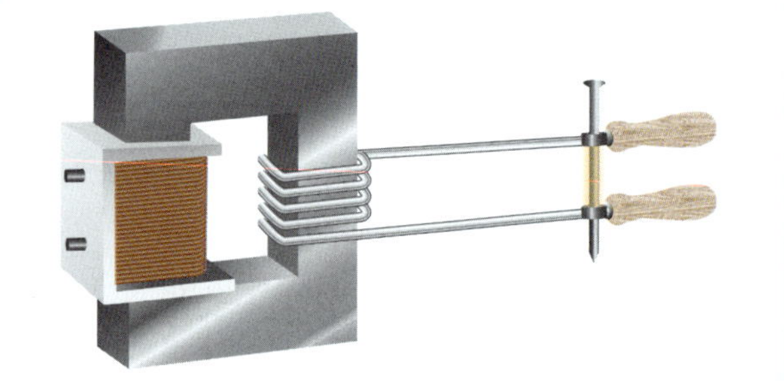

Abb. 1: Transformator zum Schmelzen von Metall

Bei diesem Hochstromtransformator fließen durch den Nagel Ströme von deutlich über 100 A, die Metalle zum Schmelzen bringen können. In der Technik wird das beispielsweise bei Schweißgeräten (Abb. 2) oder in Schmelzöfen ausgenutzt.

Abb. 2: Elektroschweißen

- Begründe, warum der Leiter auf Sekundärseite einen solch großen Durchmesser besitzt.
- Erkläre, wie sich die elektrische Spannung in diesem Fall ändert.

Niederspannungstransformator

Ein Transformator mit stufenweise einstellbarer Sekundärspannung von 3 V, 6 V, 9 V und 12 V wird primärseitig (Stecker) an die Steckdose (230 V ~) angeschlossen. Sekundärseitig werden geeignete Glühlämpchen angeschlossen, die entsprechend leuchten.

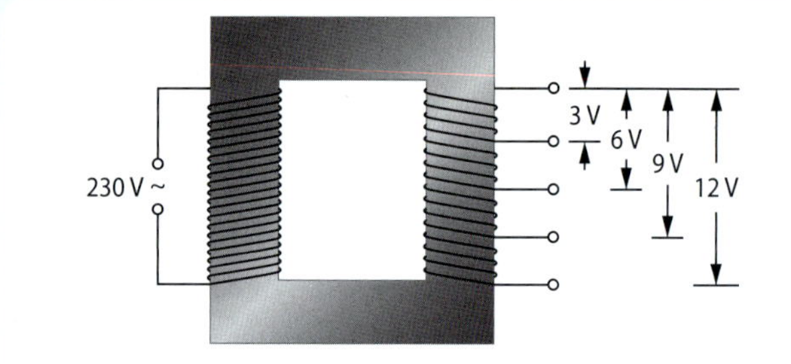

Abb. 3: Schema eines Niederspannungstransformators mit Wahlbuchsen

Die Sekundärspannung hat in etwa den jeweils eingestellten Kleinspannungswert. Ein solcher Niederspannungstransformator kommt zum Einsatz, wenn man Spannungswerte braucht, die unter 20 V liegen, also etwa bei elektrischen Spielzeugen. Häufig besitzt die Sekundärspule Wahlbuchsen, an denen bestimmte Teilspannungen zur Verfügung stehen (Abb. 3).

- Erkläre mithilfe von Abb. 3, wie sich die Windungszahlen auf Primär- und Sekundärseite bei einem Niederspannungstransformator verhalten.
- Früher hat man bei Modelleisenbahnen die Geschwindigkeit eines Zuges stufenlos mithilfe eines Niederspannungstransformators geregelt. Recherchiere im Internet nach einem solchen Trafo und erkläre seine Funktionsweise.

Abb. 4: Modelleisenbahn

Hochspannungstransformator

Ganz anders verhält es sich, wenn eine Primärspule mit 500 Windungen und eine Sekundärspule mit 23 000 Windungen kombiniert werden. Sekundärseitig werden zwei Hörnerelektroden angeschlossen (Abb. 5).

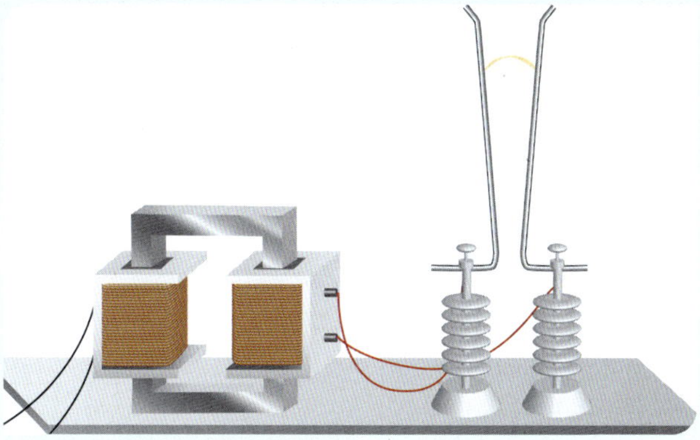

Abb. 5: Transformator mit Lichtbogen

Bei einem Abstand der Elektroden von etwa 5 mm wird an die Primärspule Netzspannung angelegt. An der engsten Stelle zwischen den Elektroden springt ein Funke über und es bildet sich ein Lichtbogen, der anschließend eindrucksvoll nach oben steigt und sich mit zunehmendem Elektrodenabstand selbst vergrößert. Sobald der Lichtbogen abreißt, bildet sich unten ein neuer. Der gesamte Vorgang wiederholt sich ständig. Mit diesem Hochspannungstransformator wurde eine Spannung von 10 kV erzeugt. Die hohe Spannung führt dazu, dass die Luft zwischen den Elektroden leitend wird, sodass es zu einem Durchschlag in der Luft kommt. Dieser führt zu einem sehr heißen Lichtbogen, welcher in der umgebenden kühleren Luft nach oben steigt.
Diese Art des Transformators wird beispielsweise bei Hochspannungsfernleitungen genutzt. In Umspannwerken (Abb. 6) wird die elektrische Spannung auf 220 kV bzw. auf 380 kV hochtransformiert. Der Grund hierfür wird im nächsten Kapitel genauer erläutert. Hochspannungstransformatoren kommen nicht nur bei Hochspannungsfernleitungen zum Einsatz, sondern beispielsweise auch in der Medizin oder in der Fertigungs- und Automobiltechnik.

Abb. 6: Umspannwerk, der Beginn einer Hochspannungsleitung

Im Deutschen Museum in München finden täglich Vorführungen zum Thema Hochspannung statt. Der hier eingesetzte Transformator ermöglicht eine Spannung von 300 000 V, die ebenfalls durch spektakuläre Lichtbögen sichtbar gemacht wird. Darüberhinaus wird eine gegen den Erdboden isolierte Drahtgitterkugel, in welcher ein Mitarbeiter des Museums sitzt, unter Hochspannung gesetzt (Abb. 7).

Abb. 7: Hochspannungsvorführung im Deutschen Museum

- Erkläre, warum Hochspannung für den Menschen so gefährlich ist.
- Der Mitarbeiter in der Drahtgitterkugel ist natürlich sicher. Benenne die Anordnung mit einem Fachbegriff und erkläre, wie sie funktioniert.
- Erläutere die Gemeinsamkeiten und die wesentlichen Unterschiede zwischen einem Niederspannungstransformator, einem Hochspannungstransformator und einem Hochstromtransformator.

2.19 Übertragung elektrischer Energie

Einstieg

Um elektrische Energie aus Kraftwerken zu den Endnutzern zu transportieren, werden Fernleitungen mit sehr großen elektrischen Spannungen verwendet.

- Mit welchem Bauteil kann man solche Spannungen erhalten?
- Welchen großen Nachteil haben lange elektrische Leitungen?

Versuche

Diese Versuche dürfen nur von einer Lehrkraft durchgeführt werden! In V2 herrscht zwischen den beiden Transformatoren eine lebensgefährliche Hochspannung!

V1 a) Eine 230-V-Glühlampe wird direkt an die Netzspannung angeschlossen.
Beobachtung: Die Glühlampe leuchtet.
b) Die Glühlampe wird mit einem Vorwiderstand von 10 kΩ an die Netzspannung angeschlossen.
Beobachtung: Die Glühlampe leuchtet nicht.

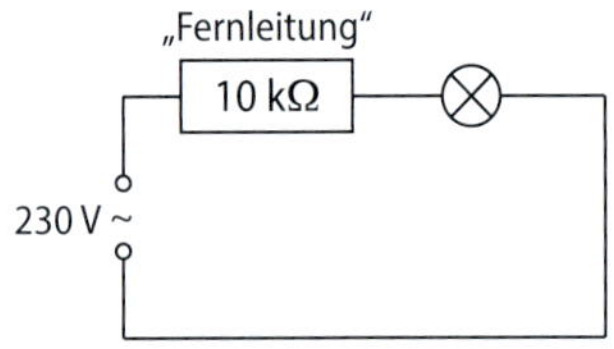

Abb. 1: Versuchsaufbau zu V1

V2 Es wird eine Energieübertragung mit zwei Transformatoren aufgebaut (Abb. 2) . Der erste wird zwischen Netzgerät und Leitung zum Hochtransformieren ($n_P = 600$, $n_S = 12\,000$) geschaltet. Der zweite kommt zwischen Leitung und Glühlampe zum Heruntertransformieren ($n_P = 12\,000$, $n_S = 600$).
Beobachtung: Die Glühlampe leuchtet.

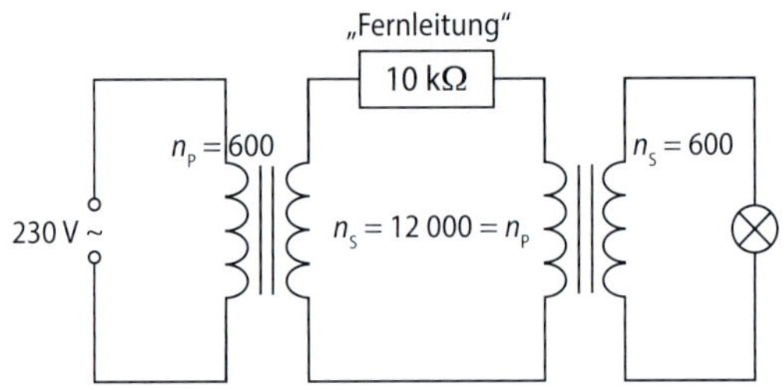

Abb. 2: Versuchsaufbau zu V2

Erklärung

In V1 a) wurde gezeigt, dass die verwendete Lampe funktionstüchtig ist. V1 b) zeigt, dass eine Energieübertragung über weite Strecken nicht ohne weitere Hilfsmittel sinnvoll ist: Der 10-kΩ-Widerstand simuliert den Widerstand der langen Stromkabel der Überlandleitungen. Das deutsche Leitungsnetz hat insgesamt eine Länge von weit über einer Million Kilometer. In **langen stromdurchflossenen Kabeln** besteht also die **Gefahr erheblicher Energieentwertungen**. V2 zeigt, dass eine sinnvolle Energieübertragung möglich wird, wenn man die Spannung in der Fernleitung erhöht und somit die Stromstärke entsprechend reduziert.
Bei einer zu übertragenden elektrischen Leistung P gilt die Formel $P = U \cdot I$. Die abgegebene thermische Leistung (in Form von Wärme) in der Leitung lässt sich nun mithilfe des Spannungsabfalls U am Widerstand R der Leitung berechnen: $P_{therm} = U \cdot I$.
Zusammen mit $U = R \cdot I$ ergibt sich für die abgegebene thermische Leistung:
$P_{therm} = U \cdot I = (R \cdot I) \cdot I = R \cdot I^2$

Die Formel zeigt, dass es unvernünftig wäre, die elektrische Leistung P bei geringer Spannung U und hoher Stromstärke I zu übertragen, da genau diese die thermische Leistung $P_{therm} = R \cdot I^2$ enorm groß macht. Man hält den Wert der thermischen Leistung dadurch sehr gering, dass man bei der Energieübertragung P die Spannung U hochtransformiert und so die Stromstärke I klein hält.

Merkwissen

- **Elektrische Energie** sollte bei **hohen Spannungen übertragen** werden, um die thermische Leistung $P_{therm} = R \cdot I^2$ in den Leitungen zu verringern.

Musteraufgabe

1 Ein Wasserkraftwerk stellt eine elektrische Leistung von 30,0 MW zur Verfügung. Über eine Fernleitung ($R = 40{,}0\ \Omega$, $U = 110$ kV), an deren Enden jeweils ein Transformator steht, wird die elektrische Energie übertragen. Berechne den Wirkungsgrad der Energieübertragung.

Abb. 3: Wasserkraftwerk am Lech

Lösung:

geg.: $P_{zu} = 30{,}0$ MW; $U = 110$ kV; $R = 40{,}0\ \Omega$

ges.: η

Ansatz: $I = \frac{P}{U}$; $P_{therm} = R \cdot I^2$; $P_{Nutz} = P_{zu} - P_{therm}$; $\eta = \frac{P_{Nutz}}{P_{zu}}$

Rechnung: $I = \frac{30{,}0 \cdot 10^6\ \text{W}}{110 \cdot 10^3\ \text{V}} = 273\ \text{A}$

$P_{therm} = 40{,}0\ \Omega \cdot (273\ \text{A})^2 = 2{,}98\ \text{MW}$

$P_{Nutz} = 30{,}0\ \text{MW} - 2{,}98\ \text{MW} = 27{,}0\ \text{MW}$

$\eta = \frac{27{,}0\ \text{MW}}{30{,}0\ \text{MW}} = 0{,}900 = 90{,}0\ \%$

Aufgaben

1 Erkläre auch anhand der Formel $P_{therm} = R \cdot I^2$, warum die elektrische Spannung für den Energietransport in der Fernleitung hochtransformiert wird.

2 Ein Kraftwerk hat 34,0 MW Leistung. Über eine Leitung ($R = 42{,}0\ \Omega$, $U = 110$ kV) wird die Energie übertragen. Berechne den Wirkungsgrad der Energieübertragung.

3 Der Generator eines Kraftwerks stellt bei einer Spannung von $U_1 = 21$ kV eine Leistung von 154 MW zur Verfügung. Für die Übertragung durch die 10 km lange Fernleitung (Widerstand hin und zurück 1,2 Ω) wird die Spannung auf $U_2 = 220$ kV erhöht. Vergleiche die Leistungsentwertung bei der Übertragung mit $U_2 = 220$ kV mit der Leistungsentwertung, wenn die Energie bei $U_1 = 21$ kV übertragen würde.

2.20 Themenseite: Spannungsnetze und Energieverbund

Spannungsebenen im Energieverteilungsnetz

Bei der Verteilung der Energie von den Kraftwerken bis zu den Endverbrauchern nutzt man mehrere Spannungsebenen.

An den Generatoren der Großkraftwerke wird die Spannung von etwa 20 kV auf 220 kV bzw. 380 kV für das **Höchstspannungsnetz** (Abb. 1) hochtransformiert. Dieses Höchstspannungsnetz dient der Fernleitung elektrischer Energie und dem Zusammenschluss der Großkraftwerke im Energieverbundnetz.

Das **Hochspannungsnetz** (110 kV, Abb. 2), dient zur Versorgung von Regionen und Ballungszentren.

Das **Mittelspannungsnetz** (10 kV und 20 kV, Abb. 3) versorgt Städte, Gemeinden und Großabnehmer.

Das **Niederspannungsnetz** (230 V und 400 V) verzweigt sich zu den Betrieben und Haushalten.

Ein Teil dieses riesigen Netzes besteht aus Überlandleitungen. An der Größe und Bauart der Leitungsmasten lässt sich die jeweilige Spannungsebene erkennen.

An den zahlreichen Knotenpunkten zwischen verschiedenen Spannungsebenen wandeln die Transformatoren der Umspannwerke und Umspannstationen die Spannung auf den Wert des niedrigeren Netzes herunter (Abb. 4). Kleinere Kraftwerke, die z. B. regenerative Energiequellen nutzen, speisen direkt in eine entsprechend niedrigere Spannungsebene ein.

- Finde Gemeinsamkeiten und Unterschiede des Verteilungsnetzes mit dem Straßennetz.

Abb. 1: Höchstspannungsnetz (220 kV und 380 kV, Masthöhe 60 m)

Abb. 2: Hochspannungsnetz (110 kV, Masthöhe 30 m)

Abb. 3: Mittelspannungsnetz (10 kV und 20 kV, Masthöhe 12 m)

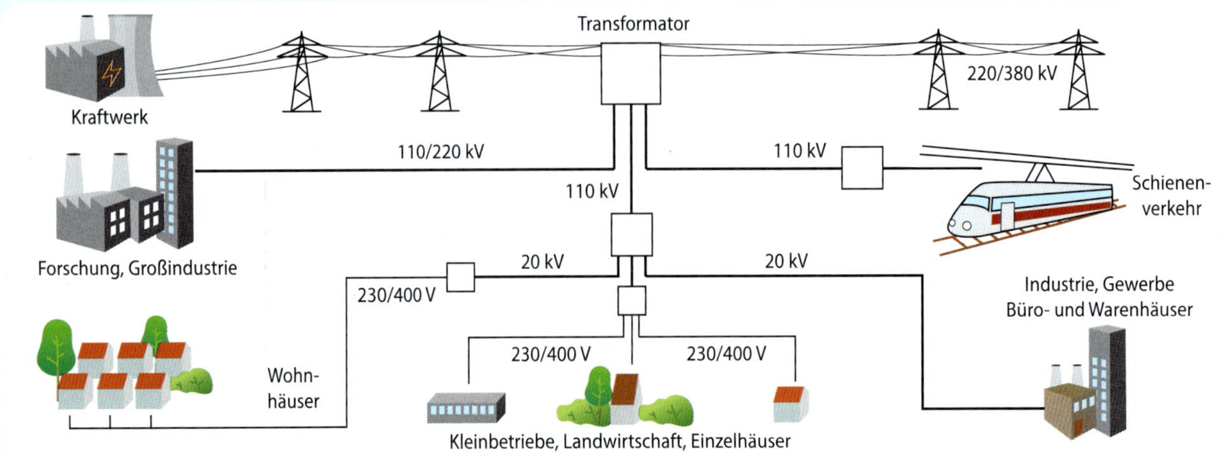

Abb. 4: Aufbau des Energieverteilungsnetzes mit den verschiedenen Spannungsebenen

Das europäische Energieverbundnetz

Ab dem Jahr 1892 versorgten einzelne kleine Kraftwerke jeweils ein bestimmtes Gebiet in Bayern mit Strom. Da das aber recht schnell unwirtschaftlich war, wurde 1924 in Bayern ein Verbundnetz mit 110 kV in Betrieb genommen. Alle bayerischen Kraftwerke speisten nun in ein gemeinsames Leitungsnetz ein und konnten sich so gegenseitig auffangen. Im Jahr 1951 entstand das westeuropäische Energieverbundnetz (UCTE), das seither immer weiter ausgebaut wurde (Abb. 5). Seit 2009 übernimmt der Betreiber ENTSO-E die Aufgaben der ehemaligen UCTE.

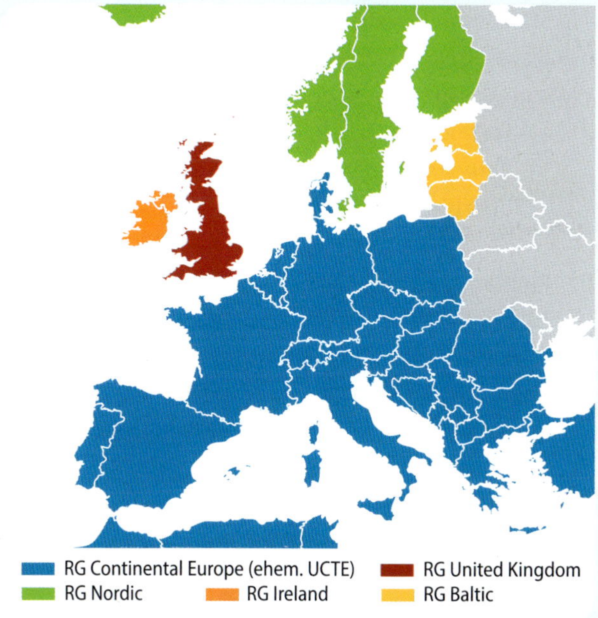

Abb. 5: Europäische Verbundsysteme

Rund 450 Millionen Verbraucher werden von diesem Verbundnetz mit elektrischer Energie beliefert. Durch dieses Verbundnetz ist es möglich, Energiespitzen zu verteilen und auch eine hohe Ausfallsicherheit zu gewährleisten.

- Informiere dich über den täglichen Verlauf der Netzbelastung im Energieverbundnetz.
- Was versteht man unter Grund-, Mittel- und Spitzenlast? Wie werden sie klassisch abgedeckt?
- Welche Speichermöglichkeiten existieren für überschüssige Energie?

Zukunftsvision: Supergrid

Im Zuge der Energiewende werden noch leistungsstärkere Netze notwendig. Wurde früher die Grund-, Mittel- und Spitzenlast von wenigen Kraftwerkstypen abgedeckt, so unterliegt das zukünftige Elektrizitätswesen durch den weiteren Ausbau von Solar- und Windenergie deutlicheren Schwankungen. Diese Schwankungen können ausgeglichen werden, indem man die Energiegewinnung über eine große Fläche verteilt. Auch können so Gebiete erschlossen werden, die für bestimmte Einsatzzwecke gut geeignet sind. Es sind z. B. in Nordafrika große Solarparks denkbar und in Skandinavien Wasserspeicherkraftwerke zur Pufferung überschüssiger Energie. Als europäisches Supergrid wird ein geplantes europaweites Weitverkehrs-Höchstspannungsnetz bezeichnet. In diesen Netzen sollen sogenannte HGÜ-Übertragungen zum Einsatz kommen. Dies sind auf sehr hoher Gleichspannung beruhende Energieübertragungsmethoden.

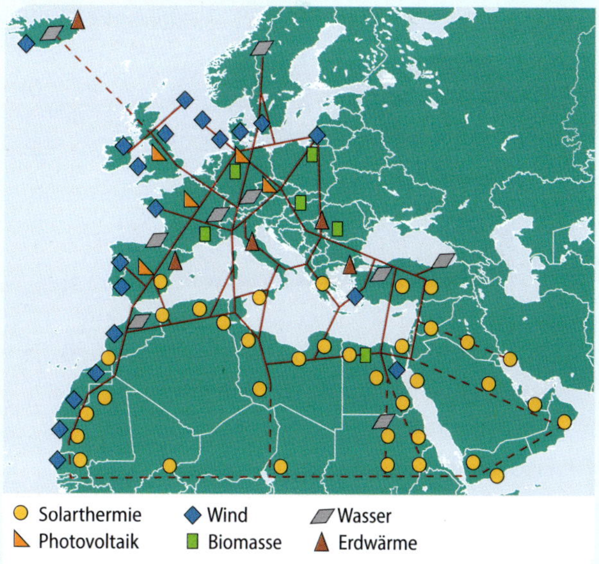

Abb. 6: Konzeptplanung eines fiktiven Supergrid zur Verknüpfung der Erzeugungsregionen erneuerbarer Energien in Nordafrika mit den Verbrauchsstellen in Europa

- Informiere dich zum Thema DESERTEC.
- Welche Vor- und Nachteile siehst du bei einer solchen dezentralen Versorgung?
- Was sind die Vor- und Nachteile einer HGÜ-Übertragung?

2.21 Teste dich

Aufgaben zur Einzelarbeit

Die Lösungen zu dieser Doppelseite stehen im Anhang.

1 Teste dich! Bearbeite dazu die folgenden Aufgaben und bewerte die Lösungen mit einem Smiley.

2 Die Aufgaben haben unterschiedliche Schwierigkeitsgrade: leicht mittel schwer

☺	😐	☹
Das kann ich!	Das kann ich fast!	Das kann ich noch nicht!

1 Früher wurde die Fahrradbeleuchtung häufig mit einem Seitenlaufdynamo betrieben.

a) Benenne die beim Treten der Pedale stattfindende Energieumwandlung.

b) Erkläre die Funktionsweise des Dynamos.

2 Begründe den Einsatz eines Generators …

a) in einem Wasserkraftwerk.

b) bei Einsätzen des Technisches Hilfswerks (THW).

3 Erläutere anhand einer Skizze den Aufbau und die Funktionsweise eines Transformators.

4 Finde Beispiele, wo Transformatoren eingesetzt werden, in denen die elektrische Spannung …

a) hochtransformiert wird.

b) heruntertransformiert wird.

5 Die Primärspule (250 Windungen) eines Transformators mit geschlossenem, geblättertem Eisenkern ist an die Netzspannung angeschlossen. Begründe, weshalb es lebensgefährlich wäre, an die freien Kontakte der Sekundärspule zu greifen, wenn diese 5000 Windungen hat.

6 Erkläre den Unterschied zwischen einem idealen und einem realen Transformator.

7 Die Generatoren eines Elektrizitätswerks geben bei einer Spannung von 10 kV eine Leistung von 6,0 MW ab. Durch einen als ideal angenommenen Transformator wird die Spannung auf 110 kV hochtransformiert. Der Widerstand der Fernleitung bis zum Umspannwerk beträgt 85 Ω.

a) Fertige eine Schaltskizze an.

b) Berechne den Wirkungsgrad dieser Energieübertragung.

8 Ein Kernkraftwerk stellt bei einer Spannung von 21 kV eine Leistung von 154 MW zur Verfügung. Mithilfe eines idealen Transformators wird die Spannung auf 220 kV hochtransformiert. Die bereitgestellte Energie wird über eine 10 km lange Fernleitung ($R = 1{,}2\ \Omega$) transportiert.

a) Vergleiche rechnerisch die entwertete Leistung durch die Fernleitung mit und ohne den Transformator.

b) Erkläre das Zustandekommen des Unterschieds aus Teilaufgabe a).

c) Erläutere, was sich ändert, wenn ein realer Transformator eingesetzt werden würde.

d) Begründe, dass unabhängig von der Transformatorart noch weniger Energie im Haushalt ankommt.

9 Von einem kleinen Kraftwerk aus führt eine insgesamt 16 km lange Fernleitung $\left(\rho = 0{,}038\ \frac{\Omega \cdot mm^2}{m}\right)$ mit einer Querschnittsfläche von 15,1 mm^2 zu einem Bergdorf und wieder zurück.

a) Berechne den Widerstand der Fernleitung.

b) Zunächst wird die Spannung über einen Transformator T_1 am Kraftwerk hochtransformiert und anschließend über einen zweiten Transformator T_2 im Dorf auf verbrauchergerechte 230 V wieder heruntertransformiert. Zeichne dazu ein Schaltbild.

c) Das Kraftwerk hat bei einer Spannung von 1500 V eine Leistung von 1200 kW. Die Spannung wird auf 24 000 V hochtransformiert. Auf den Transformator T_1 entfallen 3,0 %, auf den Transformator T_2 4,0 % Leistungsentwertung. Berechne die Entwertung in der Fernleitung.

d) Berechne die gesamte Entwertung und den Gesamtwirkungsgrad dieser Energieübertragung.

10 Nenne zwei Möglichkeiten, wie die thermisch entwertete Leistung einer Fernleitung gering gehalten werden kann. Welche Probleme, aber auch Vorteile können dadurch entstehen?

Aufgaben für Lernpartner

1. Bearbeite die folgenden Aufgaben alleine.
2. Suche dir einen Partner und erkläre ihm deine Lösungen. Höre aufmerksam und gewissenhaft zu, wenn dein Partner dir seine Lösungen erklärt.
3. Korrigiere gegebenenfalls deine Antworten und benutze dazu eine andere Farbe.

Sind folgende Behauptungen **richtig** oder **falsch**? Begründe schriftlich.

A Ein Generator ist die „Umkehrung" eines Elektromotors.

B Generatoren sind Energiewandler.

C Wenn die Primärspule eines Transformators mehr Windungen als die Sekundärspule besitzt, wird die Primärspannung hochtransformiert.

D Mithilfe der Induktion kann die Funktionsweise eines Transformators erklärt werden.

E Der Wirkungsgrad eines realen Transformators lässt sich schlecht verbessern.

F Die entwertete Energie in einer Fernleitung ist ausschließlich von ihrer Länge abhängig.

Aufgabe	Ich kann …	Hilfe
1, A	Aufbau und Funktionsweise eines Generators erklären.	S. 104
2, B	den Einsatz von Generatoren begründen.	S. 104
3, 4, C, D	Aufbau und Funktionsweise eines Transformators erläutern.	S. 108
5, 6, E	die Energieerhaltung bzw. -entwertung bei Transformatoren erklären.	S. 110
7, F	die Energieentwertung in Fernleitungen begründen.	S. 116
8, 9, 10	Rechnungen zu Systemen elektrischer Energieübertragung durchführen.	S. 116

2.22 Grundwissen

Stromkreise

- Für einen **unverzweigten Stromkreis** (**Reihenschaltung**) mit n Widerständen gilt:
  $I = I_1 = I_2 = \ldots = I_n = I_{ges}$
  $U_{ges} = U_1 + U_2 + \ldots + U_n$
  $R_{ges} = R_1 + R_2 + \ldots + R_n$
- Für einen **verzweigten Stromkreis** (**Parallelschaltung**) mit n Widerständen gilt:
  $U = U_1 = U_2 = \ldots = U_n = U_{ges}$
  $I_{ges} = I_1 + I_2 + \ldots + I_n$
  $\frac{1}{R_{ges}} = \frac{1}{R_1} + \frac{1}{R_2} + \ldots + \frac{1}{R_n}$
- Der **Gesamtwiderstand** einer kombinierten Schaltung wird berechnet, indem man sie in **Teilschaltungen aufteilt**, die aus Reihen- und Parallelschaltungen bestehen.
- Zunächst berechnet man die **Ersatzwiderstände** der einzelnen Teilschaltungen und daraus den Gesamtwiderstand der Schaltung.
- Steht für ein elektrisches Gerät nur eine Elektrizitätsquelle zur Verfügung, deren Spannung größer ist als die **Betriebsspannung** des Geräts, so kann man dieses in Reihe mit einem passenden **Vorwiderstand** betreiben.

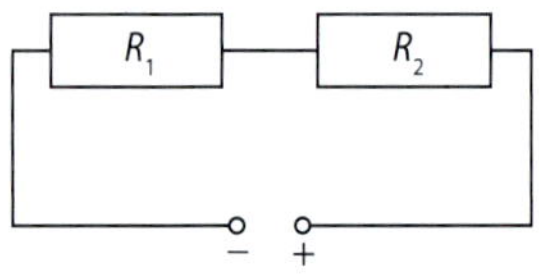

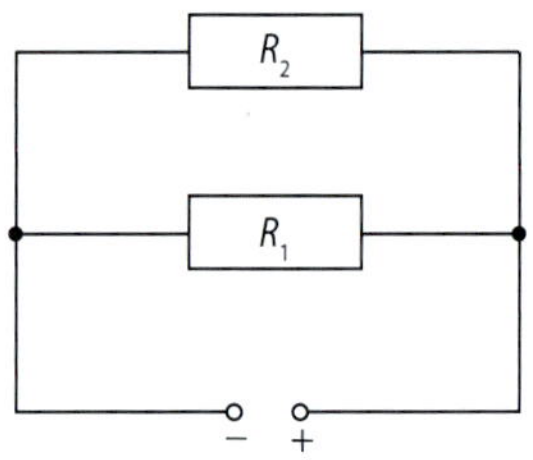

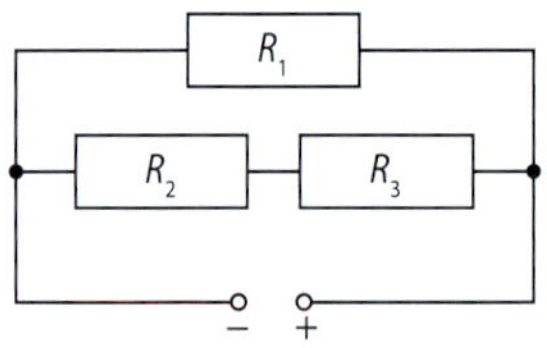

Kombinierte Schaltung

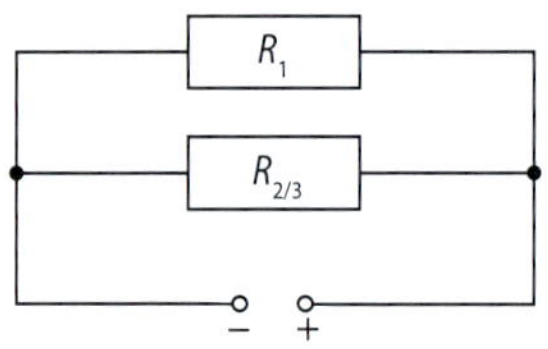

Ersatzschaltung

Innenwiderstand

- Der **Innenwiderstand** R_i einer Elektrizitätsquelle ergibt sich aus dem Quotienten aus **Leerlaufspannung** U_0 und **Kurzschlussstrom** I_K: $R_i = \frac{U_0}{I_K}$.
- Eine **reale Elektrizitätsquelle** verhält sich wie eine **Reihenschaltung** aus einer **idealen Elektrizitätsquelle** mit der Leerlaufspannung U_0 und einem **Innenwiderstand** R_i.
- Für die am Außenwiderstand R_a abfallende Klemmspannung U_{Kl} gilt:
  $U_{Kl} = U_0 - R_i \cdot I$

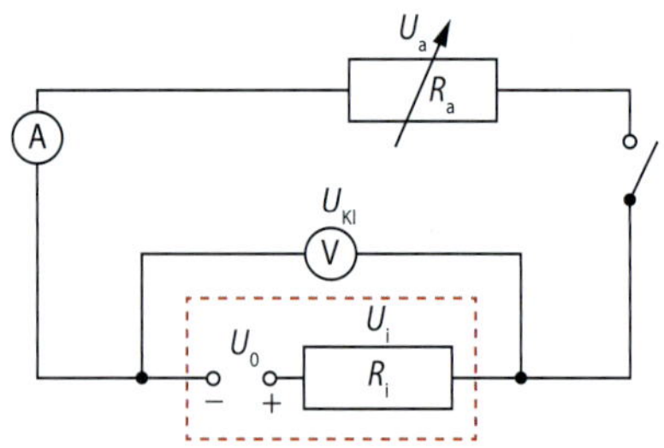

Schaltskizze einer belasteten Elektrizitätsquelle

Messbereichserweiterung

- Der Messbereich eines **Stromstärkemessgeräts** wird erweitert, indem man einen **Nebenwiderstand** R_N **parallel** zum Messwerk schaltet.
- Der Messbereich eines **Spannungsmessgeräts** wird erweitert, indem man einen **Vorwiderstand** R_V vor das Messwerk schaltet.

Elektromagnetische Induktion

- Durch elektromagnetische Induktion wird **mechanische in elektrische Energie** umgewandelt.
- Bewegen sich ein elektrischer Leiter und ein Magnetfeld relativ (nicht parallel) zueinander, so wird im Leiter eine Spannung induziert. Bei geschlossenem Stromkreis fließt ein Induktionsstrom.
- Die induzierte **Spannung** ist **maximal**, wenn der Leiter **senkrecht** zum Magnetfeld bewegt wird.
- Die Polung der Induktionsspannung bzw. die Richtung des Induktionsstroms ist abhängig von der Bewegungs- und Magnetfeldrichtung.
- Der Induktionsvorgang ist stärker, je schneller die Bewegung bzw. je stärker das Magnetfeld ist.
- Ursache für die elektromagnetische Induktion ist die **Lorentzkraft**. Diese kann mithilfe der UVW-Regel der linken Hand bestimmt werden.

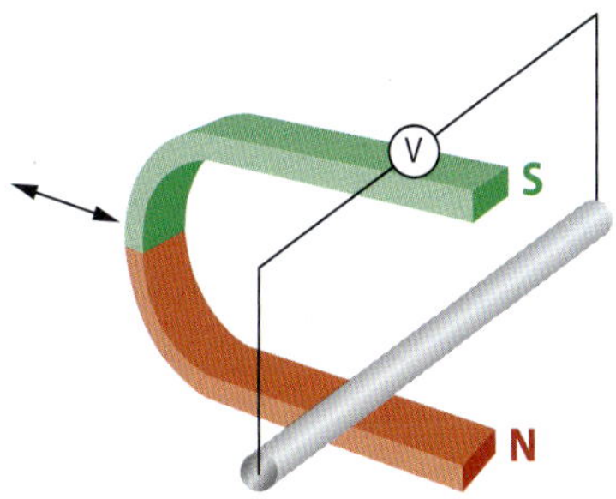

Induktionsgesetz

- Wird eine Spule von einem sich **zeitlich ändernden Magnetfeld** durchsetzt, so tritt in ihr eine Induktionsspannung auf.
- Die Induktionsspannung ist größer, …
  - je schneller die Magnetfeldänderung stattfindet.
  - je größer der Betrag ist, um den sich das Magnetfeld ändert.
  - je größer die Windungszahl der Spule ist.
  - wenn in der Spule ein Weicheisenkern ist.
- Die Polung der Induktionsspannung hängt davon ab, ob es zu einer Verstärkung oder einer Schwächung des Magnetfelds kommt.

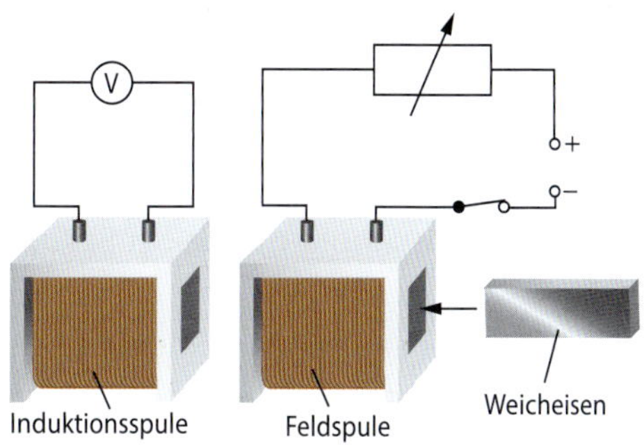

2.22 Grundwissen

Regel von Lenz

- Der Induktionsstrom ist stets so gerichtet, dass das von ihm erzeugte Magnetfeld der **Ursache der Induktion** (also der ursächlichen Magnetfeldänderung) **entgegenwirkt**.

Wirbelströme

- In einem massiven metallischen Leiter, welcher von einem sich ändernden Magnetfeld durchsetzt wird, werden **Wirbelströme** induziert, die den **Leiter erwärmen**.
- Wird die Magnetfeldänderung durch Relativbewegung von Leiter und Magnet herbeigeführt, können **Wirbelströme** diese **Bewegung hemmen**.

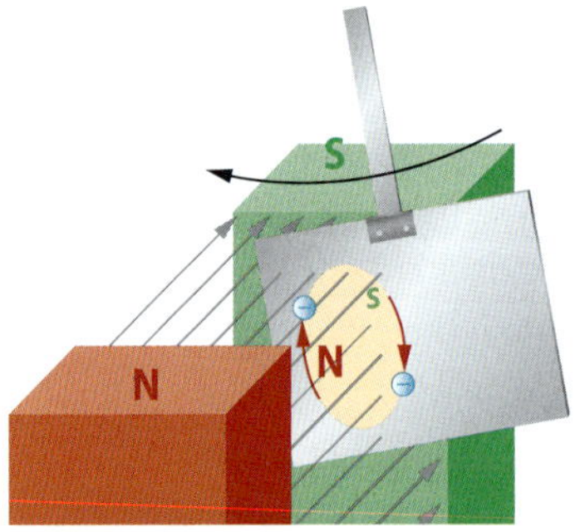

Wechselspannungsgenerator

- Ein Generator wandelt nach dem Prinzip der Induktion **Bewegungsenergie** in elektrische Energie um.
- Ursache der Wechselspannung ist die sich ständig ändernde Lorentzkraft, die auf ihre Leitungselektronen wirkt.

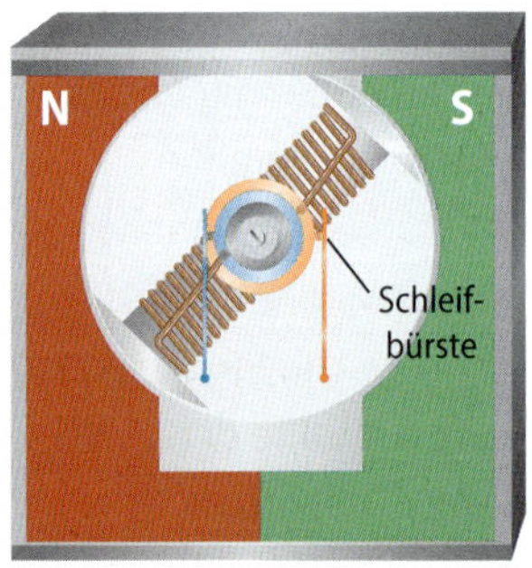

Transformator

- Bei einem Transformator sind zwei Spulen so angeordnet, dass das Magnetfeld der Primärspule die Sekundärspule durchsetzt.
- Eine **Wechselspannung** U_P an der **Primärspule** induziert eine **Wechselspannung** U_S an der **Sekundärspule**.
- Durch geeignete Wahl der Anzahl der Windungen der Spulen können Wechselspannungen hoch- oder heruntertransformiert werden.
- Ein idealer Transformator besitzt einen Wirkungsgrad von 100 %.
- Für reale belastete Transformatoren gilt:

$$\eta = \frac{P_{Nutz}}{P_{zu}} = \frac{P_S}{P_P}$$

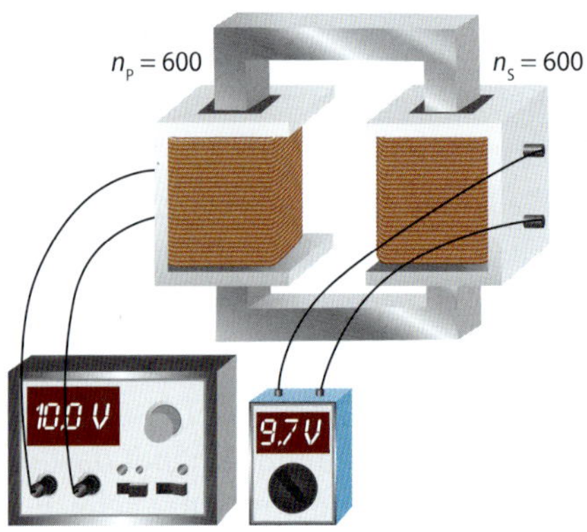

2.23 Vermischte Aufgaben

1 Ein Widerstand $R_1 = 100\ \Omega$ ist in Reihe zu einem Widerstand R_2 an eine Batterie mit $U = 4{,}50\ \mathrm{V}$ geschaltet.

a) Erstelle ein Schaltbild.

b) Setze für R_2 nacheinander folgende Werte ein:

① 1,0 Ω ② 10 Ω ③ 100 Ω ④ 1,0 kΩ ⑤ 10 kΩ

Berechne die Stromstärken I_n sowie die Teilspannungen $U_{1,n}$ und $U_{2,n}$.
Vergleiche die Teilspannungen miteinander und formuliere eine Aussage.

2 Mit den drei Widerständen $R_1 = 40\ \Omega$; $R_2 = 200\ \Omega$ und $R_2 = 300\ \Omega$ und einer Elektrizitätsquelle ($U = 96\ \mathrm{V}$) wird ein Stromkreis entsprechend nebenstehender Skizze aufgebaut. Berechne den Gesamtwiderstand und alle Teilspannungen sowie Stromstärken.

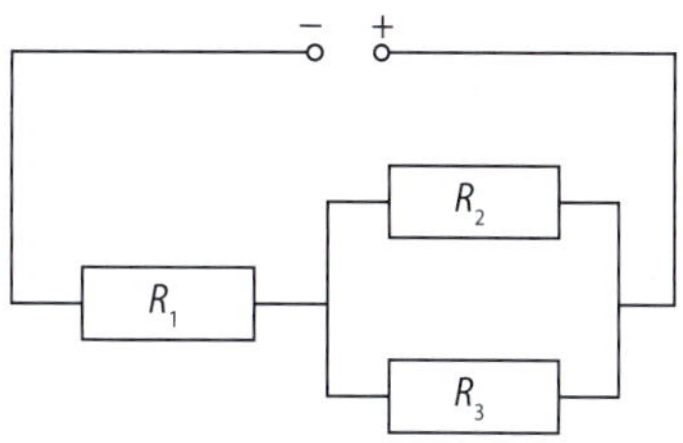

3 In einer Küche sind am Haushaltsnetz fünf elektrische Geräte mit den Leistungen $P_1 = 820\ \mathrm{W}$, $P_2 = 690\ \mathrm{W}$, $P_3 = 1{,}80\ \mathrm{kW}$, $P_4 = 120\ \mathrm{W}$ und $P_5 = 150\ \mathrm{W}$ sowie vier 7,0-W-Lampen gleichzeitig in Betrieb. Abgesichert werden alle Geräte mit einer 16-A-Sicherung.

a) Lisa möchte noch ein weiteres Gerät mit einer elektrischen Leistung von 300 W anschließen. Begründe, ob dies möglich ist.

b) Berechne die elektrischen Widerstände der einzelnen Geräte.

4 Ein elektrischer Herd hat in der Regel eine Leistung von 8,0 kW. Begründe, warum dieser im Haushalt über einen eigens gesicherten Anschluss verfügt.

5 Bestimmte Mikrofontypen sowie Tonabnehmer von Elektrogitarren nutzen das Phänomen der Induktion. Erkläre mithilfe der Abbildung eines sogenannten dynamischen Mikrofons die Funktionsweise.

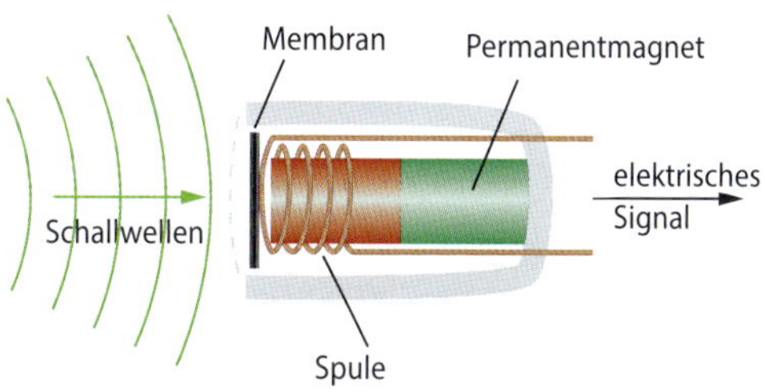

6 Rinor legt einen Stabmagneten in eine Spule. Das an der Spule angeschlossene Spannungsmessgerät zeigt keine Spannung an.

a) Erkläre, warum das Messgerät keine Spannung anzeigt.

b) Erläutere, wie Rinor einen möglichst hohen Messwert erreicht.

2.23 Vermischte Aufgaben

7 Bei einem Induktionsherd befindet sich unter dem Kochfeld aus Glaskeramik eine Spule mit Weicheisenkern, die an Wechselspannung hoher Frequenz angeschlossen ist. Das Bild zeigt eine halbierte Gusseisenpfanne auf dem Kochfeld eines Induktionsherds. Das Spiegelei ist nach einer gewissen Zeit nur auf dem Pfannenteil fertig gebraten.

a) Begründe diesen Sachverhalt.

b) Nenne zwei Vorteile, die ein Induktionsherd gegenüber einem herkömmlichen Elektroherd bietet.

8 Beim Treten der Pedale eines Heimtrainers rotiert eine Aluminiumscheibe. Die Skizze zeigt, wie sich dabei stets ein Teil der Scheibe im Magnetfeld eines Permanentmagneten bewegt.

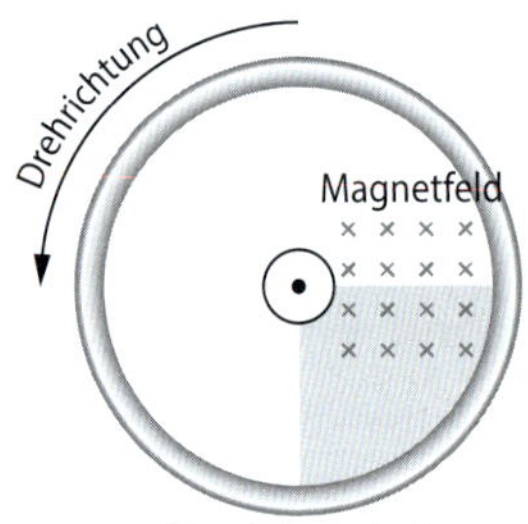

a) Bei der Drehung der Aluminiumscheibe wird diese abgebremst. Erkläre dies unter Verwendung der Lenz'schen Regel für den Fall, dass der grau markierte Bereich der Aluminiumscheibe in das Magnetfeld eintritt.

b) Nenne zwei Maßnahmen, durch die man die Bremswirkung verstärken kann.

c) Erkläre, warum in diesem Fall Wirbelströme erwünscht sind, bei einem Transformator jedoch nicht.

9 (Not-)Stromaggregate bestehen meist aus einem Verbrennungsmotor mit angeschlossenem Generator.

a) Benenne die in einem Aggregat stattfindende Energieumwandlung.

b) Im Alltag werden stationäre und mobile Notstromaggregate unterschieden. Nenne jeweils Situationen, in denen die beiden Typen zum Einsatz kommen. Erläutere hierzu Vor- und Nachteile.

c) Skizziere den prinzipiellen Aufbau eines solchen Aggregats.

d) Erkläre anhand der Skizze die Funktionsweise.

10 Mithilfe eines Niederspannungstransformators ($U_P = 230$ V; $I_P = 0{,}013$ A) sowie eines Gleichrichters soll ein elektrisches Gerät bei einer Spannung von 3,5 V und einer Stromstärke von 760 mA geladen werden.

a) Bestimme den Wirkungsgrad des Transformators.

b) Erkläre, wie man aus einem Niederspannungs- einen Hochspannungstransformator machen kann.

c) Erläutere, warum zum Transport von elektrischer Energie Hochspannung verwendet wird.

11 Die Helligkeit einer Zimmerbeleuchtung wird kurzzeitig etwas geringer, wenn ein elektrisches Gerät mit großer Leistung, das an derselben Hauptleitung liegt, eingeschaltet wird. Begründe diese Tatsache.

12 An eine Batterie mit einer Leerlaufspannung von 9,0 V wird ein Energiewandler mit einem Widerstand von 17 Ω angeschlossen. Dabei fließt ein Strom von 0,47 A.

a) Bestimme den Innenwiderstand der Batterie sowie die Klemmspannung.

b) Bestimme die Kurzschlussstromstärke der Batterie.

c) Zu dem Energiewandler wird ein zweiter Energiewandler mit 36 Ω parallel geschaltet. Berechne die Klemmspannung, wenn nach wie vor 0,47 A fließen.

13 Ein Energiewandler mit einem Widerstand von 640 Ω ist mit einem Stromstärkemessgerät (Innenwiderstand $R_M = 60\ \Omega$, Messbereich 2,00 mA) an eine Elektrizitätsquelle mit der Spannung $U = 1{,}0$ V angeschlossen.

a) Welche Stromstärke zeigt das Messgerät an?

b) Der Messbereich wird auf 20,0 mA und die Spannung der Elektrizitätsquelle auf 10 V erhöht. Berechne die Stromstärke, die jetzt angezeigt wird.

14 Beschreibe einen Versuch zum Nachweis …

a) einer Induktionsspannung in einer Spule.

b) der Regel von Lenz.

c) von Wirbelströmen.

15 Zwischen Tonstad und dem 623 km entfernten Wilster wird mit dem Seekabel „NordLink" eine direkte Verbindung gebaut, die maximal eine eingespeiste Leistung von 1,40 GW mit einer Hochspannung von 525 kV übertragen kann.

Tonstad liegt in Norwegen, Wilster in Norddeutschland.

a) Der Widerstand der Leitung beträgt 9,95 Ω. Zeige, dass bei maximaler Leistung in dem Seekabel 5,06 % der Leistung thermisch entwertet werden.

b) Bei „NordLink" wird Gleichspannung zur Energieübertragung verwendet. Für den Anschluss an das landseitige Wechselstromnetz sind in Tonstad und Wilster jeweils sogenannte Konverterstationen ($\eta_{K1} = \eta_{K2} = 0{,}99$) vorhanden. Berechne den Gesamtwirkungsgrad dieser Energieübertragung.

c) In Wilster wird die elektrische Energie mit Transformatoren ins Verbundnetz eingespeist. Nenne zwei mögliche Energieentwertungen beim Transformator.

3 Atom- und Kernphysik

Kernspaltung

Nachweis radioaktiver Strahlung

ATOMKERN

ELEKTROMAGNETISCHE STRAHLUNG

α-Strahlung

STRAHLENQUELLEN

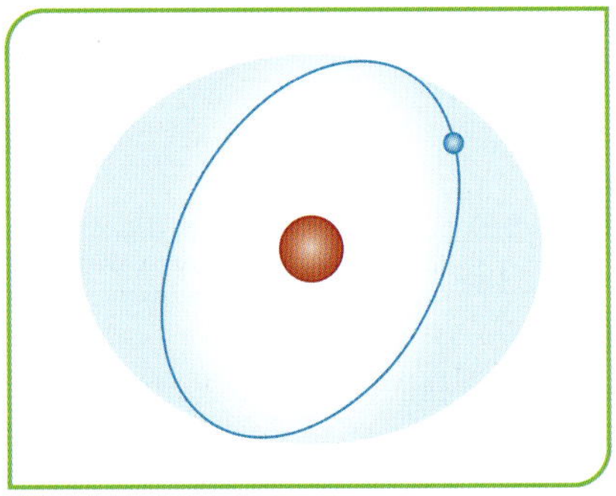

ATOMMODELL

Impulsrate

ZERFALLSREIHEN

Halbwertszeit

GEIGER-MÜLLER-ZÄHLROHR

Nulleffekt

- Welche der Begriffe hast du schon gehört? Erkläre sie.
- Findest du weitere passende Bilder oder weitere Begriffe?
- Die Doppelseite ist gut für die Vorbereitung auf eine Schulaufgabe geeignet: Erkläre dazu (evtl. einem Partner) jeden Begriff und erläutere auch die Zusammenhänge zwischen ihnen. Ergänze gegebenenfalls fehlende Stichworte.

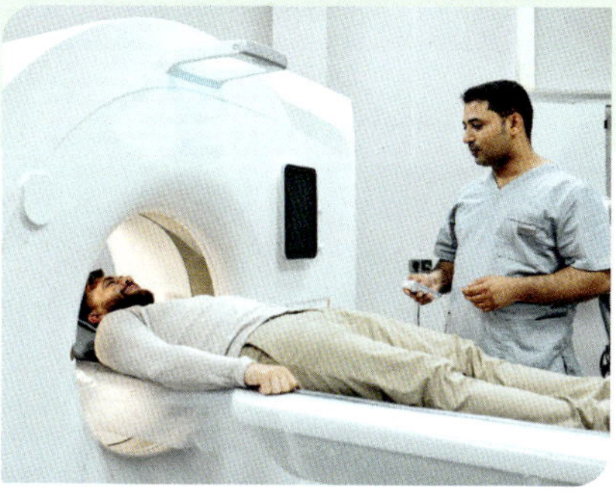

Nutzen radioaktiver Strahlung

Halbwertszeit

γ-Strahlung

Strahlenschutz (5 „A“)

Gefahren radioaktiver Strahlung

Äquivalentdosis

Ionisierung

Kernkraftwerk

Abschirmung von Strahlung

ISOTOP

Reichweite radioaktiver Strahlung

ZERFALLSGESETZ

Radioaktive Strahlung

β-STRAHLUNG

3.1 Radioaktive Strahlung

Einstieg

Radioaktivität kann man nicht sehen, riechen oder fühlen, aber dennoch ist sie allgegenwärtig.

- Kann man der Radioaktivität ganz entkommen?
- Mit welchen physikalischen Effekten kann man sie nachweisen?

Versuche

V1 Ein lichtempfindlicher Filmstreifen einer Analogkamera wird lichtdicht eingewickelt und anschließend ein radioaktives Gestein (z. B. Uranpechblende) darauf platziert. Der Film wird bis zu 72 Stunden belichtet und anschließend entwickelt.
Beobachtung: Auf dem Filmstreifen ist ein „Abdruck" des Steins zu sehen (Abb. 1).

Abb. 1: Pechblendestück und Autoradiografie

Abb. 2: Ein Glas aus Uranglas, rechts im UV-Licht

V2 Gegenstände aus Uranglas werden mit einer UV-Lampe oder einer Schwarzlichtlampe bestrahlt.
Beobachtung: Das langwellige UV-Licht der Lampe ruft im Glas eine leuchtende Fluoreszenzwirkung hervor (Abb. 2).

V3 Ein Elektroskop wird an einen aufgeladenen Kondensator so angeschlossen, dass der Zeiger ausschlägt. Zwischen die Kondensatorplatten wird nun ein Stück radioaktives Gestein gehalten (Abb. 3).
Beobachtung: Der Zeigerausschlag geht zurück, der Kondensator entlädt sich.

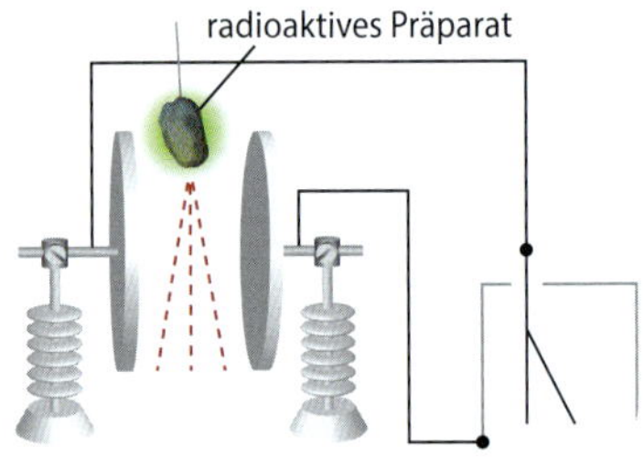

Abb. 3: Versuchsaufbau zu V3

V4 Die Elektroden eines Hörnerblitzes werden so an eine Hochspannungselektrizitätsquelle angeschlossen, dass keine Funkenüberschläge zu beobachten sind. Zwischen die Elektroden wird vorsichtig ein radioaktives Präparat herangeführt (Abb. 4).
Beobachtung: Es sind Funkenüberschläge zu beobachten.

V4 darf nur von einer Lehrkraft durchgeführt werden, da an den Elektroden eine lebensgefährliche Hochspannung anliegt.

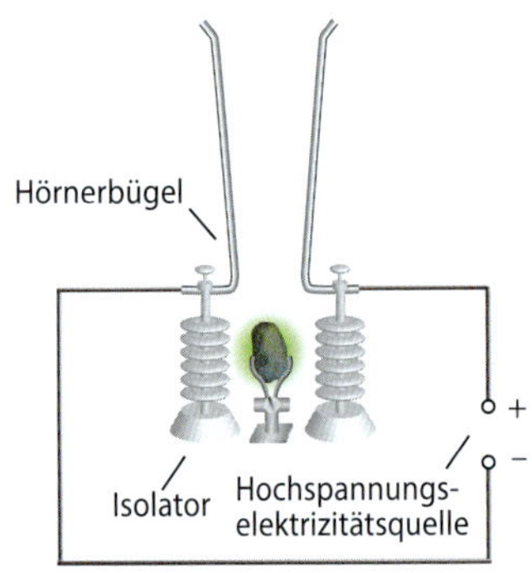

Abb. 4: Versuchsaufbau zu V4

V5 In eine Nebelkammer mit einem hohen Anteil an Wasser- oder Spiritusdampf wird ein radioaktives Mineral gebracht. Anschließend wird durch Ziehen des Kolbens das Volumen vergrößert, sodass sich die Luft im Inneren schlagartig abkühlt und mit Wasserdampf übersättigt wird (Abb. 5).
Beobachtung: Ausgehend vom Mineral sieht man Spuren in der Nebelkammer.

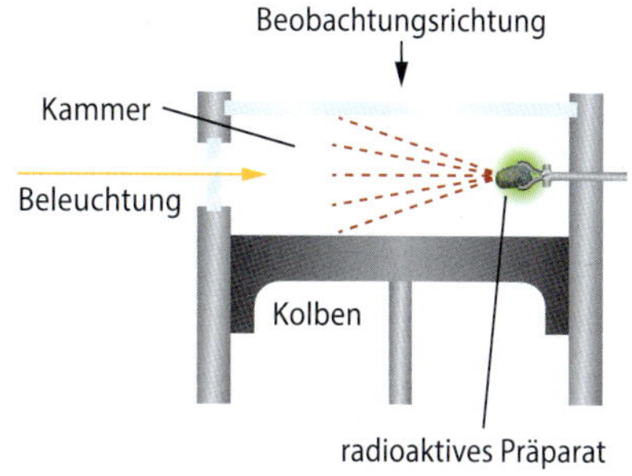

Abb. 5: Aufbau einer Nebelkammer

V6 Dem Eintrittsfenster eines Geiger-Müller-Zählrohrs (GMZ, Abb. 6) wird ein radioaktives Präparat genähert. Anschließend wird der Versuch ohne ein radioaktives Präparat wiederholt.
Beobachtung: Je näher das radioaktive Präparat am GMZ liegt, desto größer wird der angezeigte Zahlenwert bzw. desto häufiger ertönt ein unregelmäßiges, spontanes Klicken. Auch bei Entfernung des Präparats hört man ein spontanes Klicken.

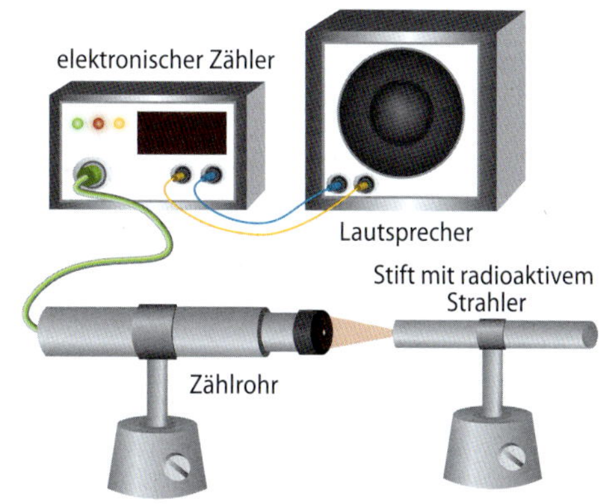

Abb. 6: Versuchsaufbau zu V6

Erklärung

Die in V1 bis V6 verwendeten Präparate senden Strahlung aus, die von uns nicht direkt wahrnehmbar ist. Sie kann aber durch physikalische Folgeerscheinungen festgestellt werden. Man bezeichnet diese Strahlung als **radioaktive Strahlung**.
In V1 führt die radioaktive Strahlung zur **Schwärzung der lichtempfindlichen Schicht** auf dem Filmstreifen. Bei der Bestrahlung von uranhaltigen Materialien mit UV-Licht kommt es in V2 zur **Fluoreszenz**, da die Uranatome durch das langwellige UV-Licht zu Schwingungen angeregt werden.
Gase sind normal sehr schlechte Leiter, da sie nur wenige Ionen besitzen. In V3 bis V6 führt die radioaktive Strahlung zur **Ionisation von Gasen** und damit zur Erhöhung der Leitfähigkeit (Abb. 7).
In V5 dienen die entstandenen Ionen als Kondensationskeime, an denen sich Alkohol- oder Wassertröpfchen anlagern und so die Bahnen der radioaktiven Teilchen sichtbar machen (Abb. 8).

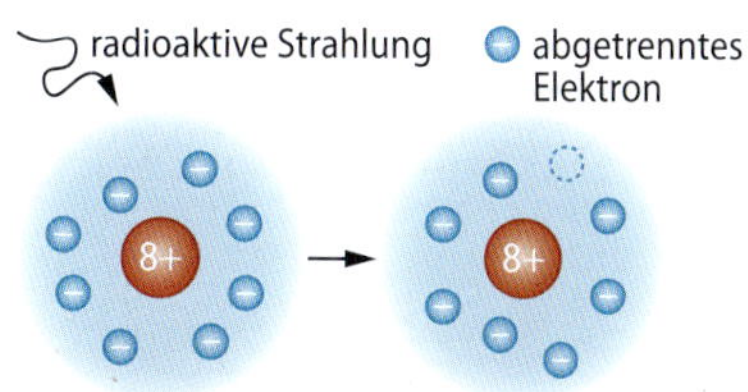

Abb. 7: Ionisation eines Sauerstoffatoms

Abb. 8: Spuren in der Nebelkammer

Auch bei der Entdeckung der Radioaktivität durch Henri Becquerel (1852–1908) wurde ein lichtempfindlicher Film durch radioaktive Strahlung geschwärzt.

3.1 Radioaktive Strahlung

V6 zeigt zudem, dass radioaktive Strahlung ständig in unserer Umgebung vorhanden ist. Das Geiger-Müller-Zählrohr klickt immer, auch wenn kein radioaktives Präparat in der Nähe ist. Diese Erscheinung nennt man **Nulleffekt.**

Natürliche Strahlungsquellen sind:

- **Kosmische Strahlung:** Sie stammt aus dem Weltall und führt in der Atmosphäre zu Kernreaktionen.
- **Terrestrische Strahlung:** Sie stammt von Radionukliden in Gesteinen und Mineralien, beispielsweise Kalium-40, Uran-238 und Thorium-232.
- **Nahrungsmittel:** Lebensmittel und Wasser enthalten einen bestimmten Anteil natürlicher Radionuklide (v. a. Kalium-40).
- **Radon:** Radon ist ein Edelgas, welches über die Atemluft aufgenommen wird.

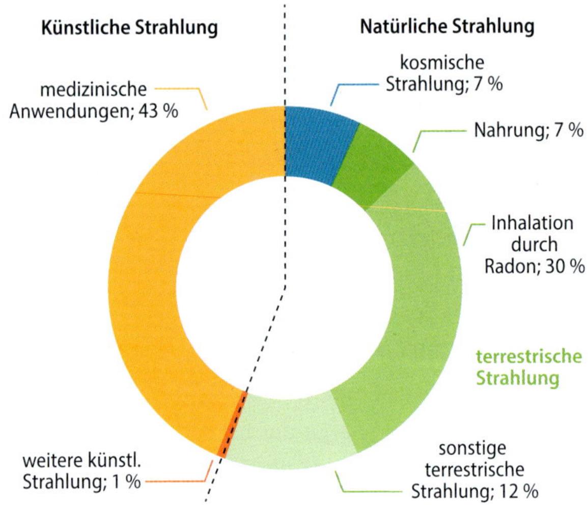

Abb. 9: Prozentuale Verteilung von künstlichen und natürlichen Strahlungsquellen

Unter den **künstlichen Strahlungsquellen** stellen die medizinischen Anwendungen den Hauptanteil dar (Abb. 9).

Merkwissen

- **Radioaktive Strahlung** ist **spontan**, hat eine **ionisierende Wirkung** und erhöht die Leitfähigkeit von Gasen. Das **Geiger-Müller-Zählrohr (GMZ)**, die **Nebelkammer** und die **Schwärzung von Filmmaterialien** beruhen auf dieser Wirkung.
- Das GMZ misst die „**Stärke**" der radioaktiven Strahlung.
- In einer Nebelkammer werden die **Bahnen der radioaktiven Strahlung** durch Ionisation von Alkohol- oder Wasserdampf sichtbar.
- Nach ihrer Entstehung und Herkunft unterscheidet man **natürliche** und **künstliche** (zivilisatorisch bedingte) Strahlungsquellen.

Aufgaben

1 Benenne die physikalischen Effekte zum Nachweis radioaktiver Strahlung.

2 Recherchiere, wie die kosmische Höhenstrahlung zustande kommt. Gehe dabei auf die Begriffe primäre und sekundäre Höhenstrahlung ein.

Abb. 10: Fluoreszierende Wirkung von Geldscheinen und Uranglas

Abb. 11: Erzstück mit dem Uranmineral Torbernit

3 Bestrahlt man einen Geldschein oder Uranglas mit UV-Licht, fluoreszieren beide (Abb. 10). Recherchiere, warum auch Geldscheine unter UV-Licht eine fluoreszierende Wirkung besitzen, obwohl sie keine Uranteilchen aufweisen.

4 Recherchiere jeweils.
   a) Wo findet man in Bayern Uran?
   b) Welche Gesteine neben Torbernit (Abb. 11) enthalten ebenfalls Uran?

5 Abb. 12 zeigt den Aufbau eines Geiger-Müller-Zählrohrs. Recherchiere und erkläre seine Funktionsweise.

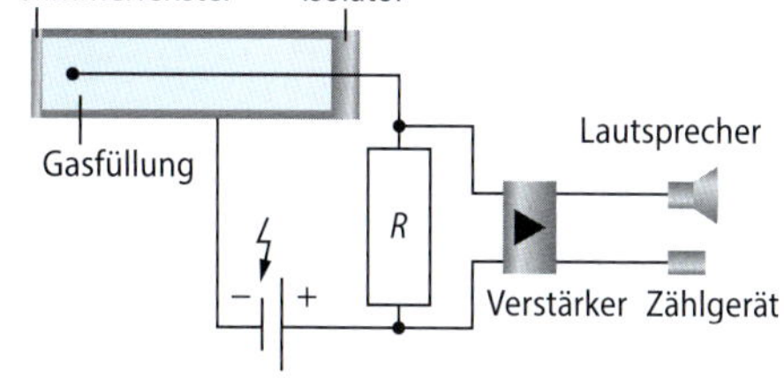

Abb. 12: Aufbau eines Geiger-Müller-Zählrohrs

Die Entdeckung der Radioaktivität

Geschichte

Der französische Physiker Henri Becquerel (1852–1908) interessierte sich für die von Wilhelm Conrad Röntgen (1845–1923) entdeckten Röntgenstrahlen. Becquerel untersuchte, ob auch fluoreszierende Uransalze – nach Anregung durch das Licht der Sonne – Röntgenstrahlen abgeben würden. Dazu platzierte er die zuvor sonnenbeschienenen Salze auf einer eingepackten Fotoplatte (um Einflüsse des sichtbaren Sonnenlichts auszuschließen). An einem bestimmten Tag schien jedoch die Sonne nicht, sodass er ein nicht sonnenbeschienenes Salz auf der Fotoplatte in eine Schublade packte und seinen Versuch verschob. Zufällig entwickelte Becquerel diese Fotoplatte und erkannte einen dunklen Fleck, obwohl die Materialien nie dem Sonnenlicht ausgesetzt waren. Daraus schloss er, dass von den Salzen eine neue, unbekannte Strahlung ausgehen musste, die die Fotoplatte schwärzte. Das Wissenschaftlerehepaar Marie (1867–1934) und Pierre Curie (1859 –1906) untersuchte die neue Strahlung, die zunächst den Namen „Becquerel-Strahlung" erhielt, ehe Marie Curie den Begriff der Radioaktivität prägte.

- Recherchiere, wofür den genannten Personen der Nobelpreis für Physik verliehen wurde.

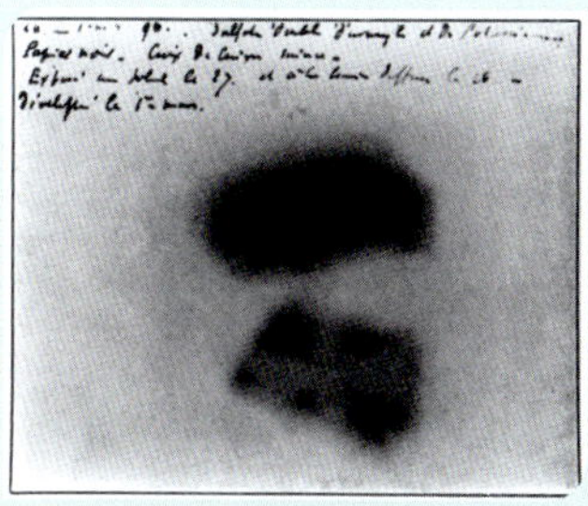

Abb. 13: Becquerels belichtete Fotoplatte (Autoradiografie)

3.2 Aufbau von Atomkernen

Einstieg

griech. „atomos": unteilbar

Die ganze Welt, einschließlich uns selbst, ist aus Atomen aufgebaut. Früher dachte man, dass Atome unteilbar sind. Heute weiß man es genauer und hat exakte Modelle von Atomen und Atomkernen aufgestellt.

- Welche Atommodelle hast du schon kennengelernt?

Versuche

Simulation unter **67010-13**

V1 Vollziehe den Versuch von Rutherford mithilfe der Animation nach.
Beobachtung: Die Leuchterscheinungen auf dem Filmstreifen zeigen, dass der größte Teil der Strahlung die Goldfolie durchdringt, ein Teil abgelenkt wird und manche Teilchen sogar reflektiert werden (Abb. 1).

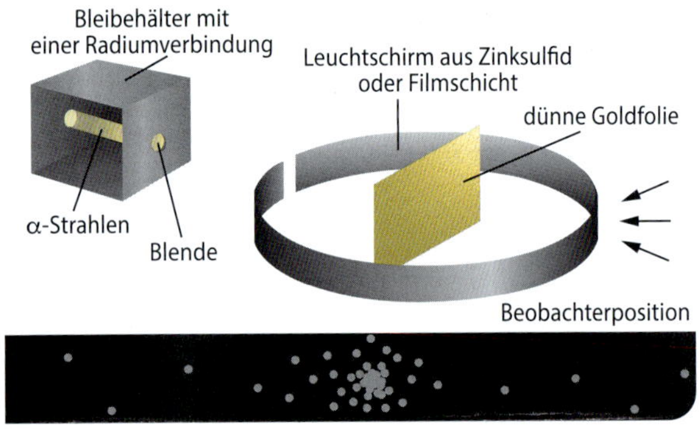

Abb. 1: Versuchsaufbau (oben) und Ergebnis (unten) zum Rutherfordschen Streuversuch

Erklärung

Ernest Rutherford (1871–1937) war ein britischer Physiker.

Aus einem Versuch analog zu V1 konnte Rutherford ableiten, dass Atome aus einem elektrisch positiv geladenen Kern und einer negativ geladenen Hülle (aus einem oder mehreren Elektron(en)) bestehen. Der **Atomkern** bildet das Zentrum des Atoms und enthält fast die gesamte Masse, während die **Atomhülle** nahezu masselos ist. Der Durchmesser des Atomkerns beträgt ungefähr 10^{-15} m, die Hülle ist je nach Element 20 000- bis 150 000-mal so groß (Abb. 2).

Abb. 2: Größenverhältnis von Atomkern zur Atomhülle im Maßstab eines Fußballfelds

Niels Bohr (1885–1962) war ein dänischer Physiker.

Nach dem **Bohrschen Atommodell** kreisen Elektronen dabei wie die Planeten der Sonne um den Atomkern. Der Raum innerhalb des Atoms ist nahezu leer. Im heute gültigen quantenmechanischen **Kugelwolkenmodell** bilden die Elektronen Ladungswolken um den Kern. Abb. 3 zeigt eine Mischform aus Kugelwolkenmodell und Bohrschem Atommodell.

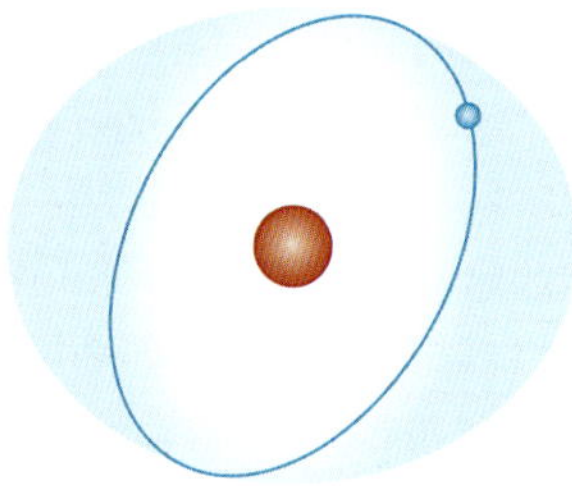

Abb. 3: Modell des Wasserstoffatoms

Der Atomkern besteht aus einem oder mehreren **elektrisch positiv geladenen Proton(en)** und zusätzlich aus elektrisch neutralen Neutronen (außer beim Wasserstoff). Elektronen, Protonen und Neutronen fasst man als Elementarteilchen zusammen. Da sich die Neutronen und die Protonen im Atomkern (lat. „nucleus") befinden, nennt man sie auch Nukleonen. Der Kern wird als Nuklid bezeichnet.

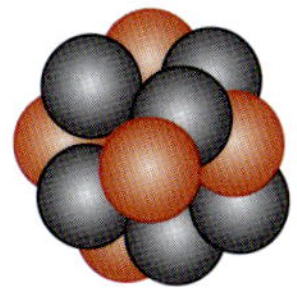

Abb. 4: Modellvorstellung eines Atomkerns mit Protonen und Neutronen

Zwischen den Protonen bestehen aufgrund ihrer gleichnamigen Ladung starke abstoßende elektrische Kräfte. Sie werden jedoch durch die **stark anziehenden Kernkräfte** im Gleichgewicht gehalten. Diese Kernkräfte wirken nur auf sehr geringe Entfernungen innerhalb des Atomkerns (Abb. 5).

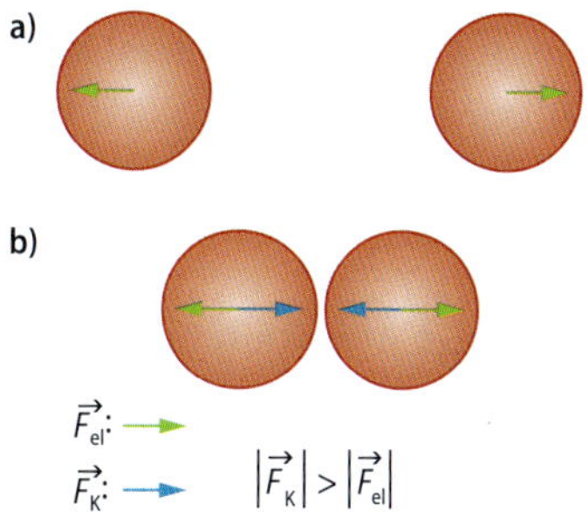

Abb. 5:
a) Bei großer Entfernung wirken zwischen zwei Protonen nur die elektrisch abstoßenden Kräfte $\vec{F}_{el}$.
b) Bei Verringerung des Abstands überwiegen die starken Kernkräfte.

Auch die Nukleonen sind nicht elementar, sondern bestehen wiederum aus sogenannten Quarks. Sowohl Protonen als auch Neutronen sind aus je drei Quarks aufgebaut (Abb. 6). Aufgrund der Teilladungen der **Quarks** (Tab. 1) ergibt sich für das Proton eine elektrische Ladung von +1*e*, das Neutron ist elektrisch neutral.

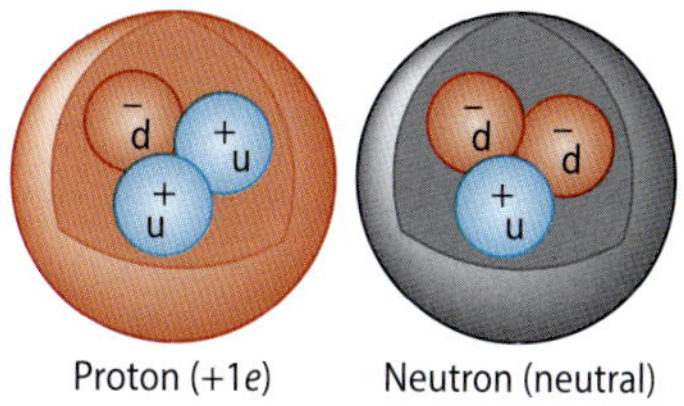

Abb. 6: Aufbau von Protonen und Neutronen mit Up-Quarks (u) und Down-Quarks (d)

Up-Quark (u)	$+\frac{2}{3}\,e$
Down-Quark (d)	$-\frac{1}{3}\,e$

Tab. 1: Ladungen der Quarks

Die Atome eines bestimmten Elements besitzen alle gleich viele Protonen. Diese Protonenzahl, die auch **Kernladungszahl** genannt wird, ist charakteristisch für ein Element und bestimmt seine Einordnung in das Periodensystem. Sie wird deshalb auch als **Ordnungszahl** bezeichnet (Abb. 7). Da ein Atom nach außen hin elektrisch neutral ist, müssen Kern und Hülle entgegengesetzte, gleich große elektrische Ladungen tragen. Der Aufbau eines Atoms wird damit durch die Anzahl seiner Protonen und Neutronen festgelegt. Man verwendet folgende Symbolschreibweise für ein Element X mit der Nukleonenzahl *A* und der Kernladungszahl *Z*: ${}^{A}_{Z}X$. Alternativ zu ${}^{A}_{Z}X$ wird die Schreibweise X-*A* verwendet.

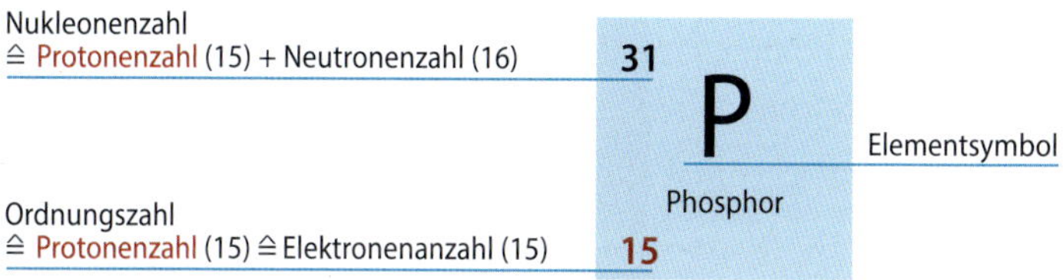

Abb. 7: Angaben zum Element Phosphor im Periodensystem der Elemente

3.2 Aufbau von Atomkernen

griech. „iso": gleich
griech. „topos": Ort

Abb. 8 zeigt drei Darstellungen des Wasserstoffs: den normalen Wasserstoff, den schweren Wasserstoff (Deuterium) mit einem Neutron im Kern und den überschweren Wasserstoff (Tritium) mit zwei Neutronen im Kern. Stoffe desselben Elements, die zwar die gleiche Protonenzahl, aber eine unterschiedliche Anzahl an Neutronen besitzen, heißen Isotope.

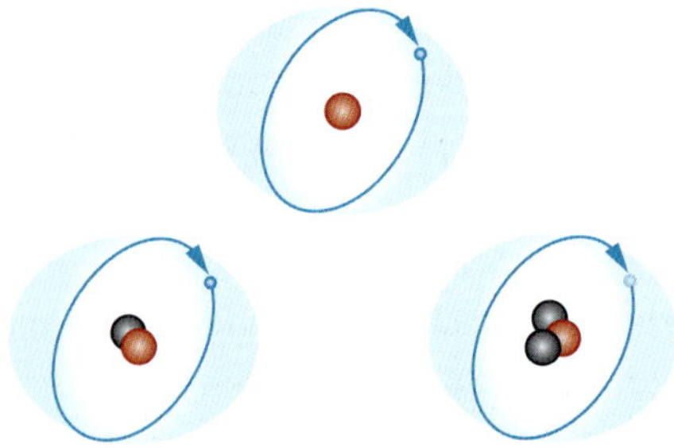

Abb. 8: Die drei Isotope des Wasserstoffs mit jeweils einem Proton und unterschiedlich vielen Neutronen

Merkwissen

- Ein Atomkern besteht aus elektrisch **positiv geladenen Protonen** und **elektrisch neutralen Neutronen** und ist positiv elektrisch geladen.
- Die Anzahl der Protonen heißt **Kernladungszahl** und bestimmt das Element.
- Die Atomkernsorte (**Nuklid**) wird von der Anzahl der Protonen und Neutronen bestimmt.
- **Isotope** sind Atome eines bestimmten chemischen Elements, die gleich viele Protonen, aber unterschiedlich viele Neutronen besitzen.
- Die Summe der Protonen und der Neutronen ergibt zusammen die Nukleonen- oder **Massenzahl**.
- Protonen und Neutronen im Atomkern werden durch kurzreichweitige, aber sehr starke **Kernkräfte** zusammengehalten.
- Neutronen und Protonen sind aus **Quarks** aufgebaut:
  Ein Proton besteht aus einem Down-Quark und zwei Up-Quarks.
  Ein Neutron ist aus zwei Down-Quarks und einem Up-Quark aufgebaut.

Aufgaben

1 Natürliches Lithium kommt in den Isotopen $^{6}_{3}$Li und $^{7}_{3}$Li vor.
Skizziere jeweils den Aufbau des Kerns.
Erkläre Gemeinsamkeiten und Unterschiede.

2 Bestimme aus der Aufnahme eines Rastertunnelmikroskops (Abb. 9) den Atomdurchmesser für ein Grafitatom.
Die Abmessungen des Ausschnitts betragen ca. 2 nm × 2 nm.

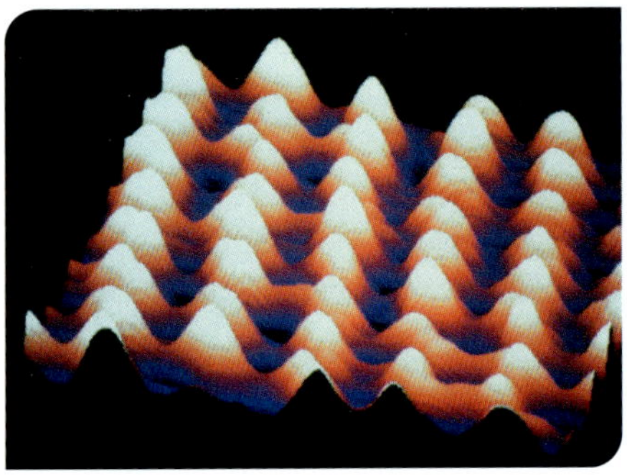

Abb. 9: Grafitoberfläche

3 Gib die Symbolschreibweisen für die Kaliumisotope mit 20 und 21 Neutronen an.

4 In manchen Periodensystemen (Abb. 10) werden die Massen nicht mit ganzen Zahlen angegeben. Erkläre das Zustandekommen der Zahlenwerte.

14 N 7 3,0	16,0 O 8 3,5	19,0 F 9 4,0	20,2 Ne 10 –
31,0 P 15 2,1	32,1 S 16 2,5	35,5 Cl 17 3,0	39,9 Ar 18 –

Abb. 10: Ausschnitt aus einem Periodensystem

5 Recherchiere für ein Element die Anzahl der vorkommenden Isotope und ihre prozentuale Verteilung und berechne daraus die Atommasse.

6 Das Element Uran besitzt keine stabilen Isotope und tritt in der Natur als Gemisch aus drei verschiedenen radioaktiven Nukliden auf (Tab. 2).

a) Berechne aus der prozentualen Verteilung den Mittelwert für die Atommasse von Uran und vergleiche den Wert mit den im Periodensystem angegebenen.

b) Recherchiere, welches der Uranisotope zur Energiegewinnung üblicherweise in einem Kernkraftwerk verwendet wird.

Uranisotop	Vorkommen
$^{234}_{92}U$	0,006 %
$^{235}_{92}U$	0,720 %
$^{238}_{92}U$	99,274 %

Tab. 2: Prozentuale Verteilung der Uranisotope

7 Weise mithilfe der Quark-Ladungen nach, dass Neutronen elektrisch neutral und Protonen eine Elementarladung von 1*e* haben.

Kernforschung an kleinsten Teilchen

Forschung

Eines der größten und modernsten Zentren für physikalische Grundlagenforschung der Welt steht in der Schweiz: das **CERN** (Organisation bzw. **C**onseil **E**uropéenne pour la **R**echerche **N**ucléaire: Europäische Organisation für Kernforschung). Teilchen werden in einem 27 km langen, kreisförmigen Ringtunnel auf knapp unter Lichtgeschwindigkeit beschleunigt. In diesem Teilchenbeschleuniger lässt man die Teilchen anschließend aufeinandertreffen. Mit der hohen Geschwindigkeit wollen die Forscher u. a. erreichen, dass die Atombausteine bei den Zusammenstößen in noch kleinere Teilchen gespalten werden.

Abb. 11: Der bisher größte Teilchenbeschleuniger der Welt: 27 Kilometer lang und bis zu 175 Meter unter der Erde

- Recherchiere die wichtigsten Entdeckungen, die bisher im CERN gemacht wurden.
- Die im LHC Teilchenbeschleuniger (Large Hadron Collider) erreichte kinetische Energie der Teilchen ($m = 1{,}24776 \cdot 10^{-23}$ kg) beträgt 3,499 Tera-Elektronenvolt (TeV). Berechne aus dieser Energie die Geschwindigkeit der Teilchen (1 eV = $1{,}60218 \cdot 10^{-19}$ J) und vergleiche sie mit der Lichtgeschwindigkeit.

3.3 Strahlungsarten

Einstieg

Als Ende April 1986 der damals sowjetische Atomreaktor in Tschernobyl (nördlich von Kiew, heutige Ukraine) havarierte und es zur nuklearen Katastrophe kam, mussten im Anschluss daran unzählige sogenannte Liquidatoren Arbeiten auf dem verstrahlten Gelände des Kernkraftwerks ausführen. Als Anerkennung für diese lebensgefährliche Arbeit gab es u. a. diese Ehrenmedaille. Betrachtet man sie genauer, findet man Hinweise auf die verschiedenen Strahlungsarten und ihre Eigenschaften.

- Welche Strahlungsarten kannst du erkennen?

Versuche

V1 An eine Nebelkammer wird ein Permanentmagnet angebracht. Anschließend werden verschiedene Präparate eingeführt, um das Verhalten der radioaktiven Strahlung im Magnetfeld beobachten zu können.
Beobachtung: Es sind drei unterschiedliche Strahlenverläufe zu erkennen. Man legt fest: Die weniger stark abgelenkten Strahlen werden als α-Strahlen, die stärker abgelenkten Strahlen als β-Strahlen und die nicht abgelenkten Strahlen als γ-Strahlen bezeichnet (Abb. 1).

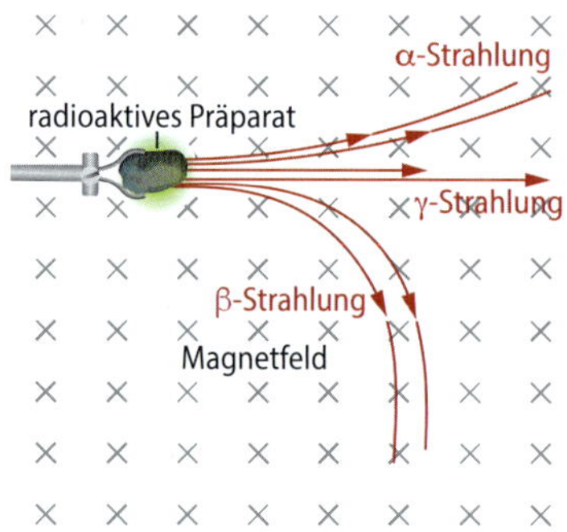

Abb. 1: Trennung der Strahlungsarten durch ein Magnetfeld

V2 Die Strahlungsarten werden analog zu V1 in einem starken Magnetfeld getrennt. Die drei unterschiedlichen Strahlungsarten werden jeweils durch ein Blatt Papier, anschließend durch eine 2 mm starke Aluminiumplatte und abschließend durch verschieden dicke Bleibleche abgeschirmt. Die Bestimmung der Strahlungsintensität erfolgt durch ein Geiger-Müller-Zählrohr.
Beobachtung: Die Strahlungsarten können durch verschiedene Materialien abgeschwächt oder ganz absorbiert werden (Abb. 2).

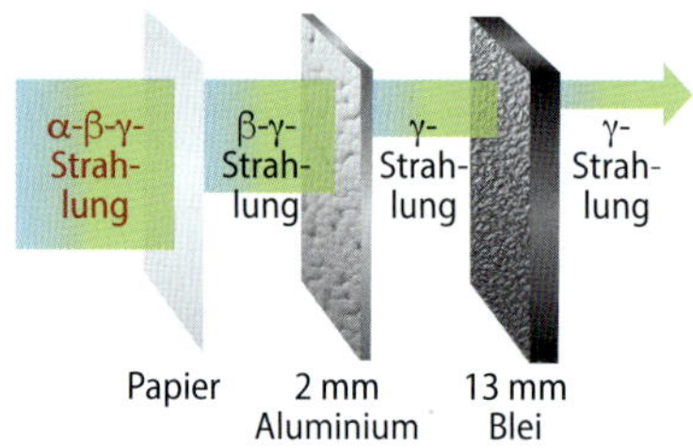

Abb. 2: Durchdringungsfähigkeit radioaktiver Strahlung

V3 Mit einem Mischstrahler werden in größer werdenden Abständen zu einem Geiger-Müller-Zählrohr die Reichweiten der einzelnen Strahlungsarten in Luft erfasst.
Beobachtung: Die α-Strahlung ist bereits nach wenigen Zentimetern nicht mehr nachweisbar, die β-Strahlung ist erst nach einigen Dezimetern nicht mehr messbar. Die γ-Strahlung hat die größte Reichweite.

V1 zeigt, dass α- und β-Strahlung in einem Magnetfeld unterschiedlich stark und in die entgegengesetzte Richtung abgelenkt werden. γ-Strahlung wird nicht abgelenkt.
In V2 ist zu erkennen, dass die drei Strahlungsarten durch unterschiedliche Materialien abgeschirmt werden können. Auffällig ist dabei, dass γ-Strahlung sogar Blei durchdringen kann. Diese **Durchdringungsfähigkeit** einer Strahlungsart ist gleichzeitig ein **Maß für ihre jeweilige Energie** und entgegengesetzt zum Ionisationsvermögen (Tab. 1).
In V3 wird verdeutlicht, dass die drei Strahlungsarten unterschiedliche Reichweiten in Luft besitzen und mit zunehmender Wegstrecke abgeschwächt werden (Tab. 1).

Strahlung	Reichweite in Luft	Ionisations-vermögen
α-Strahlung	nur einige Zentimeter	sehr hoch
β-Strahlung	bis zu einigen Dezimetern	mittel
γ-Strahlung	bis zu vielen Metern	niedrig

Tab. 1: Reichweite von Strahlung in Luft und Ionisationsvermögen

Erklärung

Die Ablenkung der α- und β-Strahlung kann mit Hilfe der Lorentzkraft erklärt werden.

Merkwissen

- Es gibt **drei** verschiedene **Strahlungsarten**: **α-, β-** und **γ-Strahlung**.
- α-Strahlung wird im Magnetfeld schwächer und in die entgegengesetzte Richtung wie β-Strahlung abgelenkt. γ-Strahlung wird nicht abgelenkt.
- Radioaktive Strahlung kann **abgeschirmt oder abgeschwächt** werden:
  - α-Strahlung wird bereits von Papier vollständig abgeschirmt.
  - β-Strahlung wird durch dünnes Aluminium vollständig abgeschirmt.
  - γ-Strahlung lässt sich auch durch Bleiplatten nur schwächen.
- Die Reichweite der Strahlungsarten in Luft ist unterschiedlich (Tab. 1).
- Radioaktive Strahlung kann unterschiedliche Energie, ein unterschiedliches Ionisationsvermögen und damit eine unterschiedliche Durchdringungsfähigkeit haben.

Aufgaben

1 Beschreibe den physikalischen Fehler auf der Medaille im Eingangsbeispiel.

2 Benenne die drei Arten der radioaktiven Strahlung. Beschreibe mithilfe von V1 bzw. Abb. 3 zwei Methoden zu ihrer Unterscheidung und ordne den farbigen Pfeilen die Strahlungsart zu.

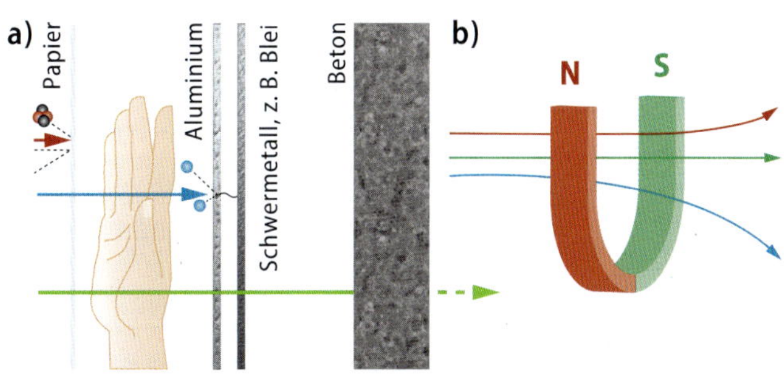

Abb. 3: Zwei Methoden zur Unterscheidung radioaktiver Strahlung

3 Beschreibe Versuche, mit denen die Reichweite der einzelnen Strahlungsarten in verschiedenen Stoffen gemessen werden kann.

3.4 Radioaktiver Zerfall

Einstieg

Atommüll entsteht u. a. bei der Stromerzeugung in Kernkraftwerken und ist für uns sehr gefährlich. Man ist auf der Suche nach sicheren und langlebigen Endlagern, bis der Atommüll nicht mehr radioaktiv ist – dies kann allerdings mehrere Millionen Jahre dauern.

- Warum ist der radioaktive Müll so lange gefährlich?

Versuche

V1 Eine Philion-Platte aus weißem Polystyrol wird mit einem Holzbrettchen gerieben und dabei auf –20 kV aufgeladen. Die Platte wird mit Kunststoffstäbchen auf ein Brett gesetzt und am offenen Fenster fünf Minuten lang der Außenluft ausgesetzt. Mit einem Geiger-Müller-Zählrohr wird vorher und nachher die Radioaktivität auf der Platte gemessen.
Beobachtung: Die Radioaktivität der Platte hat sich stark erhöht.

Abb. 1: Materialien zu V1

V2 Eine neue Philion-Platte wird gemäß V1 elektrisch aufgeladen und fünf Minuten lang der Außenluft ausgesetzt. Anschließend wird zunächst die Platte eine Minute lang direkt, danach eine Minute lang mit Papier zwischen Platte und Zählfenster gemessen. Die Messung wird nach zehn Minuten wiederholt.
Beobachtung: Zu Beginn hat die α-Strahlung den größten Anteil der gemessenen Radioaktivität. Nach zehn Minuten beträgt der α-Anteil nur die Hälfte der anderen beiden Strahlungsarten.

Erklärung

Auf der Kunststoffplatte mit hoher negativer Ladung lassen sich radioaktive Teilchen aus der Umgebungsluft sammeln und mit dem Geiger-Müller-Zählrohr nachweisen (V1). Aufgrund der negativen Ladung der Platte müssen die gesammelten Teilchen positiv geladen sein.

Rn-222 ist die Kurzschreibweise für das Radonisotop $^{222}_{86}Rn$.

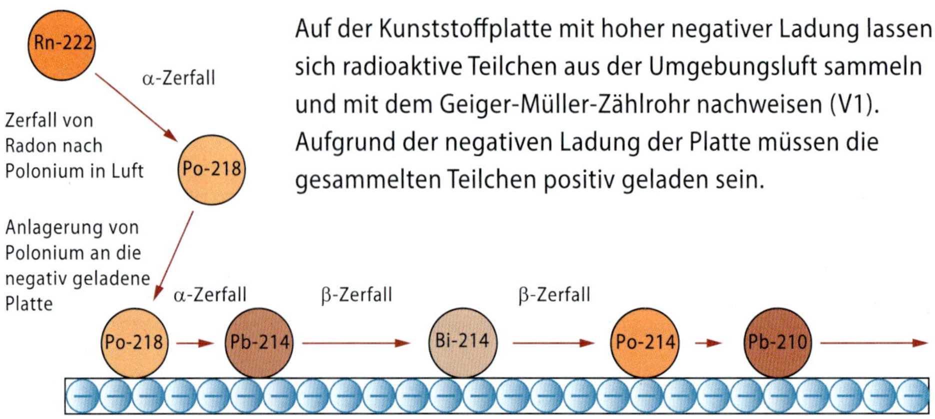

Abb. 2: Sammlung und Zerfall radioaktiver Teilchen der Umgebungsluft auf der negativ geladenen Philion-Platte

In V1 und V2 wurde zunächst Polonium-218 gesammelt, das aus dem radioaktiven Edelgas Radon-222 entstanden ist. Das Element Polonium-218 ist in das radioaktive Isotop Blei-214 zerfallen und hat α-Strahlung ausgesendet (Abb. 3). Diesen α-Zerfall zeigt die **Kernreaktionsgleichung**:

$^{218}_{84}Po \rightarrow ^{214}_{82}Pb + ^{4}_{2}He$

Der Zerfall von Polonium-218 zeigt, dass **α-Strahlung** aus Teilchen besteht, die zwei Protonen und zwei Neutronen enthalten, also **Helium-Atomkerne**. Ein α-Teilchen ist folglich zweifach positiv geladen und wird mit dem Symbol $^{4}_{2}He$ bezeichnet.

V2 verdeutlicht, dass ein weiterer radioaktiver Zerfall stattgefunden hat, der sogenannte β-Zerfall. Dabei ist aus Blei-214 das ebenfalls radioaktive Isotop Bismut-214 entstanden. Abb. 4 und die beiden Kernreaktionsgleichungen zeigen, dass **β-Strahlung** aus **sehr schnellen Elektronen** (bis zu 99 % der Lichtgeschwindigkeit) besteht:

$^{214}_{82}Pb \rightarrow ^{214}_{83}Bi + ^{0}_{-1}e^{-}$

Da bei der Aussendung von β-Strahlung ein neues Element gebildet wird und somit eine Kernumwandlung stattfindet, kann das Elektron nicht aus der Atomhülle stammen. Stattdessen wandelt sich im Kern ein Neutron in ein Proton und ein Elektron um:

$^{1}_{0}n \rightarrow ^{1}_{1}p + ^{0}_{-1}e^{-}$

Das Elektron durchdringt aufgrund der hohen kinetischen Energie die Atomhülle und tritt als schnelles β-Teilchen aus. Im Kern verbleibt ein zusätzliches Proton statt eines Neutrons, wodurch sich die Protonenzahl um 1 erhöht und ein neues Element entsteht.

γ-Strahlung ist keine Teilchenstrahlung, sondern **elektromagnetische Strahlung** mit ähnlichen Eigenschaften wie das sichtbare Licht, aber energiereicher als Röntgenstrahlung (Abb. 5). Sie entsteht bei einem Übergang eines Atomkerns vom metastabilen (kurzzeitig schwingenden oder rotierenden) in den stabilen Zustand.

$^{211m}_{84}Po \rightarrow ^{211}_{84}Po + \gamma$

Bei jedem α- oder β-Zerfall kann auch γ-Strahlung auftreten. Das Vorhandensein von γ-Strahlung bei einem radioaktiven Zerfall bedeutet die Abgabe von Energie.

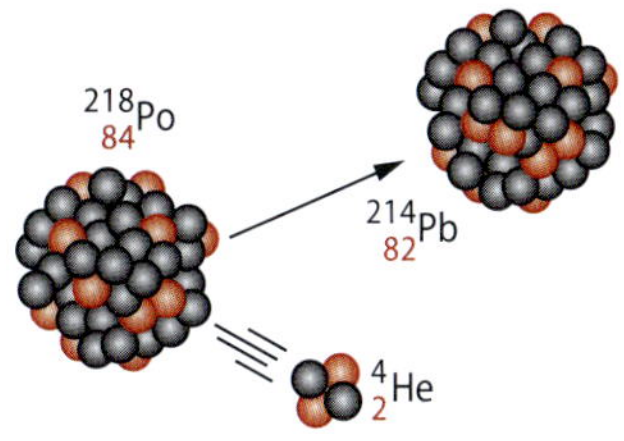

Abb. 3: Modell des α-Zerfalls

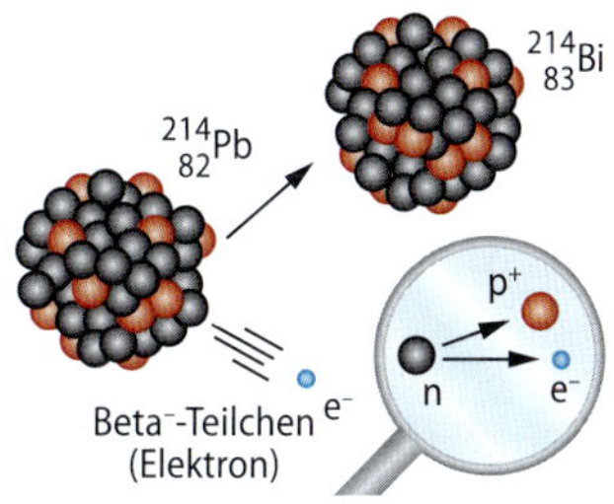

Abb. 4: Modell des β-Zerfalls

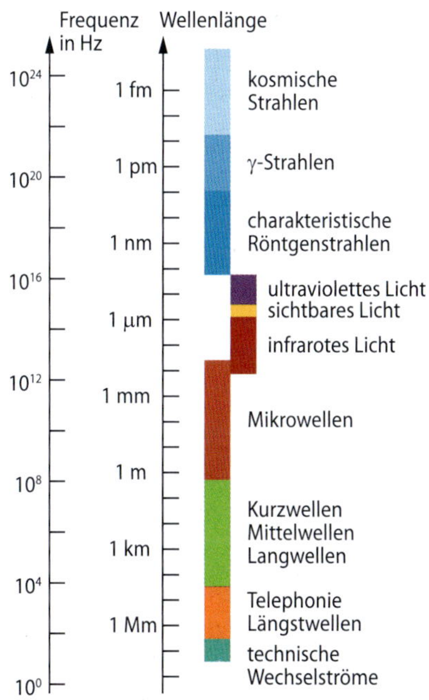

Abb. 5: Die γ-Strahlung im Spektrum der elektromagnetischen Strahlung

3.4 Radioaktiver Zerfall

Bei schweren Atomkernen tritt nicht nur ein Zerfall, sondern es treten mehrere Zerfälle hintereinander auf. Die entstehenden Tochterkerne zerfallen so lange, bis nach mehreren Zerfallsprozessen ein stabiler Atomkern entsteht. Man spricht in diesem Fall von einer Zerfallsreihe (Abb. 6). Es gibt drei natürliche und eine künstliche **Zerfallsreihe**:

- die Uran-Radium-Reihe
- die Uran-Actinium-Reihe
- die Thorium-Reihe
- die (künstliche) Neptunium-Reihe

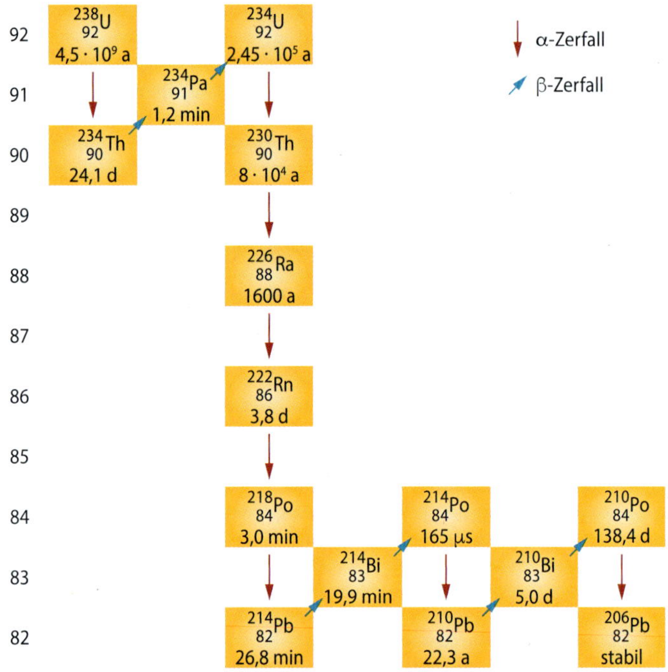

Abb. 6: Die Uran-238-Reihe mit ihren wahrscheinlichsten Kernumwandlungen. Die angegebenen Zeiten sind die sogenannten Halbwertszeiten, die im nächsten Kapitel thematisiert werden.

Die Neptunium-Reihe wird auch als „prähistorische" Reihe bezeichnet, da das bei der Entstehung der Erde vorhandene Np-237 schon gänzlich zerfallen ist. Allerdings kann Np-237 wie auch alle Nuklide dieser Zerfallsreihe künstlich erzeugt und damit diese Zerfallsreihe nachgewiesen werden.

Merkwissen

- Beim α-Zerfall wandelt sich ein Element X unter Aussendung eines α-Teilchens (**Helium-Atomkern: $^{4}_{2}$He**) in ein neues Element Y um:
  $^{A}_{Z}X \rightarrow {}^{A-4}_{Z-2}Y + {}^{4}_{2}He$
- Beim β-Zerfall wandelt sich ein Element X unter Aussendung eines β-Teilchens (**schnelles Elektron**) in ein neues Element Y um. Im Kern zerfällt dabei ein Neutron in ein Proton und ein Elektron:
  $^{A}_{Z}X \rightarrow {}_{Z+1}^{A}Y + {}^{0}_{-1}e^{-}$ und $^{1}_{0}n \rightarrow {}^{1}_{1}p + {}^{0}_{-1}e^{-}$
- γ-Strahlung ist energiereiche, **elektromagnetische Strahlung**, die beim Übergang eines Atomkerns von einem metastabilen zum stabilen Zustand abgegeben wird:
  $^{Am}_{Z}X \rightarrow {}^{A}_{Z}X + \gamma$
- **Zerfallsreihen** sind Folgen von Kernumwandlungen, die so lange selbstständig ablaufen, bis ein stabiles Nuklid entsteht.

Aufgaben

1 Beschreibe den α- und β-Zerfall eines Atomkerns.

2 Beschreibe folgende Zerfälle jeweils mit einer Kernreaktionsgleichung.
a) α-Zerfall von Rn-222 b) β-Zerfall von C-14

3 Beschreibe den in Abb. 7 dargestellten radioaktiven Zerfall und stelle die zugehörige Kernreaktionsgleichung auf.

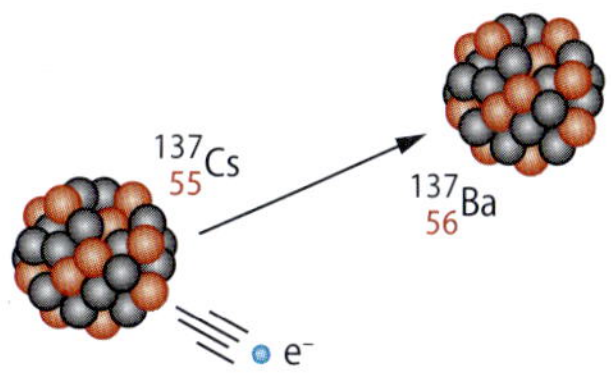

Abb. 7: Modelldarstellung zu Aufgabe 3

4 Bei der Philion-Platte wird als erstes Isotop Po-218 gesammelt. Stelle für die nachfolgenden zwei Zerfälle die Kernreaktionsgleichungen auf.

5 Für α- und β-Zerfälle lassen sich sogenannte Zerfallsdiagramme aufstellen (Abb. 8 und Abb. 9). Erkläre die Diagramme.

a)
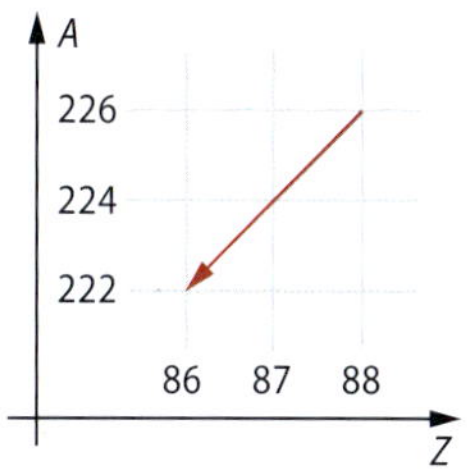

Abb. 8: α-Zerfall

b)
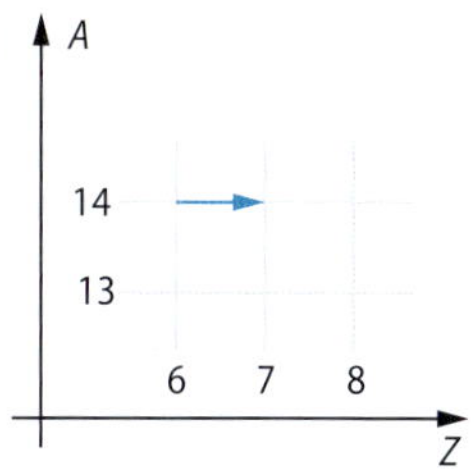

Abb. 9: β-Zerfall

6 Erstelle zu den Aufgaben 2 und 3 die Zerfallsdiagramme.

7 Erstelle für die folgenden Reihen jeweils ein Zerfallsdiagramm und ergänze die Reaktionsgleichungen.
a) Uran-238-Reihe b) Thorium-232-Reihe

8 Ernest Rutherford hat zum Nachweis der Radon-Zerfallsprodukte folgenden Versuch gemacht (Abb. 10). Ein geladener Draht wird über Nacht der Raumluft ausgesetzt. Nach Abschalten der Spannung und Entladung wird der Draht mit einem Löschpapier abgewischt und das Löschpapier mit einem Geigerzähler untersucht.
a) Beschreibe und erkläre die Beobachtung des Versuchs von Rutherford.
b) Benenne die Vorteile des Versuchs mit der Philion-Platte im Vergleich zu dem von Rutherford mit dem Löschpapier.

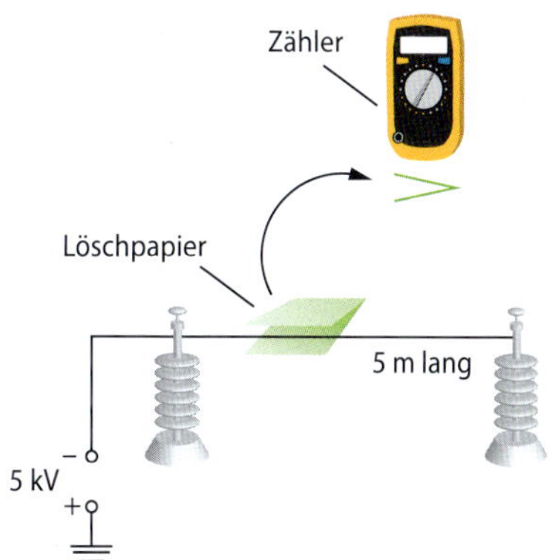

Abb. 10: Historischer Versuch von Rutherford zum Nachweis der Radon-Zerfallsprodukte

3.5 Aktivität und Impulsrate

Einstieg

Sowohl nach der Reaktorkatastrophe in Tschernobyl, als auch nach dem Unglück in Fukushima, wurden Lebensmittel verstärkt auf Radioaktivität untersucht und bestimmte Grenzwerte für Lebensmittel festgelegt.

- Welche physikalische Größe wurde untersucht?
- Was sagen diese Grenzwerte aus?

Versuche

V1 Mit dem Geiger-Müller-Zählrohr (GMZ, Abb. 1) wird die Abstrahlung verschiedener Materialien untersucht. Dazu werden jeweils Backtriebmittel wie Pottasche (Kaliumkarbonat), Bananen oder Pilze eine Minute lang von allen Seiten gemessen.
Beobachtung: Die Zählraten sind je nach Art und Lage der Probe unterschiedlich.

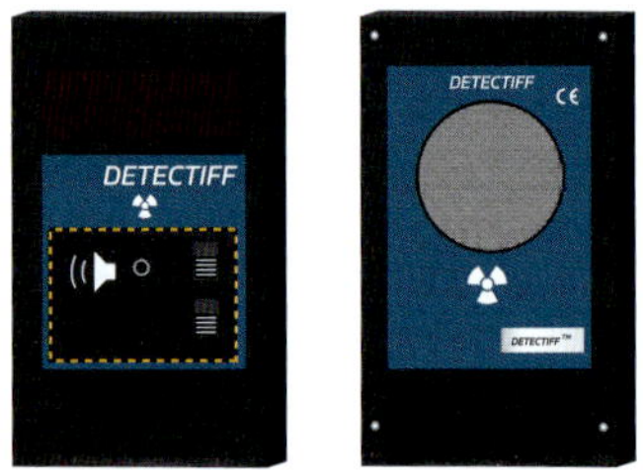

Abb. 1: Geiger-Müller-Zählrohr mit Glimmerfenster (rechts)

Erklärung

Je nach Lage der radioaktiven Quelle werden unterschiedliche Zählraten gemessen, denn das Geiger-Müller-Zählrohr zählt nur Impulse, wenn die Strahlung auf sein kleines Eintrittsfenster trifft (Abb. 1). Diese wird aber von der Quelle nach allen Richtungen, zum Teil unterschiedlich stark, ausgesandt. Von einem radioaktiven Stoff zerfällt in einer bestimmten Zeit ein bestimmter Anteil. Eine physikalische Größe zur Beschreibung dieses Phänomens ist dabei die Aktivität *A*. Sie gibt in der Einheit Becquerel (Bq) an, wie viele Zerfälle in einer bestimmten Zeit *t* stattfinden. Bei einer Aktivität von 1 Bq findet im zeitlichen Mittel pro Sekunde ein Kernzerfall statt.

$$A = \frac{\text{Anzahl } n \text{ der Kernzerfälle}}{t} = \frac{n}{t} \text{ mit}$$

$$[A] = \frac{[n]}{[t]} = \frac{1}{1\,\text{s}} = 1\,\text{s}^{-1} = 1\,\text{Bq}$$

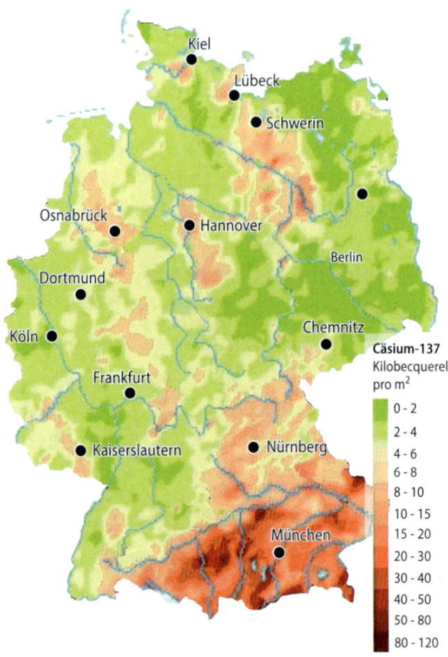

Abb. 2: Bodenkontamination mit Cäsium-137 in Deutschland nach der Reaktorkatastrophe von Tschernobyl 1986

Viele Radionuklide bilden nach ihrer Umwandlung Folgeprodukte, die ebenfalls radioaktiv sind. Die Aktivität bezieht sich grundsätzlich immer auf das Ausgangsnuklid und nicht auf die Folgeprodukte. Andernfalls bezieht sich der Wert auf die sogenannte Gesamtaktivität.

Die „Radioaktivität" eines Stoffes wird durch den Bezug der Aktivität auf die Probenmasse, die abstrahlende Probenfläche oder das Probenvolumen beurteilt:

- Flächenaktivität mit der Einheit $\frac{\text{Bq}}{\text{m}^2}$
- spezifische Aktivität mit der Einheit $\frac{\text{Bq}}{\text{kg}}$
- Aktivitätskonzentration mit der Einheit $\frac{\text{Bq}}{\text{m}^3}$

Technisch bedingt kann ein Messgerät nicht jeden Kernzerfall detektieren (V1). Die Anzahl dieser nachgewiesenen Impulse nennt man Impulsrate. Sie ist von mehreren Faktoren wie der Aktivität des Präparats, der Dauer der Messung, der Qualität der Messgeräte und vom Aufbau des Experiments abhängig.

Merkwissen

- Die **Aktivität** A eines radioaktiven Stoffs ist die Anzahl der Zerfälle pro Zeiteinheit:
  $A = \frac{\text{Anzahl } n \text{ der Kernzerfälle}}{t} = \frac{n}{t}$ mit $[A] = \frac{[n]}{[t]} = \frac{1}{1\,\text{s}} = 1\,\text{s}^{-1} = 1\,\text{Bq}$ (1 Becquerel)
- Die **Impulsrate** gibt die von einem Messgerät detektierte Anzahl der Zerfälle pro Zeiteinheit an.

Musteraufgabe

1 Bei einem radioaktiven Zerfall gemäß Abb. 3 wird angenommen, dass in einer bestimmten Menge radioaktiver Atome in zwei Sekunden genau vier Kernumwandlungen stattfinden. Berechne die Aktivität des radioaktiven Stoffs.

Lösung:

geg: $n = 4;\ t = 2\,\text{s}$

ges: A

Ansatz: $A = \frac{n}{t}$

Rechnung: $A = \frac{4}{2\,\text{s}} = 2\,\text{s}^{-1} = 2\,\text{Bq}$

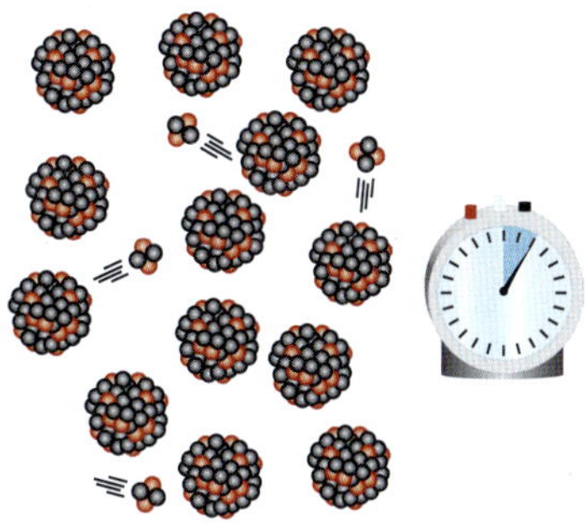

Abb. 3: Zu Musteraufgabe 1

Aufgaben

1 Zur Überprüfung des Füllstands bei Saftbehältern kann auch radioaktive Strahlung verwendet werden (Abb. 4). Die Zählrate beträgt im gezeigten Fall 20 Impulse in einer Zehntelsekunde. Berechne die Aktivität des radioaktiven Stoffs.

2 Nach der Katastrophe von Tschernobyl wurde in bestimmten Regionen Deutschlands eine hohe Strahlenbelastung gemessen (Abb. 2). Recherchiere die Orte und die Lebensmittel, in denen die radioaktive Belastung auch heute noch hoch ist.

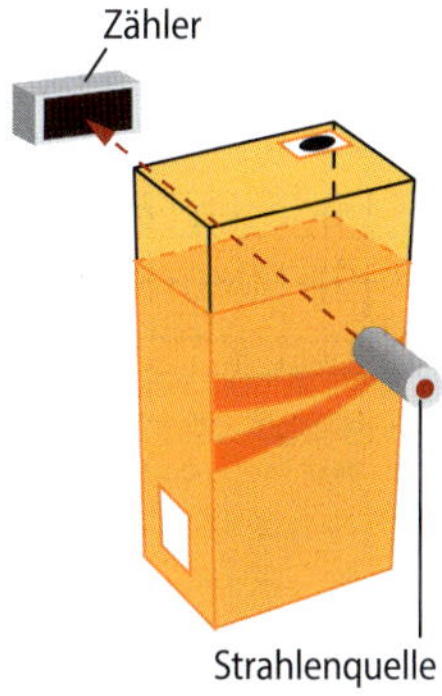

Abb. 4: Überprüfung von Füllständen

3.6 Halbwertszeit und Zerfallsgesetz

Einstieg

Nach der Reaktorkatastrophe im japanischen Kernkraftwerk Fukushima I im Jahr 2011 kam es zu einer Freisetzung großer Mengen radioaktiver Stoffe. Das Gebiet um den Reaktor wurde weiträumig in Sperrzonen eingeteilt. Stufenweise wurden bzw. werden diese Sperrgebiete wieder aufgehoben.

- Wie kann man vorhersagen, wie schnell die Radioaktivität abklingt?

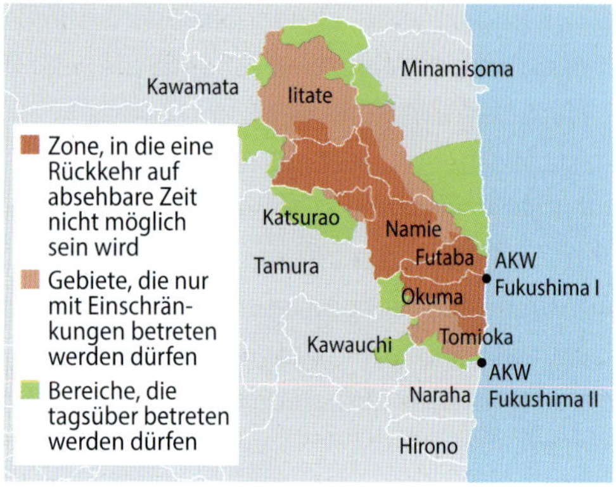

Versuche

V1 In ein hohes und schmales Bierglas wird schwungvoll Bier eingefüllt, sodass Schaum entsteht (Abb. 1). Mithilfe eines Längenmessgeräts und einer Stoppuhr wird die Höhe des Bierschaums in regelmäßigen Abständen gemessen.
Beobachtung: Die Höhe des Bierschaums nimmt kontinuierlich ab. Es ergibt sich der Graph einer Exponentialfunktion.

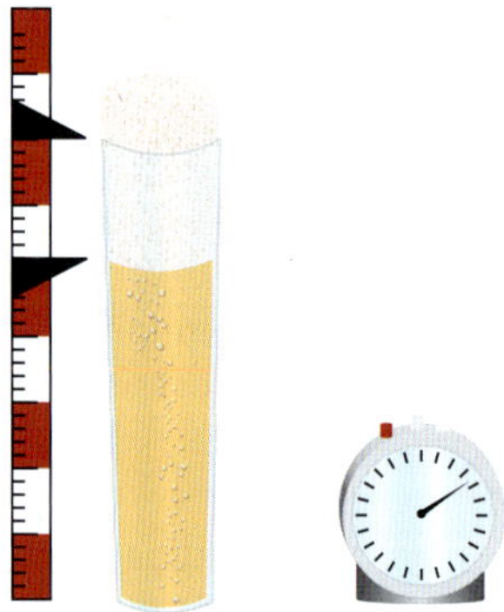

Abb. 1: Versuchsaufbau zu V1

Solche Platten gibt es beispielsweise im bayerischen Wald.

V2 Eine quaderförmige Platte (ca. $15 \times 15 \times 2\ cm^3$) aus Granit mit erhöhtem Urananteil wird allseitig gasdicht mit selbstklebender Buchschutzfolie eingehüllt. Auf einer der größeren Oberflächen wird ein kreisrundes Loch in die Folie geschnitten, das etwas größer als das Eintrittsfenster des Geiger-Müller-Zählrohrs ist. Ein quadratisches Stück Folie, das das Loch überdeckt, wird auf der klebenden Seite mit Aktivkohle bestreut und über das Loch geklebt (Abb. 2). Zuvor wird die Strahlung der Aktivkohle (Nullrate) gemessen. Die Aktivkohle bleibt so mindestens eine Woche auf dem Granit, wird dann mit der Klebefolie abgezogen und von der anderen Seite mit Klebefolie abgedeckt, sodass die Aktivkohle gasdicht abgeschlossen ist. Die Strahlung (Impulse pro Minute: *„ipm"*) wird alle 5 Stunden gemessen:

Abb. 2: Granitplatte mit Aktivkohlepflaster

t in h	0	5	10	15	20	25	30	35	40	45	50
ipm	5948	5693	5461	5343	5073	4881	4767	4478	4433	4216	4042
t in h	55	60	65	70	75	80	85	90	95	100	
ipm	3993	3859	3629	3518	3310	3260	3153	2932	2912	2805	

Beobachtung: Die Strahlung hat gegenüber der Nullrate stark zugenommen. Mit zunehmender Zeit klingt die Strahlung ab.

Erklärung

Aus dem Granit tritt Radongas aus, sammelt sich in der Aktivkohle und zerfällt über Zwischenschritte in kurzlebige Beta- und Gammastrahler, deren Aktivität durch die Folie hindurch gemessen werden kann. Die grafische Auswertung von V2 zeigt, dass der Zerfall von Radon durch eine Exponentialfunktion beschrieben wird (Abb. 3). Nach ca. 90 Stunden ist die Impulsrate auf die Hälfte zurückgegangen, weil die Hälfte des Radongases zerfallen ist.

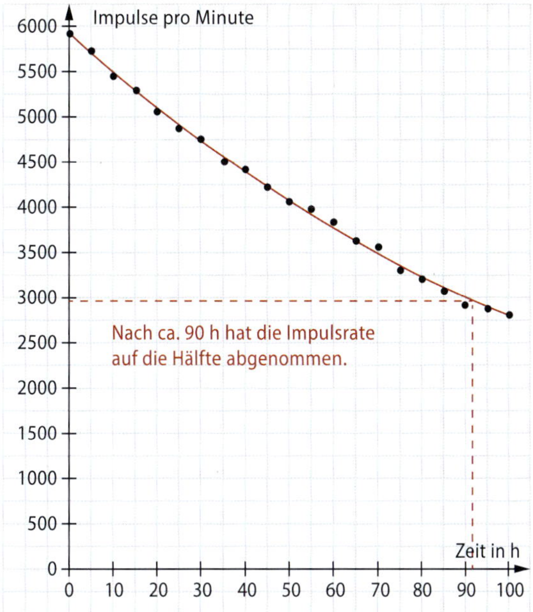

Abb. 3: *t-ipm*-Diagramm zu V2

Die Zeitspanne, in der die Hälfte eines radioaktiven Stoffs zerfallen ist, ist charakteristisch für das betreffende Radionuklid und wird als **Halbwertszeit *T*** bezeichnet. Die Halbwertszeiten verschiedener radioaktiver Stoffe liegen im Bereich zwischen mehreren Milliarden Jahren (z. B. U-238) und einem Bruchteil von Sekunden (z. B. Po-214).

Die Formelsammlung enthält Halbwertszeiten zahlreicher Isotope.

Wenn die anfängliche Zahl der Nuklide N_0 eines radioaktiven Stoffs und dessen Halbwertszeit T bekannt sind, dann kann die nach dem Zerfall in einer Zeit t verbleibende Teilchenanzahl N wie folgt bestimmt werden:

nach der Zeit $t = T$: $N = N_0 \cdot \frac{1}{2} = N_0 \cdot \left(\frac{1}{2}\right)^1 = N_0 \cdot \frac{1}{2}^{\frac{T}{T}}$

nach der Zeit $t = 2T$: $N = \left(N_0 \cdot \frac{1}{2}\right) \cdot \frac{1}{2} = N_0 \cdot \left(\frac{1}{2}\right)^2 = N_0 \cdot \left(\frac{1}{2}\right)^{\frac{2T}{T}}$

nach einer beliebigen Zeit t: $N = N_0 \cdot \left(\frac{1}{2}\right)^{\frac{t}{T}}$

Dieses Gesetz wird als **Zerfallsgesetz** bezeichnet und gilt auch für andere Größen im Zusammenhang mit Radioaktivität.

Merkwissen

- Die Zeit, in der die Hälfte der ursprünglich vorhandenen Atomkerne eines radioaktiven Stoffs zerfallen ist, heißt **Halbwertszeit *T***.
- Die Einheit der Halbwertszeit T wird in Sekunden (s), Minuten (min), Stunden (h), Tagen (d) oder Jahren (a) angegeben.
- Für den Zerfall radioaktiver Kerne (Anfangsbestand N_0 zum Zeitpunkt $t = 0$) gilt das Zerfallsgesetz: $\boldsymbol{N(t) = N_0 \cdot \left(\frac{1}{2}\right)^{\frac{t}{T}}}$.
- Das Zerfallsgesetz gilt auch für die Aktivität $A(t)$, die Impulsrate $n(t)$ und die Masse $m(t)$:
  $\boldsymbol{A(t) = A_0 \cdot \left(\frac{1}{2}\right)^{\frac{t}{T}}}$ $\boldsymbol{n(t) = n_0 \cdot \left(\frac{1}{2}\right)^{\frac{t}{T}}}$ $\boldsymbol{m(t) = m_0 \cdot \left(\frac{1}{2}\right)^{\frac{t}{T}}}$

3.6 Halbwertszeit und Zerfallsgesetz

Musteraufgaben

1 Berechne, welcher prozentuale Anteil einer Ausgangsmasse m_0 des Edelgases Radon-222 nach einer Zeitspanne von 90 Stunden noch vorhanden ist.

Lösung:

geg.: $t = 90\text{ h};\ T = 3{,}825\text{ d}$

ges.: $m\ (90\text{ h})$

Ansatz: $m\ (t) = m_0 \cdot \left(\frac{1}{2}\right)^{\frac{t}{T}}$

Rechnung: $m\ (90\text{ h}) = m_0 \cdot \left(\frac{1}{2}\right)^{\frac{90\text{ h}}{3{,}825 \cdot 24\text{ h}}} = 0{,}51 \cdot m_0$

$\frac{m\ (90\text{ h})}{m_0} = 0{,}51 = 51\ \%$

2 Zur Untersuchung der Schilddrüse wird einem Patienten bei einer Radio-Jod-Therapie ein Präparat mit I-131 verabreicht, das eine Aktivität von 250 MBq besitzt. Berechne die Anfangsaktivität, wenn die Herstellung des Präparates 20 h her ist.

Lösung:

geg.: $A\ (20\text{ h}) = 250\text{ MBq};\ t = 20\text{ h};$
$T = 8{,}0228\text{ d}$

ges.: A_0

Ansatz: $A\ (t) = A_0 \cdot \left(\frac{1}{2}\right)^{\frac{t}{T}} \quad \Big| : \left(\frac{1}{2}\right)^{\frac{t}{T}}$

Rechnung: $A_0 = \frac{A\ (t)}{\left(\frac{1}{2}\right)^{\frac{t}{T}}} = \frac{250\text{ MBq}}{\left(\frac{1}{2}\right)^{\frac{20\text{ h}}{8{,}0228 \cdot 24\text{ h}}}} = 2{,}7 \cdot 10^2\text{ MBq}$

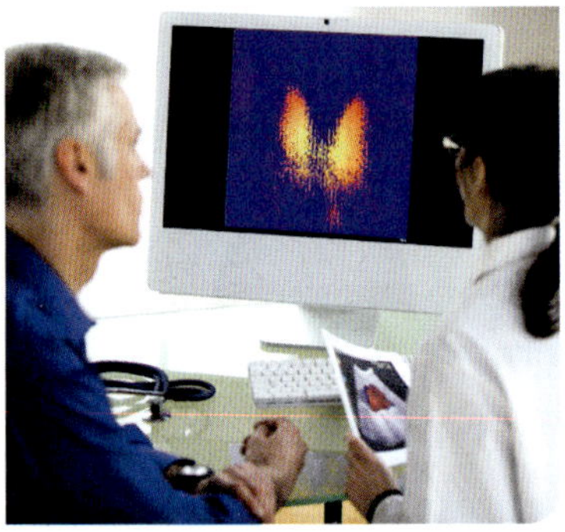

Abb. 4: Szintigrafie der Schilddrüse nach Einnahme von Jod I-131

3 Ein Präparat enthält den β-Strahler Krypton-85. Nach 30 Jahren sind 86 % der radioaktiven Atomkerne zerfallen. Berechne die Halbwertszeit von Krypton.

Lösung:

geg.: $t = 30\text{ a};\ \frac{N\ (t)}{N_0} = 100\ \% - 86\ \% = 14\ \% = 0{,}14$

ges.: T

Ansatz: $N\ (t) = N_0 \cdot \left(\frac{1}{2}\right)^{\frac{t}{T}} \quad \Big| : N_0$

$\frac{N\ (t)}{N_0} = \left(\frac{1}{2}\right)^{\frac{t}{T}} \quad \Big| \log_{0,5}\ ()$

$\log_{0,5} \frac{N\ (t)}{N_a} = \frac{t}{T} \quad \Big| \cdot \frac{T}{\log_{0,5} \frac{N\ (t)}{N_0}}$

$T = \frac{t}{\log_{0,5} \frac{N\ (t)}{N_0}}$

Rechnung: $T = \frac{30\ a}{\log_{0,5} 0{,}14} = 11\text{ a}$

Aufgaben

1 Berechne, nach welcher Zeit ein Viertel der ursprünglichen Kerne einer Radon-222-Probe …

a) noch vorhanden ist.

b) zerfallen ist.

2 Die Halbwertszeit von U-234 beträgt $2{,}46 \cdot 10^5$ Jahre. Berechne die prozentuale Abnahme der Aktivität von U-234 bei einer $4{,}4 \cdot 10^4$ Jahre alten Höhlenmalerei.

3 Beim Zerfall einer bestimmten Anfangsmenge des radioaktiven Elements Jod I-131 wurde eine Messung der Impulsrate (Zerfälle pro Sekunde) durchgeführt. Mit den Messwerten wurde ein Diagramm erstellt (Abb. 5).

a) Bestimme aus dem Diagramm die Halbwertszeit für I-131. Beschreibe dein Vorgehen.

b) Bestimme die Zeit, nach der 90 % des I-131 zerfallen sind.

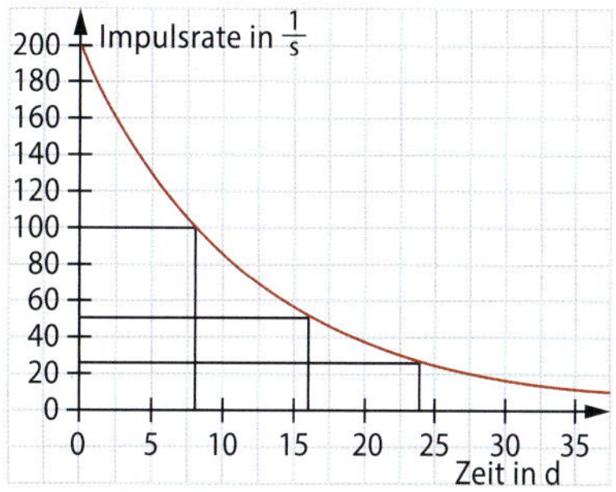

Abb. 5: Ermittlung der Halbwertszeit von I-131

4 Beim Reaktorunfall von Tschernobyl Ende April 1986 sind auf dem Gebiet der damaligen BRD durch die radioaktive Wolke ca. 0,50 kg Cäsium Cs-137 abgelagert worden (vgl. S. 144). Wie viel Gramm sind davon bis Ende April 2023 zerfallen?

5 **a)** Das Alter der Erde beträgt rund 4,5 Milliarden Jahre. Wie viel mal mehr Uran als heute war bei der Entstehung der Erde vorhanden? Schätze ab und überprüfe durch Berechnung.

b) Berechne und bewerte die Abnahme der Aktivität der gesamten auf der Erde vorhandenen Menge an Kalium K-40 nach 1000 Jahren.

Abb. 6: Erde

6 Das bei der Brachytherapie verwendete Isotop Ru-106 besitzt eine Halbwertszeit von 374 d. Berechne, nach welcher Zeit die Aktivität des eingesetzten Strahlers auf 60 % des Anfangswertes gesunken ist.

7 In ein erkranktes Gelenk wird eine bestimmte Menge des Isotops Yttrium Y-90 mit einer Anfangsaktivität von 224 MBq eingespritzt. 4 Tage und 3 Stunden später wird eine Kontrolluntersuchung durchgeführt und eine verbliebene Aktivität von 77 MBq gemessen. Berechne die Halbwertszeit von Y-90 in Stunden.

8 Die Aktivität des in einem Stück Elfenbein enthaltenen C-14 mit einer Halbwertszeit von $T = 5730$ a hat im Vergleich zu lebenden Organismen um 97,3 % abgenommen. Berechne das Alter des verwendeten Elfenbeins.

Abb. 7: Ein altes Stück Elfenbein

3.7 Teste dich

Aufgaben zur Einzelarbeit

Die Lösungen zu dieser Doppelseite stehen im Anhang.

1 Teste dich! Bearbeite dazu die folgenden Aufgaben und bewerte die Lösungen mit einem Smiley.

2 Die Aufgaben haben unterschiedliche Schwierigkeitsgrade: leicht mittel schwer

☺	😐	☹
Das kann ich!	Das kann ich fast!	Das kann ich noch nicht!

1 a) Benenne die abgebildeten Messgeräte.

1
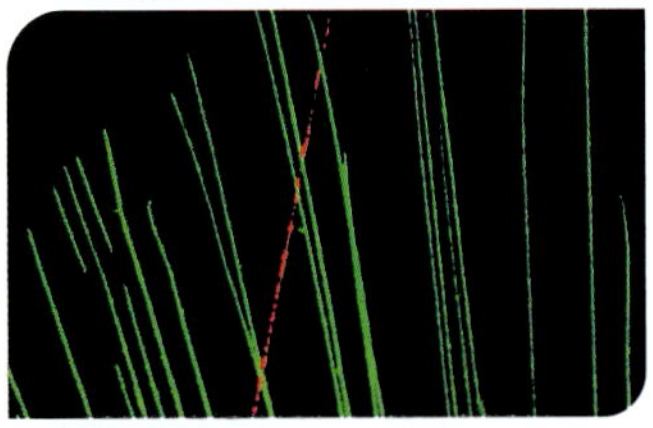

2

b) Beschreibe ihr Funktionsprinzip und die messbaren Eigenschaften der radioaktiven Strahlung.

2 Benenne die unterschiedlichen Strahlungsquellen und ordne sie den natürlichen und den zivilisatorisch bedingten zu.

3 Erkläre anhand der Abbildung die Funktion des Geiger-Müller-Zählrohrs.

a)
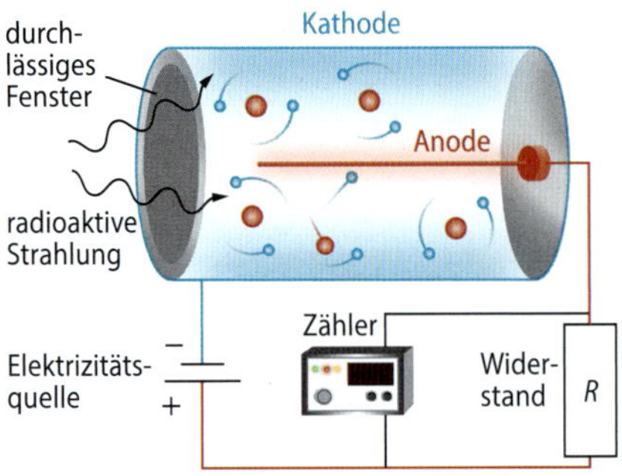

b) Gib die Anzahl der Elektronen an, die ein elektrisch neutrales Kupferatom besitzt.

4 Begründe den Unterschied zwischen den Kernen von U-235 und U-238.

5 Ein Kupferatom hat in seinem Kern 29 Protonen und 34 Neutronen. Bestimme die Nukleonenzahl und die elektrische Ladung des Kerns.

6 Benenne anhand der Abbildung die unterschiedlichen Arten radioaktiver Strahlung und beschreibe deren Eigenschaften.

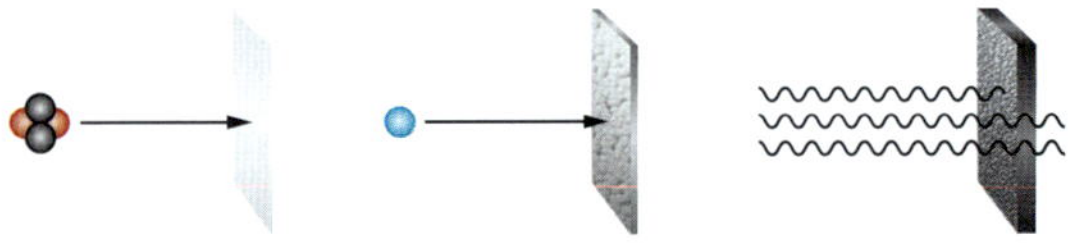

7 a) Begründe mithilfe der Ladung der Quarks den Aufbau eines Protons und den eines Neutrons.
Up-Quark: $+\frac{2}{3}\,e$ Down-Quark: $-\frac{1}{3}\,e$

b) Beschreibe den β-Zerfall durch die Umwandlung eines Quarks.

8 Das Z-A-Diagramm veranschaulicht den Zerfall eines Ca-45-Kerns. Formuliere die dazugehörige Kernreaktionsgleichung.

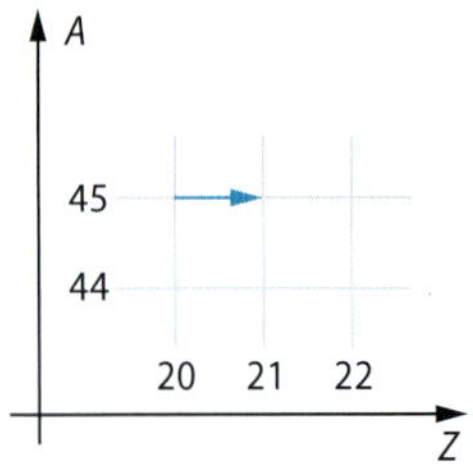

9 Beim Betrieb von Kernreaktoren werden Kerne des Uranisotops U-235 durch Einfang eines thermischen Neutrons gespalten. Dabei entstehen zwei Neutronen, das Tellurisotop Te-133 sowie ein weiteres Spaltprodukt. Formuliere die vollständige Kernreaktionsgleichung für diese Spaltung.

10 Ausgelöst durch ein schweres Erdbeben und einen Tsunami ereigneten sich ab dem 11. März 2011 im japanischen Kernkraftwerk Fukushima mehrere Störfälle. Nach der Kontamination hatte eine mit Te-133 (Halbwertszeit: 12,5 min) verunreinigte Bodenprobe eine Aktivität von 800 MBq.

a) Stelle die Aktivität in einem *A* (*t*)-Diagramm für vier Halbwertszeiten dar.

b) Entnimm dem Diagramm, nach welcher Zeit die Aktivität auf 20 % gesunken ist.

c) Berechne, nach wie vielen Stunden die Aktivität eine Nullrate von 30 Impulsen pro Minute unterschritten hat.

11 Die Energieversorgung der 1977 gestarteten Weltraumsonde Voyager 2 wird durch drei Radionuklidbatterien gewährleistet, die beim Start jeweils 4,50 kg des radioaktiven Plutoniumisotops Pu-238 enthielten. Die Halbwertszeit von Pu-238 beträgt 87,7 Jahre. Berechne das Jahr, in dem sich die an Bord befindliche Gesamtmasse des Pu-238 auf 3,40 kg verringert hat.

Aufgaben für Lernpartner

1 Bearbeite die folgenden Aufgaben alleine.

2 Suche dir einen Partner und erkläre ihm deine Lösungen. Höre aufmerksam und gewissenhaft zu, wenn dein Partner dir seine Lösungen erklärt.

3 Korrigiere gegebenenfalls deine Antworten und benutze dazu eine andere Farbe.

Sind folgende Behauptungen **richtig** oder **falsch**? Begründe schriftlich.

A Mit der Nebelkammer kann α-Strahlung von β-Strahlung nicht unterschieden werden.

B Mit dem Geiger-Müller-Zählrohr kann α-Strahlung von β-Strahlung unterschieden werden.

C Ein α-Teilchen ist ca. 7000-mal schwerer als ein β-Teilchen.

D Durch Magnetfelder und elektrische Felder lassen sich die unterschiedlichen Strahlungsarten nachweisen.

E Im Gegensatz zu α- und β-Strahlung ist γ-Strahlung nicht abschirmbar, sondern nur abschwächbar.

F α-Strahlung ist immer gefährlicher als β-Strahlung.

G Beim β-Zerfall zerfällt im Kern ein Proton in ein Neutron und ein Elektron: ${}^{1}_{1}\text{p} \rightarrow {}^{1}_{0}\text{n} + {}^{0}_{-1}\text{e}^{-}$.

H Die Zeit, in der die Hälfte der ursprünglich vorhandenen Atomkerne eines radioaktiven Stoffs zerfallen ist, heißt Halbwertszeit.

Aufgabe	Ich kann …	Hilfe
1, 2, 3, A, B	die Nachweismethoden radioaktiver Strahlung beschreiben und begründen.	S. 130
4, 5, 6, 7, C, D, E, F	den Aufbau von Atomkernen und die Arten und Eigenschaften radioaktiver Strahlung benennen und beschreiben.	S. 134, 138
8, 9, G	Kernzerfallsgleichungen formulieren.	S. 140
10, 11, H	die Halbwertszeit und das Zerfallsgesetz anwenden.	S. 146

3.8 Kernspaltung

Einstieg

„Der radioaktive Zerfall eines Kerns erfolgt spontan, er kann nicht verhindert oder ausgelöst werden."

- Was meinst du zu dieser Aussage?

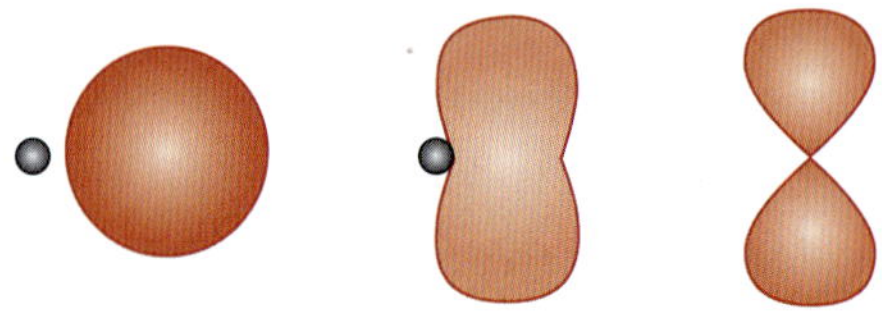

Versuche

Arbeitsblatt zu V1 unter **67010-14**

V1 a) Baue auf einem Tisch eine Kette aus Dominosteinen auf.

Material
– Dominosteine
– Tisch

Lass den ersten Stein gegen seinen Nachbarstein fallen.
Beobachtung: In einer Kettenreaktion fallen alle Dominosteine um.

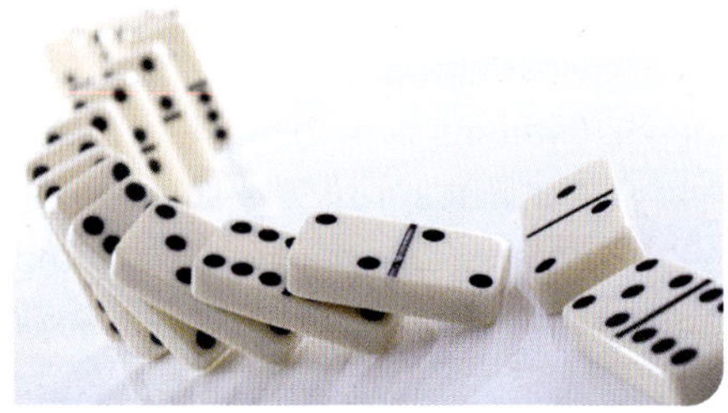

Abb. 1: Dominoeffekt

b) Baue aus derselben Anzahl an Dominosteinen wie in a) wieder eine Reihe auf, die sich allerdings an einer bestimmten Stelle in zwei Reihen verzweigt.
Beobachtung: Die Kettenreaktion ist schneller beendet als in a).

Erklärung

Zusätzlich zur natürlichen Radioaktivität, bei der ein Atomkern spontan zerfällt und α- bzw. β-Strahlung sowie Energie in Form von γ-Strahlung abgibt, existiert der Vorgang der **Kernspaltung**. Dabei trifft ein einzelnes freies Neutron einen schweren Atomkern und wird von diesem absorbiert. Dadurch wird dieser Kern noch schwerer und daher instabil. Dieser instabile Kern zerfällt sofort in zwei Tochterkerne und mehrere freie Neutronen.

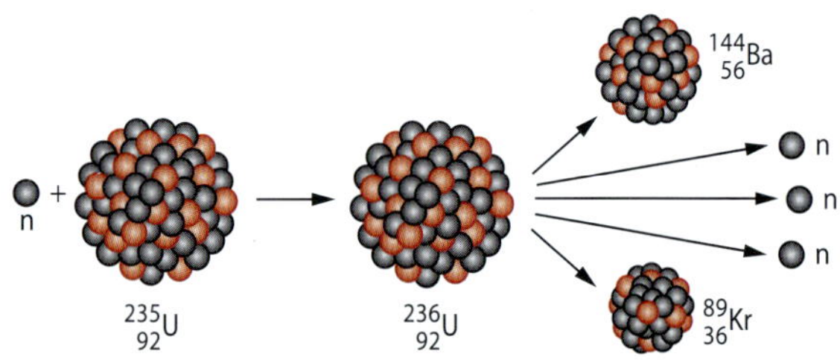

Abb. 2: Schema der Kernspaltung von Uran-235

Ein Beispiel dafür ist die Spaltung von Uran-235-Kernen, bei der als „Tochterkerne" Krypton-89, ein weiterer Kern und drei freie Neutronen entstehen (Abb. 2). Außerdem wird Energie freigesetzt. Die Kernreaktionsgleichung für diese Kernspaltung lautet:

$$^{235}_{92}U + ^{1}_{0}n \xrightarrow{\text{Neutronenabsorption}} ^{236}_{92}U \xrightarrow{\text{Kernspaltung}} ^{89}_{36}Kr + ^{144}_{56}Ba + 3 \cdot ^{1}_{0}n + \text{Energie}$$

Protonen- und Neutronenzahl bleiben gleich.
Die Masse der Spaltprodukte ist um etwa 0,1 % geringer als die Masse der Ausgangskerne. Dafür ist der so genannte **Massendefekt** verantwortlich. Nach einem von Albert Einstein im Jahr 1905 entdeckten Naturgesetz ist die Masse eines Körpers direkt proportional zu seiner Ruheenergie: $E = m \cdot c^2$.

c ist die Lichtgeschwindigkeit, für die im Vakuum gilt: $c_0 = 2{,}998 \cdot 10^8 \frac{m}{s}$

Abb. 3: Sonderbriefmarke zum Jahr der Physik 2005

Daraus folgt, dass sich bei einer Änderung der inneren Energie eines Körpers auch dessen Masse ändert: $\Delta m = \frac{\Delta E}{c^2}$. Da der Proportionalitätsfaktor mit $c^2 \approx 9 \cdot 10^{16}\ \frac{m^2}{s^2}$ sehr groß ist, ist dieser Massendefekt bei chemischen Reaktionen messtechnisch nicht nachweisbar. Bei Kernreaktionen wird jedoch so viel Energie freigesetzt, dass eine Massenänderung messbar ist. Diese Bindungsenergie, welche der gegenseitigen Abstoßung der Protonen entgegenwirkt und den Atomkern „zusammenhält", wird bei der Kernspaltung freigesetzt.

Chemische Reaktionen, beispielsweise Verbrennungen, sind Vorgänge in der Elektronenhülle der Atome und vergleichsweise energiearm.

Da bei der Spaltung eines Kerns mehrere freie Neutronen entstehen, kann bei einer genügend großen Anzahl spaltbarer Kerne („kritische Masse") eine **unkontrollierte Kettenreaktion** entstehen. Diese Situation tritt bei Reaktorunfällen auf und kommt in Kernwaffen zum Einsatz. Wird bei jedem Zerfall nur ein freies Neutron von einem anderen Kern eingefangen, spricht man von einer **kontrollierten Kettenreaktion**. Stehen immer weniger Neutronen zur Verfügung, kommt die Kettenreaktion zum Stillstand.

Merkwissen

- Bei der **Kernspaltung** zerfällt ein schwerer Atomkern durch die Absorption eines Neutrons in zwei mittelschwere Kerne und mehrere freie Neutronen. Die Protonen- und Neutronenzahl bleibt dabei erhalten.
- Die bei der Kernspaltung frei werdende große Energie führt zu einem **Massendefekt**, der sich mit der Formel $E = m \cdot c^2$ berechnen lässt.
- Die freien Neutronen können per **Kettenreaktion** weitere Kerne spalten.

Aufgaben

1 Formuliere die Kernreaktionsgleichung für die Spaltung von Plutonium-239 durch ein Neutron. Als Spaltprodukte entstehen Strontium-94, ein weiterer Kern sowie zwei freie Neutronen.

2 Bei der Spaltung eines einzelnen Urankerns wird eine Energie von ca. 0,034 nJ frei. Berechne die Energie, die bei der vollständigen Spaltung von 1 mol Uran frei wird. Wie groß ist der dabei auftretende Massendefekt?

Geschichte

Die Entdeckung der Kernspaltung

Der deutsche Physiker Otto Hahn entdeckte mit seinem Assistenten Fritz Straßmann 1938 in Berlin die durch Neutronen hervorgerufene Kernspaltung von Uran. Sie konnten Barium als Spaltprodukt nachweisen. In der Folge waren berühmte Wissenschaftlerinnen und Wissenschaftler wie Lise Meitner, Otto Frisch, Niels Bohr und Enrico Fermi an der weiteren Erforschung der „nuclear fission" beteiligt.

- Recherchiere im Internet die Forschungsgeschichte der Kernspaltung
- Recherchiere das Atomkern-Tröpfchenmodell. Vergleiche mit dem Einstieg.

3.9 Kernkraftwerke

Einstieg

„Jede zur Energiegewinnung eingesetzte Technologie hat Vor- und Nachteile."

- Nimm Stellung und beziehe dich dabei neben Kohlekraftwerken auch auf Wasserkraftwerke, Windenergieanlagen und Solarparks.

Versuche

V1 a) In einem Kochtopf (mit Deckel) werden ungefähr 100 ml Wasser bis zum Sieden erwärmt und anschließend die Temperatur des Wassers bzw. Deckels z. B. mit einem Infrarotthermometer gemessen.
Beobachtung: Die Temperatur beträgt knapp 100 °C.

Abb. 1: Schnellkochtopf

b) Anschließend wird die gleiche Wassermenge in einem Schnellkochtopf erhitzt. Wenn der Topf seine maximale Betriebstemperatur erreicht hat, wird die Oberflächentemperatur des geschlossenen Topfes mit einem geeigneten Thermometer gemessen.
Beobachtung: Die gemessene Temperatur beträgt ca. 115 °C.

Erklärung

Kernkraftwerke sind thermische Kraftwerke. Bei diesen Kraftwerken wird durch thermische Energie Wasser zum Sieden gebracht. Der entstehende Dampf treibt eine Turbine an. Die Bewegungsenergie der Turbine wird in einem Generator in elektrische Energie umgewandelt.

Abb. 2: Reaktordruckbehälter und Dampferzeuger im stillgelegten Atomkraftwerk Biblis

In Kernkraftwerken wird hauptsächlich Uran-235 bzw. Plutonium-239 zur Kernspaltung verwendet, das sich in den **Brennstäben** befindet. Nach der Spaltung eines Kerns bewegen sich die Spaltprodukte mit sehr großer Geschwindigkeit voneinander weg. Diese Tochterkerne stoßen dabei an weitere Atome, sodass die kinetische Energie der Atomkerne stark ansteigt. Eine starke Erhöhung der Temperatur der Brennstäbe ist die Folge. Um eine Überhitzung der Brennstäbe zu verhindern, befinden sich diese vollständig im **Kühlwasser**.

Als Moderator wird meist schweres Wasser verwendet, in welchem der normale Wasserstoff H-1 durch H-2 oder H-3 ersetzt ist.

Zur Aufrechterhaltung der Kettenreaktion werden die bei der Spaltung frei werdenden Neutronen durch einen Moderator stark abgebremst. Zusätzlich muss die Anzahl dieser Neutronen konstant gehalten werden. Dazu befinden sich zwischen den Brennstäben bewegliche **Steuerstäbe** aus Cadmium oder Hafnium, welche die freien Neutronen aufnehmen und bei Bedarf herausgehoben oder abgesenkt werden können.

Erklärung

Um die bei der Kernspaltung entstehende radioaktive Strahlung abzuschirmen, befinden sich die Brennstäbe zusammen mit den Steuerstäben und dem Kühlwasser in einem so genannten **Reaktordruckbehälter**.

Bei Kernkraftwerken lassen sich zwei Haupttypen unterscheiden:

- In einem **Siedewasserreaktor** (Abb. 3) wird der für die Turbine benötigte Dampf direkt aus dem Kühlwasser erzeugt, die Turbine ist dadurch radioaktiver Strahlung ausgesetzt und muss wie die Antriebswelle des Generators entsprechend abgeschirmt sein, damit kein radioaktiver Dampf austreten kann.
- Bei **Druckwasserreaktoren** (Abb. 4) befindet sich das radioaktiv belastete Kühlwasser in einem abgeschlossenen Kreislauf unter hohem Druck und gibt seine thermische Energie über einen **Wärmetauscher** an einen (unbelasteten) Sekundär-Wasserkreislauf weiter, aus dem dann der Wasserdampf zum Antrieb der Turbine gewonnen wird.

Nachdem der Dampf die Turbine angetrieben und sich dabei abgekühlt hat, wird das kondensierte Wasser wieder in den Kreislauf eingespeist.

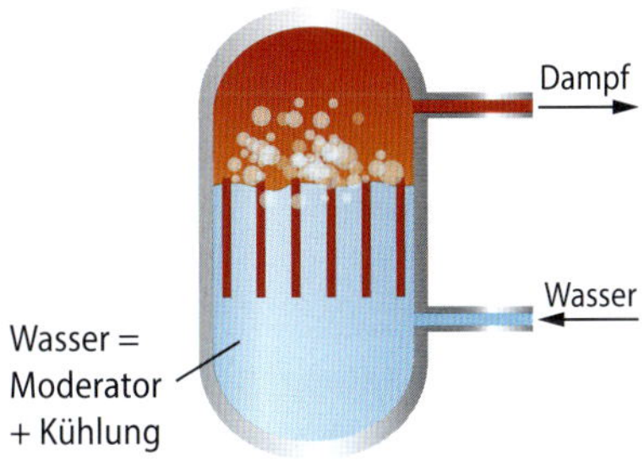

Abb. 3: Schema eines Siedewasserreaktors

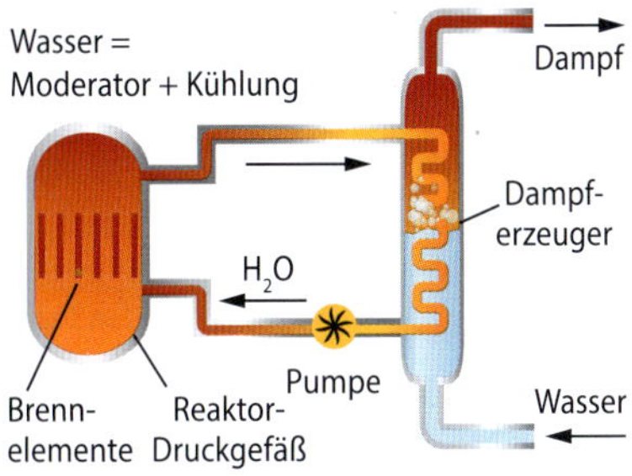

Abb. 4: Schema eines Druckwasserreaktors

Merkwissen

- Im **Reaktordruckbehälter** befinden sich im **Kühlwasser** die **Brennstäbe** mit den spaltbaren Uran- oder Plutoniumkernen sowie die **Steuerstäbe**, die zum Abfangen der freien Neutronen dienen.
- Bei **Siedewasserreaktoren** wird der Dampf zum Antrieb der Turbine direkt aus dem Kühlwasser erzeugt.
- In einem **Druckwasserreaktor** bringt das unter Druck stehende Kühlwasser über einen **Wärmetauscher** Wasser in einem getrennten Kreislauf zum Sieden, um die Dampfturbine anzutreiben.

Aufgaben

1 Recherchiere…

a) die Standorte und Typen der Kernkraftwerke in Deutschland.

b) die Vor- und Nachteile der beiden Reaktorsysteme.

2 Zum Schutz vor dem Austritt radioaktiver Strahlung sind in Kernkraftwerken sehr aufwändige Sicherheitssysteme unabhängig voneinander und mehrfach vorhanden. Recherchiere, welche Schutzvorrichtungen dies sind und was sie bewirken.

3.10 Kernfusion

Einstieg

Die Sonne wird manchmal auch als großer „Feuerball" bezeichnet.

- Was meinst du dazu?
- Was ist aus chemischer Sicht für Feuer, also eine Verbrennungsreaktion, nötig?

Versuche

Arbeitsblatt zu V1 unter **67010-15**

V1 Beklebe bei einem Magneten einen Pol mit doppelseitigem Klebeband. Nähere diesem den gleichnamigen Pol eines zweiten, gleichartigen Magneten.
Beobachtung: Die gleichnamigen Magnetpole stoßen sich ab, die abstoßenden Kräfte werden mit abnehmender Entfernung immer größer. Wenn sich die beiden Pole berühren, werden die Magnete vom Klebeband zusammengehalten.

Material
- zwei gleichartige Magnete
- doppelseitiges Klebeband

Erklärung

Unter dem Begriff „Kernfusion" versteht man eine Kernreaktion, bei der zwei Atomkerne fusionieren („verschmelzen"). Dabei ensteht ein neuer Atomkern.
Damit Atomkerne, die alle durch die vorhandenen Protonen stets positiv geladen sind, miteinander verschmelzen können, müssen die abstoßenden Kräfte, die zwischen gleichnamigen Ladungen immer herrschen, überwunden werden. Bei einem Abstand von ca. 10^{-15} m ist die sogenannte „starke Wechselwirkung" zwischen den Kernen größer als die elektrische Abstoßung, die Kernbausteine bilden einen neuen, schwereren Kern.
Um Atomkerne bzw. Protonen so nahe zusammen zu bringen, sind sehr großer Druck und sehr hohe Temperaturen erforderlich. Diese Bedingungen findet man im Inneren von Sternen wie z. B. unserer Sonne. Dort laufen im wesentlichen zwei Fusionsreaktionen ab:

- Deuterium verschmilzt mit einem weiteren Proton zum Heliumisotop. Energie in Form von γ-Strahlung wird frei:
  $^{2}_{1}H + ^{1}_{1}H \rightarrow ^{3}_{2}He + \gamma$ (Abb. 1)
- Der Großteil der von der Sonne abgestrahlten Energie wird bei der Fusion der Helium-3-Kerne freigesetzt:
  $^{3}_{2}He + ^{3}_{2}He \rightarrow ^{4}_{2}He + 2 \cdot ^{1}_{1}H$ + Energie (Abb. 2)
  Dieser Prozess läuft bei Temperaturen von ca. 10 bis 14 Millionen °C ab.

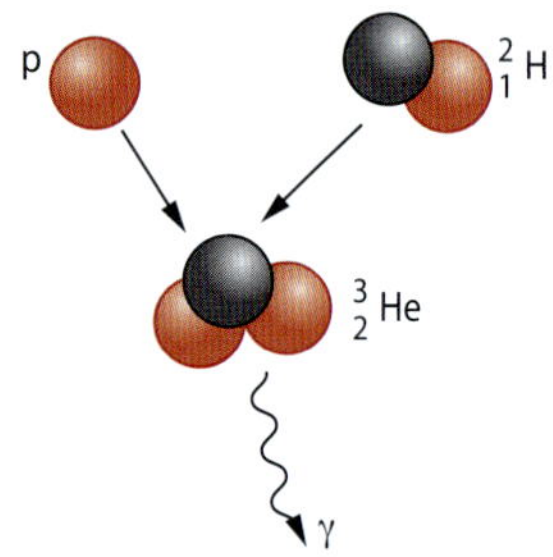

Abb. 1: Fusion von H-1 und H-2 zu He-3

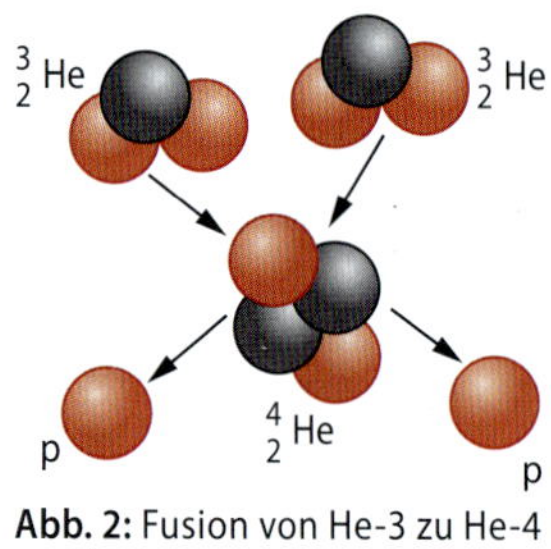

Abb. 2: Fusion von He-3 zu He-4 und H-1

Die Masse des Heliumkerns $^4_2$He ist aufgrund des Massendefekts Δm ca. 0,7 % kleiner als die Masse der Wasserstoffkerne. Die Differenz wird als Energie $\Delta E = \Delta m \cdot c^2$ freigesetzt.
Das Ziel, die bei der Kernfusion frei werdende Energie kontrolliert zur Energieversorgung zu nutzen, verfolgt man seit den 1960er-Jahren. Da man den im Sonneninneren herrschenden Druck auf der Erde nicht erzeugen kann, sind Temperaturen von etwa 100 bis 150 Millionen Grad Celsius erforderlich. Damit eine derart heiße Substanz nicht den Behälter zerstört, muss man die Teilchen in einem Vakuum mithilfe extrem starker Magnetfelder in der Schwebe halten. Das ist möglich, da die Atomkerne bei diesen Temperaturen eine so große kinetische Energie besitzen, dass die Elektronen nicht mehr an die Kerne gebunden sind. Die Atomkerne sind dadurch ionisiert und elektrisch leitfähig: Diesen Zustand nennt man „Plasma".

Abb. 3: Magnetspulen eines Forschungs-Fusionsreaktors.

Zur Erzeugung der Magnetfelder sind große Elektromagnete mit supraleitenden Feldspulen erforderlich, die das Plasmagefäß umschließen. Zum Aufheizen des Plasmas kann in ihm durch das äußere Magnetfeld ein Strom induziert werden, dessen Energie in thermische Energie umgewandelt wird.
Der erste Forschungsbetrieb eines Fusionsreaktors wird voraussichtlich ab 2035 möglich sein.

Merkwissen

- Eine **Kernfusion** ist eine Kernreaktion, bei der mehrere leichte Atomkerne zu einem schwereren Atomkern „verschmelzen".
- Im **Inneren der Sonne** fusioniert Wasserstoff in mehreren Schritten zu Helium. Durch den Massendefekt wird dabei sehr viel Energie freigesetzt.
- Die **technische Nutzung** in **Kernfusionsreaktoren** wird derzeit erforscht.

Aufgaben

1 Zur Entwicklung von Fusionsreaktoren ist enormer technischer Aufwand nötig. Begründe, warum die Nutzung der Kernfusion dennoch lohnenswert wäre.

2 Bei der Kernfusion wird im Vergleich zu Verbrennungsreaktionen pro Teilchen die 10^6-fache Energie freigesetzt. Begründe die geringe Umweltgefährdung durch einen Fusionsreaktor im Vergleich zu Kernkraftwerken. Recherchiere im Internet.

3.11 Gefahren radioaktiver Strahlung und Strahlenschutz

Einstieg

Bei bestimmten Berufsgruppen wie Flugbegleitern, Piloten oder medizinischem Personal wird die Strahlenbelastung ständig überwacht und protokolliert.

- Was könnte der Grund dafür sein?

Versuche

Arbeitsblatt zu V1 unter **67010-16**

V1 a) Nähere deine Hand vorsichtig einer Infrarotlampe.
Beobachtung: Je geringer der Abstand zwischen Hand und Lampe ist, desto stärker fühlt man die Hitze.
b) Wiederhole den Versuch und halte dabei eine Alufolie zwischen Hand und Lampe.
Beobachtung: Durch die Alufolie wird die Wärmestrahlung abgeschirmt.

Material
– Infrarotlampe
– ein Stück Alufolie

Erklärung

Radioaktive Strahlung wirkt ebenso wie Röntgenstrahlung ionisierend. Bei organischem Material und Lebewesen können durch die Ionisierung von Atomen Zellen geschädigt werden, wenn nicht die Reparaturmechanismen des Körpers den Schaden beheben können. Man unterscheidet mehrere Arten von Schädigungen:

- Somatische Schäden beim Organismus selbst, wie z. B. ein verändertes Blutbild, Haarausfall oder Entzündungen als Frühschäden bzw. Krebs oder Unfruchtbarkeit als Spätschäden. Eine hohe Strahlendosis kann nach kurzer Zeit tödlich sein.
- Teratogene Schädigungen, die während der Schwangerschaft zu einer Schädigung oder Missbildung des Embryos im Mutterleib führen.
- Genetische Schäden, die erst bei den Nachkommen auftreten und auf die Veränderung des Erbguts zurückzuführen sind.

Natürliche Radioaktivität kann regional unterschiedlich sein.

Neben der natürlichen Radioaktivität sind Menschen häufig künstlicher Strahlung ausgesetzt, der größte Anteil entfällt dabei auf medizinische Anwendungen. Um die Gefahren radioaktiver Strahlung für den Menschen möglichst gering zu halten, müssen die sogenannten fünf „A" des Strahlenschutzes beachtet werden:

1. **Abstand** halten / vergrößern: Bei α- und β-Strahlung in Luft ca. einen Meter Abstand halten (Abb. 1).
2. **Abschirmung** optimieren: z. B. durch Bleischürzen (Abb. 2) oder Mauern.
3. **Aufenthaltsdauer** minimieren: Zügiges Verlassen oder Einsatz ferngesteuerter Roboter in strahlenbelasteten Gebieten.

Abb. 1: Abstand halten vor Strahlenquellen

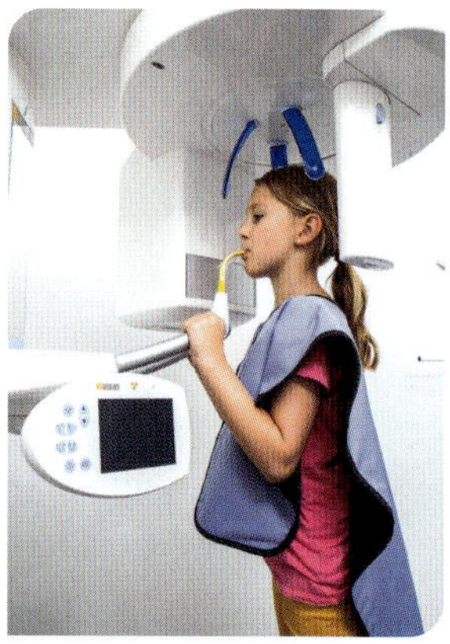

Abb. 2: Bleischürze zum Schutz vor Strahlung beim Röntgen

4 **Aktivität** verringern: Verwendung von Präparaten mit geringer Halbwertszeit und einer möglichst kleinen Dosis des Präparates in der Medizin.

5 **Aufnahme** in den Körper vermeiden: Hände waschen nach Kontakt mit radioaktivem Material, keine Nahrungsaufnahme radioaktiv belasteter Lebensmittel, Verwendung von Atemschutz, …

Merkwissen

- Bei **Strahlenschäden** unterscheidet man:
  - **somatische** Schäden (Früh- bzw. Spätschäden beim Organismus selbst)
  - **teratogene** Schäden (bei Embryonen während der Schwangerschaft)
  - **genetische** Schäden (bei den Nachkommen durch Erbgutveränderungen)
- Die fünf „A" des **Strahlenschutzes:**
  Abstand, Abschirmung, Aufenthaltsdauer, Aktivität, Aufnahme

Aufgaben

1 **a)** Grenze teratogene und genetische Schäden voneinander ab.
b) Entscheide und begründe, welche Art von Strahlenschaden jeweils vorliegt.
1 Unfruchtbarkeit
2 Übelkeit
3 Krebs
4 Stoffwechselstörungen bei Nachfahren

2 Benenne und erkläre, welche Maßnahmen getroffen werden können, um die fünf „A" des Strahlenschutzes bei einem PET-Scan einzuhalten für …
a) den Patienten oder die Patientin. **b)** das medizinische Fachpersonal.

Geschichte

Atomwaffen

Atomwaffen sind die wohl perfidesten jemals gebauten Waffen. Neben der enormen Druckwelle und Hitzeentwicklung ist zusätzlich die anschließende Strahlenbelastung verheerend (Abb. 3).

- Informiere dich über die beiden Atombombenabwürfe auf Hiroshima und Nagasaki und deren Folgen.

Abb. 3: Zerstörtes Hiroshima 1945

Reaktorkatastrophen

Obwohl friedlich genutzt, kann es beim Betrieb von Kernreaktoren zu schwerwiegenden Störfällen kommen: Am 26. April 1986 explodierte Block 4 des Kernkraftwerks Tschernobyl in der heutigen Ukraine (Abb. 4). Durch ein Erdbeben wurde am 11. März 2011 das Kernkraftwerk im japanischen Fukushima zerstört.

- Informiere dich, wie es zu diesen Unfällen kommen konnte und welche Folgen dies zum Teil heute noch hat.

Abb. 4: Der explodierte Reaktor von Tschernobyl 1986

3.12 Nutzen radioaktiver Strahlung

Einstieg

„Radioaktive Strahlung ist nur schädlich und immer gefährlich!"
- Was meinst du dazu?

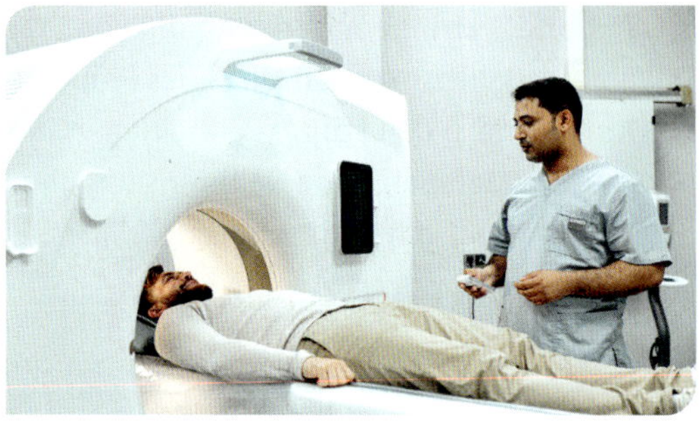

Versuche

Arbeitsblatt zu V1 unter **67010-17**

V1 Halte ein Stück Papier oder dünnen Stoff vor eine helle Lichtquelle (z. B. eine Schreibtischlampe).
Beobachtung: Man kann durch die Helligkeitsunterschiede die Struktur des Materials und manchmal sogar „Fehler" in der Struktur erkennen.

Material
- Papierstücke oder dünne Textilien
- helle Lichtquelle

Erklärung

Beispiele für solche sogenannten bildgebenden Verfahren sind die Szintigrafie oder die Positronen-Emissions-Tomografie (PET).

Radioaktive Strahlung ist ionisierende Strahlung radioaktiver Stoffe. Im Vergleich zu Licht (V1) ist sie wesentlich energiereicher und kann deshalb tiefer in einen Stoff eindringen. Diese Eigenschaft kann medizinisch genutzt werden:

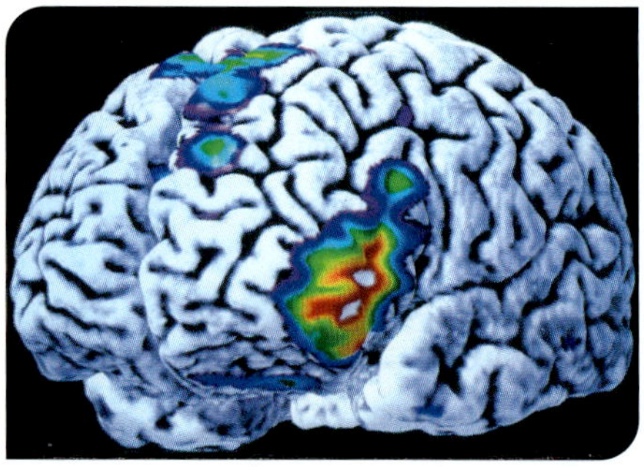

Abb. 1: PET-Hirnaufnahme

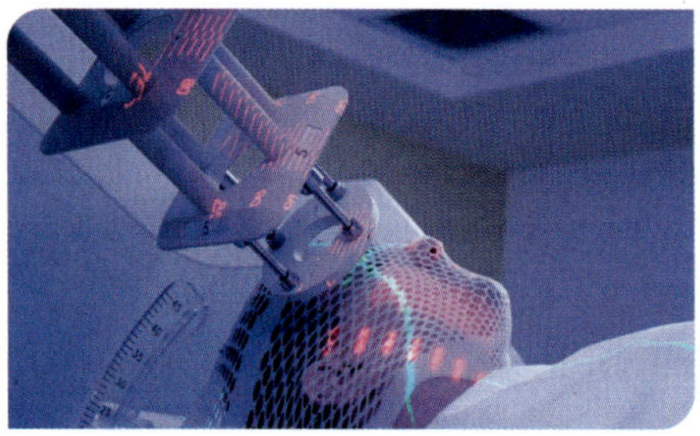

Abb. 2: (Gehirn-)Tumortherapie mit γ-Strahlung

- Zur Diagnose: Da Entzündungen oder Tumore einen erhöhten Stoffwechsel haben, sammeln sich radioaktive Präparate bei gezielter Verabreichung in diesen an. Die von diesen radioaktiven Ansammlugen ausgesendete Strahlung wird außerhalb des Körpers von einem Detektor registriert und anschließend ausgewertet (Abb. 1).
- Zur Therapie: Krebszellen werden kontrolliert radioaktiver γ-Strahlung ausgesetzt (Abb. 2) und dadurch abgetötet. Die dabei auftretenden Nebenwirkungen werden in Kauf genommen, um die Heilung des Patienten zu ermöglichen.

Radioaktive Strahlung wird auch in der Technik eingesetzt:
- Die Messung der Abschwächung oder Ablenkung der γ-Strahlen kann zur Materialprüfung oder zur Kontrolle der Füllhöhe von Behältern eingesetzt werden (Abb. 3). Der Inhalt schwächt die Strahlen stärker ab als Luft.

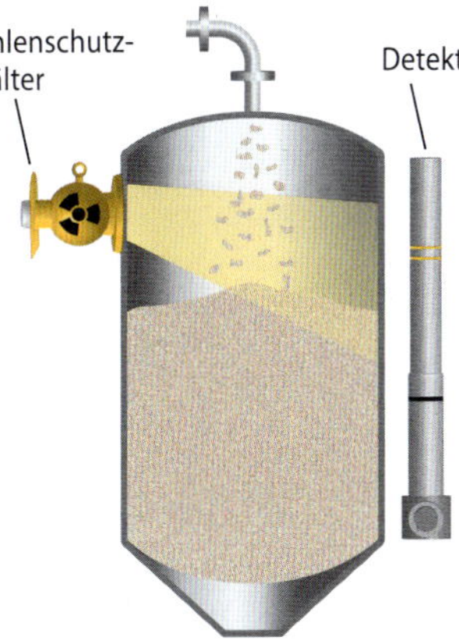

Abb. 3: Füllstandskontrolle in einem Tank

Abb. 4: Fossilienfund zur Altersbestimmung mit der C-14-Methode

- In der Archäologie kommt die Radiokarbon- bzw. C-14-Methode zum Einsatz, um das Alter von organischen Substanzen (Abb. 4) zu bestimmen. Lebende Organismen haben durch ihren Stoffwechsel einen bekannten Anteil des radioaktiven Isotops C-14 in den Zellen. Nach dem Absterben der Zellen zerfällt das C-14 mit einer Halbwertszeit von 5730 Jahren. Mithilfe des Zerfallsgesetzes lässt sich aus der gemessenen Aktivität das ungefähre Alter der Zellen bestimmen.
- In der Biophysik oder der Geohydrologie kann durch die Verwendung von radioaktiven Tracern das Fließverhalten von Wasser untersucht werden.

Merkwissen

- Radioaktive Strahlung wird in der **Medizin** zur **Diagnose** in bildgebenden Verfahren oder zur **Therapie** eingesetzt.
- In der **Technik** wird γ-Strahlung zur **Materialprüfung** oder zur **Kontrolle von Füllständen** verwendet.
- Die **Radiokarbonmethode** dient zur **Altersbestimmung** von **organischem Material.**

Aufgaben

1 Nenne verschiedene Anwendungen von radioaktiven Isotopen in Medizin und Technik.

2 In der Radiojodtherapie wird die Schilddrüse mit dem radioaktiven Isotop Jod-131 (I-131) behandelt. Recherchiere und begründe, warum man dafür generell Jod verwendet und welche Vorteile I-131 gegenüber anderen Isotopen besitzt.

3 Bei Ausgrabungen wurde ein bearbeitetes Stück Holz gefunden. Die Aktivität des im Holz enthaltenen C-14 ist auf 25 % des bekannten Anfangswertes abgesunken.

a) Bestimme auf der Grundlage der Radiokarbonmethode das Alter des Holzes.

b) Begründe, warum die Methode bei Salzen nicht angewendet werden kann.

3.13 Strahlenbelastung und Dosisgrößen

Einstieg

Radioaktive Strahlung ist spontan und hat ionisierende Wirkung.

- Kann die Strahlenbelastung gemessen werden?
- Können Grenzwerte zur Gefahrenabschätzung festgelegt werden?

Versuche

V1 Stelle eine leere Tasse und eine gleiche Tasse mit etwas Wasser (das Wasser soll ungefähr die gleiche Masse und Temperatur wie die Tasse haben) in einen Mikrowellenherd und schalte die Mikrowelle ca. 30 Sekunden ein. Prüfe anschließend die Temperatur der beiden Tassen.

Material
- zwei Tassen
- etwas Wasser
- Mikrowellenherd

Beobachtung: Die Tasse mit dem Wasser ist wärmer als die leere Tasse. Das Wasser wurde durch die Mikrowelle erhitzt, die leere Tasse (fast) nicht.

Erklärung

Um die biologische Wirkung ionisierender Strahlung zu messen, wird die sogenannte **Energiedosis *D*** definiert. Sie gibt an, welche Strahlungsenergie *E* ein Körper im Verhältnis zu seiner Masse *m* aufnimmt:

$D = \frac{E}{m}$ mit $[D] = 1\,\frac{\text{J}}{\text{kg}} = 1\,\text{Gy}$ (1 Gray)

Die Energiedosis berücksichtigt nicht die Art der ionisierenden Strahlung. Alphastrahlung beispielsweise hat bei gleicher Energiedosis eine um den Faktor 20 stärkere ionisierende Wirkung als Beta- oder Gammastrahlung. Dieser Qualitätsfaktor q (Tab. 1) wird in der **Äquivalentdosis *H*** mit einbezogen:

$H = q \cdot D$ mit $[H] = 1\,\frac{\text{J}}{\text{kg}} = 1\,\text{Sv}$ (1 Sievert)

Die Äquivalentdosis ist ein Maß für die biologische Wirkung ionisierender Strahlung auf lebende Organismen.

Strahlungsart	q
Röntgen, β, γ	1
langsame Neutronen	2 … 5
schnelle Neutronen, Protonen	10
α	20

Tab. 1: Qualitätsfaktor q

Jeder Bundesbürger ist jährlich im Durchschnitt einer natürlichen und medizinischen Gesamtstrahlendosis von 4 – 5 mSv ausgesetzt. Bei einer Röntgenaufnahme des Schädels wird beispielsweise eine Äquivalentdosis von ca. 0,1 mSv aufgenommen. Dies entspricht ungefähr der kosmischen Strahlung während einer achtstündigen Flugreise. Eine Computertomographie des Brustkorbs entspricht einer Ganzkörperdosis von 6 – 8 mSv. In der Strahlentherapie bei Krebserkrankungen wird das betroffene Gewebe kurzzeitig mit einer Energiedosis zwischen 20 und 400 Gy bestrahlt.

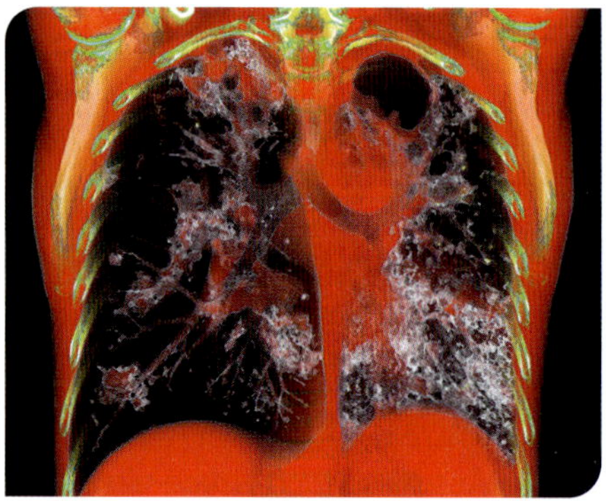

Abb. 1: Eingefärbte Computertomographie eines Brustkorbs

Um Personen zu schützen, werden Berufsgruppen, die häufig ionisierender Strahlung ausgesetzt werden, überwacht. Dies betrifft vor allem medizinisches Personal in der Radiologie, Piloten und Flugbegleiter sowie Astronauten. Dazu wird die Äquivalentdosis in festgesetzten Zeiträumen gemessen und anhand der vom Bundesamt für Strahlenschutz festgelegten Grenzwerte bewertet.

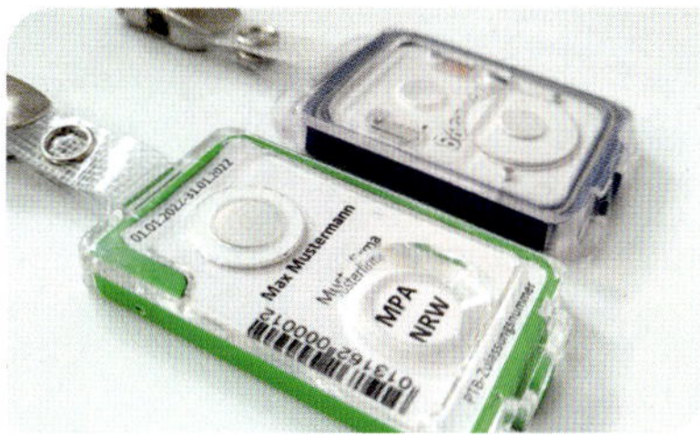

Abb. 2: Filmdosimeter

Die Dosismessung erfolgt oft mit Filmdosimetern, in denen der Film durch ionisierende Strahlung geschwärzt wird und Rückschlüsse auf Art und Richtung der Strahlung erlaubt.
Es gibt aber keinen Dosiswert, unterhalb dessen ionisierende Strahlung mit Sicherheit kein gesundheitliches Risiko birgt.

Merkwissen

- Die **Energiedosis** D ist der Quotient aus der Strahlungsenergie E und der Masse m: $D = \frac{E}{m}$ mit $[D] = 1\,\frac{\text{J}}{\text{kg}} = 1$ Gy (1 Gray).
- Die **Äquivalentdosis** H ist das Produkt aus einem Qualitätsfaktor q und der Energiedosis D: $H = q \cdot D$ mit $[H] = 1\,\frac{\text{J}}{\text{kg}} = 1$ Sv (1 Sievert).

Aufgaben

1 Informiere dich beim Bundesamt für Strahlenschutz über Grenzwerte im Strahlenschutz.

2 **a)** Berechne die Äquivalentdosis eines 75 kg schweren Menschen, wenn er Gammastrahlung mit einer Energie von 500 mJ absorbiert.
b) Wie ändert sich die Äquivalentdosis, wenn der Mensch aus a) der Absorption von Alphastrahlung der gleichen Energie ausgesetzt ist?

Vertiefung

Raumfahrt und Strahlenschutz

Je dünner die Atmosphäre ist, desto weniger schützt sie vor ionisierenden Strahlung aus dem Weltall. Durch das Erdmagnetfeld werden geladene Teilchen durch die Lorentzkraft abgelenkt. In 2000 m Höhe beträgt die jährliche Äquivalentdosis der kosmischen Strahlung 0,6 mSv, auf Meereshöhe 0,3 mSv. Bei einem Daueraufenthalt in 10 km Höhe liegt sie bei 40 mSv.

- Informiere dich über die geschätzte Strahlenexposition auf dem Mond und bei Flügen zu benachbarten Planeten.

Abb. 3: Buzz Aldrin, der zweite Mensch auf dem Mond

3.14 Themenseite: Strahlenbelastung und Dosisgrößen

Natürliche Strahlenbelastung

Der Mensch war (ebenso wie alle anderen Organismen) schon immer ionisierender Strahlung ausgesetzt. Die Ursachen dieser Strahlung sind radioaktive Isotope, die sich im Boden, im Trinkwasser und in der Nahrung befinden oder als Gase (z. B. Radon) in der Atemluft nachweisbar sind. Neben dieser „terrestrischen Strahlung" gibt es auch die ebenso ionisierende „kosmische Strahlung", die hauptsächlich von der Sonne ausgesendet wird. Sie wird zum Teil von der Atmosphäre abgeschirmt und ist daher in größeren Höhen energiereicher. Dort ist jedoch der Anteil der terrestrischen Strahlung geringer. Dadurch kommt es geografisch bedingt zu regionalen Unterschieden in der durchschnittlichen Strahlenexposition (Abb. 1).

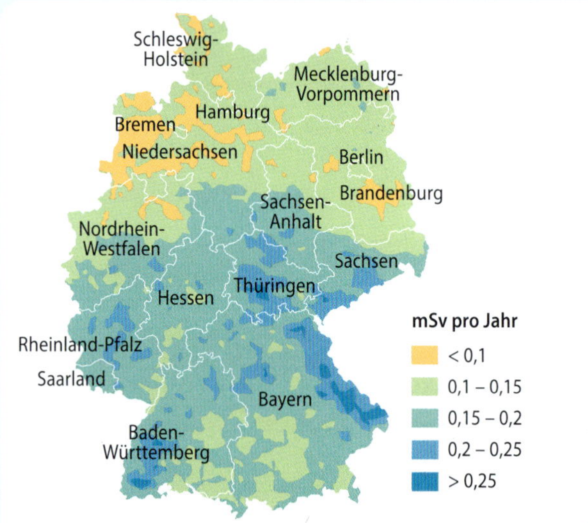

Abb. 1: Externe Strahlenexposition im Jahr 2019 in Deutschland bei täglich 5 Stunden Aufenthalt im Freien

- Beschreibe mit Abb. 1, wo sich Gebiete mit besonders hoher Strahlung befinden.
- Welche Ursachen vermutest du in diesen Gebieten für die erhöhte Belastung?
- Vergleiche den Wert der Strahlenbelastung in Abb. 1 mit dem einer Flugreise, bei der in 8 Stunden eine Äquivalentdosis zwischen 0,04 und 0,1 mSv gemessen wird.

Künstliche Strahlenbelastung

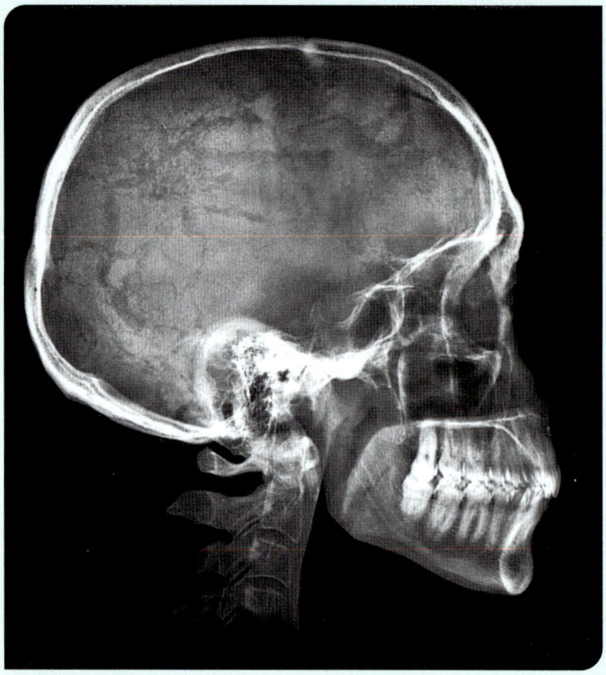

Abb. 2: Röntgenbild eines menschlichen Schädels

Neben diesen natürlichen Strahlenquellen, die unabhängig von menschlichen Eingriffen in die Natur existieren, spielen zunehmend auch künstlich erzeugte Strahlenquellen eine größere Rolle. Neben dem Bergbau, hier vor allem der Kohleförderung, und kerntechnischen Anlagen tragen vor allem bildgebende Verfahren in der Medizin zur Strahlenbelastung bei. Medizinische Anwendungen haben mittlerweile einen Anteil von über 40 % an der alltäglichen Strahlenbelastung, die sich aus natürlichen und künstlichen Strahlungsquellen ergibt. Die Strahlenexposition aus medizinischen Anwendungen beträgt pro Person in Deutschland im Durchschnitt etwa 1,9 mSv pro Jahr. Eine Röntgenaufnahme des Schädels beispielsweise belastet den Organismus mit etwa 0,1 mSv, eine Computertomographie des Brustkorbs mit ca. 6 bis 8 mSv.

- Überlege dir Maßnahmen, durch die man überflüssige Röntgenaufnahmen vermeiden kann.
- Informiere dich über Vorkehrungen, durch die nicht betroffene Körperteile bei Untersuchungen vor ionisierender Strahlung geschützt werden.

Strahlenbelastung durch Kernenergie

Kernkraftwerke unterliegen strengen Auflagen, die von einer Anlage abgegebene Äquivalentdosis muss geringer sein als 0,3 mSv pro Jahr.
Aufgrund technischer Defekte bzw. menschlichem Versagen kam es bei der Reaktorkatastrophe von Tschernobyl (in der heutigen Ukraine) im April 1986 zur Freisetzung von radioaktiven Stoffen in die Umwelt. Dies hat weitreichende Auswirkungen bis in die heutige Zeit. Nach Schätzungen von Experten der Weltgesundheitsorganisation (WHO) und der Internationalen Atomenergie-Organisation (IAEA) starben an den Folgen der akuten Strahlenkrankheit ungefähr 50 Menschen. Für Europa rechnet man bis zum Jahr 2065 mit etwa 16 000 zusätzlichen Fällen von Schilddrüsenkrebs und 25 000 sonstigen Krebserkrankungen, die von dieser Katastrophe ausgelöst wurden.

Abb. 3: Ehemaliges Kernkraftwerk Tschernobyl

Im März 2011 kam es durch die Folgen eines Erdbebens zur Nuklearkatastrophe von Fukushima. Auch bei diesem Unfall kam es zur sogenannten „Kernschmelze", bei der die von den Brennstäben unaufhörlich abgegebene thermische Energie nach dem Versagen der Kühlvorrichtungen zum Schmelzen des Reaktorkerns führt und dadurch die Abschirmung zerstört wird.

- Informiere dich beim Bayerischen Landesamt für Umwelt über die aktuellen Messwerte aus der Umgebungsüberwachung der kerntechnischen Anlagen in Bayern.
- Informiere dich über die gegenwärtige Situation in Tschernobyl und die Maßnahmen, mit denen die weitere Freisetzung radioaktiver Strahlung an die Umwelt verringert werden soll.

Strahlenbelastung durch Kernwaffen

Als Kernwaffen bezeichnet man Waffen, deren Wirkung nicht auf exoenergetischen chemischen Reaktionen, sondern auf Kernspaltungen beruht. Bei der Zündung dieser Massenvernichtungswaffen wird enorm viel Energie in Form von Hitze, einer Druckwelle und ionisierender Strahlung frei.
Die Entwicklung von Kernwaffen begann mit dem Zweiten Weltkrieg. Am 16.07.1945 fand der erste Kernwaffentest statt. Am 6. und 9. August 1945 kam es zu den beiden Atombombenabwürfen auf die japanischen Städte Hiroshima und Nagasaki durch die USA. Durch die unmittelbare Explosion kamen bis zu 100 000 Menschen ums Leben, in den folgenden Monaten gab es ungefähr noch einmal so viele Opfer durch die Folgen der ionisierenden Strahlung.

Abb. 4: „Atompilz" über Nagasaki am 9. August 1945

Seitdem wurden Atombomben nicht mehr als Waffen eingesetzt, allerdings zahlreich getestet. Während des „Kalten Krieges" kam es zu einem Wettrüsten zwischen den USA und der Sowjetunion, auf dessen Höhepunkt die beiden Staaten insgesamt rund 70 000 Atomsprengköpfe hatte. Die größte jemals getestete Kernwaffe hatte eine Sprengkraft, die der von 57 Megatonnen TNT entsprach. Zum Vergleich: Alle konventionellen Bomben, die während des Zweiten Weltkriegs auf Städte abgeworfen wurden, erreichen zusammen ca. 2 Megatonnen TNT-Äquivalent.

- Recherchiere die Energie, die einer Kilotonne TNT entspricht und das TNT-Äquivalent zu frei erhältlichen Feuerwerkskörpern.
- „Bei einem Atomkrieg gibt es keine Sieger." Nimm Stellung zur Aussage und begründe sie.

3.15 Teste dich

Aufgaben zur Einzelarbeit

Die Lösungen zu dieser Doppelseite stehen im Anhang.

1 Teste dich! Bearbeite dazu die folgenden Aufgaben und bewerte die Lösungen mit einem Smiley.

2 Die Aufgaben haben unterschiedliche Schwierigkeitsgrade: leicht mittel schwer

☺	😐	☹
Das kann ich!	Das kann ich fast!	Das kann ich noch nicht!

1 Bei der Verbrennung von 100 g Schokolade wird eine Energie von 2360 kJ frei.

Wie groß ist der dabei auftretende Massendefekt?

2 Formuliere die vollständige Kernreaktionsgleichung für die Spaltung von Plutonium-239 durch ein Neutron, wenn als Spaltprodukte das Antimonisotop Sb-130, ein weiterer Kern sowie drei freie Neutronen entstehen.

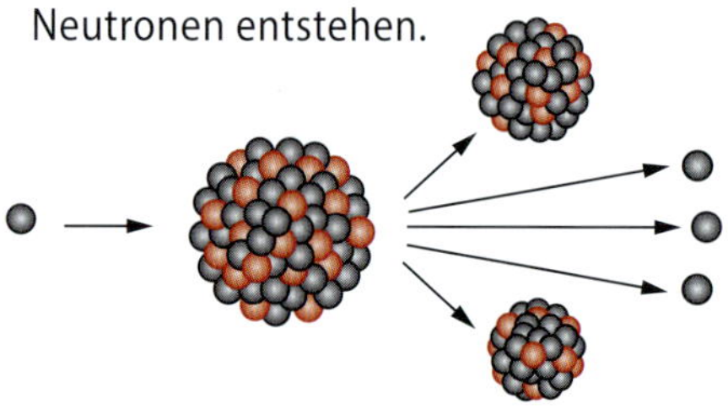

3 Formuliere die vollständigen Kernreaktionsgleichungen für die Fusionsreaktionen, die in der Sonne stattfinden:

a) In der ersten Fusion verschmelzen ein Wasserstoff-1-Kern und ein Deuterium-2-Kern zu einem leichten Heliumkern. Dabei wird Gammastrahlung freigesetzt.

b) In der folgenden, zweiten Fusion verschmelzen zwei der leichten Heliumkerne zu einem Helium-4-Kern. Dabei entstehen zwei Wasserstoffkerne und Energie.

4 Beschreibe jeweils die Funktion folgender Bauteile in einem Kernkraftwerk mit einem Druckwasserreaktor.

a) Brennstäbe
b) Kühlwasser
c) Steuerstäbe
d) Wärmetauscher

5 Nenne die auftretenden Energieformen und die jeweils benötigten Energiewandler, die in einem Siedewasserreaktor zur Bereitstellung elektrischer Energie nötig sind.

6 Zur Kontrolle von Füllständen in großen Behältern ist α- und β-Strahlung ungeeignet. Begründe.

7 Bei der Untersuchung eines archäologischen Fundstücks mit der Radiokarbonmethode beträgt die Aktivität des radioaktiven Kohlenstoffisotops C-14 noch 24,7 % der ursprünglichen Aktivität.

a) Beschreibe die Radiokarbonmethode.
b) Berechne das Alter des Fundstücks.
c) Berechne das etwaige Alter des Körpers, wenn man sich bei der Bestimmung der Aktivität um 0,1 % geirrt hätte.

8 a) Beschreibe Aufbau und Funktionsweise eines Filmdosimeters.

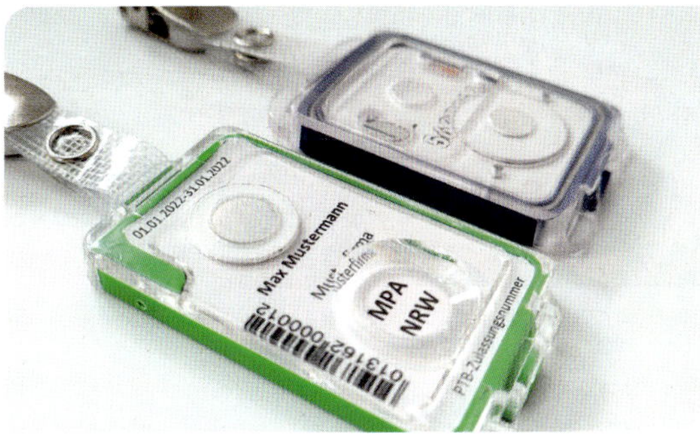

b) Ist ein Filmdosimeter zur akuten Warnung vor ionisierender Strahlung geeignet? Begründe deine Entscheidung.

9 Nenne die fünf Maßnahmen, sich vor ionisierender bzw. radioaktiver Strahlung zu schützen.

10 Die mittlere natürliche Ortsdosisleistung beträgt in Deutschland 0,08 μSv pro Stunde. Berechne die Äquivalentdosis, die man dadurch während eines Jahres aufnimmt.

11 a) Entscheide und begründe, um welche Art der Schädigung es sich handelt, wenn eine Person durch radioaktive Strahlung zeugungsunfähig geworden ist.

b) Benenne und bewerte weitere Schädigungen beim Menschen, die durch radioaktive Strahlung verursacht werden können.

Aufgaben für Lernpartner

1 Bearbeite die folgenden Aufgaben alleine.

2 Suche dir einen Partner und erkläre ihm deine Lösungen. Höre aufmerksam und gewissenhaft zu, wenn dein Partner dir seine Lösungen erklärt.

3 Korrigiere gegebenenfalls deine Antworten und benutze dazu eine andere Farbe.

Sind folgende Behauptungen **richtig** oder **falsch**? Begründe schriftlich.

A Kernspaltungen sind nur unter kontrollierten Laborbedingungen möglich.

B Bei einer kontrollierten Kettenreaktion entsteht jeweils nur ein freies Neutron.

C Somatische Strahlenschäden machen sich unmittelbar bei Einwirkung der Strahlung bemerkbar.

D Für die Energiedosis ist die Art der Strahlung unerheblich.

E Ein Kernkraftwerk mit Druckwasserreaktor benötigt einen zusätzlichen Kühlwasserkreislauf, ein Kraftwerk mit Siedewasserreaktor nicht.

F Röntgenstrahlung ist Kernstrahlung.

Aufgabe	Ich kann ...	Hilfe
1	mithilfe der Äquivalenz von Masse und Energie den Massendefekt begründen.	S. 152
2, 3, A, B, E	mithilfe von Kernreaktionsgleichungen den Unterschied zwischen Kernspaltung und Kernfusion beschreiben.	S. 152, 156
4, 5, 6, 7, 8, 9, 10, 11, C, D, F	Gefahren und Nutzen der Radioaktivität unter historischen, energetischen, technischen, ökologischen und medizinischen Aspekten begründen und bewerten.	S. 154, 158, 160, 164

3.16 Grundwissen

Radioaktive Strahlung

- Radioaktive Strahlung ist **spontan**, hat eine **ionisierende Wirkung** und erhöht die Leitfähigkeit von Gasen. Die ansonsten unsichtbare Strahlung kann durch ein Geiger-Müller-Zählrohr, in der Nebelkammer oder über die Schwärzung von Filmmaterialien nachgewiesen werden.
- Man unterscheidet **natürliche** und **künstliche** (zivilisatorisch bedingte) **Strahlenquellen**.

Spuren in der Nebelkammer

Aufbau von Atomkernen

- Ein **Atomkern** besteht aus elektrisch positiv geladenen Protonen und elektrisch neutralen Neutronen und ist **positiv elektrisch geladen**.
- Die Anzahl der Protonen heißt **Kernladungszahl** und bestimmt das Element.
- Die Atomkernsorte (Nuklid) wird von der Anzahl der Protonen und Neutronen bestimmt.
- **Isotope** sind Atome eines bestimmten chemischen Elements, die gleich viele Protonen, aber **unterschiedlich viele Neutronen** besitzen.
- Die Summe der Protonen und der Neutronen ergibt zusammen die Nukleonen- oder Massenzahl.
- Protonen und Neutronen im Atomkern werden durch kurzreichweitige, aber sehr starke Kernkräfte zusammengehalten.
- Neutronen und Protonen sind aus Up-Quarks (u) und Down-Quarks (d) aufgebaut.

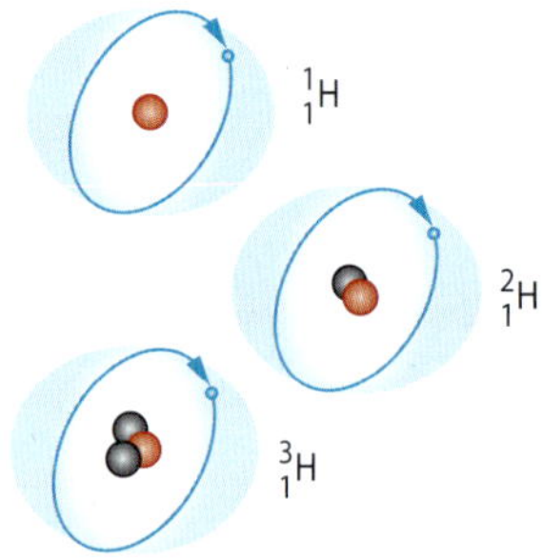

Die drei Isotope des Wasserstoffs mit jeweils einem Proton und unterschiedlich vielen Neutronen

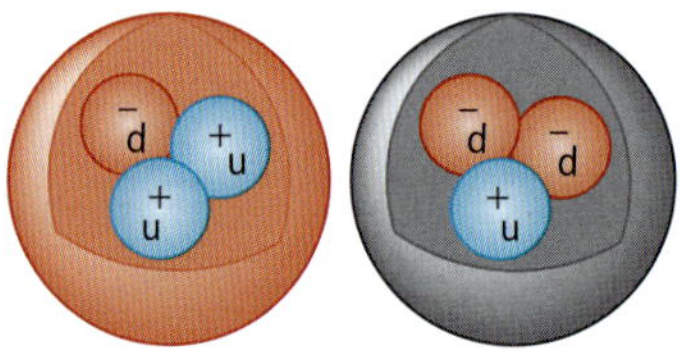

Proton (+1*e*) Neutron (neutral)

Strahlungsarten

- Man unterscheidet **α-, β- und γ-Strahlung**.
- α-Strahlung wird im Magnetfeld schwächer und in die entgegengesetzte Richtung wie β-Strahlung abgelenkt. γ-Strahlung wird nicht abgelenkt.

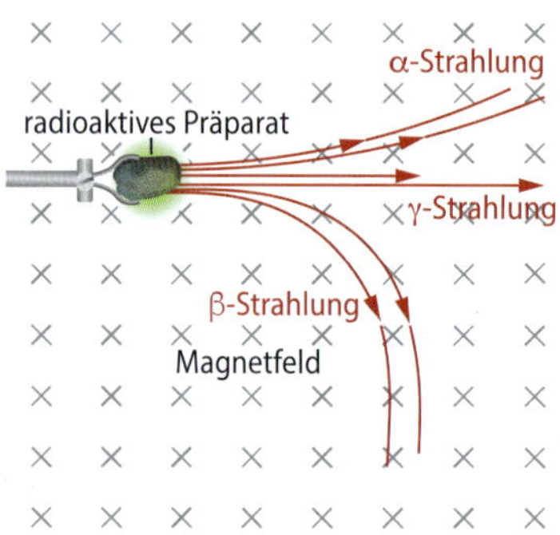

- Radioaktive Strahlung kann abgeschirmt oder abgeschwächt werden:
  - α-Strahlung wird bereits von Papier vollständig abgeschirmt.
  - β-Strahlung wird durch dünnes Aluminium vollständig abgeschirmt.
  - γ-Strahlung lässt sich auch durch Bleiplatten nur schwächen.
- Die Reichweite der Strahlungsarten in Luft ist unterschiedlich.

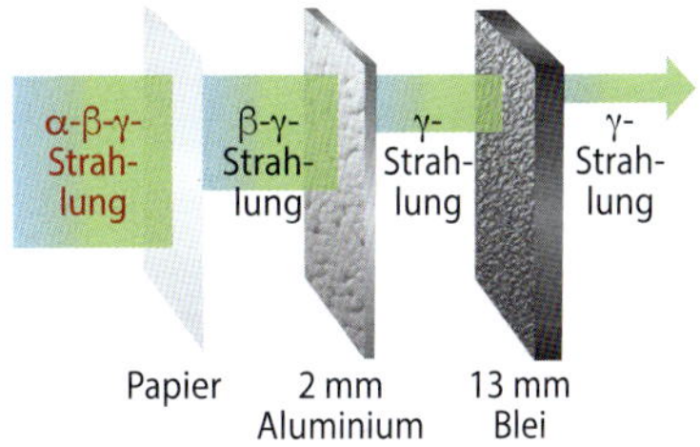

Radioaktiver Zerfall, Halbwertszeit und Zerfallsgesetz

- Beim α-Zerfall wandelt sich ein Element X unter Aussendung eines α-Teilchens (**Helium-Atomkern:** $^4_2\mathbf{He}$) in ein neues Element Y um:
  $^{A}_{Z}X \rightarrow ^{A-4}_{Z-2}Y + ^{4}_{2}He$
- Beim β-Zerfall wandelt sich ein Element X unter Aussendung eines β-Teilchens (**schnelles Elektron**) in ein neues Element Y um. Im Kern zerfällt dabei ein Neutron in ein Proton und ein Elektron:
  $^{A}_{Z}X \rightarrow {}_{Z+1}^{A}Y + {}^{0}_{-1}e^{-}$ und $^{1}_{0}n \rightarrow {}^{1}_{1}p + {}^{0}_{-1}e^{-}$
- γ-Strahlung ist energiereiche, **elektromagnetische Strahlung**, die beim Übergang eines Atomkerns von einem metastabilen zum stabilen Zustand abgegeben wird:
  $^{Am}_{Z}X \rightarrow {}^{A}_{Z}X + \gamma$
- **Zerfallsreihen** sind Folgen von Kernumwandlungen, die so lange selbstständig ablaufen, bis ein stabiles Nuklid entsteht.
- Die Zeit, in der die Hälfte der ursprünglich vorhandenen Atomkerne eines radioaktiven Stoffs zerfallen ist, heißt **Halbwertszeit *T***.
- Für den Zerfall radioaktiver Kerne (Anfangsbestand N_0 zum Zeitpunkt $t = 0$) gilt das Zerfallsgesetz:
  $\boldsymbol{N(t) = N_0 \cdot \left(\frac{1}{2}\right)^{\frac{t}{T}}}$
- Das Zerfallsgesetz gilt auch für die Aktivität $A(t)$, die Impulsrate $n(t)$ und die Masse $m(t)$:
  $\boldsymbol{A(t) = A_0 \cdot \left(\frac{1}{2}\right)^{\frac{t}{T}}}$ $\boldsymbol{n(t) = n_0 \cdot \left(\frac{1}{2}\right)^{\frac{t}{T}}}$ $\boldsymbol{m(t) = m_0 \cdot \left(\frac{1}{2}\right)^{\frac{t}{T}}}$

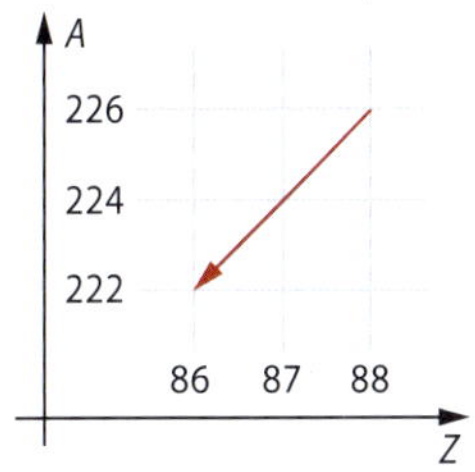

α-Zerfall von Radium-226

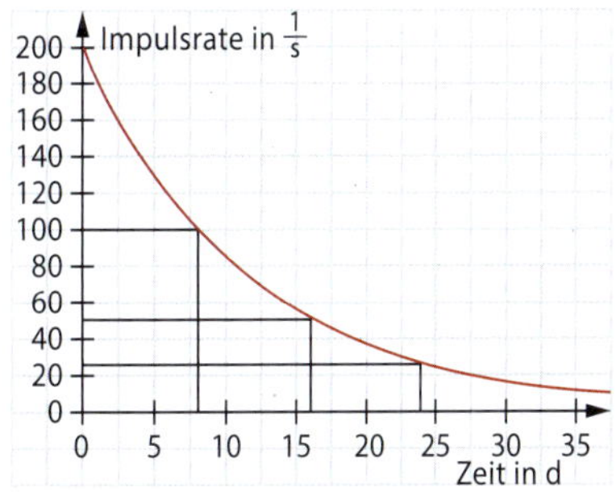

Kernspaltung

- Bei der **Kernspaltung** zerfällt ein schwerer Atomkern durch die Absorption eines langsamen Neutrons in zwei mittelschwere Kerne und mehrere freie Neutronen. Die Protonen- und Neutronenzahl bleibt dabei erhalten.
- Die bei der Kernspaltung frei werdende große Energie führt zu einem **Massendefekt**, der sich mit der Formel $E = m \cdot c^2$ berechnen lässt.
- Die freien Neutronen können per **Kettenreaktion** weitere Kerne spalten.

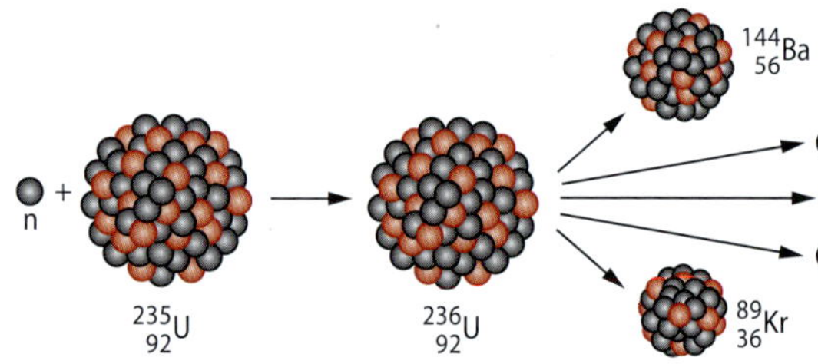

Schema der Kernspaltung von Uran-235

Strahlenbelastung und Strahlenschutz

- Die **Energiedosis** D ist der Quotient aus der Strahlungsenergie E und der Masse m:
  $D = \frac{E}{m}$ mit $[D] = 1\,\frac{\text{J}}{\text{kg}} = 1$ Gy (1 Gray)
- Die **Äquivalentdosis** H ist das Produkt aus einem Qualitätsfaktor q und der Energiedosis D:
  $H = q \cdot D$ mit $[H] = 1$ Sv (1 Sievert)
- Bei Strahlenschäden unterscheidet man:
  - **somatische Schäden** (Früh- bzw. Spätschäden beim Organismus selbst)
  - **teratogene Schäden** (bei Embryonen während der Schwangerschaft)
  - **genetische Schäden** (bei den Nachkommen durch Erbgutveränderungen)
- Die fünf „A" des Strahlenschutzes:
  Abstand, **Abschirmung**, **Aufenthaltsdauer**, **Aktivität**, **Aufnahme**

Nutzen radioaktiver Strahlung

- Radioaktive Strahlung wird in der Medizin zur **Diagnose** in bildgebenden Verfahren oder zur Therapie eingesetzt.
- In der Technik wird γ-Strahlung zur **Materialprüfung** oder zur Kontrolle von Füllständen verwendet.
- Die **Radiokarbonmethode** dient zur Altersbestimmung von organischem Material.

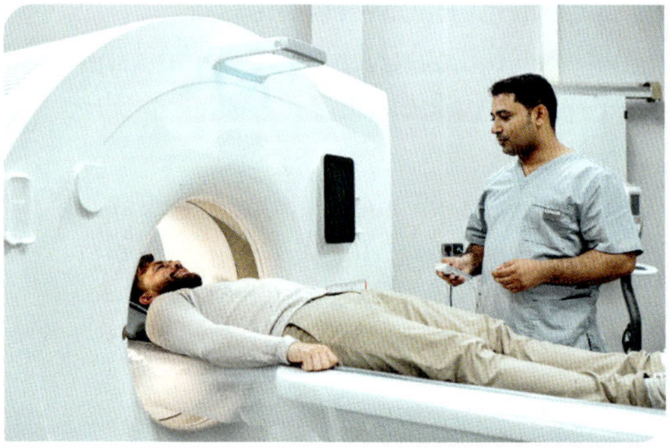

3.17 Vermischte Aufgaben

Findest du verschiedene Möglichkeiten?

1 a) Ergänze die fehlenden, mit „$\square$“ bezeichneten Angaben.

① $^{197}_{79}\square$ ② $^{137}_{93}\square$ ③ $^{\square}_{34}\text{Se}$ ④ $^{16}_{\square}\text{O}$ ⑤ $^{\square}_{\square}\text{Rb}$

b) Gib für alle Elemente aus a) jeweils die Kernladungs-, die Nukleonen- und die Neutronenzahl an.

2 Zur Untersuchung eines Gesteinsbrockens werden die folgenden Messungen mithilfe eines Geiger-Müller-Zählrohrs vorgenommen:

- Messung direkt am Steinbrocken: 3956 Impulse pro Minute (ipm)
- Messung mit einem Blatt Papier zwischen Geiger-Müller-Zählrohr und dem Gesteinsbrocken: 3268 ipm
- Messung mit 2 mm Aluminiumblech zwischen Geiger-Müller-Zählrohr und Gesteinsbrocken: 2590 ipm
- Die Messung des Untergrunds ergab 45 ipm.

a) Benenne die Strahlungsarten, die der Gesteinsbrocken aussendet, und gib die Impulsraten an. Erkläre deine Aussagen.

b) Bestimme den prozentualen Anteil der Strahlungsarten.

3 Die nach der Katastrophe von Tschernobyl im Jahr 1986 direkt in Reaktornähe zur Eindämmung der Unglücksfolgen eingesetzten Arbeiter erhielten als Anerkennung die abgebildete Medaille. Deren Mitte zeigt die (falsch dargestellte) Ablenkung der verschiedenen Strahlungsarten in einem homogenen Magnetfeld.

a) Begründe, warum γ-Strahlung von einem Magnetfeld nicht abgelenkt wird.

b) Begründe die unterschiedliche Ablenkungsrichtung von α- und β-Strahlung in einem Magnetfeld.

c) Begründe den unterschiedlichen Ablenkungswinkel von α- und β-Strahlung in einem Magnetfeld und skizziere die Korrektur des Fehlers auf der Medaille.

d) Skizziere, wie das homogene Magnetfeld gerichtet sein müsste, damit α- und β-Strahlung wie abgebildet in die dargestellten Richtungen abgelenkt würden.

e) Das radioaktive Cäsiumisotop Cs-137 ($T = 30{,}08$ a) gelangte beim Reaktorunglück von Tschernobyl am 26. April 1986 in größeren Mengen in die Umwelt. In welchem Kalenderjahr hat die Aktivität um 70 % abgenommen?

f) In Österreich wurde danach eine durchschnittliche Cs-137-Kontamination von 21 kBq pro Quadratmeter gemessen. Die Aktivität von einem Gramm Cs-137 beträgt $3{,}2 \cdot 10^{12}$ Bq. Berechne die Masse des insgesamt auf Österreich (Gesamtfläche: $83{,}9 \cdot 10^{3}\ \text{km}^2$) abgelagerten Cs-137.

3.17 Vermischte Aufgaben

Alternativ statt „x-y-Diagramm" wird auch die Bezeichnung „y (x)" verwendet, hier also A-(t)- statt t-A-Diagramm.

4 Um Lebensmittel länger haltbar zu machen, können diese bestrahlt werden. Dadurch werden Mikroorganismen abgetötet oder das Austreiben verhindert, z. B. bei Kartoffeln oder Zwiebeln. Für die Bestrahlung kann γ-Strahlung verwendet werden, die beim β-Zerfall von Cäsium Cs-137 entsteht.

a) Beschreibe, was beim β-Zerfall in einem Atomkern geschieht.

b) Erläutere mithilfe einer beschrifteten Skizze eine Möglichkeit, wie β-Strahlung experimentell von γ-Strahlung getrennt werden kann.

c) Zum Bestrahlen wird eine Anfangsmasse von 100 g Cs-137 mit einer Anfangsaktivität von $3{,}2 \cdot 10^{14}$ Bq eingesetzt. Erstelle ein $A\,(t)$-Diagramm für einen Zeitraum von 120 Jahren.

d) Entnimm dem Diagramm den Zeitraum, nach dem die Aktivität auf $1{,}0 \cdot 10^{14}$ Bq abgenommen hat.

e) Bestimme durch Rechnung, nach wie vielen Jahren die Aktivität des Cäsiumpräparats um 80 % abgenommen hat.

5 Zigarettentabak enthält neben anderen schädlichen Stoffen auch das radioaktive Poloniumisotop Po-210, einen α-Strahler mit einer Halbwertszeit von 138 Tagen.

a) Erläutere, warum diese Substanz besonders schädlich ist.

b) Wer raucht, setzt sich einer vermeidbaren radioaktiven Strahlung aus. Gib zwei Strahlungsquellen an, denen jeder Mensch zwangsläufig ausgesetzt ist.

c) Ein Raucher mit einer Masse von 70 kg absorbiert bei einem durchschnittlichen Zigarettenkonsum von 15 Zigaretten pro Tag durch den Zerfall von Polonium eine Strahlungsenergie von 0,10 J pro Jahr. Bei einem Röntgenbild der Lunge wird durchschnittlich eine Strahlungsdosis von 0,20 mSv absorbiert. Berechne die Anzahl der jährlichen Röntgenaufnahmen der Lunge, die die gleiche Strahlenbelastung wie beim Rauchen ergeben.

d) Benenne die Art der Schäden bei radioaktiver Strahlenbelastung und gib jeweils ein Beispiel an.

6 In einem Kernfusionsreaktor verschmelzen die Atomkerne der beiden Wasserstoffisotope Deuterium (H-2) und Tritium (H-3).

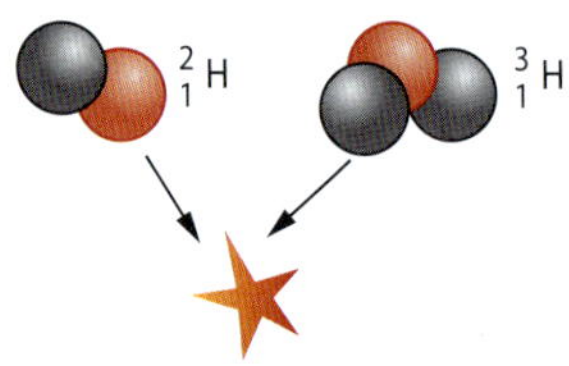

a) Beschreibe den Unterschied der beiden Wasserstoffisotope im Kernaufbau.

b) Bei der Fusion der beiden Wasserstoffisotope entsteht ein neuer Atomkern und ein Neutron wird freigesetzt. Formuliere die Kernreaktionsgleichung.

c) In einem Kernfusionsreaktor findet die Kernverschmelzung bei einer Temperatur von über 100 Millionen Grad Celsius statt. Die kinetische Energie der Wasserstoffisotope ist dabei so hoch, dass ihre Kerne zusammenstoßen können. Erkläre mithilfe der auftretenden Kräfte, weshalb sich zwei Wasserstoffisotope nur bei dieser extrem hohen Temperatur verschmelzen lassen.

d) Beim Zerfall von Tritium kann keine α-Strahlung auftreten. Begründe.

7 Radioaktive Isotope können verwendet werden, um den Transportweg von Stoffen in Pflanzen zu verfolgen. Dazu wird dem Wasser, das die Pflanze aufnimmt, ein Radionuklid wie z. B. Calcium-45 (Ca-45) beigegeben und die von der Pflanze daraufhin ausgehende radioaktive Strahlung in zeitlichen Abständen gemessen.

a) Beschreibe den Aufbau eines Ca-45-Atoms.

b) Nenne zwei weitere Anwendungen von radioaktiven Isotopen in Medizin und Technik.

c) Das *Z*-*A*-Diagramm veranschaulicht den Zerfall eines Ca-45-Kerns. Formuliere die zugehörige Kernreaktionsgleichung.

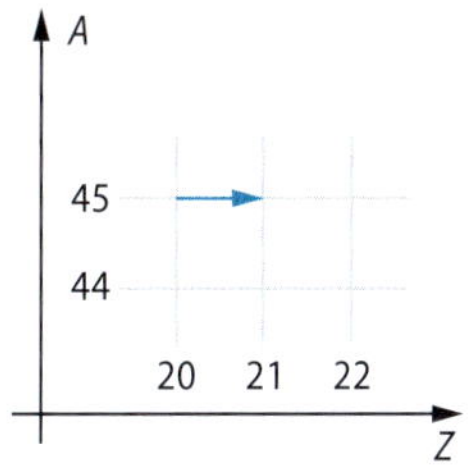

d) Beschreibe, wie Isotope desselben Elements in einem *Z*-*A*-Diagramm erkannt werden können, und begründe deine Aussage.

e) Auf gleichartige Ladungen, wie sie in Atomkernen zu finden sind, wirken abstoßende elektrostatische Kräfte. Erkläre, weshalb es trotzdem stabile Atomkerne gibt.

8 Zur Bestimmung der Halbwertszeit wird die Aktivität *A* einer Ca-45-Probe in Abhängigkeit von der Zeit *t* gemessen. Es ergeben sich folgende Messwerte:

t in d	0	60	120	180	240	300
A in kBq	66,0	51,1	39,5	30,6	23,6	18,3

a) Werte die Messreihe grafisch aus.

b) Ermittle grafisch die Aktivität der Ca-45-Probe nach 80 Tagen.

c) Berechne mithilfe der Tabelle die Halbwertszeit von Ca-45.

9 Die Bestrahlung von bestimmten getrockneten Kräutern und Gewürzen mit Gammastrahlung ist eine in Deutschland erlaubte Methode zur Konservierung. Hierbei werden Mikroorganismen abgetötet, die sonst zum Verderb der Lebensmittel führen könnten.

a) Zur Bestrahlung darf laut gesetzlicher Verordnung das Radionuklid Cobalt-60 (Co-60) verwendet werden. Neben Gammastrahlung entsteht beim Zerfall von Co-60 auch Betastrahlung. Gib die vollständige Zerfallsgleichung an.

b) Co-60 hat eine Halbwertszeit von 5,3 Jahren. Die Strahlungsquelle muss ausgetauscht werden, wenn sich ihre Aktivität um 40 % verringert hat. Am heutigen Tag wird eine neue Strahlungsquelle eingesetzt. Berechne, in welchem Jahr diese Strahlungsquelle ersetzt werden muss.

c) Für Personen, die in der Nähe der Bestrahlungsanlagen arbeiten, müssen Sicherheitsvorkehrungen getroffen werden. Nenne drei grundsätzliche Maßnahmen, um die Strahlenbelastung möglichst gering zu halten.

d) Die Strahlendosis, mit der die Kräuter bestrahlt werden, ist gesetzlich auf 10 kGy begrenzt. Berechne, welche Energie von 8,0 t bestrahltem Basilikum bei dieser Strahlendosis aufgenommen wird.

4 Energieversorgung

Photovoltaik

GuD-Kraftwerke

ENERGIETRÄGER

PRIMÄRENERGIE

Wasserkraftwerke

WIRKUNGSGRAD

HGÜ

Wärmepumpe

WÄRMEKRAFTWERKE

BIOMASSE

VERBRENNUNGSMOTOR

Nutzenergie

Energieumwandlungskette

- Welche der Begriffe hast du schon gehört? Erkläre sie.
- Findest du weitere passende Bilder oder weitere Begriffe?
- Die Doppelseite ist gut für die Vorbereitung auf eine Schulaufgabe geeignet: Erkläre dazu (evtl. einem Partner) jeden Begriff und erläutere auch die Zusammenhänge zwischen ihnen. Ergänze gegebenenfalls fehlende Stichworte.

WINDKRAFTWERKE

Nutzenergie

Speichertechniken

Erdwärme

Wärmepumpe

SONNENKOLLEKTOR

ÜBERTRAGUNGSTECHNIKEN

KLIMAWANDEL

fossil und regenerativ

GuD-Kraftwerke

Kraft-Wärme-Kopplung

WÄRMEKRAFTMASCHINEN

4.1 Energieträger

Einstieg

Täglich nutzen wir elektrische Energie auf vielfältige Weise. Wir schalten ganz selbstverständlich das Licht an, laden unser Handy oder waschen unsere Wäsche in der Waschmaschine.

- Wo kommt die Energie dafür eigentlich her?
- Welche Unterschiede gibt es dabei zu beachten?

Versuche

V1 Beim Campen im Sommer soll Wasser auf unterschiedliche Art und Weise erwärmt werden. Zur Verfügung stehen eine Solardusche, eine Gaskartusche als Energielieferant für einen Kocher sowie eine Elektrizitätsquelle, mit der eine elektrische Kochplatte betrieben wird.
Beobachtung: In allen drei Fällen wird das Wasser warm.

Abb. 1: Solardusche und Gaskartusche

Erklärung

Grundsätzlich unterscheidet man zwei Arten von Energieträgern (V1): **Primäre Energieträger** stehen uns von Natur aus zur Verfügung, werden aber in der Regel nicht direkt genutzt. So lässt sich beispielsweise der Elektromotor einer Bohrmaschine nicht mit Kohle betreiben. Entsprechend wird Primärenergie meist in Energie von **sekundären Energieträgern** umgewandelt. Diese Energie wird auch als **Endenergie** bezeichnet. Durch die Anwendung, beispielsweise das Betreiben der Bohrmaschine, wird die Endenergie schließlich zur **Nutzenergie**.

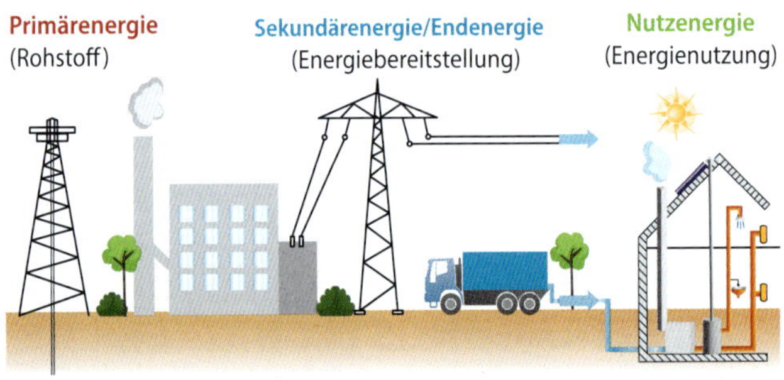

Abb. 2: Einfache Energieumwandlungskette

Abb. 2 und 3 zeigen diese sogenannte **Energieumwandlungskette** in einer vereinfachten Form. Dabei treten bei jeder Umwandlung Energieentwertungen auf, weil ein Teil der Energie in (meist) nicht weiter nutzbare Wärme umgewandelt wird.

Einheiten der Energie

1,0 kWh = $10^3 \cdot 3600$ Ws = 3,6 MJ

1 kg SKE = 29,3076 MJ
1 kg SKE ist die Energiemenge, die beim Verbrennen von 1 kg Steinkohle frei wird.

In der Energiewirtschaft werden neben der bekannten Einheit 1 Joule (1 J) auch die Einheiten 1 Kilowattstunde (1 kWh) und 1 kg Steinkohleeinheit (1 kg SKE) verwendet. Tab. 1 zeigt eine Übersicht über den Energieinhalt einiger Primärenergieträger.

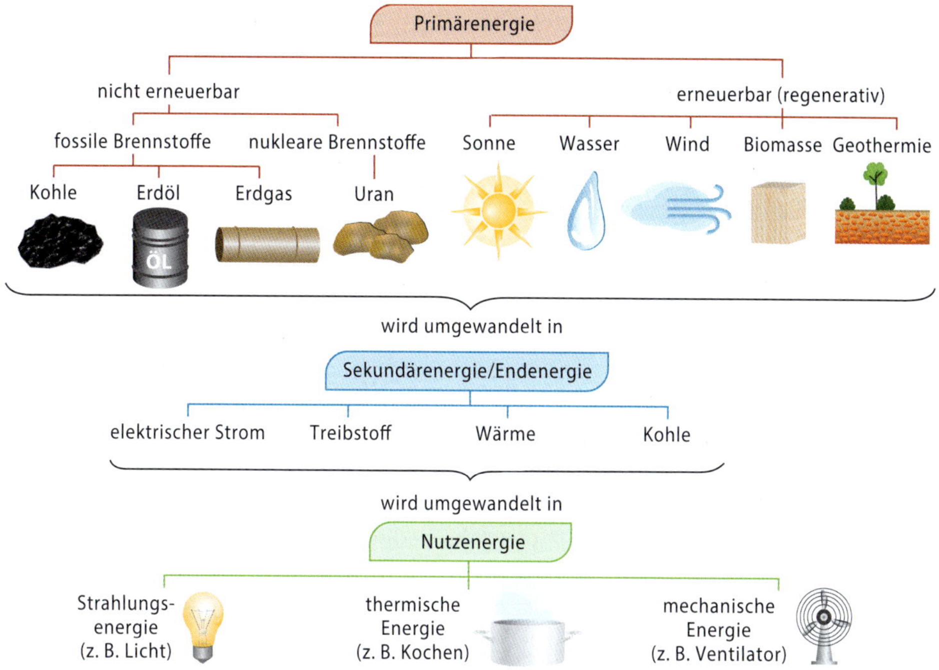

Abb. 3: Übersicht über Energieträger und Energieumwandlungskette

Stoff	Heizwert in $\frac{MJ}{kg}$
Hausmüll	10
Holz	15
Braunkohle	16
Steinkohle	30
Propan	46,4
Wasserstoff	120
Uran	$4{,}68 \cdot 10^6$

Tab. 1: Energiegehalt einiger Primärenergieträger
Zum Vergleich: Die Sonne liefert in Deutschland jährlich etwa 1,0 MWh = 3,6 MJ Strahlungsenergie pro m².

Merkwissen

- In einer **Energieumwandlungskette** wird **Primärenergie** in **Sekundärenergie/Endenergie** umgewandelt, die schließlich zur **Nutzenergie** wird.
- Bei jeder Energieumwandlung treten **Energieentwertungen** auf.

Aufgaben

Bei der Bearbeitung der Aufgaben kann Abb. 3 hilfreich sein.

1 a) Erkläre die Begriffe Primär-, Sekundär-, End- und Nutzenergie.
b) Warum müssen manche primären Energieträger in sekundäre umgewandelt werden? Finde Beispiele und erläutere diese.
c) In Wirklichkeit finden zwischen dem Verbrennen von Gas in einem Kraftwerk und dem Betreiben einer Bohrmaschine viel mehr Energieumwandlungen statt als Abb. 2 zeigt. Erstelle eine erweiterte Energieumwandlungskette.

2 a) Erkläre, wie fossile Energieträger (Kohle, Erdöl und Gas) entstehen.
b) Begründe, warum in Zukunft keine fossilen Energieträger zum Bereitstellen von Sekundärenergie genutzt werden sollen.
c) Vergleiche fossile, nukleare und regenerative Energieträger hinsichtlich ihrer Vor- und Nachteile sowie der zeitlichen Reichweite.

3 a) Recherchiere die Verwendung von Primärenergieträgern in Deutschland und erstelle dazu mithilfe eines Tabellenkalkulationsprogramms ein Diagramm.
b) Warum spricht man bei Energieträgern oft vom „Energieverbrauch"?

4.2 Sonnenenergie

Einstieg

Die Sonne bestrahlt bei klarem Wetter jeden Quadratmeter der Erde mit einer Leistung von ungefähr 1 kW. Sie gilt als unerschöpfliche Energiequelle.

- Wie können wir diese Energie möglichst sinnvoll nutzen?

Versuche

Arbeitsblatt zu V1 unter **67010-18**

V1 Lege an einem sonnigen Tag einen dunklen, mit Wasser gefüllten Schlauch in die Sonne. Miss die Temperatur des Wassers zu Beginn des Versuchs, nach 15 Minuten und nach 30 Minuten.
Beobachtung: Das Wasser erwärmt sich um mehrere Grad Celsius.

Material
– (dunkler) Wasserschlauch
– Temperaturmessgerät

V2 **a)** In ein geschwärztes Reagenzglas, das sich in der Mitte eines Parabolspiegels befindet, wird Wasser gefüllt. Anschließend werden das Reagenzglas und der Spiegel mit einer Lampe bestrahlt.
b) Der Versuch wird ohne Parabolspiegel wiederholt.
Beobachtung: Die Temperatur steigt mit Parabolspiegel sehr viel schneller an als ohne.

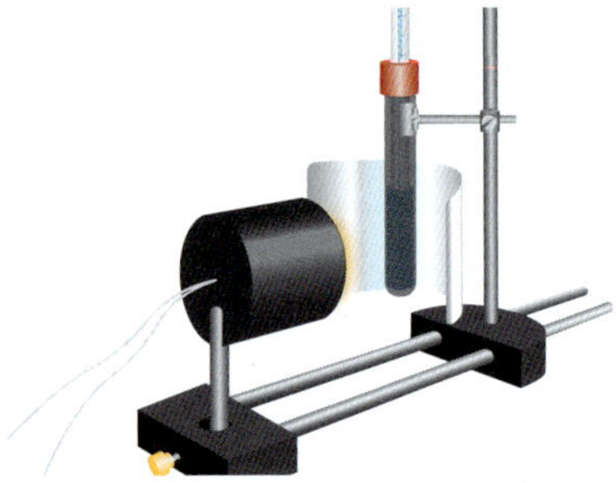

Abb. 1: Versuchsaufbau zu V2

V3 Eine Solarzelle wird an einen Motor angeschlossen und in die Sonne gelegt.
Beobachtung: Sobald das Sonnenlicht auf die Solarzelle trifft, dreht sich der Motor.

Erklärung

Sonnenkollektoren

V1 zeigt die prinzipielle Funktionsweise einer Sonnenkollektor-Anlage. Durch die Röhren in den Kollektoren auf dem Dach (Abb. 2) wird eine Flüssigkeit von der Sonnenstrahlung stark erwärmt. In einem Wärmetauscher gibt die Flüssigkeit die Wärme an das Brauch- oder Heizungswasser ab. Im Sommer können Sonnenkollektor-Anlagen in Deutschland Wirkungsgrade bis 50 % erreichen, im Winter dagegen nur ca. 20 %.

Statt Sonnenkollektor sagt man auch Solarkollektor. Das Verfahren, nutzbare thermische Energie aus Sonnenenergie zu gewinnen, nennt man Solarthermie.

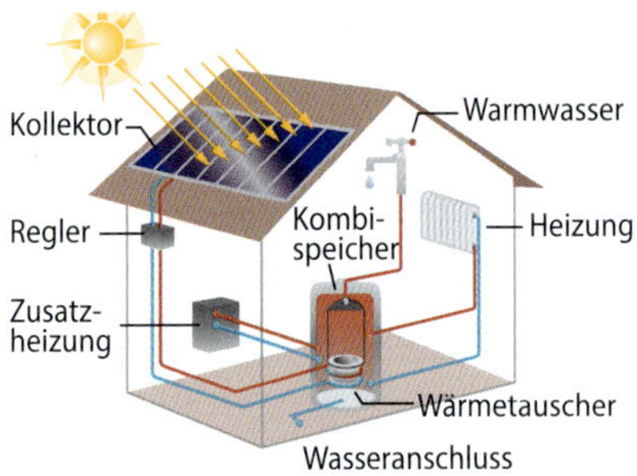

Abb. 2: Schema einer Sonnenkollektor-Anlage

Photovoltaik

In V3 wird die Energie der Sonne mithilfe von Solarzellen in elektrische Energie umgewandelt. Auf Hausdächern werden Solarmodule befestigt, mit denen für Privathaushalte die Stromversorgung ergänzt wird (Abb. 3). Photovoltaikanlagen haben mittlerweile einen Wirkungsgrad von etwa 20 %.
Vielerorts werden auch Solarparks (Abb. 4) gebaut. Der Anteil von Solarstrom an der Bruttostromerzeugung in Deutschland beträgt mittlerweile ca. 9 %.

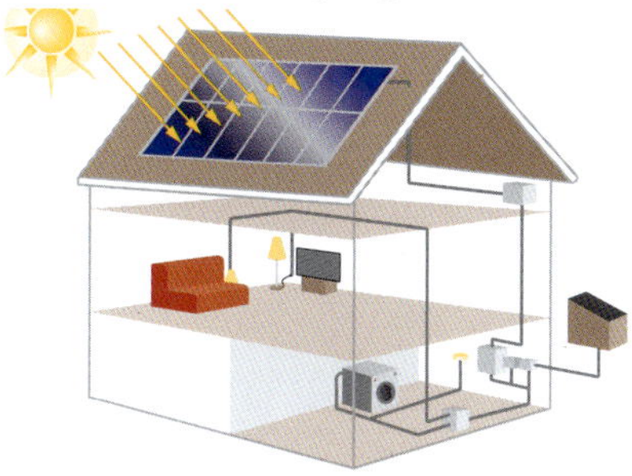

Abb. 3: Schema einer Photovoltaikanlage

Abb. 4: Solarpark

Merkwissen

- **Sonnenkollektoren** (z. B. auf Hausdächern) erzeugen **Warmwasser** aus der Strahlungsenergie der Sonne. Das Verfahren nennt man **Solarthermie**.
- **Solarzellen** wandeln Strahlungsenergie der Sonne in **elektrische Energie** um. Das Verfahren nennt man **Photovoltaik**.

Aufgaben

1 a) Erkläre, wie im Alltag die Strahlungsenergie der Sonne in unterschiedlichen Anlagen genutzt wird.
b) Benenne die in diesen Anlagen jeweils stattfindende Energieumwandlung.

2 Erläutere den Unterschied zwischen Solarthermie und Photovoltaik.

3 Erstelle eine Tabelle, die die Vor- und Nachteile der Nutzung von Strahlungsenergie der Sonne zeigt.

4 Die Sonne liefert bei sehr guter Einstrahlung eine Strahlungsleistung von 1,0 kW pro m^2. Eine Photovoltaikanlage wandelt diese Energie mit einem Wirkungsgrad von 20 % in elektrischen Strom. Berechne, welche Fläche die Anlage einnehmen müsste, um dieselbe Leistung wie ein Kernkraftwerk mit einer Leistung von 1400 MW zu haben.

5 Begründe den Einsatz von Solarzellen in der Raumfahrt.

Abb. 5: Solarzellen im All

4.3 Biomasse

Einstieg

Sicherlich hast du solche überdimensionierten „Ballonkuppeln" in deiner Umgebung schon einmal gesehen.

- Informiere dich, was sich dahinter verbirgt.

Versuche

V1 Eine Mischung aus 5 – 10 g frischem Gras, einigen Kartoffelschalen, einem kleinen Brühwürfel und möglichst schlammigem Teichwasser wird auf ca. 40 °C erwärmt. Diese Mischung wird in eine Thermoskanne gefüllt und der Versuch gemäß Abb. 1 aufgebaut. Wenn sich der Müllbeutel füllt, entnimmt man über den Dreiwegehahn Gas in ein Reagenzglas und prüft dessen Brennbarkeit an einer Flamme.
Beobachtung: Das Gas verpufft an der Flamme.

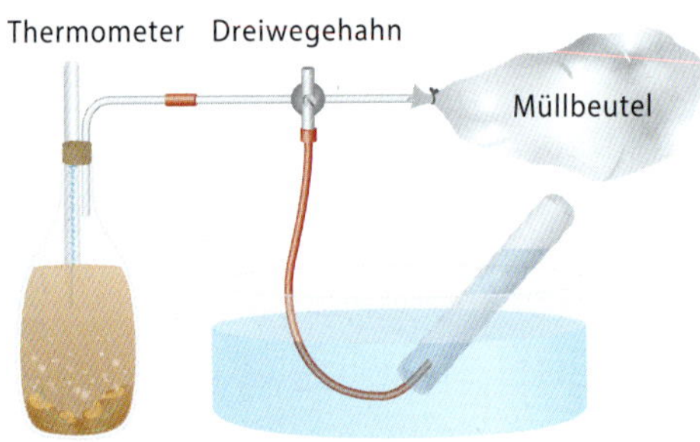

Abb. 1: Gewinnung von Biogas

Erklärung

Die Mischung von V1 enthält Mikroorganismen, die brennbares **Methangas** erzeugen. Lässt man Pflanzenreste oder tierische Exkremente (Gülle, Mist, Klärschlamm) verfaulen, erhält man einen Brennstoff, der in Wärmekraftwerken verbrannt werden kann. So können auf Bauernhöfen kleine Blockheizkraftwerke mit Biogas aus der Tierhaltung betrieben werden (Abb. 2).

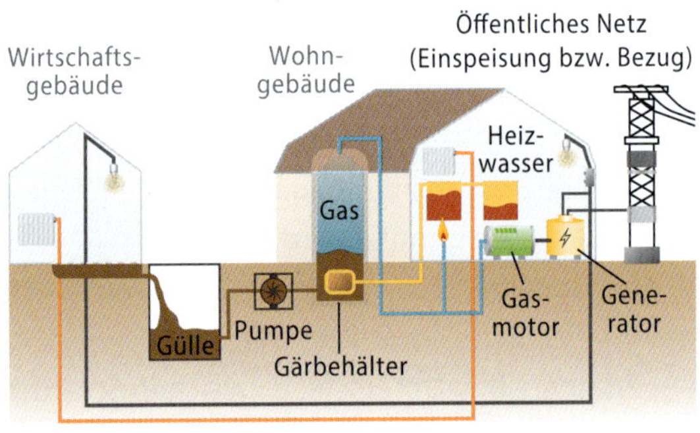

Abb. 2: Schema eines Biogas-Blockheizkraftwerks

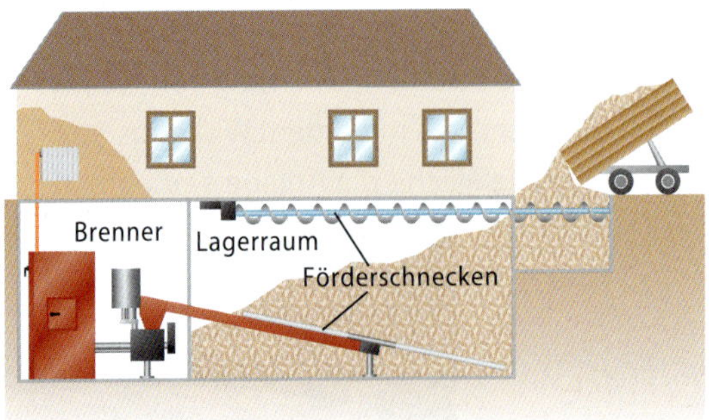

Abb. 3: Schema einer Pellet-Heizungsanlage

Abb. 4: Holzpellets

Somit kann auch ein Teil des klimaschädlichen Methans aus der Tierhaltung unschädlich gemacht werden. Moderne Holzheizungen mit geringem Schadstoffausstoß (Abb. 3) arbeiten meist mit **Pellets** (gepresste Holzabfälle, Abb. 4) oder **Hackschnitzeln** (gehäckselte Holzabfälle).

Abb. 5: Biodiesel-Tankstelle

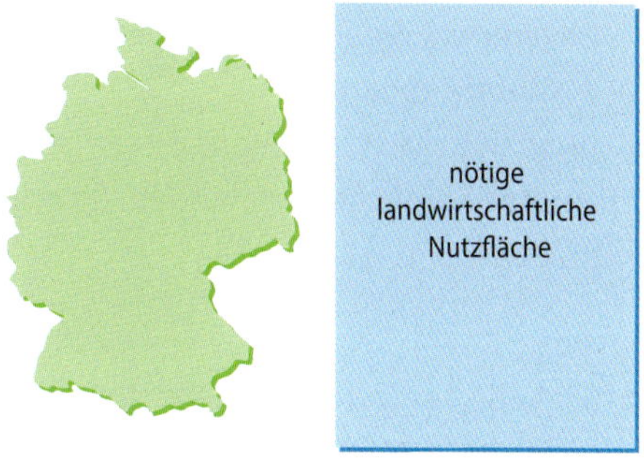

Abb. 6: Benötigte Nutzfläche (1,5-mal so groß wie Deutschland) zum Decken des Treibstoffbedarfs in Deutschland

Aus Raps kann man chemisch einen Kraftstoff gewinnen, der in Dieselmotoren verbrannt werden kann (**Biodiesel**, Abb. 5). Andere Pflanzen (Zuckerrüben, Getreide) können außerdem zu **Bioalkohol** vergärt werden, der ebenfalls als Treibstoff dienen kann. Biokraftstoffe können herkömmliche Kraftstoffe aber bei weitem nicht ersetzen, da sehr große Anbauflächen benötigt würden (Abb. 6). Außerdem stehen „Energieäcker" immer in Konkurrenz zu Feldern für die Nahrungsmittelproduktion.

Merkwissen

- **Biomasse** kann zur **Wärme-, Treibstoff-** und **Stromerzeugung** genutzt werden.
- Die energetische Verwertung von **Biomasse** ist **CO_2-neutral.**

Aufgaben

1 a) Erstelle eine Übersicht, die aufzeigt, wie Biomasse zur Energiebereitstellung unterschiedlich genutzt werden kann.
b) Benenne die in Teilaufgabe a) stattfindenden Energieumwandlungen.
c) Erkläre, warum die Verwertung von Biomasse CO_2-neutral ist.

2 In Brasilien fuhren bereits 1998 insgesamt 5 Millionen Autos mit Bioalkohol. Suche nach Gründen dafür.

3 Erstelle eine Tabelle, die die Vor- und Nachteile von Biomasse als Energieträger zeigt.

4 Miriam meint im Physikunterricht: „Auch fossile Brennstoffe sind durch Biomasse entstanden und geben nur das CO_2 wieder, das bei ihrer Entstehung gespeichert wurde." Recherchiere und nimm Stellung zu dieser Aussage.

4.4 Erdwärme

Einstieg

Das Wasser eines Beckens in einer Therme besitzt eine Temperatur von 38 °C. Dieses kommt dabei aus einer Tiefe von 2,3 km, wo es eine Temperatur von 63 °C hat.

- Erkläre, wie die Temperatur des Wassers zu Stande kommt.
- Lässt sich die im warmen Wasser gespeicherte Energie auch für andere Zwecke nutzen?

Versuche

V1 Schließe ein Peltier-Element (Abb. 1) an ein Netzgerät an und lasse einen Strom von ca. 2 Ampere fließen. Fühle oder miss die Temperaturdifferenz der zwei Seiten.
Beobachtung: Eine Kontaktstelle erwärmt sich, während sich die andere abkühlt.

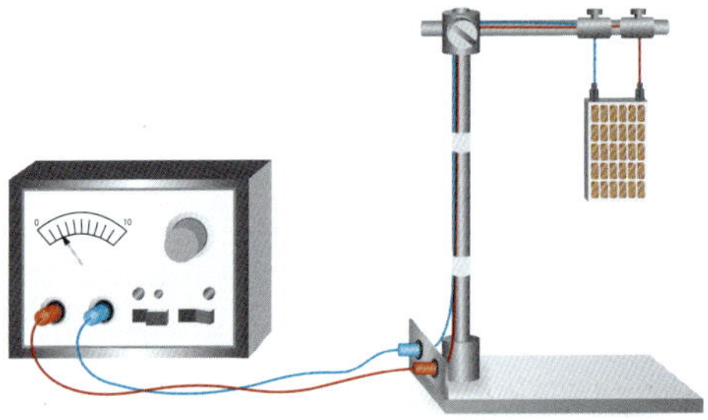

Abb. 1: Versuchsaufbau zu V1

Erklärung

In einem Kühlschrank arbeitet eine **Wärmepumpe**, die dem Inneren eines Kühlschranks Wärme entzieht und diese über die Kühlrippen an der Rückseite an die Umgebung abgibt. Das Prinzip des Kühlschranks kann auch genutzt werden, um Häuser mit Warmwasser zu versorgen.
Die Wärmepumpe nutzt dabei Wärme aus der Außenluft, dem Grundwasser oder dem Erdreich. Diese Wärme bringt ein Kältemittel in einem Rohrsystem zum Verdampfen. Ein Kompressor verdichtet den Dampf. Der Dampf erwärmt sich dabei stark. Im Verflüssiger kühlt er ab, bis er kondensiert. Bei Abgabe der Wärme wird das Mittel wieder entspannt, der Kreislauf beginnt erneut (Abb. 2). Für die Verdichtung braucht eine elektrische Wärmepumpe allerdings elektrische Energie.

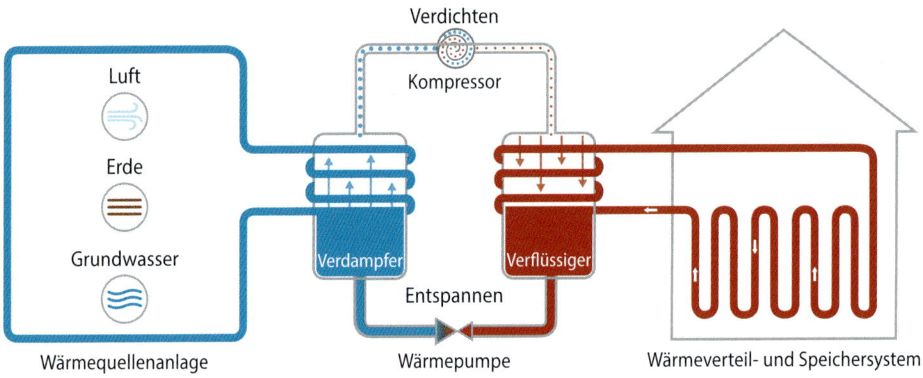

Abb. 2: Schema einer Wärmepumpe

Wärmepumpen können in Heizungsanlagen (Abb. 3) beispielsweise Erdreich der Temperatur von 8 °C nutzen, um Wasser auf 45 °C zu erwärmen.

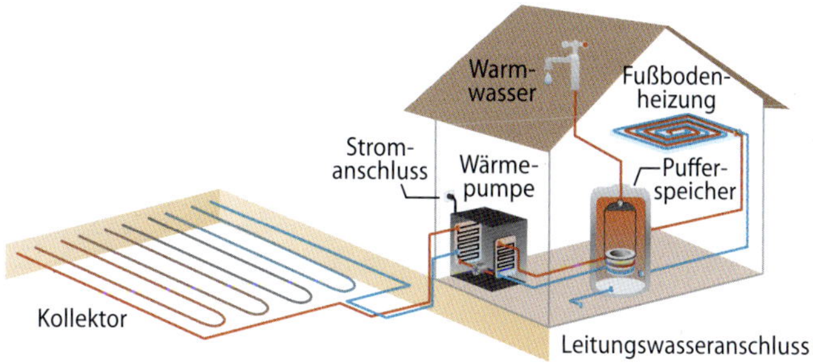

Abb. 3: Hausheizung mit Wärmepumpe

An vulkanisch aktiven Zonen der Erde dringt die Wärme des Erdinneren bis an die Oberfläche (Abb. 4). So kann sich Grundwasser aufheizen und als **Thermalwasser** oder **Heißdampf** gefördert werden. In Island werden 99 % der Haushalte mit Fernwärme aus heißem Thermalwasser versorgt.

Abb. 4: Geysir in Island

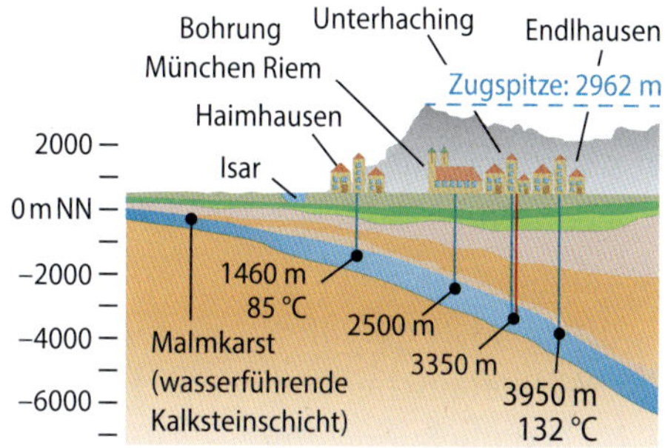

Abb. 5: Thermalwasser aus Unterhaching

An einigen Stellen der Erde lohnt sich der Aufwand, ein mehrere Kilometer tiefes Loch zu bohren, um eine Heißwasserquelle zu nutzen (Abb. 5).

Merkwissen

- Mit einer **Wärmepumpe** kann man unter Einsatz elektrischer Energie dem **Erdboden**, dem **Grundwasser** oder der **Außenluft innere Energie entziehen**, um damit Wasser aufzuheizen.
- An natürlichen **Thermalwasser**- oder **Heißdampfquellen** kann **Erdwärme** zur Bereitstellung elektrischer Energie und als Fernwärme genutzt werden.

Aufgaben

1 Erkläre mithilfe von Abb. 6 die in einer Wärmepumpe stattfindende Energieumwandlung.

2 Erläutere den Begriff „Erdwärme". Recherchiere gegebenenfalls.

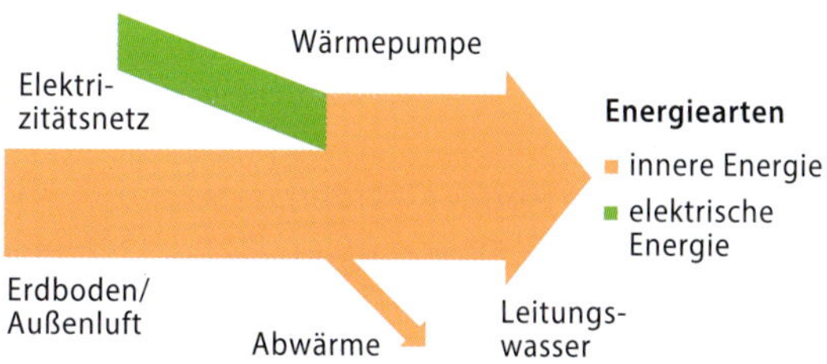

Abb. 6: Energiefluss einer Wärmepumpenheizung

3 Erstelle eine Tabelle, die die Vor- und Nachteile der Nutzung von Erdwärme als Energieträger zeigt.

4.5 GuD-Kraftwerke

Einstieg

Moderne Wärmekraftwerke, wie sie heute gebaut werden, arbeiten sehr viel effizienter als ihre Vorgänger.

- Finde Gründe für die bessere Effizienz.

Versuche

V1 Bei einem Wärmekraftwerk gemäß Abb. 1 soll die Abwärme genutzt werden. Dazu leitet man den Dampf nach dem Flügelrad des Generators auf einen mit Wasser gefüllten Wärmetauscher und misst die Temperatur des darin zirkulierenden Wassers.

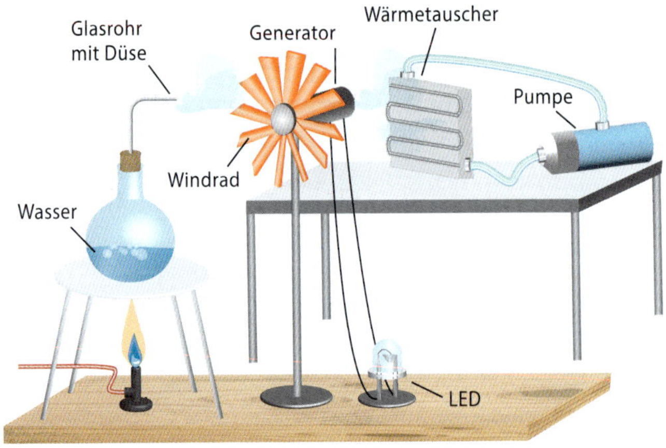

Abb. 1: Versuchsaufbau zu V1

Beobachtung: Die Temperatur des Wassers, welches durch den Wärmetauscher gepumpt wird, steigt langsam an.

Erklärung

V1 zeigt, dass die Wärme des Dampfes weiterhin genutzt werden kann, um wieder Wasser zu erwärmen.

In einem modernen GuD-Kraftwerk (Gas-und-Dampf-Kombikraftwerk) wird Gas in einer Gasturbine unter hohem Druck verbrannt (Abb. 2). Dabei treibt die Gasturbine einen Generator an.

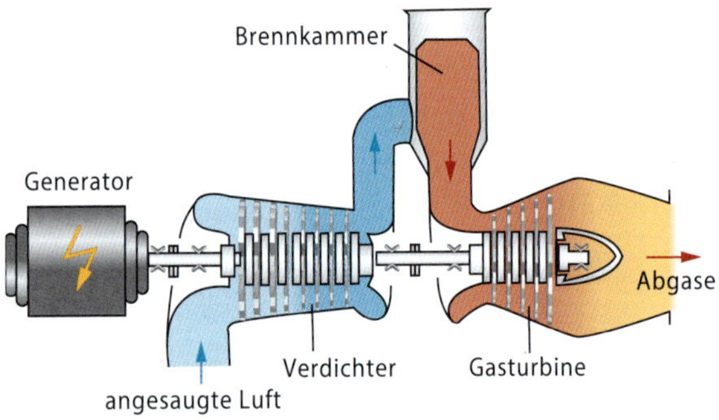

Abb. 2: Schema einer Gasturbine

Die sehr heißen Abgase werden genutzt, um im Abhitzekessel wieder Wasser zu verdampfen. Dieser Wasserdampf wird wiederum auf eine Dampfturbine geleitet, die einen zweiten Generator antreibt.

Um die Abwärme zu nutzen, wird der Dampf nach der Dampfturbine in einen Kondensator geleitet, in dem Wasser für ein Fernwärmenetz erwärmt wird. Dieses Prinzip nennt man **Kraft-Wärme-Kopplung**. Abb. 3 zeigt den schematischen Aufbau eines GuD-Kraftwerks mit Kraft-Wärme-Kopplung.

Einerseits durch die Nutzung der Abwärme der Gasturbine und andererseits durch die Nutzung der Abwärme durch die Kraft-Wärme-Kopplung erreichen moderne GuD-Kraftwerke Gesamtwirkungsgrade von über 60 %, womit wertvolle Ressourcen gespart werden können.

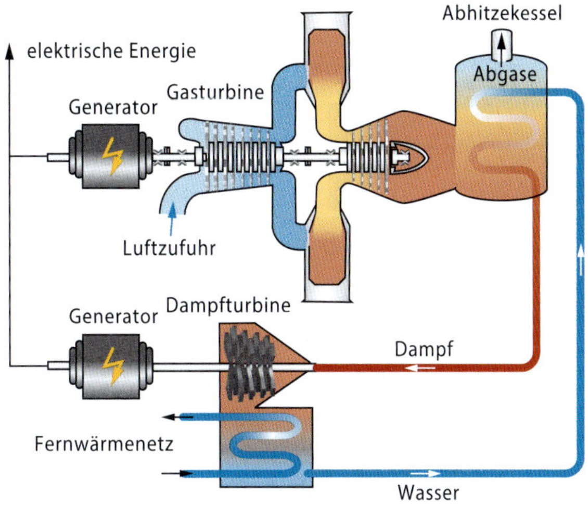

Abb. 3: GuD-Kraftwerk mit Kraft-Wärme-Kopplung

Merkwissen

- In einem **GuD-Kraftwerk** werden die **Abgase einer Gasturbine benutzt**, um wieder Dampf zu erzeugen, der erneut eine Turbine antreibt.
- Durch **Kraft-Wärme-Kopplung** erreichen moderne GuD-Kraftwerke Wirkungsgrade von über 60 %.

Aufgaben

1 **a)** Beschreibe das Funktionsprinzip eines GuD-Kraftwerks.
b) Begründe den höheren Wirkungsgrad im Vergleich mit einem Wärmekraftwerk ohne Kraft-Wärme-Kopplung.

2 Erläutere, wie sich die Vor- und Nachteile eines Wärmekraftwerks durch das Prinzip der Kraft-Wärme-Kopplung ändern.

3 In sogenannten Blockheizkraftwerken wird die Technik der Kraft-Wärme-Kopplung auch in Privathaushalten eingesetzt. Erkläre mithilfe von Abb. 4 ihre Funktionsweise.

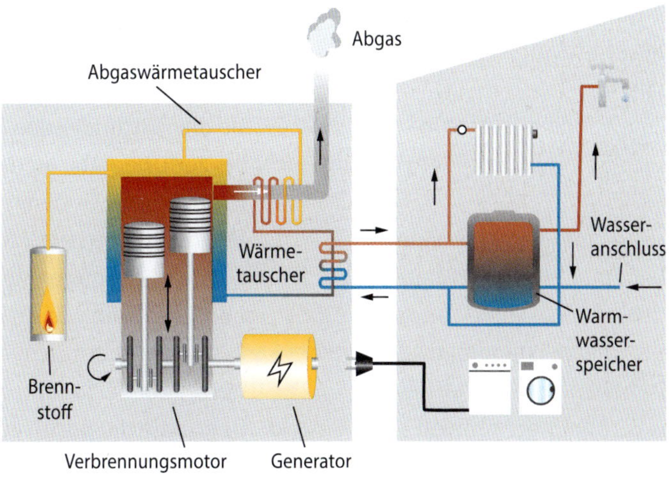

Abb. 4: Schema eines Blockheizkraftwerks

4.6 Teste dich

Aufgaben zur Einzelarbeit

Die Lösungen zu dieser Doppelseite stehen im Anhang.

1 Teste dich! Bearbeite dazu die folgenden Aufgaben und bewerte die Lösungen mit einem Smiley.

2 Die Aufgaben haben unterschiedliche Schwierigkeitsgrade: leicht mittel schwer

☺	😐	☹
Das kann ich!	Das kann ich fast!	Das kann ich noch nicht!

1 Erläutere, welche Probleme sich ergeben, wenn fossile Energieträger weiterhin intensiv genutzt werden.

2 Um mobile Endgeräte unterwegs wieder aufzuladen, gibt es spezielle Rucksäcke mit integriertem Solarmodul.

a) Nenne jeweils einen Vor- und Nachteil eines solchen Solarrucksacks im Hinblick auf die mobile Energieversorgung.

b) Gib die Energieumwandlung für ein solches Solarmodul an.

c) Bei der Strahlung der Sonne spricht man von einem primären Energieträger. Erläutere die Begriffe primärer und sekundärer Energieträger.

3 Zahlreiche Gemeinden versuchen ihre Versorgung mit elektrischer Energie immer unabhängiger von den großen Energielieferanten zu gestalten. Um die Grundlast abzudecken, werden hierzu Biogasanlagen gebaut und zusätzlich Photovoltaikanlagen und Windkraftwerke installiert.

a) Beschreibe die Energieumwandlungskette in einer Biogasanlage bis zur Bereitstellung der elektrischen Energie.

b) Nenne je zwei Vorteile und zwei Nachteile einer Biogasanlage gegenüber einer Photovoltaikanlage.

c) Obwohl die Möglichkeit zur eigenständigen Versorgung mit elektrischer Energie besteht, ist eine Anbindung an das Verbundnetz sinnvoll. Erläutere diesen Sachverhalt.

4 Bis ins Jahr 2018 wurde das Kraftwerk auf der Galapagos-Insel Isabela mit 3,0 MW elektrischer Dauerleistung ausschließlich mit Diesel betrieben.

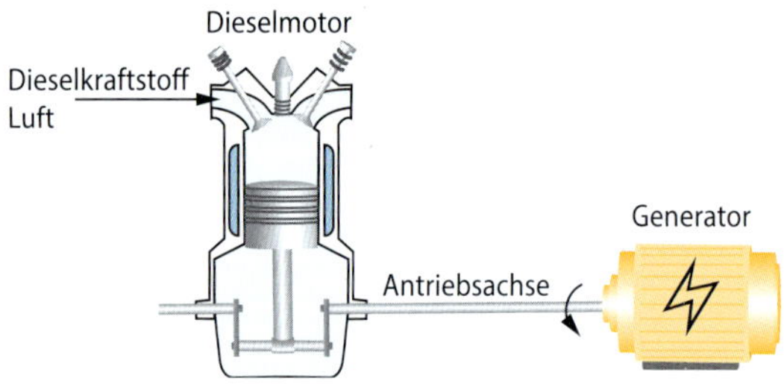

a) Beschreibe die Energieumwandlungen.

b) Erläutere, wie der Wirkungsgrad eines Wärmekraftwerks durch Kraft-Wärme-Kopplung erhöht werden kann.

c) Seit 2018 wird das Kraftwerk durch eine Photovoltaikanlage mit einer elektrischen Gesamtleistung von 1,0 MW unterstützt. Nenne je zwei Vorteile und Nachteile von Photovoltaikanlagen im Vergleich zu Wärmekraftwerken.

5 In einem Geothermie-Kraftwerk wird Thermalwasser an die Erdoberfläche gepumpt.

a) Erkläre die Funktionsweise des Kraftwerks.

b) Das Kraftwerk liefert neben thermischer Energie (Fernwärme) auch elektrische Energie. Beschreibe die stattfindenden Energieumwandlungen bis zur Übergabe an das Verbundnetz.

c) Für das Fernwärmenetz steht eine bestimmte thermische Leistung zur Verfügung. Davon sind bei den Haushalten noch 80 % nutzbar. Gib einen Grund an, warum bei den Haushalten nicht 100 % der thermischen Energie des Fernwärmenetzes zur Verfügung stehen.

d) Begründe die positiven Aspekte des Anschlusses eines Hauses an das Fernwärmenetz.

6 Ein Kohlekraftwerk besitzt einen Wirkungsgrad von 40 %.

a) Beschreibe die in einem Kohlekraftwerk stattfindenden Energieumwandlungen.

b) Ordne die in a) aufgeführten Energieformen nach aufsteigender Wertigkeit an.

c) Welche Vorteile besitzen mehrere kleine örtliche Wärmekraftwerke gegenüber einem zentralen Wärmekraftwerk bei gleicher Gesamtleistung? Gib zwei Vorteile an.

d) Nenne drei bautechnische Maßnahmen, die den Energiebedarf zum Heizen senken können.

e) Erläutere, warum die Bundesrepublik Deutschland einen Ausstieg aus der Kohleenergie beschlossen hat.

f) Nimm im Hinblick auf den Umweltschutz Stellung zur Aussage, dass der Kohleausstieg auch viele Arbeitsplätze kostet, und eröffne Lösungsmöglichkeiten für dieses Problem.

Aufgaben für Lernpartner

1 Bearbeite die folgenden Aufgaben alleine.

2 Suche dir einen Partner und erkläre ihm deine Lösungen. Höre aufmerksam und gewissenhaft zu, wenn dein Partner dir seine Lösungen erklärt.

3 Korrigiere gegebenenfalls deine Antworten und benutze dazu eine andere Farbe.

Sind folgende Behauptungen **richtig** oder **falsch**? Begründe schriftlich.

A Nutz- und Endenergie beschreiben dieselben Energieformen.

B Photothermie und Photovoltaik beschreiben die gleichen technischen Anwendungen.

C Biomasse kann sowohl zur Umwandlung in elektrische als auch zur Umwandlung in innere Energie genutzt werden.

D Blockheizkraftwerke werden mit fossilen Energieträgern betrieben.

E Wärmepumpen und Kühlschränke funktionieren nach demselben Prinzip.

F Wärmekraftwerke sind umweltschonend, da sie nur innere Energie in elektrische Energie umwandeln.

G In einem GuD-Kraftwerk werden die Abgase einer Gasturbine benutzt, um wieder Dampf zu erzeugen.

Aufgabe	Ich kann …	Hilfe
1, A	verschiedene Energieträger unterscheiden.	S. 176
2, B	die Nutzung von Solarenergie erläutern und bewerten.	S. 178
3, C	die Nutzung von Energie aus Biomasse erläutern und bewerten.	S. 180
5, D, E	die Nutzung von Energie aus Erdwärme erläutern und bewerten.	S. 182
6, F	die Funktionsweise von Wärmekraftwerken erläutern und ihren Einsatz bewerten.	S. 184
4, G	die Vorteile gekoppelter Systeme bei der Bereitstellung von Energie erläutern und deren Auswirkungen bewerten.	S. 184

4.7 Wasserkraftwerke

Einstieg

Seit jeher nutzen Menschen die Energie des Wassers, um beispielsweise Mühlen anzutreiben.

- Kann man die Kraft des Wassers auch nutzen, um elektrische Energie bereitzustellen?

Versuche

V1 Wasser wird auf die Flügelräder einer Pelton-Turbine geleitet. Über einen Antriebsriemen wird die Turbine mit einem Generator verbunden. An diesem ist ein Lämpchen angeschlossen.
Beobachtung: Wenn die Flügelräder sich drehen, beginnt das Lämpchen zu leuchten. Wird der Durchfluss erhöht, steigt die Leistung des Generators und das Lämpchen leuchtet heller.

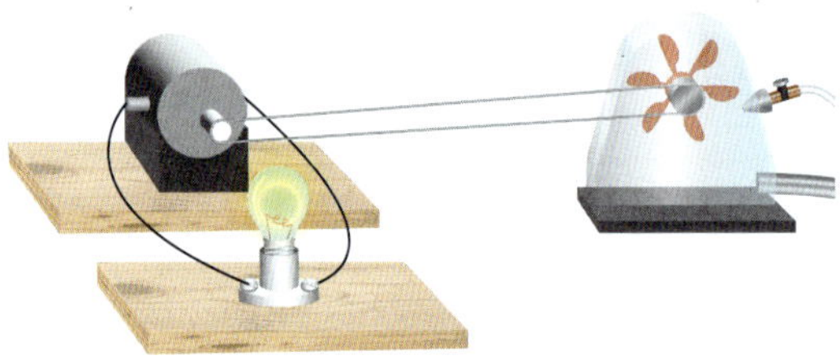

Abb. 1: Versuchsaufbau zu V1

Erklärung

Bei Wasserkraftwerken unterscheidet man im Wesentlichen zwischen **Speicherkraftwerken** (Abb. 2) und **Laufwasserkraftwerken** (Abb. 3).
Bei **Speicherkraftwerken** wird Wasser aus einem höher gelegenen See über eine Druckleitung auf eine Turbine geleitet. Dadurch wird die potenzielle Energie des Wassers in Rotationsenergie umgewandelt. Die Turbine treibt einen Generator an. Speicherkraftwerke arbeiten mit kleinen Wassermengen und können durch große Höhenunterschiede beträchtliche Leistungen bis zu 100 MW erreichen.
Laufwasserkraftwerke baut man mit Stauwehren an Flüssen. Das natürliche Gefälle eines Flusses wird dabei genutzt, um die kinetische Energie des Wassers in elektrische Energie umzuwandeln.

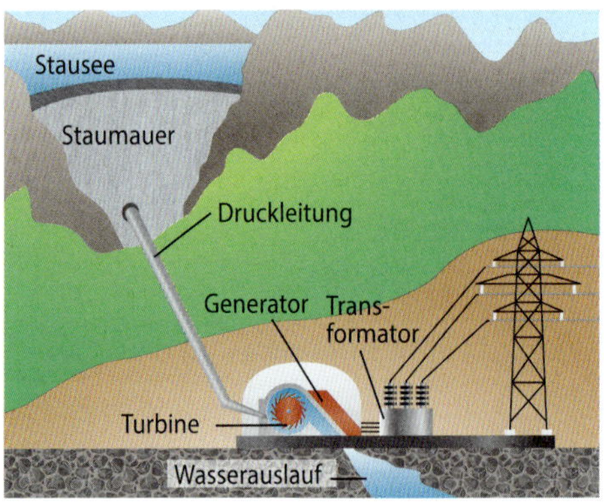

Abb. 2: Schema eines Speicherkraftwerks

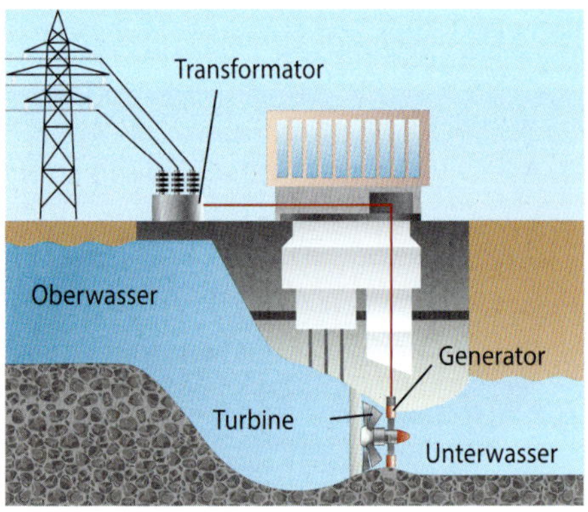

Abb. 3: Schema eines Laufwasserkraftwerks

Eine weitere Wasserkraftwerksart ist das **Gezeitenkraftwerk** (Abb. 4). Dabei wird der Wechsel von Ebbe und Flut für die Energieumwandlung nutzbar gemacht. Auch Kraftwerke, die die **Meeresströmung** (Abb. 5) nutzen, sind bereits realisiert worden.

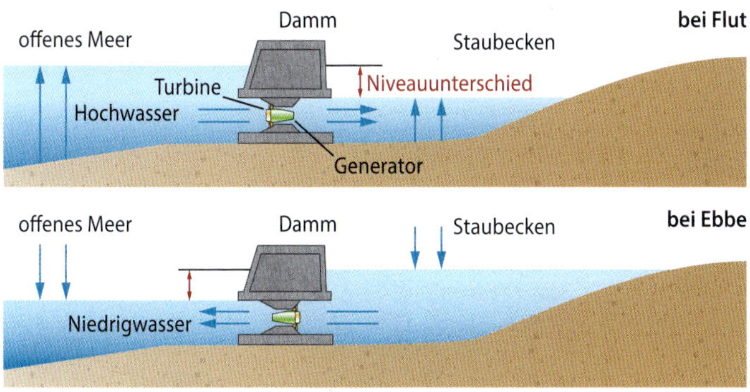

Abb. 4: Schema eines Gezeitenkraftwerks

Abb. 5: Schema eines Meeresströmungskraftwerks

Merkwissen

- In **Wasserkraftwerken** wird die **potenzielle bzw. kinetische Energie** des Wassers mit hohem Wirkungsgrad in **elektrische Energie** umgewandelt.
- Man unterscheidet **Speicher-**, **Laufwasser-** und **Gezeitenkraftwerke**.

Aufgaben

1 **a)** Benenne die in einem Wasserkraftwerk stattfindende Energieumwandlung.
b) Erkläre mithilfe einer Skizze die Funktionsweise eines von dir gewählten Wasserkraftwerks.

2 **a)** Erstelle eine Tabelle, die die Vor- und Nachteile von Wasserkraftwerken zeigt.
b) Recherchiere die Wirkungsgrade der verschiedenen Wasserkraftwerkstypen.

3 Die im Wasser gespeicherte Energie wurde schon früher mittels Wasserrädern genutzt. Dabei unterscheidet man ober- und unterschlächtige Wasserräder (Abb. 6).
a) Gib einige Einsatzzwecke historischer Wasserräder an und benenne jeweils die stattfindende Energieumwandlung.
b) Beschreibe die Unterschiede zwischen den beiden Wasserrädern in Abb. 6.

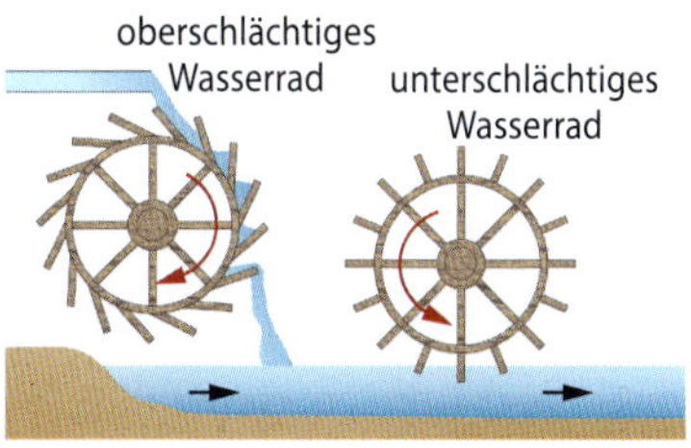

Abb. 6: Zwei Bauarten von Wasserrädern

4 Erkundige dich nach neuartigen Wasserkraftwerkstypen und erstelle eine Präsentation, in welcher du auf die Funktionsweise sowie die Neuheiten eingehst.

4.8 Windkraftwerke

Einstieg

Windkraft wurde seit jeher eingesetzt, um Getreide zu mahlen. Heute erfüllen Windräder einen ganz anderen Zweck.

- Wie kann mit Windenergie elektrischer Strom erzeugt werden?

Versuche

V1 Auf die Welle eines Experimentiergenerators werden Rotorblätter aufgesetzt. An den Generator wird ein Lämpchen angeschlossen. Mithilfe eines Gebläses werden die Rotorblätter gedreht.
Beobachtung: Wenn sich die Rotorblätter drehen, beginnt das Lämpchen zu leuchten.

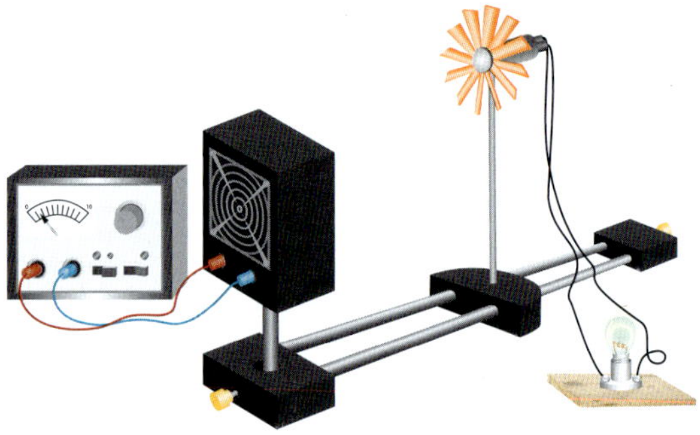

Abb. 1: Windkraftanlage

Erklärung

V1 zeigt das Grundprinzip eines Windkraftwerks. In Wirklichkeit (Abb. 2) werden an einem ca. 100 – 150 m hohen Mast die Rotorblätter montiert.
Der Wind treibt den Rotor an, der über eine Welle mit einem Getriebe und schließlich mit einem **Generator** verbunden ist. Somit wird die **Energie des Windes** in kinetische **Energie des Rotors** und schließlich in **elektrische Energie** umgewandelt. Der Winkel der Blätter muss zur anströmenden Luft verändert werden, damit eine optimale Leistungsabgabe möglich ist (Blattverstellmechanismus). Um das Windrad immer genau in Windrichtung ausrichten zu können, verwendet man eine **Windrichtungsnachführung**.
Optimal für den Betrieb einer Windkraftanlage sind Windgeschwindigkeiten zwischen 10 und 25 $\frac{m}{s}$ (Abb. 3). Die besten Standorte liegen daher auf den Kuppen der Mittelgebirge und an den Küsten, wo teils sogenannte Offhore-Windparks direkt ins Meer

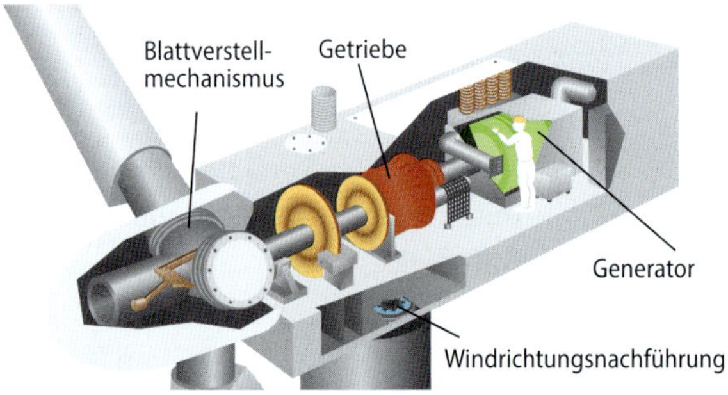

Abb. 2: Modernes Windkraftwerk mit Innenleben

gebaut werden (Abb. 4). Unter optimalen Bedingungen können große Offshore-Anlagen bei Wirkungsgraden um 50 % eine Leistung von bis zu 10 MW erbringen.

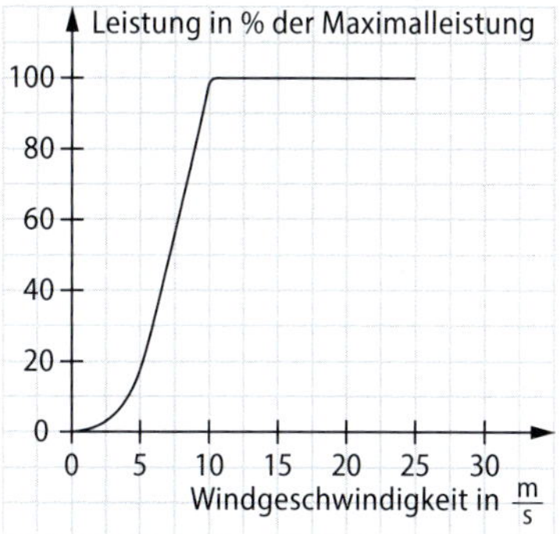

Abb. 3: Leistungskennlinie eines Windkraftwerks

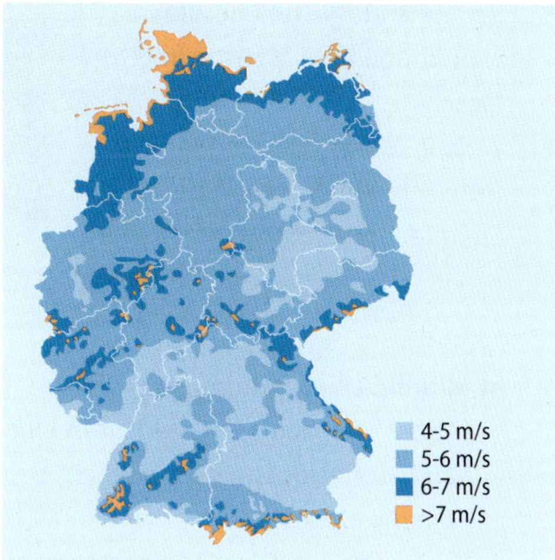

Abb. 4: Mittlere Windgeschwindigkeiten 80 m über dem Boden

Merkwissen

- **Windkraftwerke** wandeln die **kinetische Energie des Windes** bei einem Wirkungsgrad von ca. 50 % in **elektrische Energie** um.

Aufgaben

1 a) Erkläre die Funktionsweise eines Windkraftwerks.
b) Benenne die in einem Windkraftwerk stattfindende Energieumwandlung.
c) Recherchiere, inwiefern der Wirkungsgrad einer Windkraftanlage noch optimiert werden kann.

2 Erstelle eine Tabelle, die die Vor- und Nachteile von Windkraftwerken zeigt. Berücksichtige dabei auch große Offshore-Windkraftanlagen.

3 Erkundige dich anhand geeigneter Medien über die 10-H-Regelung beim Bau von Windrädern. Vergleiche die verschiedenen Standpunkte zur Regel.

4 Neben den bekannten Windrädern werden teils auch vertikale Windkraftanlagen genutzt (Abb. 5). Recherchiere Vor- und Nachteile dieser Anlagen und beurteile, wo sie sinnvoll eingesetzt werden können.

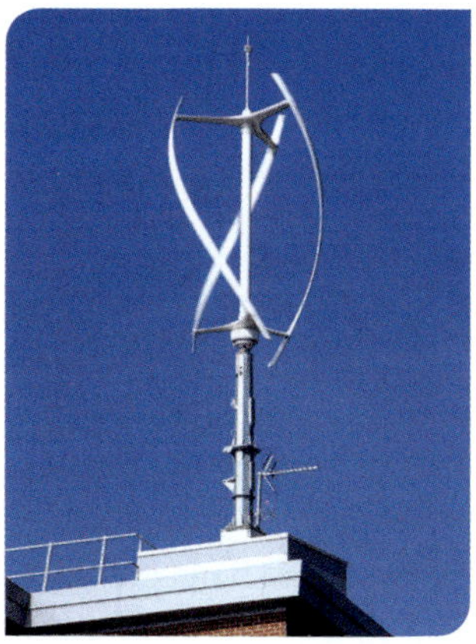

Abb. 5: Windkraftanlage mit vertikaler Achse

5 Erkundige dich über Windkraftwerke in deiner Nähe.

4.9 Rechnen mit Energie

Einstieg

Menschen und Maschinen wandeln Energie um.

- Benenne mögliche Energieumwandlungen bei Mensch und Maschine.
- Welche Gemeinsamkeiten bzw. Unterschiede bestehen bei diesen Energieumwandlungen?

Versuche

V1 **a)** Mithilfe eines Bombenkalorimeters (Abb. 1) werden 1,0 g Spiritus in einer reinen Sauerstoffatmosphäre bei einem Druck von 30 bar verbrannt.
Beobachtung: Das Kalorimeter zeigt eine Verbrennungswärme von 30 kJ an.

b) Der Versuch wird mit 1,0 g Benzin wiederholt.
Beobachtung: Diesmal zeigt das Kalorimeter eine Wärme von 42 kJ an.

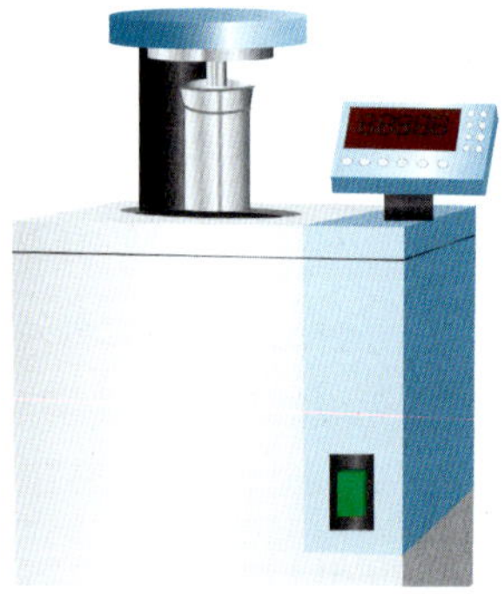

Abb. 1: Zu V1

V2 Die von einem Solarpanel ($A = 0{,}68\ \text{m}^2$) bei einer durchschnittlichen Strahlungsenergie von $1150\ \frac{\text{kWh}}{\text{m}^2}$ pro Jahr ausgehende elektrische Leistung wird untersucht.
Beobachtung: Das Solarpanel ermöglicht eine durchschnittliche elektrische Leistung von ungefähr 20 W.

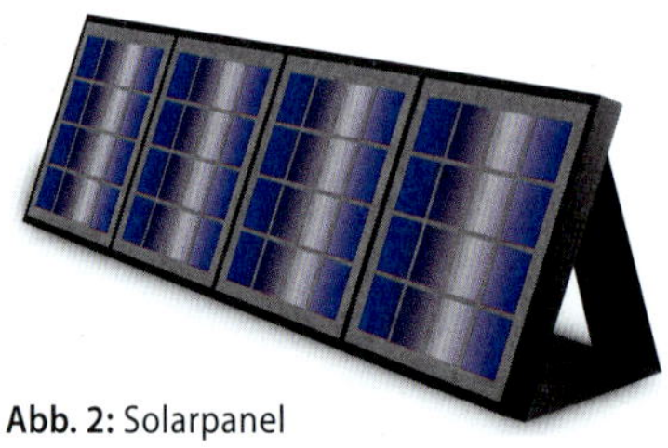

Abb. 2: Solarpanel

Erklärung

V1 zeigt, dass bei der Verbrennung verschiedener Stoffe gleicher Masse unterschiedlich viel thermische Energie frei werden kann. Der Quotient aus dieser Verbrennungswärme W_{th} und der Masse m wird als Heizwert H bezeichnet: $H = \frac{W_{th}}{m}$.
Angegeben wird der Heizwert meist massebezogen in $\frac{\text{MJ}}{\text{kg}}$ (Tab. 1). Nach V1 beträgt er für Spiritus
$\frac{30\ \text{kJ}}{1{,}0\ \text{g}} = \frac{30 \cdot 10^3\ \text{kJ}}{1{,}0 \cdot 10^3\ \text{g}} = 30\ \frac{\text{MJ}}{\text{kg}}$, für Benzin $42\ \frac{\text{MJ}}{\text{kg}}$.
Mithilfe der Dichte des Stoffs kann der massebezogene Heizwert auch in einen volumenbezogenen umgewandelt werden, also z. B. in $\frac{\text{kJ}}{\text{l}}$ oder $\frac{\text{kJ}}{\text{m}^3}$.

Stoff	Heizwert H in $\frac{\text{MJ}}{\text{kg}}$
Benzin	42
Braunkohle	16
Hausmüll	10
Holz	15
Propan	46,4
Wasserstoff	120
Uran	4,68 · 106
Biomasse	13

Tab. 1: Heizwerte

Üblich sind in der Haustechnik auch Angaben in kWh, für Heizöl also in $\frac{\text{kWh}}{\text{l}}$ oder für Gas in $\frac{\text{kWh}}{\text{m}^3}$. Dabei gilt: $W_{th} = H \cdot V$. Bei der Verbrennung von 1,0 m³ Erdgas wird beispielsweise eine thermische Energie von $E_{zu} = W_{th} = 32{,}3\,\frac{\text{MJ}}{\text{m}^3} \cdot 1{,}0\,\text{m}^3 = 32{,}3\,\text{MJ}$ frei.
Mithilfe des Heizwerts kann somit berechnet werden, welche Menge an chemischer Energie einer Energieumwandlungskette beispielsweise in einem Wärmekraftwerk oder in einer Heizung im Haushalt zugeführt wird. Dies ist ebenfalls für die zugeführte Energie bei erneuerbaren Energieträgern möglich, hier wird allerdings ein Äquivalent zum Heizwert angegeben. Dem Solarpanel in V2 wird eine Energie von $E_{zu} = W_{zu} = 0{,}68\,\text{m}^2 \cdot 1150\,\frac{\text{kWh}}{\text{m}^2} = 0{,}78 \cdot 10^3\,\text{kWh}$ zugeführt. Die zugeführte Leistung entspricht dann einem Wert von $P = \frac{W_{zu}}{t} = \frac{0{,}78 \cdot 10^3\,\text{kWh}}{24\,\text{h} \cdot 365} = 89\,\text{W}$.
Durch den Wirkungsgrad des Solarpanels wird ein Teil der zugeführten Energie entwertet, sodass die elektrische Nutzleistung geringer als die zugeführte ist.
Bei Energieumwandlungsketten in Kraftwerken wird bei jeder Energieumwandlung ein Teil der Energie entwertet, beispielsweise beim Verdampfer mit einem Wirkungsgrad η_1, bei der Turbine η_2, beim Generator η_3... Die am Ende zur Verfügung stehende Energie kann man entweder sukzessive anhand der einzelnen Wirkungsgrade η_1, η_2, η_3, ... berechnen oder zunächst den Gesamtwirkungsgrad ermitteln:
$\eta_{ges} = \eta_1 \cdot \eta_2 \cdot \eta_3 \cdot \ldots$

Merkwissen

- Der Quotient aus der Verbrennungswärme W_{th} und der Masse m eines Stoffes wird als **Heizwert** H bezeichnet:
  $H = \frac{W_{th}}{m}$ mit $[H] = 1\,\frac{\text{kJ}}{\text{kg}}$ (bzw. $\frac{\text{kJ}}{\text{m}^3}$)
- Mithilfe des Heizwerts kann berechnet werden, welche Menge an **thermischer Energie bei der Verbrennung** verschiedener Brennstoffe frei wird:
  $W_{th} = H \cdot m$
- Der **Gesamtwirkungsgrad** von Energieumwandlungsketten ist das **Produkt aus** den einzelnen **Wirkungsgraden:** $\eta_{ges} = \eta_1 \cdot \eta_2 \cdot \eta_3 \ldots$

Musteraufgabe

1 Zur Deckung der Spitzenlast kommen neben Pumpspeicherkraftwerken auch Gasturbinenkraftwerke zum Einsatz, in denen Erdgas verbrannt wird. Ein Kraftwerk hat eine Leistungsabgabe von 300 MW. Der Wirkungsgrad beträgt 40 %. Erdgas besitzt einen Heizwert von 10,4 $\frac{\text{kWh}}{\text{m}^3}$. Wie viel Erdgas muss dem Kraftwerk pro Sekunde zugeführt werden?

Abb. 3: Gasturbinenkraftwerk

Lösung:

geg.: $\eta = 0{,}40; H = 10{,}4\,\frac{\text{kWh}}{\text{m}^3}; P_{\text{Nutz}} = 300\text{ MW}$

ges.: V

Ansatz: $\eta = \frac{P_{\text{Nutz}}}{P_{\text{zu}}} \quad | \cdot P_{\text{zu}}$

$P_{\text{Nutz}} = \eta \cdot P_{\text{zu}} \quad | : \eta$

$P_{\text{zu}} = \frac{W_{\text{th}}}{t} \quad | \cdot t$

$W_{\text{th}} = H \cdot V \quad | : H$

Rechnung: $P_{\text{zu}} = \frac{P_{\text{Nutz}}}{\eta} = \frac{300\text{ MW}}{0{,}40} = 0{,}75\text{ GW}$

$W_{\text{th}} = P_{\text{zu}} \cdot t = 0{,}75\text{ GW} \cdot 1{,}0\text{ s} = 0{,}75\text{ GJ}$

$V = \frac{W_{\text{th}}}{H} = \frac{0{,}75 \cdot 10^9\text{ J}}{10{,}4\,\frac{\text{kWh}}{\text{m}^3}} = \frac{0{,}21 \cdot 10^3\text{ kWh}}{10{,}4\,\frac{\text{kWh}}{\text{m}^3}} = 20\text{ m}^3$

2 In Südspanien sind seit September 2011 drei solarthermische Kraftwerke mit Parabolrinnen in Betrieb. Dabei wird durch die Strahlungsenergie der Sonne Öl auf 400 °C erhitzt. Der Wirkungsgrad beträgt hierbei 57 %. Die anschließenden Energieumwandlungen über Wärmetauscher, Turbinen und Generatoren in elektrische Energie erfolgen mit einem Wirkungsgrad von 30 %.

Abb. 4: Parabolrinnenkraftwerk

a) Zeige durch Rechnung, dass der Gesamtwirkungsgrad dieser solarthermischen Kraftwerke 17 % beträgt.

b) In Südspanien scheint die Sonne durchschnittlich 2900 h pro Jahr mit einer Strahlungsleistung von 1,2 kW pro Quadratmeter. Die Parabolrinnenfläche der Kraftwerke beträgt $5{,}1 \cdot 10^5\text{ m}^2$. Berechne die von den Kraftwerken jährlich ins Stromnetz eingespeiste elektrische Energie.

Lösung:

a) geg.: $\eta_1 = 0{,}57; \eta_2 = 0{,}30$

ges.: η_{ges}

Ansatz: $\eta_{\text{ges}} = \eta_1 \cdot \eta_2$

Rechnung: $\eta_{\text{ges}} = 0{,}57 \cdot 0{,}30 = 0{,}17$

b) geg.: $P_{\text{Strahl}} = 1{,}2\,\frac{\text{kW}}{\text{m}^2}; A = 5{,}1 \cdot 10^5\text{ m}^2; t = 2900\text{ h}; \eta_{\text{ges}} = 0{,}17$

ges.: W_{el}

Ansatz: $P_{\text{zu}} = P_{\text{Strahl}} \cdot A$

$P_{\text{zu}} = \frac{W_{\text{zu}}}{t} \quad | \cdot t$

$\eta = \frac{W_{\text{Nutz}}}{W_{\text{zu}}} \quad | \cdot W_{\text{zu}}$

Rechnung: $P_{\text{zu}} = 1{,}2\,\frac{\text{kW}}{\text{m}^2} \cdot 5{,}1 \cdot 10^5\text{ m}^2 = 0{,}61 \cdot 10^6\text{ kW}$

$W_{\text{zu}} = P_{\text{zu}} \cdot t = 0{,}61 \cdot 10^6\text{ kW} \cdot 2900\text{ h} = 1{,}8 \cdot 10^9\text{ kWh}$

$W_{\text{el}} = W_{\text{Nutz}} = W_{\text{zu}} \cdot \eta = 1{,}8 \cdot 10^9\text{ kWh} \cdot 0{,}17 = 0{,}30 \cdot 10^9\text{ kWh}$

Aufgaben

1 An der Donau gibt es zahlreiche Laufwasserkraftwerke, eines davon ist das Kraftwerk in Vohburg. Durch jede der drei Kaplan-Turbinen strömen dabei durchschnittlich 100 m^3 Wasser pro Sekunde. Die Fallhöhe des Wassers beträgt 6,1 m.

a) Fertige eine Energieumwandlungskette bis hin zur Einspeisung der elektrischen Energie in das Verbundnetz.

b) Berechne die mechanische Leistung, die den Turbinen zugeführt wird.

c) Der Wirkungsgrad der Turbinen beträgt 85 % und der Wirkungsgrad des Generators 96 %. Berechne den Gesamtwirkungsgrad des Kraftwerks.

d) Berechne die elektrische Leistung, die in das Verbundnetz eingespeist wird.

e) Wie viel elektrische Energie kann in 7,0 Tagen bereitgestellt werden?

f) Wie viele Personen können durch dieses Kraftwerk versorgt werden, wenn der wöchentliche Bedarf an elektrischer Energie pro Person 91 MJ beträgt?

g) Für jede Kilowattstunde erhält der Kraftwerksbetreiber 0,15 €. Wie hoch sind seine wöchentlichen Einnahmen?

h) Nach Regenfällen kann das Kraftwerk eine Leistung von 23,3 MW abgeben. Wie viele Kubikmeter Wasser strömen dabei jede Sekunde durch die Turbinen?

2 Im Jahr 2011 wurde in der spanischen Stadt Mutriku das erste kommerzielle Wellenkraftwerk gebaut, in dem sich durch die Wellenbewegung der Wasserstand in einem Hohlraum ändert.

a) Beschreibe die Funktionsweise dieses Kraftwerks.

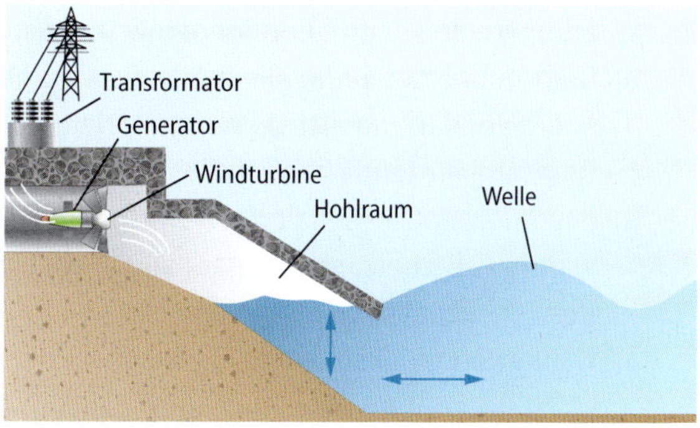

Abb. 6: Aufbau eines Wellenkraftwerks mit Windturbine

b) Beschreibe die Energieumwandlungen in diesem Wellenkraftwerk.

c) Das Wellenkraftwerk hat im Mittel eine elektrische Nutzleistung von 300 kW. In der benachbarten Stadt Mutriku leben 5000 Menschen, die pro Person durchschnittlich 1,5 MWh elektrische Energie pro Jahr benötigen. Wie viel Prozent des gesamten elektrischen Jahresenergiebedarfs der Stadt kann durch das Wellenkraftwerk abgedeckt werden?

d) Ein Kilogramm Erdgas kann in 25 MJ elektrische Energie umgewandelt werden. Berechne, welche Menge an Erdgas in sieben Jahren durch den Betrieb des Wellenkraftwerks eingespart werden kann.

e) Nenne je einen Vorteil und einen Nachteil von Wasserkraftwerken gegenüber Gaskraftwerken.

f) An einem windigen Tag liefern die an der spanischen Küste verteilten Windkrafträder zu viel elektrische Energie. Der Netzbetreiber muss auf diese Situation reagieren, damit eingespeiste und entnommene Energie betragsmäßig gleich sind. Zeige drei Lösungsmöglichkeiten auf.

Die KfW ist eine Bank, die 1948 mit dem Ziel gegründet wurde, den Wiederaufbau der deutschen Wirtschaft nach dem 2. Weltkrieg zu finanzieren. Auch heute noch fördert sie deren Auf- und Ausbau.

3 Die Kreditanstalt für Wiederaufbau (KfW) unterstützt auch energieeffizientes Bauen bzw. Sanieren. Um eine Förderung zu erhalten, müssen bestimmte Auflagen erfüllt werden. Beispielsweise darf ein KfW-55-Haus jährlich nur 55 % der Primärenergie eines Standardneubaus benötigen. Bei einem KfW-55-Haus mit 150 m² beheizter Fläche beträgt der jährliche Heizwärmebedarf 35 kWh pro Quadratmeter.

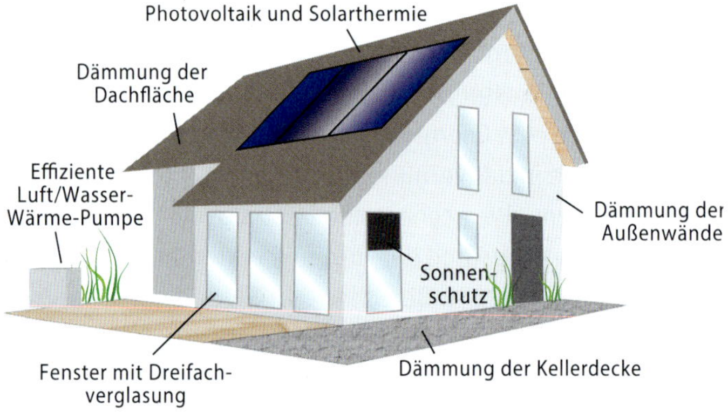

Abb. 7: KfW-Haus

Der Bauherr entscheidet sich für eine Heizungsanlage ($\eta = 0{,}88$), in der Pellets (gepresste Holzfasern) verbrannt werden.

Holzpellets:
Heizwert: $H = 18\,\frac{MJ}{kg}$
Preis: $\frac{359\,€}{t}$

a) Erläutere den Begriff Primärenergie und nenne zwei Beispiele.

b) Der Neubau des Einfamilienhauses soll so geplant werden, dass der Heizenergiebedarf möglichst gering ist. Nenne drei Maßnahmen.

c) Berechne die jährlichen Heizkosten.

d) Ein erhöhter CO_2-Gehalt der Atmosphäre führt zur Erderwärmung. Erläutere, warum Pelletheizungen besser als Ölheizungen geeignet sind, die Erhöhung des CO_2-Gehaltes zu vermeiden.

e) Nenne vier Möglichkeiten im Alltag, um den CO_2-Ausstoß zu senken.

4 Der erste deutsche Offshore-Windpark „alpha ventus" wurde 2010 in Betrieb genommen und liegt vor der niedersächsischen Nordseeküste.
Er besteht aus 12 Windkraftanlagen, von denen jede eine durchschnittliche elektrische Leistung von 2,09 MW abgeben kann.

Abb. 5: Windkraftanlage alpha ventus

a) Wie viel elektrische Energie wird in 365 Tagen bereitgestellt?

b) Wie viele Haushalte (3900 kWh pro Jahr) können damit versorgt werden?

c) Wie viele Tonnen Braunkohle (Heizwert: $16\,\frac{MJ}{kg}$) müssten in einem Kraftwerk ($\eta = 35\,\%$) verbrannt werden, um den Energiebetrag von c) zu erhalten?

5 Ein Landwirt hat sich entschieden, „Energie-Bauer" zu werden und eine Biogasanlage zu betreiben, die ihm durch die Einspeisung von elektrischer Energie in das Verbundnetz zusätzliche Einnahmen bringt. In einem Biogasmotor werden jede Stunde 5,0 m^3 Biogas mit einem Heizwert von 20 $\frac{MJ}{m^3}$ verbrannt. Der Wirkungsgrad des Biogasmotors beträgt 35 %, der Rest ist Abwärme.

a) Wie entsteht das Biogas? Wo findet dieser Prozess statt?

b) Beschreibe die Energieumwandlungen ausgehend vom Biogas bis hin zur Einspeisung der elektrischen Energie in das Verbundnetz.

c) Wie viel Biogas steht dem Verbrennungsmotor pro Sekunde zur Verfügung?

d) Berechne die elektrische Leistung des Kraftwerks.

e) Für die Einspeisung einer kWh in das Verbundnetz stehen dem Bauer nach dem EEG (Stand: 2022) 12,54 ct zu. Wie viel nimmt er in 365 Tagen ein?

EEG: Erneuerbare-Energien-Gesetz

6 Ein Wäschetrockner der Energieeffizienzklasse A++ hat eine Nennleistung von 0,95 kW. Der Wäschetrockner ist pro Woche dreimal in Betrieb, wobei ein Trockenvorgang durchschnittlich 1 h 45 min dauert.

a) Bestätige durch Rechnung, dass die für das Trocknen benötigte elektrische Energie pro Jahr 0,26 MWh beträgt.

b) Berechne die Kosten für die jährlich benötigte Energie des Wäschetrockners, wenn für eine Kilowattstunde elektrische Energie 35 ct berechnet werden.

Die beiden Blöcke F und G des Kraftwerks Neurath in Nordrhein-Westfalen zählten im Jahr 2016 mit einem Wirkungsgrad von 43,2 % zu den modernsten Braunkohlekraftwerken. Zusammen speisen die beiden Blöcke eine Leistung von 2,1 GW in das Netz ein.

Abb. 8: Braunkohlekraftwerk Neurath

c) Gib die Energieumwandlungen in einem Kohlekraftwerk bis zur Bereitstellung der elektrischen Energie an.

d) In Deutschland gibt es ca. 40 Millionen Haushalte. Etwa 40 % davon haben einen Wäschetrockner. Für diese soll der Energiebedarf des Trockners aus a) angenommen werden. Berechne die theoretische Laufzeit (in Tagen) der beiden Blöcke F und G des Kraftwerks Neurath, um die jährlich benötigte Energie für den Betrieb aller Trockner in Deutschland zur Verfügung stellen zu können.

e) Würde man bei geeigneter Wetterlage die Wäsche im Freien trocknen, wäre in etwa nur die Hälfte der elektrischen Energie für die Wäschetrockner notwendig. Berechne die Masse der Kohle sowie die Masse des Kohlendioxids, die man dadurch einsparen könnte.

Braunkohle:
Heizwert: $H = 16\,\frac{MJ}{kg}$
CO_2-Emission: $0{,}41\,\frac{kg}{kWh}$

4.10 Speichertechniken

Einstieg

Egal ob Windflaute oder fehlende Steckdosen auf Reisen. Energie steht oft nicht so zur Verfügung, wie man es sich wünscht.

- Wie kannst du das Problem bei deinem Handy lösen?
- Gibt es auch Möglichkeiten, Energie im großen Stile zu speichern?

Versuche

V1 Ein Elektrolyseur (Abb. 1) wird mit destilliertem Wasser befüllt und dann an eine Elektrizitätsquelle oder ein Solarmodul angeschlossen.
Beobachtung: Nach einiger Zeit nimmt der Wasserpegel ab und die beiden Gasbehälter füllen sich.

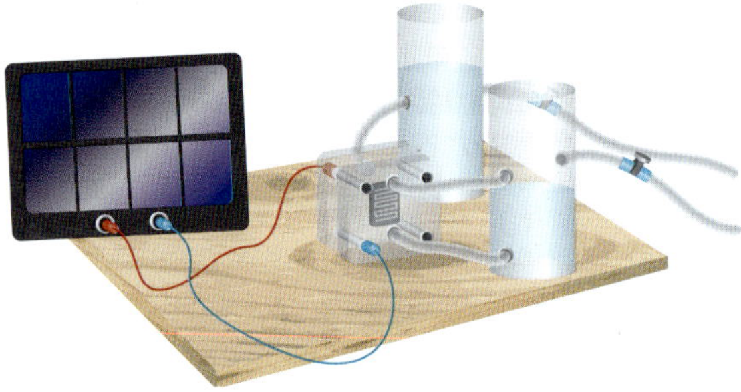

Abb. 1: Versuchsaufbau zu V1

Erklärung

Regenerative Energien aus Wind, Wasser oder Sonne stehen nicht zu jeder Tages- und Jahreszeit gleichmäßig zur Verfügung. Deshalb braucht man Speichertechniken, um zuvor gewonnene Energie zu einem beliebigen Zeitpunkt nutzbar zu machen.

Batterien bzw. Akkumulatoren

Moderne Batterien benötigen zu ihrer Produktion etwa so viel Energie, wie sie in ihrer Lebensdauer speichern werden. Außerdem sind Batterien – gemessen an ihrer Speicherkapazität – sehr teuer, groß und schwer. Sie sind daher nur dann sinnvoll, wenn andere Energiespeicher nicht anwendbar sind, z. B. in Handys (Abb. 2), Notebooks und Elektrofahrzeugen, nicht aber als Zwischenspeicher für Kraftwerke.

Abb. 2: Handyakku

Wärmespeicher

In isolierten Wassertanks kann überschüssige thermische Energie (z. B. aus Solarkollektoranlagen) effektiv einige Tage gespeichert werden (Abb. 3). Unterirdische Warmwasserspeicher können thermische Energie sogar monatelang speichern. Im Sommer wird dazu Wasser mit überschüssiger Energie erwärmt und in eine Sandsteinschicht gepumpt. Im Winter wird das kaum abgekühlte Wasser dann für die Gebäudeheizung verwendet.

Abb. 3: Warmwasserspeicher

Pumpspeicher

Abb. 4: Pumpspeicherkraftwerk

Pumpspeicher bestehen aus zwei – oft künstlichen – Seen, die mit Fall- und Pumpröhren verbunden sind. Am unteren See sind Generatoren installiert. Übersteigt das Angebot an elektrischer Leistung im Elektrizitätsnetz den Bedarf der Nutzer, wird Wasser vom unteren in den oberen See hinaufgepumpt. Die Generatoren erzeugen dann keine elektrische Energie, sondern dienen als Pumpen. Ist der Strombedarf der Nutzer hingegen besonders hoch, lässt man Wasser aus dem oberen in den unteren See laufen, sodass die Generatoren elektrische Energie erzeugen.

Wasserstofftechnik

Man kann Wasserstoff aus gewöhnlichem Wasser gewinnen (V1) und diesen so stark abkühlen, dass er sich flüssig in Tanks speichern lässt. In den sogenannten Brennstoffzellen kann man aus Wasserstoff und Sauerstoff wieder elektrische Energie gewinnen und damit z. B. ein Elektroauto betreiben. Der große Nachteil dieser Technik ist der schlechte Wirkungsgrad: Zwei Drittel der insgesamt eingesetzten elektrischen Energie können nicht genutzt werden. Zudem lässt sich Wasserstoff in kleinen Tanks (Auto) nur bedingt speichern, weil ständig eine bestimmte Menge Wasserstoff verdampft.

Merkwissen

- Da die meisten erneuerbaren Energien nicht ständig zur Verfügung stehen, benötigt man **Energiespeicher**, um Versorgungslücken auszugleichen.
- Mit **Pumpspeicherkraftwerken** lassen sich **große Mengen** potenzieller Energie zum Abruf von **elektrischer Energie** speichern.

Aufgaben

1 Erkläre anhand von geeigneten Beispielen den Einsatz von Energiespeichern.

2 a) Erläutere mithilfe von Abb. 5 die Funktionsweise eines Pumpspeicherkraftwerks.
b) Weshalb ist Wasser ein hervorragender Wärmespeicher?

3 Recherchiere folgende Themen und präsentiere sie deiner Klasse.
a) Speichertechniken der Gegenwart
b) Speichertechniken der Zukunft
c) historische Speichertechniken

Abb. 5: Schema eines Pumpspeicherkraftwerks

4.11 Übertragungstechniken

Einstieg

Unabhängig von der Kraftwerksart wird Endenergie meist nicht da bereitgestellt, wo man sie wirklich nutzt.

- Wie kommen die unterschiedlichen Endenergiearten zu den Endnutzern?
- Was ist der Nachteil der Energieübertragung?

Versuche

Dieser Versuch ist sehr gefährlich und darf nur von einer Lehrkraft durchgeführt werden!

V1 Es wird gemäß Abb. 1 eine Energieübertragung mit zwei Transformatoren, einem Gleich- und einem Wechselrichter aufgebaut.
Beobachtung: Die Glühlampe leuchtet.

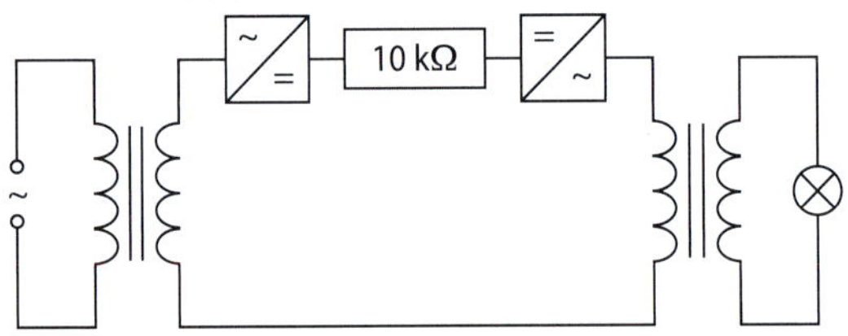

Abb. 1: Versuchsaufbau zu V1

Erklärung

Als der Aufbau der Stromnetze Anfang des 20. Jahrhunderts begann, ließen sich Hochspannungsnetze technisch nur mit Wechselstrom betreiben. Im Unterschied zu Gleichstrom ändert Wechselstrom regelmäßig die Fließrichtung, in Westeuropa 100 Mal pro Sekunde. Dies ergibt eine Frequenz von 50 Hertz (50 Hz).
Der Betrieb mit Wechselstrom wurde zum Standard, da seine Umwandlung von den sehr hohen Spannungen der Fernübertragungsleitungen auf die viel niedrigeren Spannungen, die in den Haushalten zum Einsatz kommen, deutlich leichter war. Allerdings wird durch den ständigen Richtungswechsel bei der Übertragung Leistung entwertet: bei gleicher Spannung bei einem Wechselstromsystem etwa doppelt so viel wie bei einem Gleichstromsystem.
V1 zeigt, dass es möglich ist, Hochspannungsnetze auch mit Gleichstrom zu betreiben. Dabei wird die **Energieentwertung vermieden**, die bei Wechselstrom durch den Wechsel der Fließrichtung entsteht. Besonders für lange Transportstrecken ist die **Hochspannungs-Gleichstrom-Übertragung** (HGÜ) daher eine Alternative zur Wechselstromtechnik. Aus Abb. 2 ist ersichtlich, dass schon ab einer Übertragungsstrecke von ca. 300 km die Verluste beim Betrieb mit Wechselstrom überwiegen.

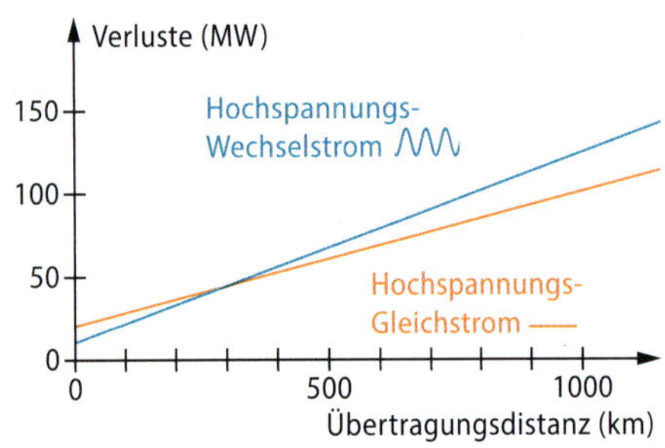

Abb. 2: Vergleich der Leistungsverluste von Wechsel- und Gleichstromübertragung bei gleicher Spannung (400 kV)

Neben der elektrischen Energieübertragung gibt es auch noch andere Übertragungswege (Abb. 3).
So wird thermische bzw. innere Energie mithilfe von Dampf oder Heißwasser transportiert. Beides wird als **Fernwärme** bezeichnet.
Verschiedene Verkehrsträger, aber auch lange Gas- und Ölleitungen (Pipelines), können Energieträger transportieren und somit chemische Energie übertragen.
Unabhängig von der Übertragungstechnik wird beim Transport von Energie immer Energie entwertet.

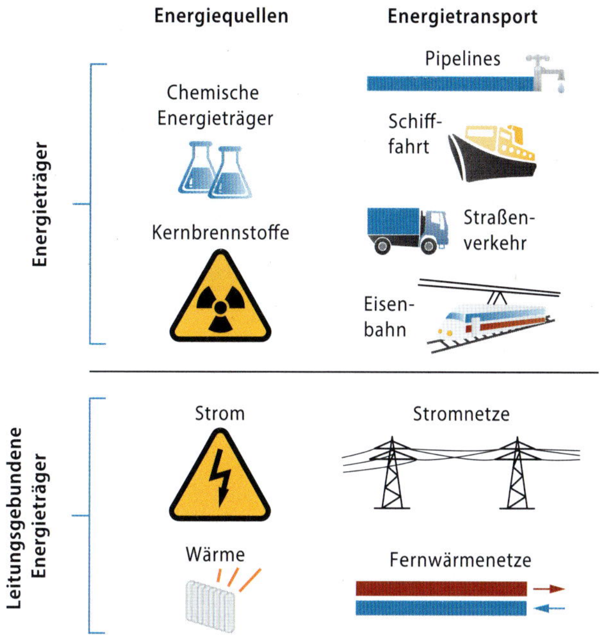

Abb. 3: Verschiedene Arten des Energietransports

Merkwissen

- **Energieübertragungen** sind immer mit **Energieentwertungen** verbunden.
- Energie wird mithilfe von Verkehrsträgern, Fernwärmenetzen, Leitungen oder Stromnetzen transportiert.
- Für **lange Transportwege** elektrischer Energie eignet sich die **Hochspannungs-Gleichstrom-Übertragung** (HGÜ).

Aufgaben

1 Erkläre, wie es bei den einzelnen Energieübertragungsarten aus Abb. 3 zu Energieentwertungen kommt.

2 Erläutere den Unterschied zwischen der Übertragung von elektrischer Energie mit Wechsel- und Gleichstrom. Nenne Vor- und Nachteile.

3 Recherchiere die folgenden Themen und präsentiere die Ergebnisse deiner Klasse.
a) Einsatzgebiete der HGÜ
b) Vor- und Nachteile der HGÜ
c) Ultra-Hochspannungs-Gleichstrom-Übertragung

4 Informiere dich über neue Techniken des Energietransports.

4.12 Auswirkungen auf die Umwelt

Einstieg

Wir haben uns an die ständige Verfügbarkeit von Energie gewöhnt, sie ist teils lebensnotwendig, mindestens aber bequem.

- Begründe, dass unser Energiehunger große Probleme mit sich bringt.

Versuche

V1 Über eine brennende Kerze wird ein Glas gestülpt.
Beobachtung: Die Kerze erlischt nach kurzer Zeit.

V2 Ein luftgefüllter Luftballon wird direkt an eine Thermosäule gehalten. Die Hand, die gleichzeitig als Wärmestrahler fungiert, befindet sich auf der gegenüberliegenden Seite des Ballons. Anschließend wird der Versuch mit einem CO_2-gefüllten Ballon gleichen Durchmessers wiederholt.
Beobachtung: Der CO_2-gefüllte Ballon zeigt eine deutlich stärkere Absorption.

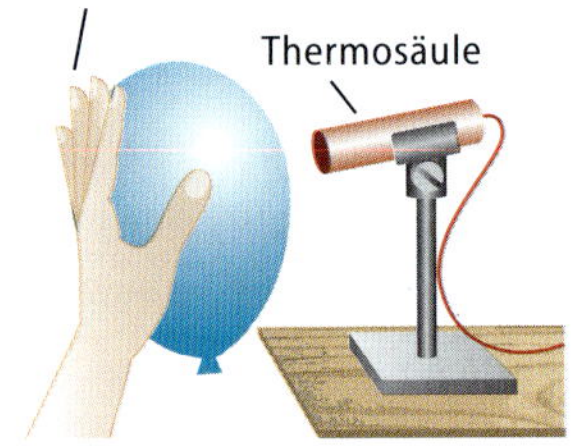

Abb. 1: Versuchsaufbau zu V2

Der Stein symbolisiert die Landflächen der Erde.

V3 In eines von zwei identischen Gefäßen wird ein größerer Stein gelegt. Beide Schalen werden nun gleich hoch mit Wasser gefüllt. In der ersten Schale muss der Stein noch aus dem Wasser ragen. Jetzt wird in beide Gefäße die gleiche Menge Eiswürfel gegeben und jeweils direkt im Anschluss der Wasserstand mit einem Folienstift markiert.
Beobachtung: Nach dem Schmelzen des Eises ist der Wasserstand in dem Gefäß ohne Stein gleich geblieben, in jenem mit Stein ist er gestiegen.

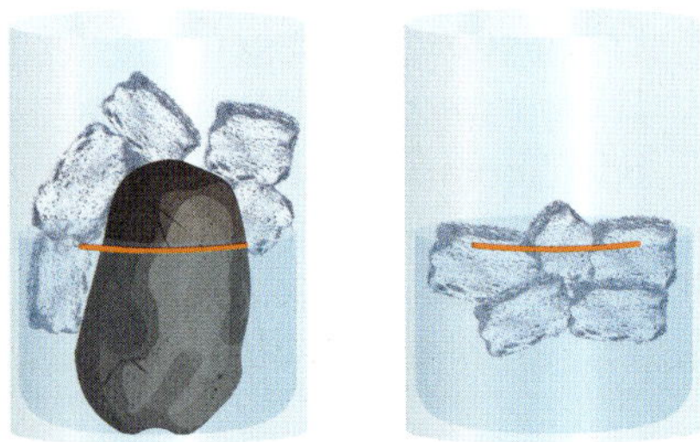

Abb. 2: Versuchsaufbau zu V3

Erklärung

Unter einer Verbrennung versteht man die Reaktion brennbarer Stoffe mit Sauerstoff.

Menschliches Wirken verändert seit jeher Landschaft und Natur, das gilt heute in besonderem Maße für die Gewinnung, den Transport und die Nutzung von Energie. Zur Luftverschmutzung, der Belastung der Gewässer und des Bodens kommt heute vor allem der **Klimawandel** als größte Gefahr für das Leben auf unserer Erde hinzu: Das in Verbrennungsgasen fossiler Brennstoffe enthaltene **Kohlendioxid** (V1), aber auch andere Gase wie **Methan** und **Fluorchlorkohlenwasserstoffe** (FCKW) führen zu einem **Treibhauseffekt.**

Die Atmosphäre mit ihrem erhöhten Anteil an Treibhausgasen lässt die Sonnenstrahlung vergleichsweise ungehindert zur Erdoberfläche durch, verhindert aber die Wärmeabstrahlung von der Erde in den Weltraum in hohem Maße (V2): Die Erde erwärmt sich. So wird das Abschmelzen der Polkappen und damit der Anstieg des Meeresspiegels begünstigt (V3). In Folge können in den Ozeanböden gebundene Methangasvorkommen freigesetzt werden und zu einer weiteren Zunahme der Treibhausgase führen. Die Folgen sind schon jetzt katastrophal: **extreme Wettererscheinungen** (Abb. 3), Zunahme von **Hunger- und Wasserkrisen** (Abb. 4), Gesundheitsrisiken, Verbreitung von Schädlingen, **Hitzewellen** und vieles mehr. Die Lösung, um den Klimawandel zu bremsen, ist eigentlich ganz einfach und kann leicht umgesetzt werden: Am saubersten ist diejenige Energie, die gar nicht genutzt wird.

Abb. 3: Folgen des Klimawandels: Extremwetter

Abb. 4: Folgen des Klimawandels: Gletscherschmelze

Merkwissen

- Förderung, Transport und **Nutzung** von **Energieträgern** führt zu Beeinträchtigungen und **Risiken für die Umwelt.**
- Die durch menschliche Eingriffe bewirkte Erwärmung der Erde führt zu einem **Klimawandel** und birgt **enorme Gefahren** für alle Lebewesen.

Aufgaben

1 a) Erkläre den von Menschen gemachten Klimawandel und dessen Folgen.
b) Recherchiere weitere Auswirkungen des Klimawandels.

2 Informiere dich, …
a) wie sich Förderung, Transport und Nutzung von Energie konkret auf die Umwelt negativ auswirken. Gehe dabei auf die Bereiche Luft, Wasser und Boden ein.
b) was es mit dem 1,5-Grad-Limit auf sich hat.
c) welche Umweltrisiken mit dem Fracking-Verfahren verbunden sind.

3 a) Erkläre mit eigenen Worten, was mit dem letzten Satz im Erklärtext gemeint ist.
b) Benenne Maßnahmen, die geeignet sind, den Klimawandel zu verlangsamen.
c) Was kannst du in deinem Alltag dazu beitragen?

4.13 Teste dich

Aufgaben zur Einzelarbeit

Die Lösungen zu dieser Doppelseite stehen im Anhang.

1 Teste dich! Bearbeite dazu die folgenden Aufgaben und bewerte die Lösungen mit einem Smiley.
2 Die Aufgaben haben unterschiedliche Schwierigkeitsgrade: leicht mittel schwer

☺	😐	☹
Das kann ich!	Das kann ich fast!	Das kann ich noch nicht!

1 Der jährliche Energiebedarf für Heizung und Warmwasserbereitung in einem Einfamilienhaus ($A = 130\ m^2$) beträgt 66 kWh pro Quadratmeter Wohnfläche.

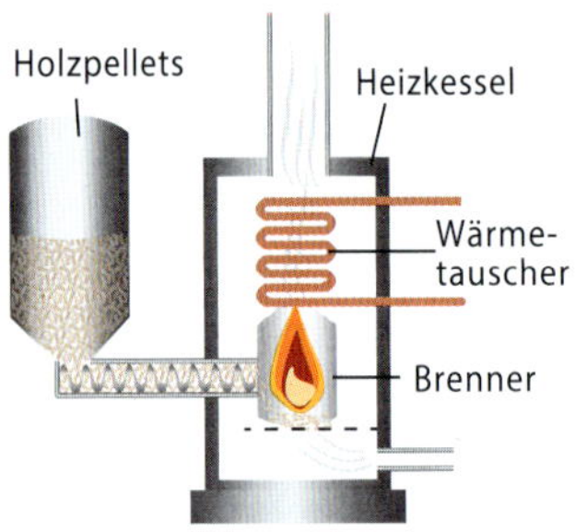

Hierfür wird ein Heizkessel für Holzpellets verwendet.

a) Beschreibe die in der Pelletheizung stattfindenden Energieumwandlungen.

b) Bei der Verbrennung von einem Kilogramm Holzpellets werden 17,3 MJ frei, die die Heizungsanlage mit einem Wirkungsgrad von $\eta = 0{,}95$ zur Verfügung stellt. Berechne die jährlich benötigte Masse an Pellets.

c) Begründe, warum eine Pelletheizung im Gegensatz zur Gasheizung als CO_2-neutral bezeichnet werden kann. Recherchiere gegebenenfalls.

2 Das schematisch dargestellte Leitzachwerk 2 ist ein Pumpspeicherkraftwerk, das den Seehamer See mit einem 128 m tiefer liegenden Unterwasserbecken an der Mangfall verbindet.

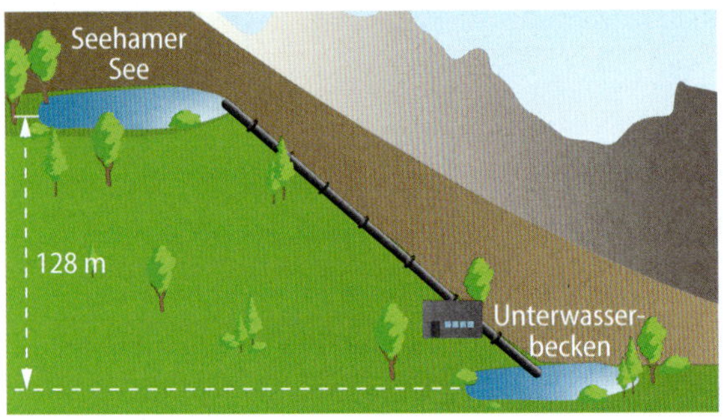

a) Beschreibe die Energieumwandlungen im Pumpbetrieb.

b) Durch das Kraftwerk wird in Spitzenzeiten über die beiden Turbinen zusammen eine maximale Nutzleistung von 49,2 MW in das Netz eingespeist. Dabei fließen durch jede Turbine $77{,}8 \cdot 10^3\ m^3$ Wasser pro Stunde. Berechne in diesem Fall den Wirkungsgrad des Kraftwerks.

c) Der jährliche Bedarf an elektrischer Energie eines Vier-Personen-Haushaltes beträgt 14,4 GJ. Das Kraftwerk stellt im Jahr insgesamt $56{,}1 \cdot 10^6$ kWh an elektrischer Energie zur Verfügung. Ermittle die Anzahl derartiger Haushalte, für die diese Energie ausreichen würde.

3 Neben den bekannten Windrädern als Windkraftwerke gibt es auch sogenannte Aufwindkraftwerke.

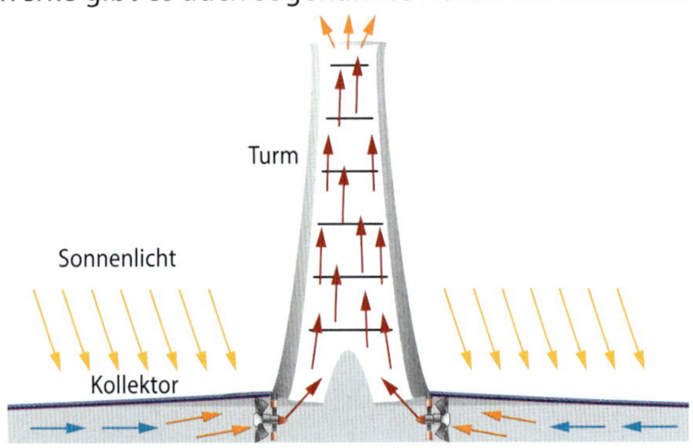

a) Erkläre die unterschiedlichen Funktionsweisen der zwei Kraftwerke. Verwende die Abbildung.

b) Beschreibe die im Aufwindkraftwerk stattfindende Energieumwandlung im Tagbetrieb.

c) Gib je zwei Vor- und Nachteile eines Aufwindkraftwerks an.

4 a) Erstelle ein Diagramm, welches den Energiebedarf eines durchschnittlichen Haushalts in Deutschland zeigt. Recherchiere hierzu aktuelle Statistiken.

b) Entnimm dem Diagramm zwei Bereiche, in denen der Energiebedarf deutlich gesenkt werden kann. Gib dafür jeweils zwei Maßnahmen an.

5 **a)** Erstelle eine Übersicht über die Auswirkungen des Klimawandels in verschiedenen Bereichen.

b) Erläutere, inwiefern der Mensch die Ursache für den Klimawandel ist.

c) Die Auswirkungen führen schon jetzt dazu, dass die betroffenen Menschen auf die neuen Gegebenheiten reagieren mussten. Informiere dich diesbezüglich über verschiedene Maßnahmen.

6 Mithilfe der Wasserstofftechnologie kann man Energie speichern.

a) Erkläre, in welcher Form die Energie gespeichert wird.

b) Gib zwei Möglichkeiten an, die Energie zu nutzen.

Aufgaben für Lernpartner

1 Bearbeite die folgenden Aufgaben alleine.

2 Suche dir einen Partner und erkläre ihm deine Lösungen. Höre aufmerksam und gewissenhaft zu, wenn dein Partner dir seine Lösungen erklärt.

3 Korrigiere gegebenenfalls deine Antworten und benutze dazu eine andere Farbe.

Sind folgende Behauptungen **richtig** oder **falsch**? Begründe schriftlich.

A Mithilfe des Heizwerts kann berechnet werden, wie viel Energie bei der Verbrennung von Feststoffen frei wird.

B Die Einheit des Heizwerts ist kW pro kg.

C Wasserkraftwerke sind umweltfreundlich.

D Alle Arten von Wasserkraftwerken nutzen die im Wasser gespeicherte potentielle Energie.

E Windkraftwerke können überall eingesetzt werden.

F Energiespeicher werden benötigt, da erneuerbare Energien nicht ständig zur Verfügung stehen.

G Energieübertragungen sind immer mit Energieentwertungen verbunden.

H Auch ohne eine Energiewende kann der von Menschen gemachte Klimawandel gestoppt werden.

Aufgabe	Ich kann …	Hilfe
1, 2, A, B	Berechnungen zu Energieumwandlungen durchführen.	S. 192
C, D	die Nutzung von Energie aus Wasserkraft erläutern und bewerten.	S. 188
3, E	die Nutzung von Energie aus Windkraft erläutern und bewerten.	S. 190
4, 5, 6, F, G, H	Techniken zur Energiespeicherung oder zum Energietransport bezüglich Nachhaltigkeit und Umweltfreundlichkeit beurteilen und bewerten.	S. 198, 200, 202

4.14 Grundwissen

Energieträger

- Man unterscheidet **primäre** von **sekundären Energieträgern**.
- Durch **Energieumwandlungen** entsteht vom Verbraucher nutzbare Endenergie.
- Bei jeder Energieumwandlung wird Energie entwertet.

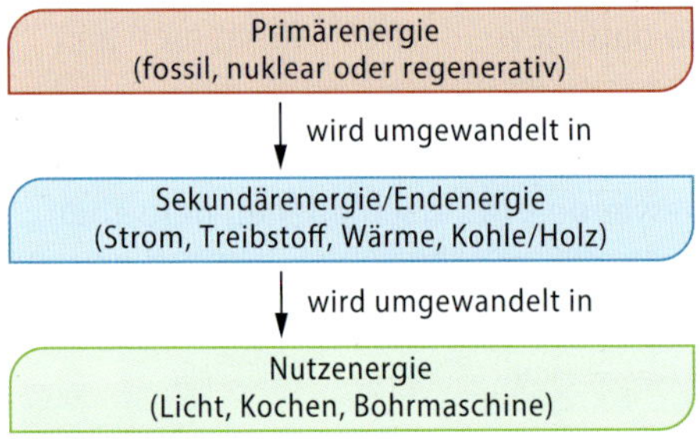

Wasserkraftwerke und Windkraftwerke

- In Wasserkraftwerken wird die **potenzielle** bzw. **kinetische Energie des Wassers** mit hohem Wirkungsgrad in **elektrische Energie** umgewandelt.
- Man unterscheidet Speicher-, Laufwasser- und Gezeitenkraftwerke.
- Windkraftwerke wandeln die **kinetische Energie** des Windes in **elektrische Energie** um.

Sonnenenergie

- **Sonnenkollektoren** erzeugen **Warmwasser** aus der Strahlungsenergie der Sonne (**Solarthermie**).
- **Solarzellen** wandeln Strahlungsenergie der Sonne in elektrische Energie um (Photovoltaik).

Biomasse

- Biomasse kann zur **Wärme**-, **Treibstoff**- und **Strombereitstellung** genutzt werden.
- Die Verwertung von Biomasse ist CO_2-neutral.

Erdwärme

- Mit einer **Wärmepumpe** kann man dem Erdboden, dem Grundwasser oder der Außenluft innere Energie entziehen, um damit Wasser aufzuheizen.
- An Thermalwasser- oder Heißdampfquellen kann Erdwärme zur **Bereitstellung elektrischer Energie** oder als **Fernwärme** genutzt werden.

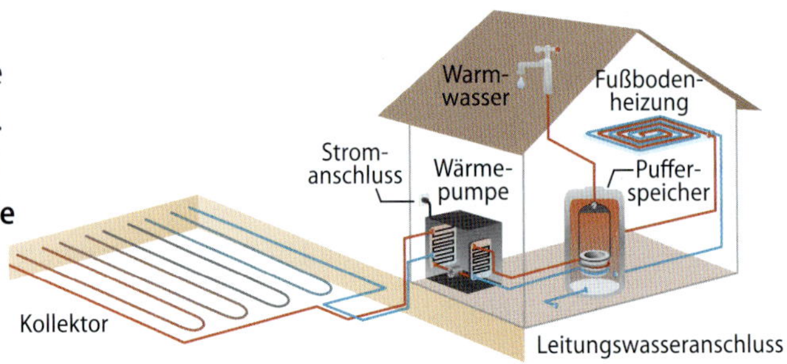

Wärmekraftwerke und GuD-Kraftwerke

- **Wärmekraftwerke wandeln die innere Energie** heißer Gase und Dämpfe in elektrische Energie um.
- Zur Dampferzeugung werden **fossile** (Kohle, Öl, Gas), **nukleare** (Uran) oder **regenerative Energieträger** (Sonne, Biomasse, Erdwärme) genutzt.
- In einem **GuD-Kraftwerk** werden die **Abgase** einer Gasturbine benutzt, um **wieder Dampf** zu erzeugen, der erneut eine Turbine antreibt.
- Durch **Kraft-Wärme-Kopplung** erreichen GuD-Kraftwerke hohe Wirkungsgrade.

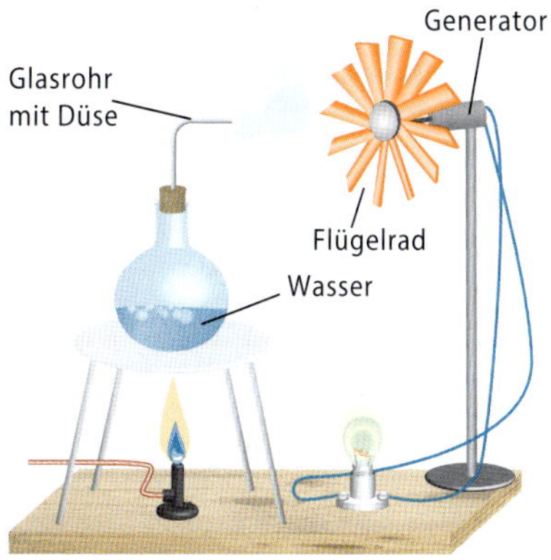

Eigenbau-Wärmekraftwerk

Rechnen mit Energie

- Für den **Heizwert *H*** eines Stoffes gilt:
  $H = \frac{W_{th}}{m}$ mit $[H] = 1\,\frac{kJ}{kg}$ bzw. $H = \frac{W_{th}}{V}$ mit $[H] = 1\,\frac{kJ}{m^3}$
- Der Gesamtwirkungsgrad von **Energieumwandlungsketten** ist das **Produkt** aus den **einzelnen Wirkungsgraden**:
  $\eta_{ges} = \eta_1 \cdot \eta_2 \cdot \eta_3$

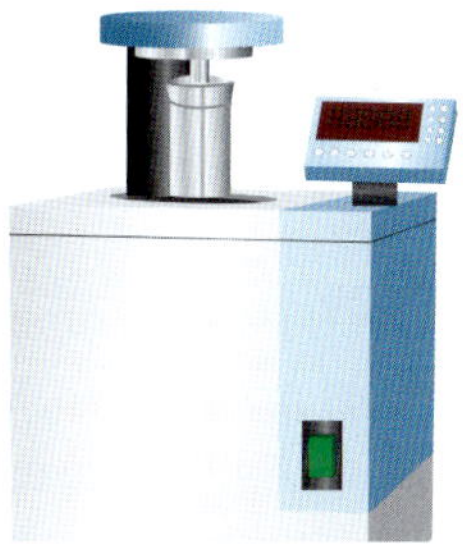

Speicher- und Übertragungstechniken

- Da die meisten erneuerbaren Energien nicht ständig zur Verfügung stehen, benötigt man **Energiespeicher**, um **Versorgungslücken** auszugleichen.
- Mit **Pumpspeicherkraftwerken** lassen sich große Mengen potenzieller Energie zur Erzeugung von elektrischer Energie speichern.
- Künftig werden sicherlich andere Systeme zur Energiespeicherung an Bedeutung gewinnen (z. B. Batterien, Wärmespeicher, Wasserstofftechnik).
- Energie wird mithilfe von Verkehrsträgern, Fernwärme, Leitungen oder Stromnetzen transportiert. Dabei treten immer **Energieentwertungen** auf.
- Für lange Transportwege elektrischer Energie eignet sich die **Hochspannungs-Gleichstrom-Übertragung** (HGÜ).

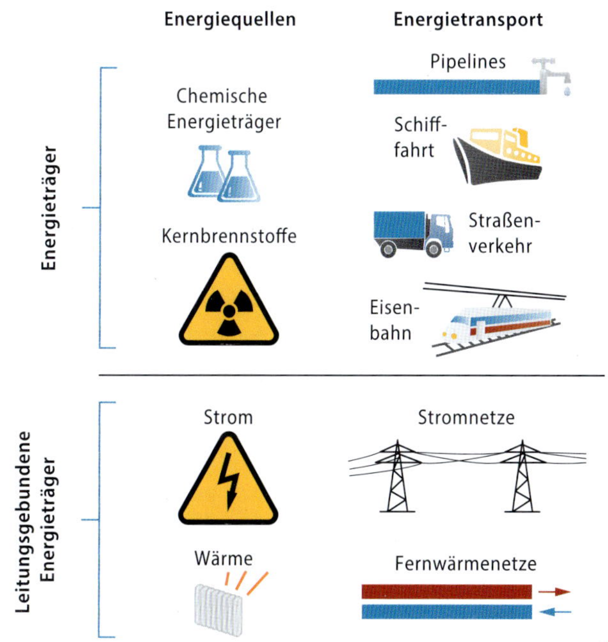

4.15 Vermischte Aufgaben

1 Die kanarische Insel El Hierro versucht seit 2014 einen hohen Prozentsatz ihrer Energieversorgung mithilfe erneuerbarer Energien abzudecken. Das Ziel soll dabei sein, die gesamte elektrische Energie durch ein gekoppeltes Kraftwerk aus fünf Windkraftanlagen und einem Pumpspeicherkraftwerk bereitzustellen.

a) Erläutere einen Grund, weshalb es sinnvoll ist, die Windkraftanlagen mit einem Pumpspeicherkraftwerk zu koppeln.

b) Gib die Energieumwandlungskette einer Windkraftanlage bis zur Einspeisung der elektrischen Energie ins Netz an.

c) Dem Versorgungsnetz der Insel werden durchschnittlich 5,0 MW elektrische Leistung entnommen. Zeige, dass damit pro Jahr eine elektrische Energie von 44 GWh benötigt wird.

d) Das Speicherbecken des Pumpspeicherkraftwerks ($\eta = 0{,}78$) fasst ein Wasservolumen von maximal $3{,}8 \cdot 10^5\ \text{m}^3$, die Fallhöhe beträgt $h = 650$ m. In einem Zeitungsinterview wird behauptet, bei anhaltender Windstille könne die Insel im Extremfall rund vier Tage mit der darin gespeicherten potenziellen Energie versorgt werden. Bewerte anhand einer Rechnung diese Aussage.

e) Bis 2014 lieferte ein Dieselkraftwerk ($\eta = 0{,}30$) die gesamte elektrische Energie der Insel. In diesem wird bei der Bereitstellung von einer Kilowattstunde elektrischer Energie eine Masse von 0,27 kg CO_2 freigesetzt.
Berechne die Masse an CO_2, die durch die Stilllegung des Dieselkraftwerks infolge der Nutzung regenerativer Energien jährlich eingespart werden konnte.

f) Nenne je einen Vorteil und einen Nachteil des gekoppelten Kraftwerks gegenüber der ursprünglichen Energieversorgung mit einem Dieselkraftwerk.

2 In einem Land wird die jährliche nutzbare Energie des Wassers auf $30 \cdot 10^{12}$ Wh geschätzt. Diese Energie wird momentan zu 15 % genutzt. Es bestehen Überlegungen, die restliche Energie zunächst in elektrische Energie ($\eta = 0{,}87$) und anschließend in chemische Energie (Zerlegung des Wassers in Wasserstoff und Sauerstoff; $\eta = 0{,}75$) umzuwandeln.

a) Berechne die in diesem Fall zusätzlich nutzbare chemische Energie, die pro Jahr zur Verfügung stünde.

b) Nenne zwei Vorteile bei der Nutzung von Wasserstoff.

3 Erstelle eine Übersicht über die verschiedenen Kraftwerkstypen. Gehe dabei auf folgende Kriterien ein.

1 Energiezufuhr
2 Wirkungsgrad
3 Standort
4 Umwelt
5 Zukunftsfähigkeit

4 Ein quaderförmiges Schwimmbecken wird von Mai bis September so beheizt, dass die Wassertemperatur 29 °C beträgt. Um die Energieabgabe an die Umgebung auszugleichen, muss das Wasser täglich um durchschnittlich 2,0 °C erwärmt werden Die Maße des Beckens sind: Wassertiefe 1,50 m, Länge 14,00 m und Breite 8,00 m.

a) Das Wasser wird mit einem elektrischen Durchlauferhitzer ($\eta = 0{,}88$) erwärmt. Berechne die täglichen Kosten bei einem Preis von 28 ct pro kWh.

b) Bei der Bereitstellung der täglichen elektrischen Energie von 0,44 MWh werden 0,56 kg CO_2 pro kWh freigesetzt. Ein Mittelklassewagen emittiert im Jahr durchschnittlich 2,0 t CO_2. Vergleiche die jährliche CO_2-Emission durch das Heizen des Wassers während einer Saison (138 Tage) mit der eines Mittelklassewagens.

c) Die für das tägliche Heizen des Wassers benötigte Energie von 0,39 MWh kann auch von Sonnenkollektoren ($\eta = 0{,}55$) bereitgestellt werden. Die Strahlungsleistung der Sonne beträgt durchschnittlich 1,0 kW pro m², die Sonne scheint im Mittel 6,8 Stunden am Tag. Berechne die nötige Kollektorfläche.

d) Zur Erwärmung des Wassers werden in vielen Bädern Blockheizkraftwerke verwendet, die aufgrund von Kraft-Wärme-Kopplung einen hohen Wirkungsgrad besitzen. Erkläre, was man unter Kraft-Wärme-Kopplung versteht.

e) Alternativ kann zur Heizung des Pools auch eine Wärmepumpe eingesetzt werden. Erläutere die Funktionsweise einer Wärmepumpe.

f) Ein Elektromotor dient als Antrieb der Wärmepumpe (siehe Flussdiagramm rechts). Auf der Wärmepumpe findet man folgende Angaben:

- Zugeführte elektrische Motorleistung: 1,0 kW
- Nutzbare Heizleistung: 4,5 kW

Ein Verkäufer berechnet daraus einen „Wirkungsgrad" von 4,5. Dieser berechnete „Wirkungsgrad" ist physikalisch nicht sinnvoll. Begründe mithilfe des Flussdiagramms.

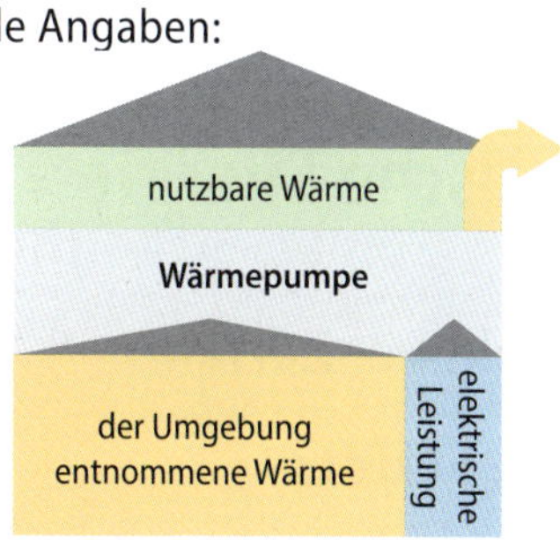

5 a) Nenne verschiedene Möglichkeiten, große Mengen an Energie zu speichern.

b) Begründe, warum das Speichern von Energie immer wichtiger wird.

c) Erstelle eine Übersicht, wie die gespeicherte Energie zu den verschiedenen Energienutzern übertragen werden kann.

5 Vorbereitung auf die Abschlussprüfung

Am Ende dieses Schuljahres steht die Abschlussprüfung an – Sprungbrett in die Zeit nach der Realschule. Eine intensive Vorbereitung, bei der dir dieses Kapitel helfen kann, ist die beste Voraussetzung für eine gute Prüfung.

Die Abschlussprüfung selbst besteht bei 120 Minuten Bearbeitungszeit aus vier Teilen:

1. **Mechanik:** Impuls und Impulserhaltung, gleichförmige und gleichmäßig beschleunigte Bewegung, mechanische Energie und Energieerhaltung
2. **Elektrizitätslehre:** grundlegende Größen der Elektrizitätslehre, Schaltungen und elektromagnetische Induktion
3. **Energie:** Energie und Energieerhaltung, Energieversorgung und Energieumwandlungen, Wärmelehre
4. **Materie:** Modellvorstellungen aus den Bereichen Kernphysik, Halbleiter und Wärmelehre

- Die Wortwolke kannst du für einen ersten Einstieg in die Vorbereitung nutzen, aber auch am Ende als Lernzielkontrolle. Erkläre die Begriffe und die dahinter stehende Physik, evtl. anhand von Beispielen, einem Partner.

Am Ende dieses Kapitels hast du gelernt, …

- was dich in der Abschlussprüfung erwartet.
- was du in der Abschlussprüfung brauchst.
- was dir für die Abschlussprüfung hilft.

5.1 Tipps, Hinweise und Lernmethoden

Was dich in der Abschlussprüfung erwartet

Aus jedem der vier großen Themenbereiche Mechanik, Elektrizitätslehre, Energie und Materie (siehe Vorseite) bekommst du jeweils ein Angabenblatt. Im Wesentlichen können dabei die rechts beschriebenen Aufgabentypen auf dich zu kommen.

Bei allen Aufgabentypen gilt: Lies die Fragestellung genau durch und achte auf die Operatoren (vgl. S. 236). Sie beschreiben genau, was du zu tun hast. Einige Aufgaben müssen auf dem Angabenblatt bearbeitet werden, andere auf einem separaten Blatt. Das Angabenblatt gibst du deshalb immer mit ab.

Auswahl an Aufabentypen

- Berechnungen mithilfe von Größengleichungen
- Numerische und grafische Auswertung von Messreihen
- Erklärungen mithilfe von physikalischen Gesetzen oder dem Teilchenmodell
- Physikalische Beschreibung von Beobachtungen
- Physikalische Begründungen
- Beurteilungen anhand fachlicher Kriterien
- …

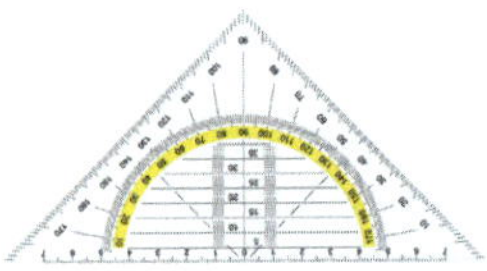

Was du in der Abschlussprüfung brauchst

Neben deinen Schreibutensilien solltest du ein Geodreieck, einen zur Prüfung zugelassenen Taschenrechner sowie eine zugelassene Formelsammlung (keine handschriftlichen Eintragungen!) dabeihaben. Nimm am besten auch Wasser und evtl. einen Müsliriegel o. Ä. mit.

Was dir für die Abschlussprüfung hilft

Tipps für die Prüfungsvorbereitung

- Lerne sowohl alleine als auch in der Gruppe. Sprecht über Physik, das hilft!
- Sondiere Lernmittel (z. B. alte Abschlussprüfungen, Schulbuch, Heft, …) und wähle die für dich zum aktuellen Zeitpunkt passenden aus.

Zeitmanagement während der Prüfungsvorbereitung

- Lerne über einen längeren Zeitraum.
- Strukturiere deine Vorbereitungszeit, beispielsweise durch Wochenpläne.
- Setze dir für jede Lerneinheit Ziele (z. B.: „Ich kann eine Messreihe auswerten.").
- Plane Pausen. Sie sind enorm wichtig für den Lernerfolg.
- Belohne dich nach einer erfolgreichen Lernphase (z. B. mit Medienzeit).
- Vermeide Ablenkungen (Smartphone, Fernsehen, ...) während der Lernphasen.

Zeitmanagement während der Prüfung

Verschaffe dir zunächst einen Überblick, indem du alle Angaben überfliegst. Arbeite anschließend die Aufgaben in sinnvoller Reihenfolge ab. Starte mit den Aufgaben, die dir liegen. Wenn du irgendwo festhängst, spring erstmal weiter. Achte dabei stets auf die Uhrzeit.

Lernmethoden

Fragen stellen

Egal ob an deine Lehrkraft, deine Mitschüler oder deine Eltern: Stelle Fragen! Je mehr du dich mit dem Thema auseinandersetzt, desto besser verankert es sich in deinem Kopf. Dabei hilft jedes noch so kleine Detail.

Mindmap

Egal ob grob oder detailliert: Mit einer Mindmap lässt sich Gelerntes strukturiert visualisieren. Dabei wird Wissen verknüpft und übersichtlich dargestellt.

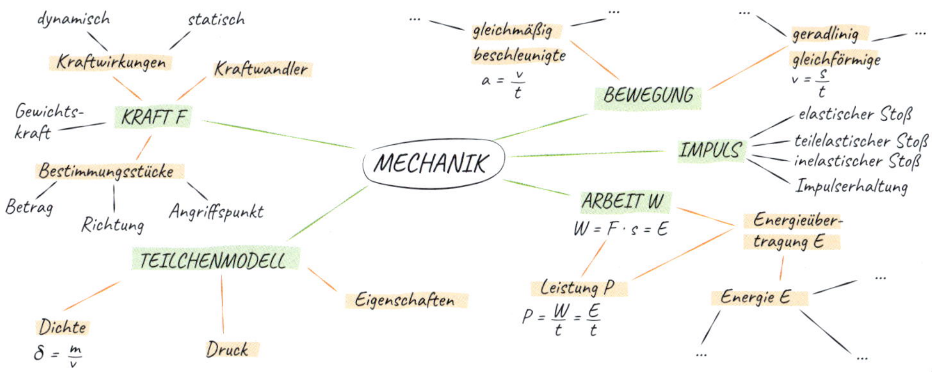

Selbsterklärungen

Lies Erklärungen zu einem Thema (aus diesem Schulbuch beispielsweise oder in deinem Heft) durch und umschreibe sie mit eigenen Worten. Hierbei helfen dir auch selbstgewählte Beispiele.

Übungen und Wiederholungen

Bearbeite alleine oder in der Gruppe alte Abschlussprüfungsaufgaben. Notiere, mit welchen Aufgaben du Schwierigkeiten hattest, und bearbeite sie nach einiger Zeit nochmal. Formuliere für Erklärungen, Beschreibungen, Aufzählungen und Ähnliches Karteikarten und wiederhole diese in bestimmten Intervallen.

Pomodoro-Methode

Wähle eine oder mehrere Aufgaben und stelle dir einen Wecker auf 25 Minuten. Bearbeite die Aufgabe(n) bis zum Klingeln des Weckers. Lege danach eine kurze Erholungspause von 5 Minuten ein. Wiederhole anschließend die Schritte. Verlängere die Pausen, bis du die Aufgabe erledigt hast.

Zuletzt und zur Beruhigung

Die anstehende Prüfung bedeutet für viele Stress. Das ist normal, denn ein bisschen Stress gehört zum Leben. Vor allem, wenn es zu viel wird, dann haben wir noch ein paar Tipps parat:

- Achte stets auf genügend Bewegung während der Zeit des Lernens.
- Schaffe positive Emotionen: Rufe dir deine Stärken in Erinnerung oder stelle dir vor, wie du nach der Prüfung das Zeugnis in der Hand hältst und aus der Schule läufst.
- Bei zu viel Stress: Es gibt Entspannungsübungen, google mal!

Gesamtprüfungsdauer 120 Minuten

Physik

Klasse: ____________ Name: ______________________________ Platznummer: ______

Mechanik A1

1.1.0 Beim Rückwärtsschieben stößt ein E-Bike ($m = 22{,}5$ kg) zentral gegen ein stehendes Rutschauto ($m = 1{,}8$ kg), sodass sich das Rutschauto direkt nach dem Stoß mit einer Geschwindigkeit von $3{,}0\,\frac{\text{m}}{\text{s}}$ bewegt.

Nach dem Stoß bremst das Rutschauto entlang einer Strecke von 5,0 m gleichmäßig beschleunigt ab und verringert dabei seine Geschwindigkeit innerhalb von 2,0 s um $1{,}0\,\frac{\text{m}}{\text{s}}$.

1.1.1 Berechnen Sie den Impuls des Rutschautos nach dem Stoß und die Änderung der Geschwindigkeit des E-Bikes.

1.1.2 Geben Sie zwei Gründe dafür an, dass der Stoß teilelastisch erfolgte.

1.1.3 Benennen Sie das Zeit-Weg-Diagramm, welches den Bremsvorgang des Rutschautos qualitativ korrekt darstellt.

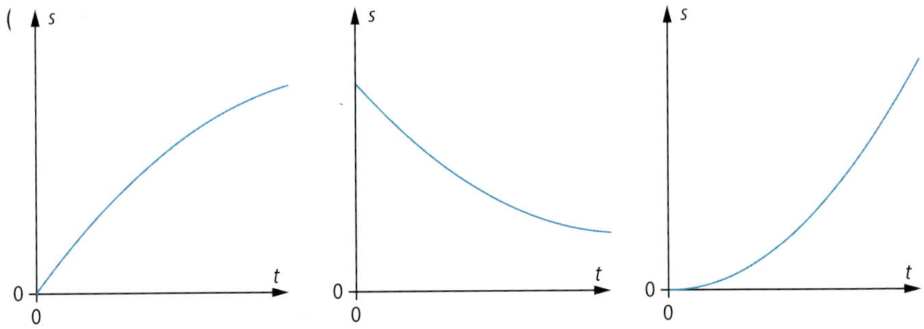

1.1.4 Berechnen Sie die Bremsbeschleunigung und die auf das Rutschauto wirkende Bremskraft.

1.1.5 Bestätigen Sie durch Rechnung die Länge der Bremsstrecke von 5,0 m und die Beschleunigungsarbeit von $W = -4{,}5$ Nm.

1.1.6 Weisen Sie rechnerisch nach, dass die Entwertung der kinetischen Energie des Rutschautos der Beschleunigungsarbeit entspricht, und begründen Sie dies mithilfe des Energieerhaltungssatzes.

Gesamtprüfungsdauer 120 Minuten

Physik

Klase: ___________ Name: ______________________________ Platznummer: ______

Elektrizitätslehre A2

2.1.0 Der korrekte Betrieb eines Generators ($U = 36$ V) soll durch eine rote GaP-LED angezeigt werden.

2.1.1 Zum Betrieb der LED mit der Generatorspannung ist ein Vorwiderstand nötig. Zeichnen Sie die dazugehörige Schaltskizze.

2.1.2 Berechnen Sie den Wert des Vorwiderstands.

2.1.3 Begründen Sie, dass bei Verwendung einer roten GaAsP-LED ein größerer Vorwiderstand verwendet werden muss.

Standard-LED (I_{LED} = 10 mA)		
Farbe	Halbleiter	U_{LED}
rot	GaAsP	1,6 V
rot	GaP	2,1 V
orange	GaAsP	1,8 V
grün	GaP	2,1 V
gelb	GaP	2,2 V
blau	GaN	2,9 V

2.1.4 Skizzieren Sie qualitativ den Verlauf der Stromstärke durch den Vorwiderstand in Abhängigkeit von der Zeit.

2.2.0 Der Aufbau eines Generators entspricht dem von Induktionsmotoren, die in vielen Elektroautos verwendet werden.

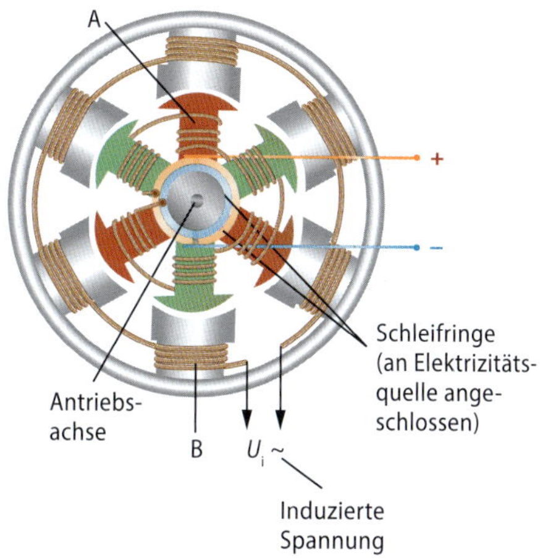

2.2.1 Benennen Sie die Bauteile A und B (Spulen) des Generators und erklären Sie die Funktionsweise des abgebildeten Generators.

2.2.2 Skizzieren Sie in einem U (t)-Diagramm die induzierte Spannung für eine vollständige Drehung.

2.2.3 Benennen Sie drei technische Maßnahmen zur Verstärkung der Induktion.

2.2.4 Die Rotorspulen des Generators werden über Schleifringe mit Gleichspannung betrieben, während beim Induktionsmotor Wechselspannung an den Feldspulen anliegt. Begründen Sie das Fehlen der Schleifringe und erklären Sie die Drehbewegung des Rotors mithilfe der Regel von Lenz.

Gesamtprüfungsdauer 120 Minuten

Physik

Klasse: ____________ Name: ____________________________ Platznummer: ______

Energie A3

3.1.0 Der Akku eines E-Bikes wird mit einer Photovoltaikanlage über einen 36-V-Trafo mit einer Nennleistung von 70 W geladen.

3.1.1 Vervollständigen Sie im Heft das Schema der Energieumwandlungen.

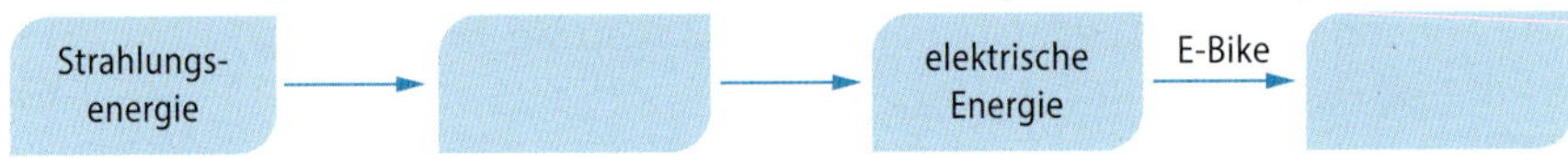

3.1.2 Der Akku kann maximal eine Energie von 625 Wh speichern. Berechnen Sie die Zeit bis zu seinem vollständigen Aufladen, wenn der Wirkungsgrad der Energieübertragung 85 % und der Ladezustand zu Beginn der Aufladung 15 % beträgt.

3.1.3 Mit einem Fast Charger 6-A-Ladegerät verkürzt sich der Ladevorgang. Vergleichen Sie die entsprechenden Ladeströme und bewerten Sie die beiden Ladungsvorgänge.

3.2.0 Um die Energiekosten zu reduzieren, wurde auf dem Dach eines Einfamilienhauses eine Photovoltaikanlage (PV-Anlage) mit 36 Modulen und einer maximalen Gesamtnutzleistung von 11,7 kW installiert.

3.2.1 Berechnen Sie die Nutzleistung pro Modul und die von der Sonne insgesamt aufgenommene Leistung, wenn der Wirkungsgrad der PV-Anlage 18,2 % beträgt.

3.2.2 Die von der PV-Anlage produzierte Energie variiert im Jahresverlauf. Geben Sie zwei Gründe für die monatlich unterschiedlichen Energieerträge an.

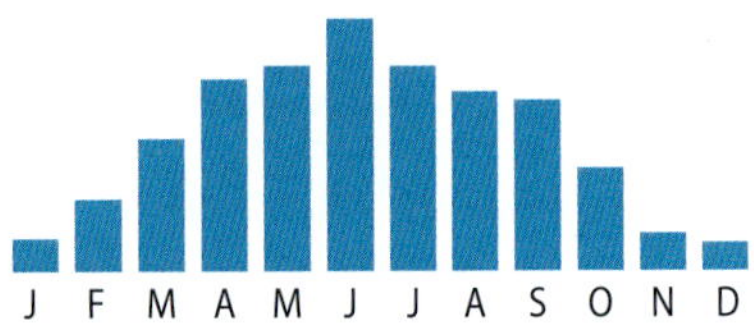

3.2.3 Im Jahr 2021 produzierte die Anlage eine elektrische Energie von 10 530 kWh bei einem Gesamtbedarf von 5460 kWh im Einfamilienhaus. Genutzt werden konnten aber nur 2230 kWh. Geben Sie zwei Gründe für diesen geringen PV-Anteil der genutzten Energie an.

3.2.4 Die nicht genutzte PV-Energie wurde durch Einspeisung in das öffentliche Stromnetz mit 725 € vergütet. Die Kosten für den Bezug der elektrischen Energie von 3230 kWh betrugen 32,87 $\frac{ct}{kWh}$. Bestätigen Sie rechnerisch die Kostenersparnis von 1458 € im Vergleich zu den Kosten ohne PV-Anlage von 1795 €.

3.2.5 Mit einer Solarbatterie kann ein Teil der PV-Energie gespeichert werden. Nennen Sie je einen Vor- und Nachteil für die Anschaffung einer Solarbatterie.

Gesamtprüfungsdauer 120 Minuten

Physik

Klasse: ____________ Name: ______________________________ Platznummer: ______

Materie A4

4.1.0 Die Positronen-Emissions-Tomographie (PET) ist ein bildgebendes Verfahren der Nuklearmedizin. PET erzeugt Schnittbilder von lebenden Organismen, indem es die Verteilung einer schwach radioaktiv markierten Substanz (Radiopharmakon) im Organismus sichtbar macht. Das meist verwendete Nuklid für Radiopharmaka in der PET ist das radioaktive Isotop Fluor-18 (F-18), da es aufgrund der Halbwertszeit von 110 Minuten auch an einem benachbarten Ort hergestellt werden kann.

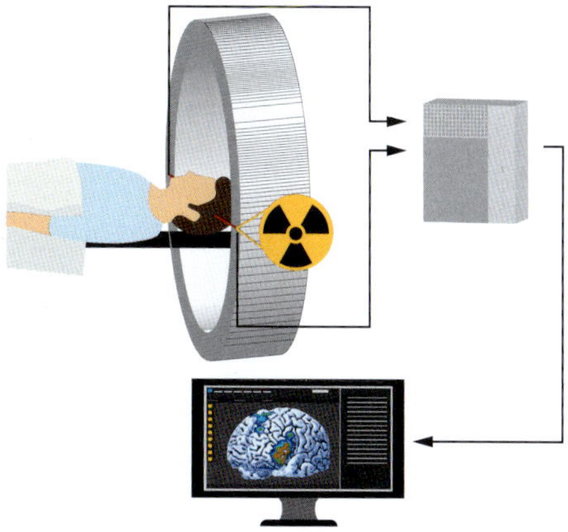

4.1.1 Beschreiben Sie den Aufbau des Kerns des Isotops F-18.

4.1.2 F-18 ist ein Betastrahler. Stellen Sie die entsprechende Kernreaktionsgleichung auf.

4.1.3 Benennen Sie, welche der Kernumwandlungen (A) oder (B) den Kernzerfall unter Emission eines Elektrons beschreibt, und erklären Sie diesen.

(A)

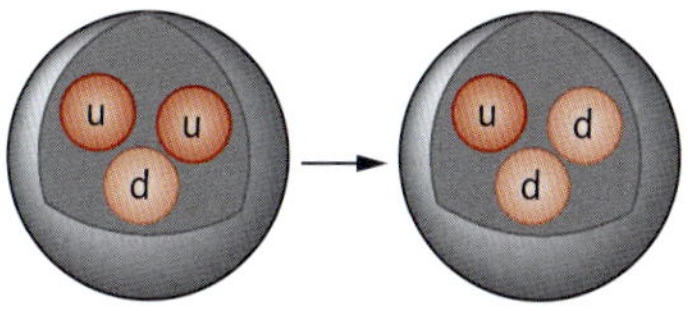

oder

(B)

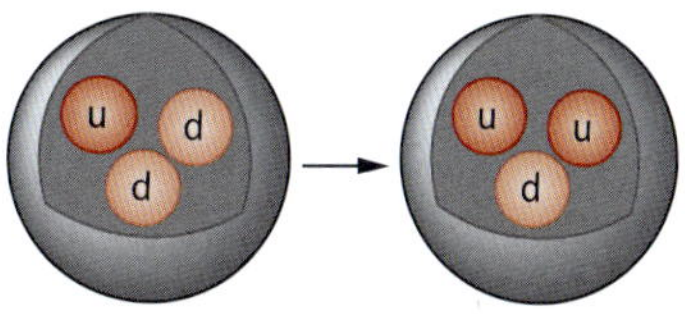

4.1.4 Zeichnen Sie ein $A(t)$-Diagramm von F-18 für die ersten fünf Halbwertszeiten und bestimmen Sie daraus die Aktivität nach 3,0 Stunden sowie den Zeitpunkt, an dem die Aktivität auf 10 % gesunken ist. Überprüfen Sie Ihre Ergebnisse rechnerisch.

4.2.0 Bei der PET-Untersuchung mit dem Fluorisotop F-18 werden ungefähr 350 MBq innerhalb von 50 Minuten verabreicht. Dies verursacht eine Strahlenexposition von etwa 7,5 mSv.

4.2.1 Berechnen Sie die dadurch absorbierte Energie für eine Person der Masse 55 kg.

4.2.2 Beurteilen Sie die Gefährdung mithilfe des vom Gesetzgeber festgelegten Grenzwertes von 20 mSv pro Jahr.

1.6 Teste dich – Seite 32 / 33

Aufgaben zur Einzelarbeit

1 a)

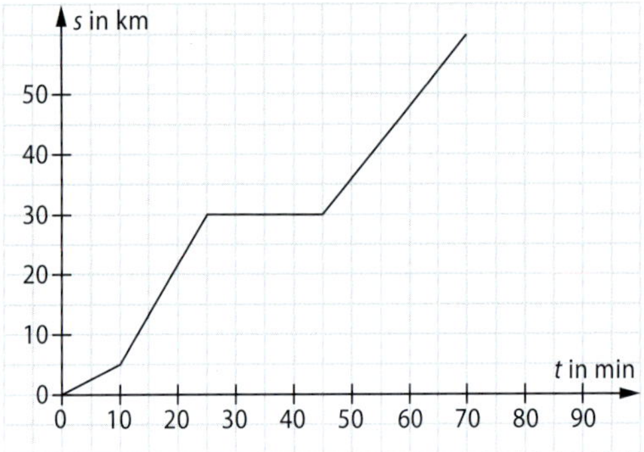

In den ersten 10 Minuten der Fahrt legt der Motorradfahrer mit konstanter Geschwindigkeit einen Weg von 5 km zurück. Danach fährt er schneller und legt dabei in 15 Minuten 25 km zurück. Anschließend pausiert er für 20 Minuten, bevor er den Rückweg (im Zeit-Orts-Diagramm durch die negative Steigung erkennbar) antritt. Dabei legt er 30 km in 25 Minuten zurück.

b) geg.: $\Delta t = 15\text{ min}; \Delta s = 25\text{ km}$
ges.: v
Ansatz: $v = \frac{\Delta s}{\Delta t}$
Rechnung: $v = \frac{25\text{ km}}{15\text{ min}} = \frac{25\text{ km}}{0{,}25\text{ h}} = 1{,}0 \cdot 10^2\,\frac{\text{km}}{\text{h}}$

c)

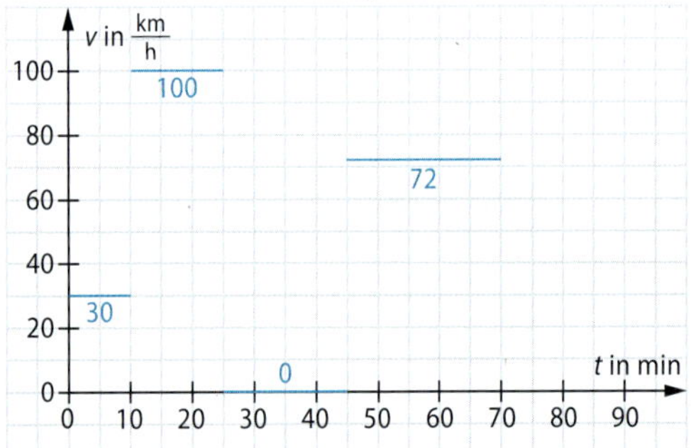

d) In der Realität ist es nicht möglich, dass sich der Betrag der Geschwindigkeit abrupt, also zu einem bestimmten Zeitpunkt, ändert. Entsprechend müssten die „Ecken" des Graphs eigentlich abgerundet sein. So würde deutlich werden, dass sich die Geschwindigkeit während einer Zeitspanne ändert.

2 a) geg.: $s = 10\text{ m}; g = 9{,}81\,\frac{\text{m}}{\text{s}^2}$
ges.: t
Ansatz: $s = \frac{1}{2} \cdot g \cdot t^2 \quad | \cdot \frac{2}{g} \quad | \sqrt{\ }$
Rechnung: $t = \sqrt{\frac{2 \cdot s}{g}} = \sqrt{\frac{2 \cdot 10\text{ m}}{9{,}81\,\frac{\text{m}}{\text{s}^2}}} = 1{,}4\text{ s}$

b) geg.: $t = 1{,}4\text{ s}; g = 9{,}81\,\frac{\text{m}}{\text{s}^2}$
ges.: v
Ansatz: $v = g \cdot t$
Rechnung: $v = 9{,}81\,\frac{\text{m}}{\text{s}^2} \cdot 1{,}4\text{ s} = 14\,\frac{\text{m}}{\text{s}} = 50\,\frac{\text{km}}{\text{h}}$

3 a) geg.: $v = 80\,\frac{\text{km}}{\text{h}}; t_1 = 0{,}80\text{ s}; a = -6{,}0\,\frac{\text{m}}{\text{s}^2}$
ges.: $s_{\text{Anhalteweg}}$
Ansatz: $s_{\text{Anhalteweg}} = s_{\text{Reaktionsweg}} + s_{\text{Bremsweg}}$
$v = \frac{s_{\text{Reaktionsweg}}}{t_1} \quad | \cdot t_1$
$v = |a| \cdot t_2 \quad | : |a|$
$s_{\text{Bremsweg}} = \frac{1}{2} \cdot |a| \cdot t_2^{\,2}$
Rechnung: $s_{\text{Reaktionsweg}} = v \cdot t_1 = 80\,\frac{\text{km}}{\text{h}} \cdot 0{,}80\text{ s}$
$s_{\text{Reaktionsweg}} = 22\,\frac{\text{m}}{\text{s}} \cdot 0{,}80\text{ s} = 18\text{ m}$
$t_2 = \frac{v}{|a|} = \frac{22\,\frac{\text{m}}{\text{s}}}{6{,}0\,\frac{\text{m}}{\text{s}^2}} = 3{,}7\text{ s}$
$s_{\text{Bremsweg}} = \frac{1}{2} \cdot 6{,}0\,\frac{\text{m}}{\text{s}^2} \cdot (3{,}7\text{ s})^2 = 41\text{ m}$
$s_{\text{Anhalteweg}} = 18\text{ m} + 41\text{ m} = 59\text{ m}$
Antwort: Das Fahrzeug kommt rechtzeitig zum Stillstand.

b)

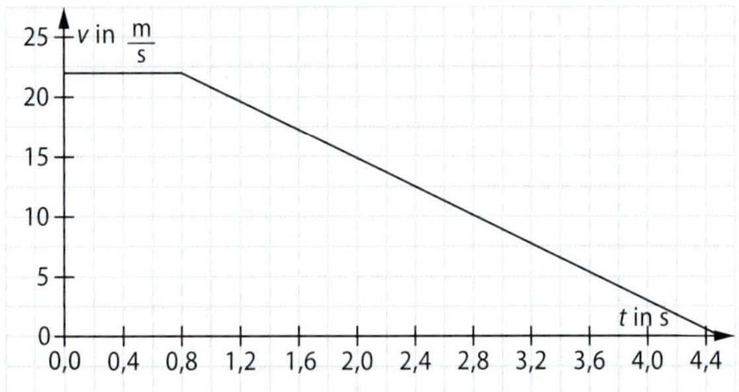

4 a) Im *t*-*s*-Diagramm beschreibt Graph A den Bremsvorgang, da im Diagramm der zurückgelegte Weg dargestellt ist, dieser muss trotz des Bremsvorgangs zunehmen. Es nimmt nur die Geschwindigkeit ab, und zwar linear, da es sich um eine gleichmäßige Beschleunigung handelt. Deshalb beschreibt Graph B den Bremsvorgang im *t*-*v*-Diagramm, da der Graph dort fällt.

b) geg.: $m_{\text{Frau}} = 65\text{ kg}; m_{\text{Roller}} = 80\text{ kg}; \Delta t = 5{,}0\text{ s}$
$v_{\text{Anfang}} = 40\,\frac{\text{km}}{\text{h}}; v_{\text{Ende}} = 0\,\frac{\text{km}}{\text{h}}$
ges.: $a; F$
Ansatz: $a = \frac{\Delta v}{\Delta t} = \frac{v_{\text{Ende}} - v_{\text{Anfang}}}{\Delta t}$
$F = m \cdot |a| = (m_{\text{Frau}} + m_{\text{Roller}}) \cdot |a|$
Rechnung: $a = \frac{0\,\frac{\text{km}}{\text{h}} - 40\,\frac{\text{km}}{\text{h}}}{5{,}0\text{ s}} = \frac{-40 : 3{,}6\,\frac{\text{m}}{\text{s}}}{5{,}0\text{ s}} = -2{,}2\,\frac{\text{m}}{\text{s}^2}$
$F = (65\text{ kg} + 80\text{ kg}) \cdot \left|-2{,}2\,\frac{\text{m}}{\text{s}^2}\right| = 0{,}32 \cdot 10^3\,\frac{\text{kg} \cdot \text{m}}{\text{s}^2}$
$F = 0{,}32\text{ kN}$

c) geg.: $a = -2{,}2\,\frac{m}{s^2}$; $t = 5{,}0$ s
ges.: s
Ansatz: $s = \frac{1}{2}\,|a| \cdot t^2$
Rechnung: $s = \frac{1}{2} \cdot 2{,}2\,\frac{m}{s^2} \cdot (5{,}0\text{ s})^2 = 0{,}028$ km
Antwort: Ein Anhalteweg von 28 m = 0,028 km reicht nicht aus. Außerdem muss der Reaktionsweg, also der Weg, den die Frau zurücklegt, bis sie tatsächlich reagiert und auf die Bremse drückt, ebenfalls berücksichtigt werden.

5 a) geg.: $m = 80$ kg; $s = 40$ cm; $v = 72\,\frac{km}{h}$; $t = 89$ ms
ges.: F
Ansatz: $s = \frac{1}{2} \cdot a \cdot t^2 \quad \left| \cdot \frac{2}{t^2}\right.$
$F = m \cdot a$
Rechnung: $a = \frac{2s}{t^2} = \frac{2 \cdot 0{,}40\text{ m}}{(0{,}089\text{ s})^2} = 1{,}0 \cdot 10^2\,\frac{m}{s^2}$
$F = 80\text{ kg} \cdot 1{,}0 \cdot 10^2\,\frac{m}{s^2} = 8{,}0$ kN

b) Nein, das wäre nicht möglich: Da beim Abstützen während des Abbremsens ein Kraftbetrag von 8,0 kN anstelle von 500 N notwendig wäre, muss der Großteil der Kraft durch einen Sicherheitsgurt „abgefangen" werden.

6 a) Die Aussage ist korrekt und wird durch die Grundgleichung der Mechanik, $F = m \cdot a$, unterstützt.
b) Berücksichtigt man, dass die Gesamtmasse der Rakete hauptsächlich auf den Treibstoff zurückgeht, welcher beim Start verbrannt wird, so ist Niklas' Berechnung der Beschleunigung nicht mehr so einfach möglich. Es reicht nicht aus, durch die Gesamtmasse der Rakete vor dem Start zu dividieren, da sich die Gesamtmasse durch das Verbrennen des Treibstoffs während des Starts reduziert.

7 a) geg.: $a = 1{,}2\,\frac{m}{s^2}$; $v_{Ende} = 350\,\frac{km}{h}$; $v_{Anfang} = 0\,\frac{km}{h}$
ges.: t
Ansatz: $v = a \cdot t \quad |:a$
Rechnung: $t = \frac{v}{a} = \frac{350\,\frac{km}{h}}{1{,}2\,\frac{m}{s^2}} = \frac{350:3{,}6\,\frac{m}{s}}{1{,}2\,\frac{m}{s^2}} = 81$ s

b) geg.: $a = 1{,}2\,\frac{m}{s^2}$; $t = 81$ s
ges.: s
Ansatz: $s = \frac{1}{2}\,a \cdot t^2$
Rechnung: $s = \frac{1}{2} \cdot 1{,}2\,\frac{m}{s^2} \cdot (81\text{ s})^2 = 3{,}9$ km

c) geg.: $v_{Anfang} = 350\,\frac{km}{h}$; $s = 3{,}5$ km
ges.: t; a
Ansatz: $a = \frac{v}{t}$ in $s = \frac{1}{2}\,a \cdot t^2 = \frac{1}{2}\,v \cdot t \quad |\cdot 2 \quad |:v$
$t = \frac{2s}{v}$
Rechnung: $t = \frac{2 \cdot 3{,}5\text{ km}}{350\,\frac{km}{h}} = \frac{2 \cdot 3{,}5 \cdot 10^3\text{ m}}{(350:3{,}6)\,\frac{m}{s}} = 72$ s
$a = \frac{0\,\frac{km}{h} - 350\,\frac{km}{h}}{72\text{ s}} = \frac{0\,\frac{m}{s} - (350:3{,}6)\,\frac{m}{s}}{72\text{ s}} = -1{,}4\,\frac{m}{s^2}$

Aufgaben für Lernpartner

A Das ist falsch. Je höher die Geschwindigkeit eines Körpers ist, desto steiler ist der Graph. Dies liegt daran, dass der Wert des Quotienten aus s und t bei höherer Geschwindigkeit ebenfalls größer ist und gleichzeitig die Steigung des Graphen beschreibt.

B Das ist falsch. Die durchschnittliche Geschwindigkeit beschreibt die Geschwindigkeit eines bewegten Körpers entlang der Strecke im Zeitintervall bzw. in einer Zeitspanne.

C Das ist falsch. Mit der Formel $s = \frac{1}{2}\,a \cdot t^2$ ergibt eine Verdopplung der Zeit t mit $s' = \frac{1}{2}\,a \cdot (2t)^2 = 4 \cdot \frac{1}{2}\,a \cdot t^2 = 4s$ eine Vervierfachung der Wegstrecke.

D Das ist richtig, denn wird die Kraft, die auf einen Körper wirkt, halbiert, so wird auch die Beschleunigung a halbiert. Das ergibt sich aus $F = m \cdot a$. Aus dieser Halbierung von a ergibt sich mit $\frac{1}{2}\,a = \frac{\Delta v}{2 \cdot \Delta t}$ eine Verdopplung der Bremszeit Δt. Setzt man nun alles in die Gleichung für den Bremsweg ein, also $\frac{1}{2} \cdot \left(\frac{1}{2}\,a\right) \cdot (2 \cdot \Delta t)^2 = 2 \cdot \frac{1}{2}\,a \cdot \Delta t^2 = 2s$, sieht man, dass sich der Bremsweg dadurch verdoppelt.

E Das ist falsch. Aufgrund der Luft wirkt zusätzlich zur Gewichtskraft eine Kraft, die dazu führt, dass die Bewegung auch ohne Fallschirm keine gleichmäßig beschleunigte Bewegung ist.
Die Fallbeschleunigung in Luft ist nur zu Beginn gleich der Erdbeschleunigung, nachher nimmt sie ab, bis sie nach etwa sieben Sekunden null wird. Je nach Dichte der umgebenden Luft erreicht ein Fallschirmspringer auch ohne geöffneten Schirm nur eine Maximalgeschwindigkeit von ca. 200 $\frac{km}{h}$, weil der Luftwiderstand quadratisch mit der Geschwindigkeit zunimmt.

F Das ist richtig. Bei der mathematischen Betrachtung des Energieerhaltungssatzes für den freien Fall kürzt sich die Masse aus den beteiligten Gleichungen raus.

G Das ist richtig, da die Beschleunigung beim freien Fall dem Ortsfaktor entspricht.

1.14 Teste dich – Seite 54 / 55

Aufgaben zur Einzelarbeit

1 Geschosse mit sehr geringen Massen können dennoch sehr gefährlich sein, da sie durch sehr hohe Geschwindigkeiten eine große kinetische Energie besitzen, die bei einem Aufprall mit einer größeren Masse in andere Energieformen umgewandelt wird, sodass große Schäden entstehen können. Die Geschwindigkeit spielt dabei eine größere Rolle als die Masse, da sie quadratisch in die Gleichung für die kinetische Energie eingeht: $E_{kin} = \frac{1}{2} m \cdot v^2$.

2 a) geg.: $F = 180$ kN; $m = 23{,}5$ t
ges.: a
Ansatz: $F = m \cdot a \quad |:m$
Rechnung: $a = \frac{F}{m} = \frac{180 \cdot 10^3\ \text{N}}{23{,}5 \cdot 10^3\ \text{kg}} = 7{,}66\ \frac{\text{m}}{\text{s}^2}$

b) geg.: $a = 7{,}66\ \frac{\text{m}}{\text{s}^2}$; $v = 234\ \frac{\text{km}}{\text{h}}$
ges.: s
Ansatz: $v = a \cdot t \quad |:a$
$s = \frac{1}{2} \cdot a \cdot t^2$
Rechnung: $t = \frac{v}{a} = \frac{65{,}0\ \frac{\text{m}}{\text{s}}}{7{,}66\ \frac{\text{m}}{\text{s}^2}} = 8{,}49$ s
$s = \frac{1}{2} \cdot 7{,}66\ \frac{\text{m}}{\text{s}^2} \cdot (8{,}49\ \text{s})^2 = 276$ m

c) geg.: $v = 234\ \frac{\text{km}}{\text{h}}$; $F = 180$ kN; $m = 23{,}5$ t; $s = 276$ m
ges.: E_{kin}
Ansatz: $E_{kin} = \frac{1}{2} \cdot m \cdot v^2$
$E_{kin} = F \cdot s$
Rechnung: $E_{kin} = \frac{1}{2} \cdot 23{,}5 \cdot 10^3\ \text{kg} \cdot \left(65{,}0\ \frac{\text{m}}{\text{s}}\right)^2 = 49{,}6$ MJ
$E_{kin} = 180 \cdot 10^3\ \text{N} \cdot 276\ \text{m} = 49{,}7$ MJ

3 a) geg.: $m = 12$ g; $h = 6{,}2$ m
ges.: v
Ansatz: Es gilt Energieerhaltung, die kinetische Energie wandelt sich bis zur Höhe h komplett in potenzielle Energie um.
$E_{kin} = E_{pot}$
$\frac{1}{2} m \cdot v^2 = m \cdot g \cdot h \quad |:m \quad |\cdot 2 \quad |\sqrt{\ }$
Rechnung: $v = \sqrt{2 \cdot g \cdot h} = \sqrt{2 \cdot 9{,}81\ \frac{\text{m}}{\text{s}^2} \cdot 6{,}2\ \text{m}} = 11\ \frac{\text{m}}{\text{s}}$

b) geg.: $v = 11\ \frac{\text{m}}{\text{s}}$; $m = 12$ g
ges.: E_{Spann}
Ansatz: Es gilt Energieerhaltung, die Spannenergie wird in kinetische Energie umgewandelt.
$E_{Spann} = E_{kin} = \frac{1}{2} m \cdot v^2$
Rechnung: $E_{Spann} = \frac{1}{2} \cdot 12\ \text{g} \cdot \left(11\ \frac{\text{m}}{\text{s}}\right)^2$
$E_{Spann} = \frac{1}{2} \cdot 0{,}012\ \text{kg} \cdot \left(11\ \frac{\text{m}}{\text{s}}\right)^2 = 0{,}73$ J

c) geg.: $E_{Spann} = E_{kin} = 0{,}73$ J; $m = 12$ g; 15 % Energieentwertung
ges.: h
Ansatz: $E_{kin} \cdot 0{,}85 = E_{pot} = m \cdot g \cdot h \quad |:(m \cdot g)$
Rechnung: $h = \frac{E_{kin} \cdot 0{,}85}{m \cdot g} = \frac{0{,}73\ \text{J} \cdot 0{,}85}{0{,}012\ \text{kg} \cdot 9{,}81\ \frac{\text{m}}{\text{s}^2}} = 5{,}3$ m

4 a) geg.: $h_1 = 2{,}5$ m; $m_1 = 70$ kg; $m_2 = 60$ kg
ges.: h_2
Ansatz: $E_{pot,1} = E_{pot,2}$
$m_1 \cdot g \cdot h_1 = m_2 \cdot g \cdot h_2 \quad |:g \quad |:m_2$
Rechnung: $h_2 = \frac{m_1 \cdot h_1}{m_2} = \frac{70\ \text{kg} \cdot 2{,}5\ \text{m}}{60\ \text{kg}} = 2{,}9$ m

b) Unter der Voraussetzung, dass Schüler 2 („Partner") und damit seine Masse festgelegt ist: Man könnte einen Schüler 1 mit geringerer Masse wählen oder/und den Schüler 1 aus einer geringeren Höhe springen lassen. Damit würde sich die Schleuderhöhe des Partners verringern.

5 a) Bei der Verwendung von Matten beim Sport handelt es sich meist um einen inelastischen Stoß, da man beispielsweise beim Hochsprung am Ende auf die Matte fällt und dort liegen bleibt. Der eigene Impuls wirkt sich dadurch so gut wie nicht auf die Matte aus, da diese direkt mit der Erde verbunden ist, welche eine deutlich größere Masse besitzt. Die Matte wird jedoch zusammengedrückt bzw. verformt, wobei die Energie dabei komplett entwertet wird.

b) Bei Leitplanken am Straßenrand handelt es sich meist ebenfalls um einen inelastischen Stoß. Kommt ein Auto beispielsweise von der Fahrbahn ab und fährt gegen die Leitplanke, so bewegen sich Leitplanke und Auto je nach Stärke des Aufpralls gemeinsam weiter, bis die Energie entwertet ist, was meist durch die Verformung der Leitplanke und des Autos der Fall ist. Auto und Leitplanke besitzen bis zum Stillstand einen gemeinsamen Impuls.

c) Beim Zusammenstoß von Billardkugeln handelt es sich um elastische Stöße. Stößt eine Billardkugel beispielsweise auf eine andere ruhende Billardkugel, so bewegen sich beide mit neuen Impulsen, die addiert wieder den Anfangsimpuls der ersten Kugel ergeben, in unterschiedliche Richtungen weiter. Die kinetische Energie bleibt dabei ebenfalls erhalten.

d) Bei einem Kometeneinschlag handelt es sich um einen inelastischen Stoß, da der Komet auf der Erde liegen bleibt. Der Impuls des Kometen hat aufgrund der deutlich geringeren Masse so gut wie keinen Einfluss auf die Bewegung der Erde. Die Energie wird komplett entwertet, hauptsächlich durch die Verformung der Erde, wenn der Einschlagkrater entsteht.

6 geg.: $m_G = 4{,}0\text{ kg};\ m_K = 10\text{ g};\ v_K = 400\ \frac{\text{m}}{\text{s}}$

ges.: v_G

Ansatz: $m_G \cdot v_G = m_K \cdot v_K \quad |: m_G$

$v_G = \frac{m_K \cdot v_K}{m_G}$

Rechnung: $v_G = \frac{0{,}010\text{ kg} \cdot 400\ \frac{\text{m}}{\text{s}}}{4{,}0\text{ kg}} = 1{,}0\ \frac{\text{m}}{\text{s}}$

7 geg.: $m_1 = 2{,}0\text{ kg};\ v_1 = 8{,}0\ \frac{\text{m}}{\text{s}};\ v_2 = 0{,}0\ \frac{\text{m}}{\text{s}};$
$v_1' = -4{,}0\ \frac{\text{m}}{\text{s}};\ v_2' = 4{,}0\ \frac{\text{m}}{\text{s}}$

ges.: m_2

Ansatz: $m_1 \cdot v_1 = m_1 \cdot v_1' + m_2 \cdot v_2' \quad | - m_1 \cdot v_1' \quad |: v_2'$

$m_2 = \frac{m_1 \cdot v_1 - m_1 \cdot v_1'}{v_2'} = \frac{m_1 \cdot (v_1 - v_1')}{v_2'}$

Rechnung: $m_2 = \frac{2{,}0\text{ kg} \cdot \left(8{,}0\ \frac{\text{m}}{\text{s}} - \left(-4{,}0\ \frac{\text{m}}{\text{s}}\right)\right)}{4{,}0\ \frac{\text{m}}{\text{s}}} = 6{,}0\text{ kg}$

8 a) Die Geschwindigkeit der Fußspitze nimmt kurz vor dem Ballkontakt ab, da die Energie der Fußspitze an den Ball übertragen wird. Aufgrund der Energieerhaltung muss die Geschwindigkeit also abnehmen, sodass nach der Impulsübertragung durch den Stoß der Ball eine Geschwindigkeit besitzt.

b) Dies lässt sich ebenfalls mithilfe des Energieerhaltungssatzes erklären, da gilt $E_{\text{kin, Fuß}} = \frac{1}{2} m_{\text{Fuß}} \cdot v_{\text{Fuß}}^2 = \frac{1}{2} m_{\text{Ball}} \cdot v_{\text{Ball}}^2$. Die Masse des Balls ist kleiner als die Masse des Fußes, somit ist die Geschwindigkeit größer, um die gleiche kinetische Energie zu erhalten.

9 a) geg.: $v_1 = 10\ \frac{\text{m}}{\text{s}};\ v_2 = 0\ \frac{\text{m}}{\text{s}};\ m_1 = m_2 = m$

ges.: v'

Ansatz: Impulserhaltung $v_1 \cdot m = 2m \cdot v' \quad |: m \quad |: 2$

$v' = \frac{v_1}{2}$

Rechnung: $v' = \frac{10\ \frac{\text{m}}{\text{s}}}{2} = 5\ \frac{\text{m}}{\text{s}}$

b) geg.: $v_1 = 10\ \frac{\text{m}}{\text{s}};\ v' = 5\ \frac{\text{m}}{\text{s}}$

ges.: Prozent der thermischen Energie zur kinetischen Energie η

Ansatz: $\eta = \frac{E_{\text{therm}}}{E_{\text{kin}}} = \frac{E_{\text{kin}} - E'_{\text{kin}}}{E_{\text{kin}}};\ E_{\text{kin}}' = \frac{1}{2} \cdot 2m \cdot v'^2$

$E_{\text{kin}} = \frac{1}{2} m \cdot v_1^2$

$\eta = \frac{v_1^2 - 2 \cdot v'^2}{v_1^2}$

Rechnung: $\eta = \frac{\left(10\ \frac{\text{m}}{\text{s}}\right)^2 - 2 \cdot \left(5\ \frac{\text{m}}{\text{s}}\right)^2}{\left(10\ \frac{\text{m}}{\text{s}}\right)^2} = 0{,}5 = 5 \cdot 10^1\ \%$

Aufgaben für Lernpartner

A Das ist falsch. Um eine Verdopplung der kinetischen Energie zu erreichen, muss die Geschwindigkeit eines Körpers bei fester Masse auf das $\sqrt{2}$-Fache ansteigen, da die Geschwindigkeit quadratisch in die Gleichung eingeht.
Bei einer Vervierfachung der Geschwindigkeit würde die kinetische Energie auf das 16-Fache ansteigen.

B Das ist falsch. Der Energieerhaltungssatz gilt immer. Im Falle von vorhandener Reibung wird ein Teil der Energie in innere Energie umgewandelt, was jedoch nicht gegen den Energieerhaltungssatz spricht.

C Das ist falsch. Beim elastischen Stoß muss die Summe der kinetischen Energien vor dem Stoß gleich der Summe der kinetischen Energien nach dem Stoß sein, nicht aber die Energien der einzelnen Körper.

D Das ist richtig und ergibt sich aus der Definition des Impulses $p = m \cdot v = 2m \cdot \frac{1}{2} v$.

E Das ist falsch. Nur die kinetische Energie bleibt nicht bei jeder Art des Zusammenstoßes erhalten, der Impuls schon.

F Das ist falsch. Bei Aufgabe 9 handelt es sich beispielsweise um einen inelastischen Stoß, dort wird ein Teil der inneren Energie in kinetische Energie umgewandelt. Das eine Auto fährt auf das andere Auto mit gleicher Masse auf und beide zusammen haben nach dem Stoß nur die halbe Geschwindigkeit. $E_{\text{kin}} = \frac{1}{2} m \cdot v^2 \neq \frac{1}{2} \cdot 2m \cdot \left(\frac{1}{2} v\right)^2 = \frac{1}{2} E_{\text{kin}}$.

2.7 Teste dich – Seite 88 / 89

Aufgaben zur Einzelarbeit

1 a)

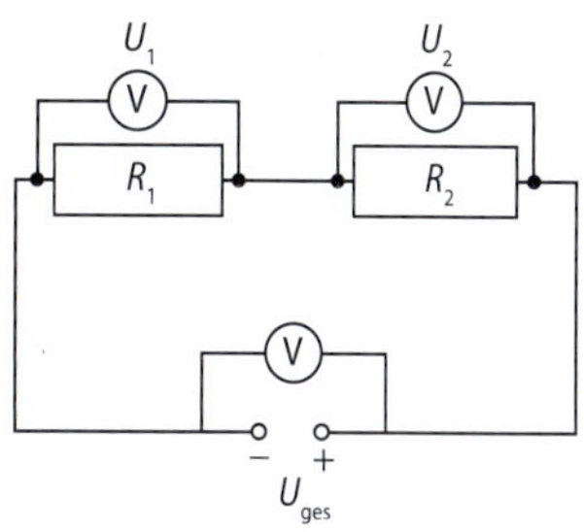

b) geg.: $R_1 = 80\ \Omega$; $R_2 = 120\ \Omega$; $U_{ges} = 12\ V$

ges.: R_{ges}; I; U_1; U_2

Ansatz: $R_{ges} = R_1 + R_2$; $I = \frac{U}{R}$; $U = R \cdot I$

Rechnung: $R_{ges} = 80\ \Omega + 120\ \Omega = 200\ \Omega$

$I = \frac{U_{ges}}{R_{ges}} = \frac{12\ V}{200\ \Omega} = 0{,}060\ A = 60\ mA = I_1 = I_2$

$U_1 = R_1 \cdot I_1 = 80\ \Omega \cdot 0{,}060\ A = 4{,}8\ V$

$U_2 = R_2 \cdot I_2 = 120\ \Omega \cdot 0{,}060\ A = 7{,}2\ V$

2 a)

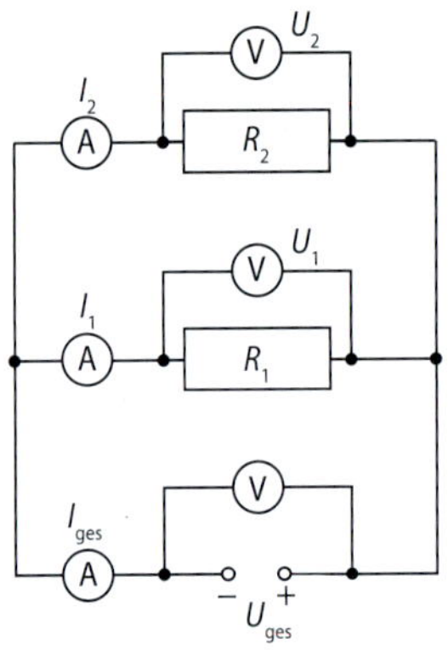

b) geg.: $R_1 = 90\ \Omega$; $R_2 = 60\ \Omega$; $U_{ges} = 24\ V$

ges.: R_{ges}; I_{ges}; I_1; I_2

Ansatz: $\frac{1}{R_{ges}} = \frac{1}{R_1} + \frac{1}{R_2}$; $I = \frac{U}{R}$; $U_{ges} = U_1 = U_2$

Rechnung: $\frac{1}{R_{ges}} = \frac{1}{90\ \Omega} + \frac{1}{60\ \Omega} \Rightarrow R = 36\ \Omega$

$I_{ges} = \frac{U_{ges}}{R_{ges}} = \frac{24\ V}{36\ \Omega} = 0{,}67\ A$

$I_1 = \frac{U_1}{R_1} = \frac{24\ V}{90\ \Omega} = 0{,}27\ A$

$I_2 = \frac{U_2}{R_2} = \frac{24\ V}{60\ \Omega} = 0{,}40\ A$

3 a)

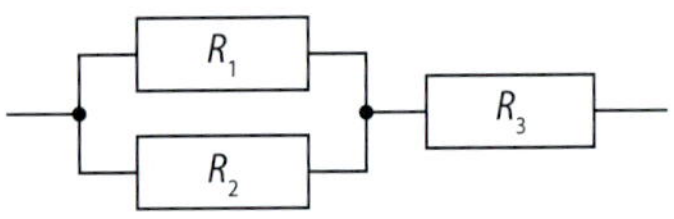

Lösungsmöglichkeit:

geg.: $I_1 = 1{,}5\ A$; $U_2 = 10\ V$; $I_3 = 4{,}5\ A$; $U_{ges} = 30\ V$

ges.: U_1; U_3; I_2; I_{ges}; R_1; R_2; R_3; R_{ges}

Ansatz: $U_1 = U_2$; $U_{ges} = U_1 + U_3$ $\quad | - U_1$

$I_3 = I_1 + I_2$ $\quad | - I_1$

$I_{ges} = I_3$

$R_1 = \frac{U_1}{I_1}$; $R_2 = \frac{U_2}{I_2}$; $R_3 = \frac{U_3}{I_3}$

$\frac{1}{R_{1/2}} = \frac{1}{R_1} + \frac{1}{R_2}$; $R_{ges} = R_{1/2} + R_3$

Rechnung: $U_1 = U_2 = 10\ V$

$U_3 = U_{ges} - U_1 = 30\ V - 10\ V = 20\ V$

$I_2 = I_3 - I_1 = 4{,}5\ V - 1{,}5\ V = 3{,}0\ V$

$I_{ges} = 4{,}5\ A$

$R_1 = \frac{10\ V}{1{,}5\ A} = 6{,}7\ \Omega$; $R_2 = \frac{10\ V}{3{,}0\ A} = 3{,}3\ \Omega$

$R_3 = \frac{20\ V}{4{,}5\ A} = 4{,}4\ \Omega$

$\frac{1}{R_{1/2}} = \frac{1}{6{,}7\ \Omega} + \frac{1}{3{,}3\ \Omega} \Rightarrow R_{1/2} = 2{,}2\ \Omega$

$R_{ges} = 2{,}2\ \Omega + 4{,}4\ \Omega = 6{,}6\ \Omega$

b)

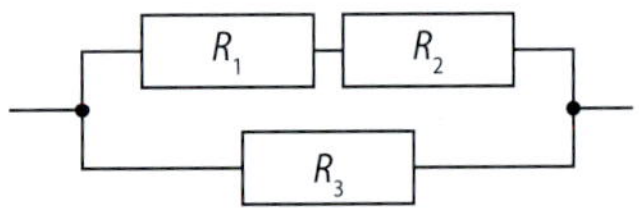

Lösungsmöglichkeit:

geg.: $U_1 = 60\ V$; $U_2 = 20\ V$; $I_2 = 5{,}0\ A$; $R_3 = 40\ \Omega$

ges.: U_3; U_{ges}; I_1; I_3; I_{ges}; R_1; R_2; R_{ges}

Ansatz: $U_3 = U_1 + U_2$; $U_{ges} = U_3$

$I_1 = I_2$

$R_3 = \frac{U_3}{I_3}$ $\quad | \cdot I_3 \quad | : R_3$

$I_{ges} = I_1 + I_3$

$R_1 = \frac{U_1}{I_1}$; $R_2 = \frac{U_2}{I_2}$

$\frac{1}{R_{ges}} = \frac{1}{R_{1/2}} + \frac{1}{R_3} = \frac{1}{R_1 + R_2} + \frac{1}{R_3}$

Rechnung: $U_3 = 60\ V + 20\ V = 80\ V$; $U_{ges} = 80\ V$

$I_1 = 5{,}0\ A$

$I_3 = \frac{U_3}{R_3} = \frac{80\ V}{40\ \Omega} = 2{,}0\ A$

$I_{ges} = 5{,}0\ A + 2{,}0\ A = 7{,}0\ A$

$R_1 = \frac{60\ V}{5{,}0\ A} = 12\ \Omega$; $R_2 = \frac{20\ V}{5{,}0\ A} = 4{,}0\ \Omega$

$\frac{1}{R_{ges}} = \frac{1}{12\ \Omega + 4{,}0\ \Omega} + \frac{1}{40\ \Omega} \Rightarrow R_{ges} = 11\ \Omega$

4

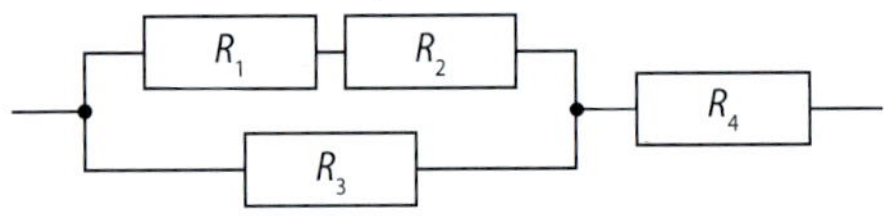

geg.: $R_1 = 100\ \Omega$; $R_2 = 50\ \Omega$; $R_3 = 75\ \Omega$; $R_4 = 20\ \Omega$

ges.: R_{ges}

Ansatz: $R_{1/2} = R_1 + R_2$; $\frac{1}{R_{1/2/3}} = \frac{1}{R_{1/2}} + \frac{1}{R_3}$

$R_{ges} = R_{1/2/3} + R_4$

Rechnung: $R_{1/2} = 100\ \Omega + 50\ \Omega = 150\ \Omega$

$\frac{1}{R_{1/2/3}} = \frac{1}{150\ \Omega} + \frac{1}{75\ \Omega} = \frac{1}{50\ \Omega} \Rightarrow R_{1/2/3} = 50\ \Omega$

$R_{ges} = 50\ \Omega + 20\ \Omega = 70\ \Omega$

5

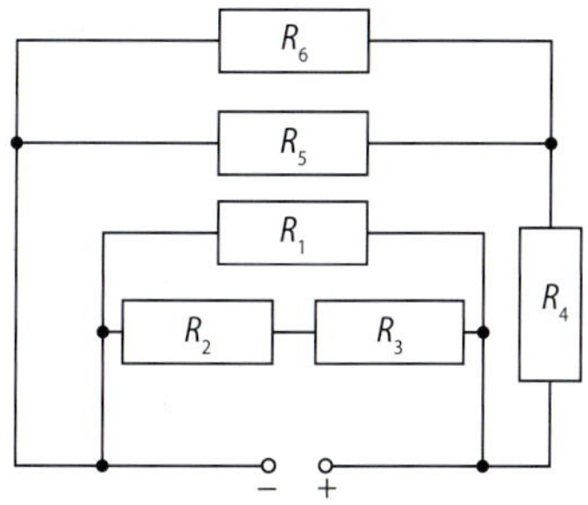

geg.:	$R_1 = 2{,}0\ k\Omega$; $R_2 = 50\ \Omega$; $R_3 = 75\ \Omega$; $R_4 = 420\ \Omega$; $R_5 = 700\ \Omega$; $R_6 = 1{,}0\ k\Omega$
ges.:	R_{ges}
Ansatz:	$R_{2/3} = R_2 + R_3$; $\frac{1}{R_{1/2/3}} = \frac{1}{R_1} + \frac{1}{R_{2/3}}$ $\frac{1}{R_{5/6}} = \frac{1}{R_5} + \frac{1}{R_6}$; $R_{4/5/6} = R_{5/6} + R_4$ $\frac{1}{R_{ges}} = \frac{1}{R_{1/2/3}} + \frac{1}{R_{4/5/6}}$
Rechnung:	$R_{2/3} = 50\ \Omega + 75\ \Omega = 125\ \Omega$ $\frac{1}{R_{1/2/3}} = \frac{1}{2{,}0\ k\Omega} + \frac{1}{125\ \Omega} \Rightarrow R_{1/2/3} = 0{,}12\ k\Omega$ $\frac{1}{R_{5/6}} = \frac{1}{700\ \Omega} + \frac{1}{1{,}0\ k\Omega} \Rightarrow R_{5/6} = 0{,}41\ k\Omega$ $R_{4/5/6} = 0{,}41\ k\Omega + 420\ \Omega = 0{,}82\ k\Omega$ $\frac{1}{R_{ges}} = \frac{1}{0{,}12\ k\Omega} + \frac{1}{0{,}82\ k\Omega} \Rightarrow R_{ges} = 0{,}10\ k\Omega$

6 **a)**

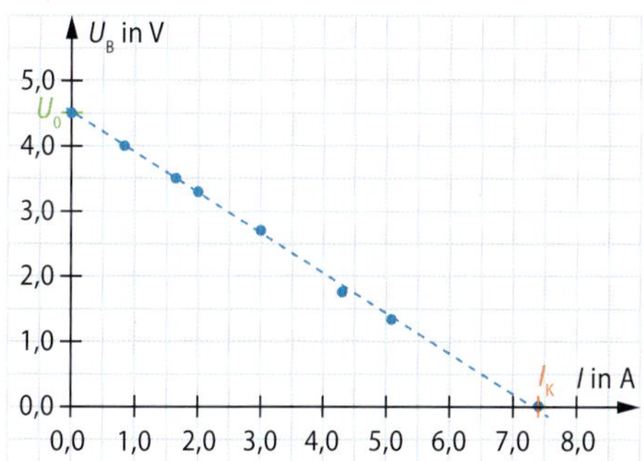

b) Die Ruhespannung U_0 beträgt ca. 4,5 V und die Kurzschlussstromstärke I_K beträgt ca. 7,4 A.

c)

geg.:	$U_0 = 4{,}5\ V$; $I_K = 7{,}4\ A$
ges.:	R_i
Ansatz:	$R_i = \frac{U_0}{I_K}$
Rechnung:	$R_i = \frac{4{,}5\ V}{7{,}4\ A} = 0{,}61\ \Omega$

7 Baut man einen Vorwiderstand in den Stromkreis, erhöht sich der Gesamtwiderstand R_{ges}, da er in der Reihenschaltung die Summe aus Vorwiderstand R_V und Widerstand der Diode R_{Diode} ist: $R_{ges} = R_V + R_{Diode}$. Mit der konstanten Spannung U_{ges} von der Elektrizitätsquelle folgt für die Gesamtstromstärke: $I_{ges} = \frac{U_{ges}}{R_{ges}} = \frac{U_{ges}}{R_V + R_{Diode}}$. In der Reihenschaltung gilt dann $I_{ges} = I_V = I_{Diode}$ und diese Stromstärke soll 20 mA nicht überschreiten. Für diesen Fall kann der Gesamtwiderstand berechnet werden.

geg.:	$I_{ges} = 20\ mA$; $U_{ges} = 5{,}0\ V$
ges.:	R_{ges}
Ansatz:	$R_{ges} = \frac{U_{ges}}{I_{ges}}$
Rechnung:	$R_{ges} = \frac{5{,}0\ V}{20\ mA} = \frac{5{,}0\ V}{0{,}020\ A} = 0{,}25\ k\Omega$
Antwort:	Wird ein Vorwiderstand von 0,25 kΩ davor geschaltet, so ist der Gesamtwiderstand, also die Summe aus Vorwiderstand und Widerstand der Diode, auf jeden Fall groß genug, um eine Stromstärke kleiner als 20 mA zu erhalten.

8

geg.:	$I_{neu} = 10 \cdot I_M$ (bzw. $100\ I_M$; $1000\ I_M$)
ges.:	$\frac{R_N}{R_M}$
Ansatz:	$U_N = U_M$; $U = R \cdot I$ $R_N \cdot I_N = R_M \cdot I_M \Rightarrow \frac{R_N}{R_M} = \frac{I_M}{I_N}$; $I_N = I_{neu} - I_M$
Rechnung:	10-fache Vergrößerung: $I_N = 10 \cdot I_M - I_M = 9\ I_M$ $\frac{R_N}{R_M} = \frac{I_M}{9\ I_M} = \frac{1}{9}$ 100-fache Vergrößerung: $I_N = 100 \cdot I_M - I_M = 99\ I_M$ $\frac{R_N}{R_M} = \frac{I_M}{99\ I_M} = \frac{1}{99}$ 1000-fache Vergrößerung: $I_N = 1000 \cdot I_M - I_M = 999\ I_M$ $\frac{R_N}{R_M} = \frac{I_M}{999\ I_M} = \frac{1}{999}$

9 **a)**

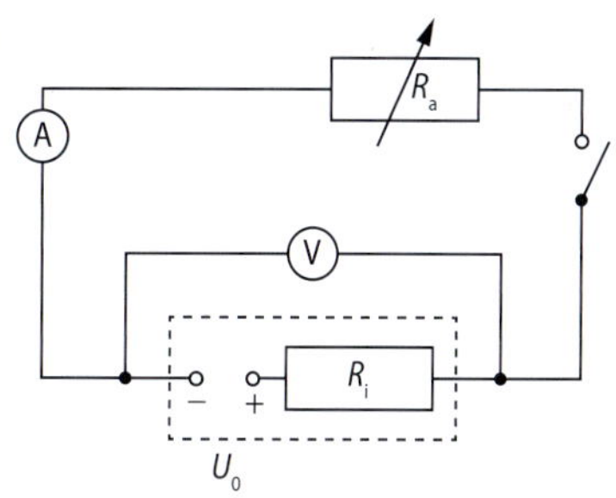

b)

geg.:	$U_0 = 4{,}50\ V$; $R_a = 10{,}0\ \Omega$; $U_B = 4{,}00\ V$
ges.:	R_i; I_K
Ansatz:	$R_a = \frac{U_B}{I} \Rightarrow I = \frac{U_B}{R_a}$ $U_B = U_0 - R_i \cdot I \quad \vert + R_i \cdot I - U_B \quad \vert : I$ $R_i = \frac{U_0 - U_B}{I} = \frac{U_0 - U_B}{\frac{U_B}{R_a}}$; $I_K = \frac{U_0}{R_i}$

Rechnung: $R_i = \frac{4{,}50\,V - 4{,}00\,V}{\frac{4{,}00\,V}{10{,}0\,\Omega}} = 1{,}25\,\Omega$

$I_K = \frac{4{,}50\,V}{1{,}25\,\Omega} = 3{,}60\,A$

c) geg.: $I = 2{,}0\,A$; $U_0 = 4{,}50\,V$; $R_i = 1{,}25\,\Omega$

ges.: R_a

Ansatz: $R = \frac{U}{I} \Rightarrow U = R \cdot I$;

$U_B = R_a \cdot I = U_0 - R_i \cdot I \qquad |:I$

Rechnung: $R_a = \frac{U_0}{I} - R_i = \frac{4{,}50\,V}{2{,}0\,A} - 1{,}25\,\Omega = 1{,}0\,\Omega$

Aufgaben für Lernpartner

A Das ist richtig. Der Gesamtwiderstand ist die Summe der Einzelwiderstände.

B Das ist falsch. Hat man beispielsweise $R_1 = 20\,\Omega$ und $R_2 = 30\,\Omega$ parallel geschaltet, so erhält man einen Gesamtwiderstand von $\frac{1}{R_{ges}} = \frac{1}{R_1} + \frac{1}{R_2} = \frac{1}{12\,\Omega}$, also $R_{ges} = 12\,\Omega$, was kleiner ist als beide Einzelwiderstände. Somit liegt der Wert hier nicht dazwischen.

C Das ist falsch. Bei Kurzschluss ist die Klemmspannung am kleinsten bzw. hat den Wert Null.

D Das ist richtig. Der Strom fließt so hauptsächlich durch den Nebenwiderstand, wobei am Messwiderstand selbst deutlich weniger Strom durchfließt und somit ein größerer Bereich gemessen werden kann.

E Das ist falsch. Bei der Messbereichserweiterung eines Spannungsmessgeräts wird ein Vorwiderstand in Reihe geschaltet. Die Stromstärke ist also überall gleich. Außerdem nimmt der Gesamtwiderstand der Schaltung zu, wobei bei gleicher Spannung nach $R = \frac{U}{I}$, also $I = \frac{U}{R}$, weniger Strom fließt.

F Das ist richtig. Ein Messgerät hat einen Innenwiderstand, an dem Spannung abfällt. Der Betrag dieser Spannung ist jedoch bei guten Messgeräten meist vernachlässigbar.

2.14 Teste dich – Seite 102 / 103

Aufgaben zur Einzelarbeit

1 Durch die Bewegung der frei beweglichen Elektronen nicht parallel zum Magnetfeld wirkt auf die Elektronen die Lorentzkraft. Die Elektronen werden dadurch entlang des Leiters abgelenkt und somit wird eine Spannung induziert. Diese Spannung kann dann an den Anschlüssen der Leiterschaukel gemessen werden.

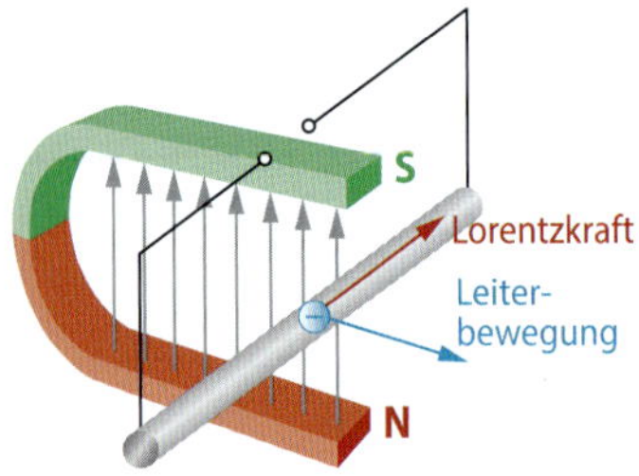

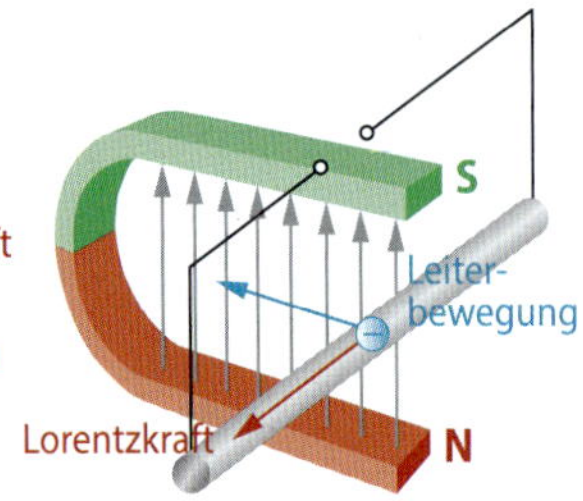

2 a)
- Der Hufeisenmagnet wird abwechselnd zur Spule hin- und wieder zurückbewegt.
- Die Spule wird auf einen Schenkel des Hufeisenmagneten hin- und wieder zurückbewegt.

b) Bewegungsenergie wird in elektrische Energie umgewandelt.

c) Das Lämpchen leuchtet stärker, wenn …
- ein stärkerer Magnet verwendet wird.
- die Bewegung von Magnet oder Spule schneller erfolgt.
- die Windungszahl in der Spule vergrößert wird.
- ein Spulendraht aus einem elektrischen Leiter mit geringerem spezifischen elektrischen Widerstand verwendet wird.
- ein Weicheisenkern in die Spule eingeführt wird.

3 Der Magnet fällt nahezu ungebremst durch das Kunststoffrohr, im Kupferrohr wird er dagegen deutlich gebremst. Da Kupfer ein elektrischer Leiter ist, wird durch den Fall des Magneten an jeder ringförmigen Stelle aufgrund der zeitlichen Änderung des Magnetfelds während des Falls ein elektrischer Strom induziert. Dieser Strom erzeugt selbst wiederum ein Magnetfeld, welches gemäß der Regel von Lenz der Ursache der Induktion entgegenwirkt. Da die Ursache der Induktion die beschleunigte Abwärtsbewegung des Magneten ist, führt die Wechselwirkung der Magnetfelder zur Abbremsung des Körpers.

4 a)

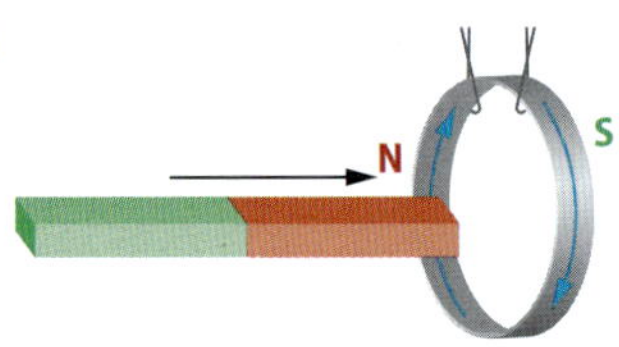

Der Aluminiumring wird abgestoßen.
Durch die Bewegung des Magneten wirkt auf den Aluminiumring ein zeitlich sich änderndes Magnetfeld. Durch diese Magnetfeldänderung wird im Ring eine Spannung induziert. Da der Ring geschlossen ist, fließt ein Induktionsstrom. Dieser induzierte Strom erzeugt wiederum selbst ein Magnetfeld, sodass es zu einer Wechselwirkung der beiden Magnetfelder von Magnet und Ring kommt.

Der Induktionsstrom im Ring ist dabei stets so gerichtet, dass das von ihm erzeugte Magnetfeld der Ursache der Induktion entgegenwirkt.
Bewegt sich der Magnet auf den Aluminiumring zu, dann wirkt das Magnetfeld des Rings dieser Magnetfeldverstärkung (Ursache der Induktion) am Ort des Rings entgegen und der Ring wird abgestoßen. Der Stromfluss im Ring muss also so gerichtet sein, dass an der Seite zum Magneten ein gleichnamiger magnetischer Pol entsteht (linke-Faust-Regel).

b) Der Aluminiumring bleibt in Ruhe.
Ist der Aluminiumring an einer Stelle durchtrennt, dann kann kein elektrischer Strom induziert werden, da der Stromkreis nicht geschlossen ist. Folglich wird kein Magnetfeld aufgebaut, sodass es auch keine Wechselwirkung mit dem Magnetfeld des Magneten gibt.

5 a)

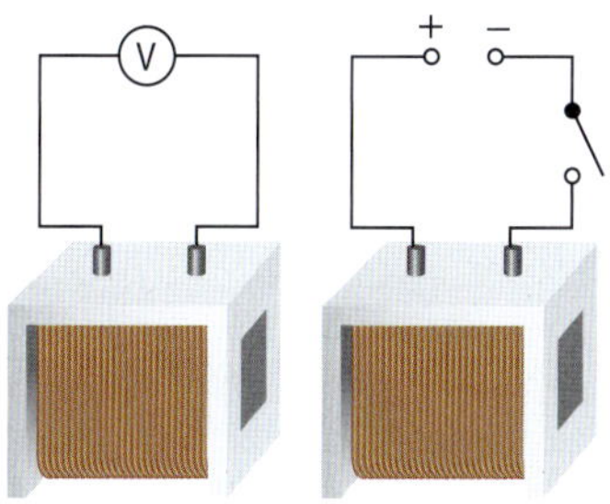

Induktionsspule (Sekundärspule) Feldspule (Primärspule)

b) Beim Schließen des Schalters fließt ein elektrischer Strom, der ein Magnetfeld aufbaut. Dieses Magnetfeld induziert in der Sekundärspule kurzzeitig eine Spannung, da sich die Spule im Moment des Schließens des Schalters in einem zeitlich sich ändernden Magnetfeld befindet. Deshalb schlägt der Zeiger des Spannungsmessgerätes nur im Moment des Schließens des Schalters aus.

c) Lösungsmöglichkeiten: Die Spannung wird vergrößert, wenn …
- die Spannung an der Feldspule erhöht wird.
- ein Weicheisenkern in die Feldspule eingeführt wird.
- die Windungszahl der Feldspule erhöht wird.

6 a) Da die Spule 1 von Wechselstrom durchflossen ist, erzeugt diese ein sich änderndes Magnetfeld. Kommt die Bankkarte beim Auslesevorgang nun in die Nähe von Spule 1, so wird die Spule 2 von dem sich zeitlich ändernden Magnetfeld der Spule 1 durchsetzt und somit im Stromkreis von Spule 2 ein Induktionsstrom induziert. Dieser Strom wird dann zum Auslesen des Mikrochips verwendet.

b) Eine höhere Reichweite erhält man, indem man die Reichweite des in Spule 1 erzeugten Magnetfelds erhöht. Dies erreicht man beispielsweise durch eine höhere Stromstärke oder eine höhere Windungszahl in Spule 1.

c) Durch die Bewegung des Magneten ändert sich zeitlich das Magnetfeld, welches die Spule durchsetzt. Dadurch wird in der Spule eine Spannung induziert. Im geschlossenen Stromkreis fließt ein Induktionsstrom. Dieser ist jedoch zu gering, um die Funktion der Karte zu beeinträchtigen.

7 Lösungsmöglichkeiten:
- Beim Betrieb eines Induktionsherds werden im Boden einer Pfanne Wirbelströme induziert, sodass sich die Pfanne aufgrund der elektrischen Ströme erwärmt.
- Bei der Wirbelstrombremse werden in einem Körper Wirbelströme aufgrund eines zeitlich sich ändernden Magnetfelds erzeugt, die entsprechend der Regel von Lenz so gerichtet sind, dass sie der Ursache der Induktion entgegenwirken. Bewegt sich dieser Körper, dann bewirken die durch die Wirbelströme erzeugten Magnetfelder eine Abbremsung.

8 a) Beim Hinein- und Hinausbewegen aus dem Magnetfeld wird in der Leiterschleife ein elektrischer Strom induziert, weil sich in diesem Moment das Magnetfeld ändert. Entsprechend der Regel von Lenz wirkt das durch diesen induzierten elektrischen Strom erzeugte Magnetfeld der Ursache der Induktion entgegen. Beim Hineinbewegen fließt in der Leiterschleife folglich ein elektrischer Strom im Uhrzeigersinn, sodass sein Magnetfeld der Magnetfeldverstärkung (als Ursache der Induktion) entgegenwirkt und eine magnetisch abstoßende Kraft durch die Wechselwirkung der beiden Magnetfelder bewirkt wird (1).
Beim Hinausbewegen fließt der elektrische Strom entgegen dem Uhrzeigersinn, sodass in diesem Fall der Magnetfeldabschwächung als Ursache der Induktion entgegengewirkt wird. Die Wechselwirkung der beiden Magnetfelder übt eine anziehende Kraft auf die Leiterschleife aus (3).
Befindet sich die Leiterschleife vollständig im homogenen Magnetfeld, dann wird kein elektrischer Strom induziert, da sich das Magnetfeld an der Leiterschleife zeitlich nicht ändert (2).

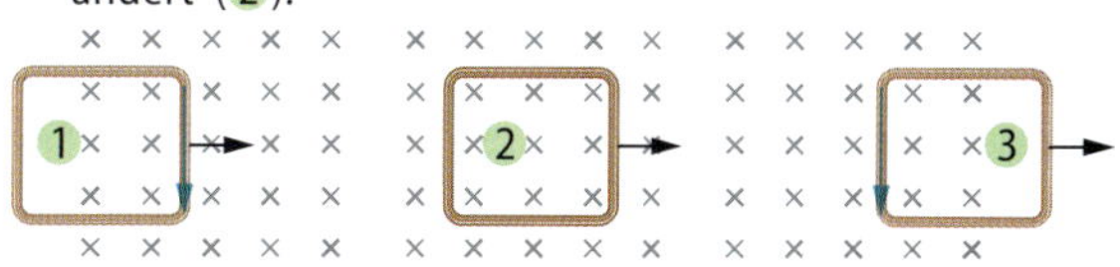

Richtung des induzierten elektrischen Stroms

b)

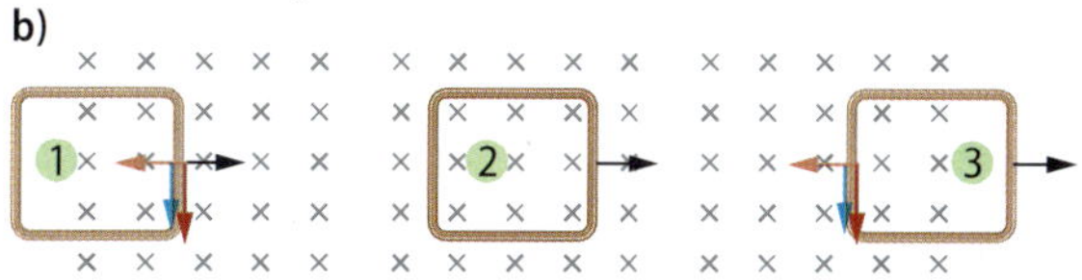

Richtung der primären Lorentzkraft
Richtung des induzierten elektrischen Stroms
Richtung der sekundären Lorentzkraft

Aufgaben für Lernpartner

A Das ist falsch. Bei der Induktion wird mechanische Energie in elektrische Energie umgewandelt.

B Das ist falsch. In einem Leiter wird nur dann eine elektrische Spannung induziert, wenn der Leiter nicht parallel zu den Feldlinien des Magneten bewegt wird.

C Das ist falsch. Ursache der Induktion in einem Leiter ist die zeitliche Änderung des Magnetfelds am Ort des Leiters.

D Das ist richtig.

E Das ist falsch. Man muss die UVW-Regel der linken Hand verwenden, da es sich um die Bewegung von Elektronen handelt. Der Daumen zeigt hierbei entlang der Bewegung des Leiters im Magnetfeld (Ursache) und der Zeigefinger entlang der Magnetfeldlinien von Nord nach Süd (Vermittlung). Daraus ergibt sich für den Mittelfinger die Richtung der Lorentzkraft (Wirkung). Aus der Bewegungsrichtung der Elektronen ergibt sich so die Polung der Induktionsspannung.

2.21 Teste dich – Seite 120 / 121

Aufgaben zur Einzelarbeit

1 a) $E_{kin} \rightarrow E_{el} + E_i$

b) Durch die Bewegung (bzw. durch Reibung) des Laufrads wird das Antriebsrad des Dynamos in Rotation versetzt. Ein mit dem Antriebsrad verbundener Permanentmagnet dreht sich folglich auch. Dieser befindet sich zwischen einem U-förmigen Eisen, auf dem eine Spule sitzt. Der rotierende Magnet bewirkt ein magnetisches Wechselfeld, welches eine Wechselspannung in der Spule induziert.

2 a) In einem Wasserkraftwerk wird die im Wasser gespeicherte potenzielle Energie in kinetische Energie (Bewegung des Wassers) und anschließend in mechanische Energie (Rotation einer Turbine) umgewandelt. Um die Energie ins Verbundnetz einspeisen zu können, muss sie mit einem Generator in elektrische Energie umgewandelt werden.

b) Das THW nutzt vor allem mobile Generatoren. Sie funktionieren in der Regel mithilfe von Verbrennungsmotoren. Entsprechend wandeln sie die chemische Energie der Brennstoffe (z. B. Diesel) in elektrische Energie um. Ein großer Vorteil dieser Generatoren ist, dass sie in Situationen herangezogen werden können, in denen sonst keine elektrische Energie zur Verfügung steht, zum Beispiel bei Hochwassern, Erdbeben oder anderen Katastrophen.

3 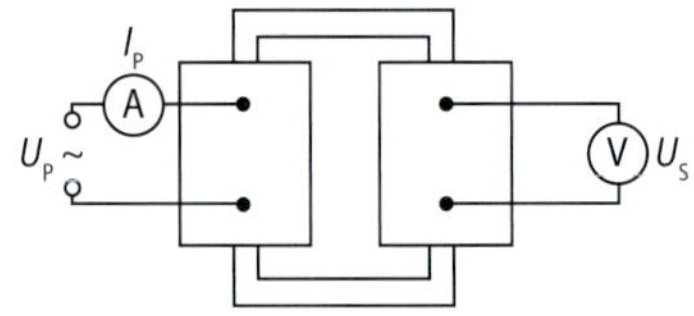

Die Primär- und die Sekundärspule des Transformators sind über einen geschlossenen Eisenkern rein induktiv gekoppelt, haben also keine elektrisch leitende Verbindung. Die Wechselspannung U_P führt zu einem magnetischen Wechselfeld, das – verstärkt durch den Eisenkern – auch die Sekundärspule durchdringt. Das Wechselfeld in der Sekundärspule führt dort per Induktion zu einer abgreifbaren Wechselspannung U_S.

4 a) Hochspannungstransformatoren werden eingesetzt, wenn man hohe Spannungen erzeugen will, also beispielsweise für den Transport elektrischer Energie über Fernleitungen.

b) Transformatoren, die die Spannung heruntertransformieren, sind der Hochstromtransformator sowie der Niederspannungstransformator. Hochstromtransformatoren werden beispielsweise in Schmelzöfen oder beim Elektroschweißen eingesetzt, Niederspannungstransformatoren (früher) bei elektrischen Spielzeugen oder in Netzteilen.

5 Die Anordnung der Spulen mit den entsprechenden Windungszahlen führt dazu, dass die Spannung aus dem Primärkreis hochtransformiert wird. Die bereits lebensgefährliche Spannung von 230 V wird also noch größer und stellt eine noch größere Gefahr für die Gesundheit dar.

6 Ein idealer Transformator besitzt einen Wirkungsgrad von 100 %. Bei der Transformation des Stroms findet keine Energieentwertung statt. Beim realen Transformator werden die in der Realität stattfindenden Energieentwertungen, die beispielsweise durch magnetische Streufelder, Erwärmung oder durch Wirbelströme auftreten, berücksichtigt.

7 a) 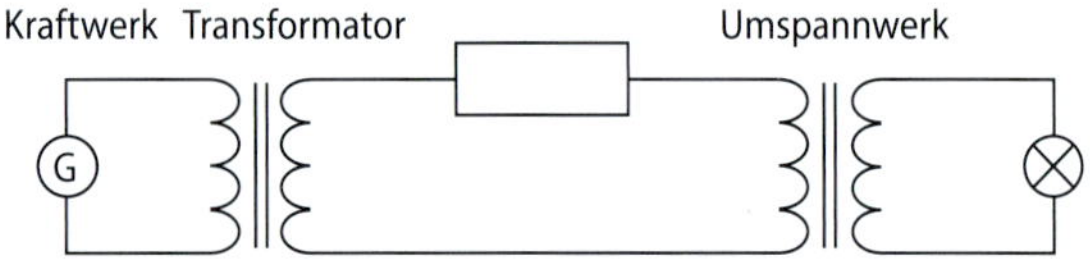

b) geg.: $U_P = 10$ kV; $P_P = 6{,}0$ MW; $U_S = 110$ kV; $R = 85\ \Omega$

ges.: η

Ansatz:
$P_S = P_P$
$P_S = I_S \cdot U_S \quad |:U_S$
$P_{therm} = R \cdot I_S^2;\ \eta = \frac{P_{Nutz}}{P_{zu}} = \frac{P_S - P_{therm}}{P_S}$

Rechnung:
$I_S = \frac{P_S}{U_S} = \frac{6{,}0\ \text{MW}}{110\ \text{kV}} = 55\ \text{A}$
$P_{therm} = 85\ \Omega \cdot (55\ \text{A})^2 = 0{,}26\ \text{MW}$
$\eta = \frac{6{,}0\ \text{MW} - 0{,}26\ \text{MW}}{6{,}0\ \text{MW}} = 0{,}96 = 96\ \%$

8 a) geg.: $U_P = 21\ \text{kV}$; $P_P = 154\ \text{MW}$; $U_S = 220\ \text{kV}$; $R = 1{,}2\ \Omega$

ges.: P_{therm}

ohne Transformator:

Ansatz: $P = P_P$ und $U = U_P$

$P = I \cdot U \quad | : U$

$P_{\text{therm}} = R \cdot I^2$

Rechnung: $I = \frac{P}{U} = \frac{154\ \text{MW}}{21\ \text{kV}} = 7{,}3\ \text{kA}$

$P_{\text{therm}} = 1{,}2\ \Omega \cdot (7{,}3\ \text{kA})^2 = 64\ \text{MW}$

mit Transformator:

Ansatz: $P_S = P_P$

$P_S = I_S \cdot U_S \quad | : U_S$

$P_{\text{therm}} = R \cdot I_S^2$

Rechnung: $I_S = \frac{P_S}{U_S} = \frac{154\ \text{MW}}{220\ \text{kV}} = 0{,}700\ \text{kA}$

$P_{\text{therm}} = 1{,}2\ \Omega \cdot (0{,}700\ \text{kA})^2 = 0{,}59\ \text{MW}$

b) Die in einer Fernleitung entwertete Energie ist abhängig vom elektrischen Widerstand des Leiters sowie der Stromstärke, die den größeren Einfluss besitzt, weil sie sich quadratisch auswirkt. Entsprechend ist die thermische Leistung bei ungefähr einem Zehntel der Stromstärke nur ein Hundertstel so groß.

c) Ein realer Transformator entwertet einen Teil der zugeführten Energie. Dies geschieht zusätzlich zur Entwertung der Energie in der Fernleitung. Somit verringert sich der Gesamtwirkungsgrad der Übertragungskette.

d) Bis zum Endnutzer muss die Spannung durch einen weiteren Transformator wieder heruntertransformiert werden. Auch dieser entwertet einen Teil der Energie. Des Weiteren wird in allen zusätzlichen elektrischen Leitungen, die beispielsweise zu elektrischen Geräten im Haushalt führen, Energie entwertet, und natürlich auch in den Geräten selbst.

9 a) geg.: $\rho = 0{,}038\ \frac{\Omega \cdot \text{mm}^2}{\text{m}}$; $l = 16\ \text{km}$; $A = 15{,}1\ \text{mm}^2$

ges.: R

Ansatz: $R = \rho \cdot \frac{l}{A}$

Rechnung: $R = \frac{0{,}038\ \frac{\Omega \cdot \text{mm}^2}{\text{m}} \cdot 16 \cdot 10^3\ \text{m}}{15{,}1\ \text{mm}^2} = 40\ \Omega$

b)

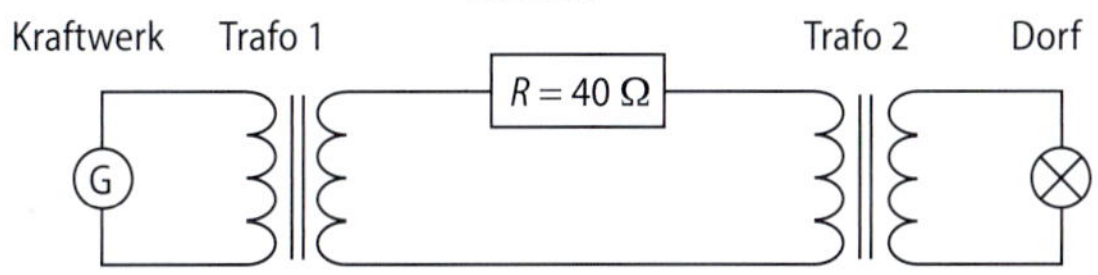

c) geg.: $U_P = 1500\ \text{V}$; $P_P = 1200\ \text{kW}$; $U_S = 24\,000\ \text{V}$; $R = 40\ \Omega$; $\eta_1 = 0{,}970$

ges.: η

Ansatz: $\eta = \frac{P_S}{P_P} \quad | \cdot P_P$

$P_S = I_S \cdot U_S \quad | : U_S$

$P_{\text{therm}} = R \cdot I_S^2$

$\eta = \frac{P_{\text{Nutz}}}{P_{\text{zu}}} = \frac{P_S - P_{\text{therm}}}{P_S}$

Rechnung: $P_S = \eta \cdot P_P = 0{,}970 \cdot 1200\ \text{kW} = 116 \cdot 10^1\ \text{kW}$

$I_S = \frac{P_S}{U_S} = \frac{116 \cdot 10^1\ \text{kW}}{24\ \text{kV}} = 48\ \text{A}$

$P_{\text{therm}} = 40\ \Omega \cdot (48\ \text{A})^2 = 92\ \text{kW}$

$\eta = \frac{116 \cdot 10^1\ \text{kW} - 92\ \text{kW}}{116 \cdot 10^1\ \text{kW}} = 0{,}92 = 92\ \%$

Antwort: Die Energieentwertung in der Fernleitung beträgt $1 - 0{,}92 = 0{,}08 = 8\ \%$.

d) geg.: $\eta_1 = 0{,}970$; $\eta_2 = 0{,}960$; $\eta = 0{,}92$; $P_P = 1200\ \text{kW}$

ges.: η_{ges}; $P_{\text{ges, Entw.}}$

Ansatz: $\eta_{\text{ges}} = \eta_1 \cdot \eta_2 \cdot \eta$

$\eta_{\text{ges}} = \frac{P_{\text{ges, Entw.}}}{P_P} \quad | \cdot P_P$

Rechnung: $\eta_{\text{ges}} = 0{,}970 \cdot 0{,}960 \cdot 0{,}92 = 0{,}86 = 86\ \%$

$P_{\text{ges, Entw.}} = (1 - 0{,}86) \cdot 1200\ \text{kW} = 17 \cdot 10^1\ \text{kW}$

10 Mithilfe der Formel $P_{\text{therm}} = R \cdot I^2$ ist ersichtlich, dass sich die thermisch entwertete Leistung verringert, wenn sich entweder der elektrische Widerstand oder die Stromstärke im Leiter verringert. Ersteres lässt sich erreichen, indem der Leiterquerschnitt vergrößert wird.
Dies führt jedoch dazu, dass ebenfalls die Masse des Leiters zunimmt und entsprechend höhere Belastungen auf die tragenden Masten einwirken. Des Weiteren ist hierzu mehr Material notwendig, was den Preis für eine Hochspannungsleitung erhöht. Eine andere Möglichkeit, den elektrischen Widerstand zu verkleinern, besteht darin, ein anderes Material mit einem geringeren spezifischen Widerstand zu verwenden. Dies würde sich jedoch ebenfalls negativ auf die Kosten auswirken. Die Stromstärke lässt sich dadurch verringern, dass die Spannung vor dem Transport über eine Fernleitung hochtransformiert wird. Dies ist mit einem Transformator gut umsetzbar und hat einen weiteren Vorteil: Da die Stromstärke quadratisch in der Formel auftritt, hat eine Reduktion der Stromstärke einen viel stärkeren Effekt als eine Verringerung des Widerstands, der nur linear einfließt.

Aufgaben für Lernpartner

A Das ist richtig. Beide Anlagen bestehen im Wesentlichen aus den gleichen Bauteilen, der Unterschied ist: Während der Elektromotor elektrische in kinetische Energie umwandelt, wandelt der Generator kinetische in elektrische Energie um.

B Das ist richtig. Generatoren wandeln mechanische bzw. kinetische Energie in elektrische Energie um.

C Das ist falsch. Mehr Windungen auf der Primärspule bedeuten eine Reduktion der Spannung in der Sekundärspule.

D Das ist richtig. Die Primär- und die Sekundärspule des Transformators sind über einen gemeinsamen, geschlossenen Eisenkern rein induktiv gekoppelt, haben also keine elektrisch leitende Verbindung. Die Wechselspannung U_P führt zu einem magnetischen Wechselfeld, das – verstärkt durch den Eisenkern – auch die Sekundärspule durchdringt. Das Wechselfeld in der Sekundärspule führt dort per Induktion zu einer abgreifbaren Wechselspannung U_S.

E Das ist falsch. Der Wirkungsgrad eines Transformators kann beispielsweise durch einen geblätterten Eisenkern verbessert werden. Dadurch entstehen kaum Wirbelströme und es wird weniger Energie entwertet. Der Eisenkern hält darüber hinaus die magnetischen Streufelder gering. Ebenfalls führt ein Kühlen der elektrischen Leiter zu einem besseren Wirkungsgrad.

F Das ist falsch. Die in einer Fernleitung entwertete Energie ist abhängig vom elektrischen Widerstand des Leiters und der Stromstärke. Die Größe des Widerstands hängt neben der Länge auch vom Material und Querschnittsflächeninhalt ab. Den größeren Einfluss besitzt jedoch die Stromstärke. Sie wirkt sich quadratisch auf den Wert der entwerteten Energie aus.

3.7 Teste dich – Seite 150 / 151

Aufgaben zur Einzelarbeit

1 a) ① Nebelkammer ② Geiger-Müller-Zählrohr

b) ① In einer Nebelkammer befindet sich ein übersättigter Wasser- oder Alkoholdampf. Wenn der Dampf durch schnelles Vergrößern des Volumens der Nebelkammer abgekühlt wird, kondensiert der Dampf an den durch die α- bzw. β-Strahlung erzeugten Ionen, die sich in der Nebelkammer bilden. Die dadurch entstehenden Kondensstreifen können ausgewertet werden, um die Richtung, Art, Energie und Intensität der Strahlung zu ermitteln. α-Teilchen erzeugen dicke, kurze Kondensationsstreifen und β-Teilchen dünne, lange Spuren.

② Ein Geiger-Müller-Zählrohr nutzt die ionisierende Eigenschaft radioaktiver Strahlung, deshalb können besonders gut α- und β-Teilchen registriert werden. γ-Teilchen haben aufgrund ihrer geringen Ionisierungsstärke eine sehr geringe Nachweiswahrscheinlichkeit. Die in einem abgeschlossenen Edelgas erzeugten Ionen bewegen sich in einem elektrischen Feld, der dadurch erzeugte elektrische Strom wird gemessen. Das Geiger-Müller-Zählrohr kann deshalb nicht direkt die Art der radioaktiven Strahlung nachweisen. Nur durch die unterschiedliche Reichweite in Luft oder durch Abschirmung radioaktiver Strahlung kann die Intensität einer bestimmten Art der Strahlung bestimmt werden.

2 Als natürliche Strahlenquelle spielt neben der kosmischen und terrestrischen Strahlung sowie der Aufnahme radioaktiver Substanzen durch die Nahrung vor allem die Inhalation von Radon in der Umgebungsluft eine Rolle. Die Hauptursache zivilisatorisch bedingter Strahlenbelastung sind medizinische Anwendungen in der Diagnose und Therapie.

3 a) Das mit einem für α-, β- und γ-Strahlung durchlässigen Fenster verschlossene Zählrohr dient als Kathode, im Inneren befindet sich ein Draht als Anode. Wenn das im Zählrohr enthaltene Gas (häufig ein Edelgas) durch radioaktive Strahlung ionisiert wird, bewegt sich das Ion zur Kathode. Das durch Ionisation frei gewordene Elektron bewegt sich zur Anode und löst auf dem Weg durch Stoßionisation mit weiteren Gasteilchen eine sogenannte Elektronenlawine aus. Der dadurch entstehende Stromimpuls wird gezählt. Durch den Widerstand wird der Stromfluss begrenzt, damit es nicht zu einer selbstständigen Gasentladung in der Röhre kommt.

b) Da Kupfer die Ordnungszahl 29 hat, befinden sich im Kern 29 Protonen, deren Ladung muss entsprechend durch 29 Elektronen ausgeglichen werden, um ein neutrales $_{29}$Cu-Atom zu erhalten.

4 Bei beiden Kernen handelt es sich um Uranisotope, die sich nur in der Nukleonenzahl *A*, aber nicht in der Protonenzahl *Z* unterscheiden. Da die Nukleonenzahl *A* die Anzahl der Protonen *Z* und Neutronen *N* darstellt, besitzt der Kern $^{235}_{92}$U eine Neutronenzahl von $N = A - Z = 235 - 92 = 143$. Im Kern $^{238}_{92}$U befinden sich 3 Neutronen mehr, also $N = 238 - 92 = 146$.

5 geg.: Cu-Atom: Protonenzahl $Z = 29$; Neutronenzahl $N = 34$
ges.: Nukleonenzahl *A*, Ladung *Q* des Kerns
Ansatz: $A = Z + N$
$Q = Z \cdot e$
Rechnung: $A = 29 + 34 = 63$
$Q = 29 \cdot 1{,}602 \cdot 10^{-19}\,\text{C} = 46{,}46 \cdot 10^{-19}\,\text{C}$
Anmerkung: Bei der Ladungsberechnung bleibt die Anzahl der sinnvollen Ziffern bei vier, da es sich bei der Protonenzahl um einen exakten Wert (nicht um einen Messwert) handelt.

6 Bei α-Strahlung (linke Abbildung) handelt es sich um einen Heliumkern $\left(^{4}_{2}\mathrm{He}^{2+}\right)$, der durch ein Blatt Papier abgeschirmt werden kann.
β-Strahlung (mittlere Abbildung) besteht aus extrem schnellen Elektronen, die bereits von einem wenige Millimeter dicken Aluminiumblech abgeschirmt werden.
γ-Strahlung (rechte Abbildung) besteht nicht aus Teilchen und wird auch durch sehr dicke Blei- oder Betonschichten nur geschwächt, aber nicht vollständig abgeschirmt.

7 a) Ein Proton besteht aus zwei Up-Quarks und einem Down-Quark. Für die Ladung eines Protons ergibt sich somit: $+2 \cdot \frac{2}{3}e - \frac{1}{3}e = +\frac{4}{3}e - \frac{1}{3}e = +\frac{3}{3}e = +e$. Dieser Aufbau ergibt genau die Ladung eines Protons, also einmal die positive Elementarladung.
Ein Neutron besteht aus zwei Down-Quarks und einem Up-Quark. Für die Ladung eines Neutrons ergibt sich somit: $-2 \cdot \frac{1}{3}e + \frac{2}{3}e = -\frac{2}{3}e + \frac{2}{3}e = 0$. Dieser Aufbau ergibt genau die Neutralität eines Neutrons, da die Ladung null ist.

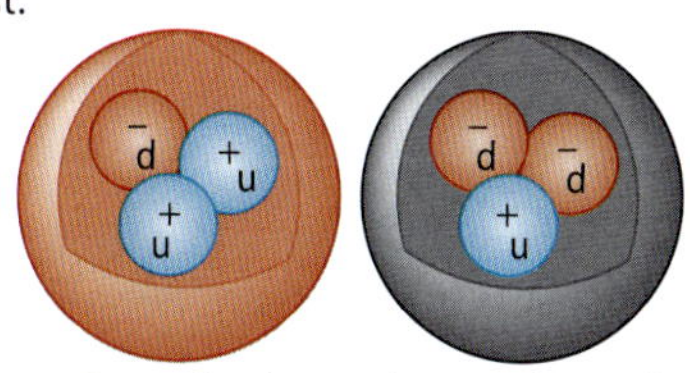

Proton (+1e) Neutron (neutral)

b) Beim β-Zerfall zerfällt ein Neutron im Atomkern in ein Proton und ein Elektron. Es muss sich also ein Down-Quark in ein Up-Quark umwandeln, was einer Änderung der Ladung von $-\frac{1}{3}e$ auf $+\frac{2}{3}e$ entspricht. Dieser Ladungsunterschied (Ladung vorher minus Ladung nachher, also $+\frac{2}{3}e - \left(-\frac{1}{3}e\right) = \frac{2}{3}e + \frac{1}{3}e = e$), entspricht genau der Ladung des zusätzlich entstandenen Elektrons. Somit ist die Ladung beim β-Zerfall insgesamt also erhalten.

8 $^{45}_{20}\mathrm{Ca} \rightarrow {}^{45}_{21}\mathrm{Sc} + {}^{0}_{-1}\mathrm{e}^-$
Der Ca-45-Kern (Calcium) zerfällt durch einen β-Zerfall in einen Sc-45-Kern (Scandium) und ein Elektron.

9 $^{235}_{92}\mathrm{U} + {}^{1}_{0}\mathrm{n} \rightarrow {}^{133}_{52}\mathrm{Te} + 2 \cdot {}^{1}_{0}\mathrm{n} + {}^{101}_{40}\mathrm{Zr}$
Die Nukleonenzahl A sowie die Ordnungszahl Z müssen während dieser Spaltung erhalten sein. Dies ist hier der Fall:
$A_{\text{links}} = 235 + 1 = 236$; $A_{\text{rechts}} = 133 + 2 + 101 = 236$
$Z_{\text{links}} = 92$; $Z_{\text{rechts}} = 52 + 40 = 92$
Beim letzten Spaltprodukt handelt es sich also um $^{101}_{40}\mathrm{Zr}$, Zirkon.

10 a) Das Diagramm soll für vier Halbwertszeiten, also $4 \cdot 12{,}5\ \text{min} = 50\ \text{min}$, gezeichnet werden.

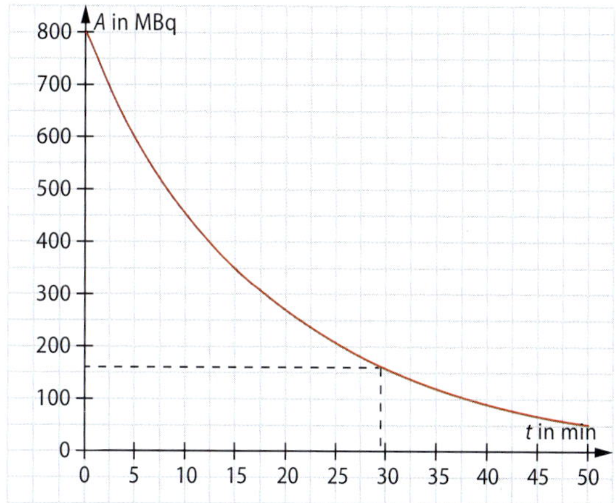

b) $20\ \% \cdot 800\ \text{MBq} = 160\ \text{MBq}$
Nach ca. 29 min ist die Aktivität auf 20 % gesunken, was sich an der gestrichelten Linie im Diagramm ablesen lässt.

c) geg.: $A(t_1) = 30\ \frac{1}{\text{min}} = 0{,}5\ \frac{1}{\text{s}} = 0{,}5\ \text{Bq}$; $T = 12{,}5\ \text{min}$; $A_0 = 800\ \text{MBq}$
ges.: t_1
Ansatz: $A(t_1) = A_0 \cdot \left(\frac{1}{2}\right)^{\frac{t_1}{T}}$ $\quad |:A_0 \quad |\log_{\frac{1}{2}}()$
$\log_{\frac{1}{2}}\left(\frac{A(t_1)}{A_0}\right) = \frac{t_1}{T}$ $\quad |\cdot T$
Rechnung: $t_1 = T \cdot \log_{\frac{1}{2}}\left(\frac{A(t_1)}{A_0}\right)$
$t_1 = 12{,}5\ \text{min} \cdot \log_{\frac{1}{2}}\left(\frac{0{,}5\ \text{Bq}}{800 \cdot 10^6\ \text{Bq}}\right)$
$t_1 = 382\ \text{min} = 6\ \text{h}\ 22\ \text{min}$
Antwort: Nach sieben Stunden hat die Aktivität auf jeden Fall eine Nullrate von 30 Impulsen pro Minute unterschritten.

11 geg.: $m_0 = 3 \cdot 4{,}50\ \text{kg} = 13{,}5\ \text{kg}$; $T = 87{,}7\ \text{a}$; $m(t_1) = 3{,}40\ \text{kg}$
ges.: t_1
Ansatz: $m(t_1) = m_0 \cdot \left(\frac{1}{2}\right)^{\frac{t_1}{T}}$ $\quad |:m_0 \quad |\log_{\frac{1}{2}}()$
$\log_{\frac{1}{2}}\left(\frac{m(t_1)}{m_0}\right) = \frac{t_1}{T}$ $\quad |\cdot T$
Rechnung: $t_1 = T \cdot \log_{\frac{1}{2}}\left(\frac{m(t_1)}{m_0}\right)$
$t_1 = 87{,}7\ \text{a} \cdot \log_{\frac{1}{2}}\left(\frac{3{,}40\ \text{kg}}{13{,}5\ \text{kg}}\right) = 174\ \text{a}$
$1977 + 174 = 2151$
Antwort: Im Jahr 2151 wird sich die Gesamtmasse des Pu-238 auf 3,40 kg verringert haben.

Aufgaben für Lernpartner

A Das ist falsch. α-Strahlung erzeugt durch ihre hohe Ionisierungsfähigkeit eine geringere Reichweite und kürzere und dickere Spuren als β-Strahlung. Wenn sich in der Nebelkammer ein magnetisches oder elektrisches Feld befindet, werden die zweifach positiv geladenen Heliumkerne der α-Strahlung anders abgelenkt als die (negativ geladenen) Elektronen der β-Strahlung.

B Das ist falsch. Das Geiger-Müller-Zählrohr misst nur die Intensität der ionisierenden radioaktiven Strahlung. Eine direkte Unterscheidung zwischen den Arten der radioaktiven Strahlung ist deshalb nicht möglich.

C Das ist richtig. Die Masse eines β-Teilchens, also eines Elektrons, beträgt ca. $\frac{1}{1800}\,u$ (u ist die atomare Masseneinheit). Die Nukleonen- bzw. Massenzahl eines Heliumkerns, also des α-Teilchens, ist 4, daher beträgt seine Masse $4u$.

D Das ist richtig. α-Strahlung ist zweifach positiv geladen, β-Strahlung einfach negativ geladen und γ-Strahlung elektrisch ungeladen. Dies führt bei α- und β-Strahlung zu jeweils unterschiedlicher Ablenkung in Magnetfeldern bzw. elektrischen Feldern. γ-Strahlung wird in keinem dieser Felder abgelenkt.

E Das ist richtig. Selbst dicke Blei- oder Stahlbetonschichten können γ-Strahlung nicht vollständig abschirmen.

F Das ist falsch. α-Teilchen haben zwar die höchste Ionisierungsenergie im Vergleich zu β- (und γ-) Teilchen und sind deshalb bei Aufnahme in den Körper (durch Atmung oder Nahrung) am gefährlichsten. Sie können aber auch am einfachsten z. B. durch Papier abgeschirmt werden, sodass die Gefahr der Ionisierung von Körperzellen einfach vermieden werden kann.
Zudem ist β-Strahlung (und γ-Strahlung), ebenso wie z. B. Sonnenlicht, unterschiedlich energiereich. Je nach β-Zerfall ist auch eine starke β-Strahlung möglich, welche die gleiche (oder sogar höhere) Energie haben kann wie α-Strahlung.

G Das ist falsch. Beim β-Zerfall zerfällt im Kern ein Neutron in ein Proton und ein Elektron:
$^{1}_{0}\text{n} \rightarrow {}^{1}_{1}\text{p} + {}^{0}_{-1}\text{e}^-$

H Das ist richtig. Nach der Halbwertszeit ist die Hälfte der ursprünglich vorhandenen Atomkerne eines radioaktiven Stoffes zerfallen.

3.15 Teste dich – Seite 166 / 167

Aufgaben zur Einzelarbeit

1 geg.: $\Delta E = 2360\ \text{kJ}$
ges.: Δm
Ansatz: $\Delta m = \frac{\Delta E}{c^2}$
Rechnung: $\Delta m = \frac{2360\ \text{kJ}}{\left(2{,}998 \cdot 10^8\ \frac{\text{m}}{\text{s}}\right)^2} = \frac{2360 \cdot 10^3\ \text{J}}{\left(2{,}998 \cdot 10^8\ \frac{\text{m}}{\text{s}}\right)^2}$
$\Delta m = 2{,}626 \cdot 10^{-11}\ \text{kg} = 2{,}626 \cdot 10^{-5}\ \text{mg}$

2 $^{239}_{94}\text{Pu} + {}^{1}_{0}\text{n} \rightarrow {}^{130}_{51}\text{Sb} + 3 \cdot {}^{1}_{0}\text{n} + {}^{107}_{43}\text{Tc}$
Die Nukleonenzahl A sowie die Ordnungszahl Z müssen während dieser Spaltung erhalten sein. Dies ist hier der Fall:
$A_{\text{links}} = 239 + 1 = 240$; $A_{\text{rechts}} = 130 + 3 + 107 = 240$
$Z_{\text{links}} = 94$; $Z_{\text{rechts}} = 51 + 43 = 94$
Bei dem letzten Spaltprodukt handelt es sich also um Technetium-107: $^{107}_{43}\text{Tc}$.

3 a) $^{1}_{1}\text{H} + {}^{2}_{1}\text{H} \rightarrow {}^{3}_{2}\text{He} + \gamma$
b) $^{3}_{2}\text{He} + {}^{3}_{2}\text{He} \rightarrow {}^{4}_{2}\text{He} + 2 \cdot {}^{1}_{1}\text{H} + \text{Energie}$

4 a) In einem Kernkraftwerk wird thermische Energie mithilfe von Kernspaltung erzeugt. Die Kerne, die gespalten werden, sowie die Spaltprodukte befinden sich hierbei in den **Brennstäben**. Es wird hauptsächlich Uran-235 bzw. Plutonium-239 zur Spaltung verwendet.
b) Die kinetische Energie der Atome steigt durch die hohen Geschwindigkeiten der Spaltprodukte und das Zusammenstoßen der Tochterkerne stark an. Dies hat eine starke Erhöhung der Temperatur zur Folge. Die Brennstäbe befinden sich deshalb im **Kühlwasser**, um eine Überhitzung zu verhindern.
c) Um die Kettenreaktion unter Kontrolle zu halten, muss die Anzahl der Neutronen, die bei der Spaltung frei werden, konstant gehalten werden. Dies erreicht man durch die **Steuerstäbe**, die je nach Bedarf herausgehoben und abgesenkt werden können und die freien Neutronen aufnehmen. Diese Steuerstäbe sind aus Cadmium oder Hafnium.
d) In einem Druckwasserreaktor befindet sich das radioaktive Kühlwasser in einem abgeschlossenen Kreislauf unter hohem Druck. Dieser gibt seine thermische Energie über den **Wärmetauscher** an einen zweiten, nicht radioaktiven Sekundärkreislauf weiter, aus dem der Wasserdampf gewonnen wird, welcher letztendlich die Turbine für den Generator antreibt.

5 Bei der ersten Energieform handelt es sich um chemische Energie, welche in kinetische Energie der Kerne, also thermische Energie, umgewandelt wird. Dies geschieht durch die Kernspaltung in den Brennstäben. Anschließend wird diese thermische Energie über das Wasser weitergegeben und Dampf erzeugt. Die thermische Energie des Dampfes wird nun mithilfe einer Turbine in kinetische Energie umgewandelt. Diese wird schlussendlich mithilfe eines Generators in elektrische Energie umgewandelt.

6 α- bzw. β-Strahlung ist zur Kontrolle der Füllhöhe von großen Behältern ungeeignet, da sie eine vergleichsweise geringe Reichweite besitzt. Bei α-Strahlung liegt diese in der Luft bei nur einigen Zentimetern, bei β-Strahlung bis zu einigen Dezimetern. Auch würden schon allein die Behälterwände beide Strahlungsarten (zumindest fast) komplett abschirmen. Stattdessen wird γ-Strahlung verwendet, welche in Luft eine Reichweite von mehreren hundert Metern besitzt und nur durch dickeres Blei teilweise abgeschirmt werden kann.

7 a) Die Radiokarbon- bzw. C-14-Methode wird verwendet, um das Alter von organischen Substanzen zu bestimmen. Organische Substanzen wie Lebewesen betreiben Stoffwechsel, weshalb sich ein gewisser Anteil an C-14 in den Zellen der Lebewesen befindet. Sterben diese Zellen ab, so zerfällt dieser bekannte Anteil an C-14 mit einer Halbwertszeit von 5730 Jahren. Mithilfe des Zerfallsgesetzes und dem momentan vorliegenden Anteil an C-14 kann nun das Alter der organischen Substanz bestimmt werden.

b) geg.: $\frac{A(t_1)}{A_0} = 24{,}7\ \%;\ T = 5730\ \text{a}$

ges.: t_1

Ansatz: $A(t_1) = A_0 \cdot \left(\frac{1}{2}\right)^{\frac{t_1}{T}} \quad |:A_0 \quad |\log_{\frac{1}{2}}()$

$\log_{\frac{1}{2}}\left(\frac{A(t_1)}{A_0}\right) = \frac{t_1}{T} \quad |\cdot T$

Rechnung: $t_1 = T \cdot \log_{\frac{1}{2}}\left(\frac{A(t_1)}{A_0}\right) = 5730\ \text{a} \cdot \log_{\frac{1}{2}} 0{,}247$

$t_1 = 11{,}56 \cdot 10^3\ \text{a}$

Antwort: Der archäologische Fund ist ca. 11,56 Jahrtausende alt.

c) geg.: $\frac{A(t_2)}{A_0} = 24{,}6\ \%;\ \frac{A(t_3)}{A_0} = 24{,}8\ \%;$
$T = 5730\ \text{a}$

ges.: $t_2;\ t_3$

Ansatz: $t_{2/3} = T \cdot \log_{\frac{1}{2}}\left(\frac{A(t_{2/3})}{A_0}\right)$

Rechnung: $t_2 = 5730\ \text{a} \cdot \log_{\frac{1}{2}} 0{,}246 = 11{,}59 \cdot 10^3\ \text{a}$

$t_3 = 5730\ \text{a} \cdot \log_{\frac{1}{2}} 0{,}248 = 11{,}53 \cdot 10^3\ \text{a}$

Antwort: Das Alter des Fundstücks läge zwischen 11,53 und 11,59 Jahrtausenden.

8 a) Ein Filmdosimeter wird verwendet, um die ionisierende Strahlung zu messen, der Personen bestimmter Berufsgruppen ausgesetzt sind. Das Grundprinzip besteht darin, dass sich Filme unterschiedlicher Empfindlichkeiten in einer kleinen Kassette befinden, die man am Körper trägt. Die ionisierende Strahlung, die auf den Film trifft, schwärzt das fotografische Material je nach Stärke der Strahlung. Ein unempfindlicher Film wird dabei für hohe, ein empfindlicher Film für niedrigere Dosen verwendet.

b) Ein Filmdosimeter ist zur akuten Warnung vor ionisierender Strahlung schlecht geeignet, da sich bei plötzlich auftretender, sehr starker ionisierender Strahlung der Film auf einen Schlag schwärzen würde, wobei die Dosis nur bis zu einem bestimmten Wert gemessen werden kann. Ist der Film dann einmal komplett geschwärzt, können keine weiteren Dosen mehr gemessen werden.

9 Die „fünf A des Strahlenschutzes" lauten: **A**bstand halten / vergrößern, **A**bschirmung optimieren, **A**ufenthaltsdauer minimieren, **A**ktivität verringern und **A**ufnahme in den Körper vermeiden.

10 geg.: $0{,}08\ \frac{\mu\text{Sv}}{\text{h}}$ mittlere natürliche Ortsdosisleistung

ges.: Äquivalentdosis in einem Jahr

Ansatz: Ortsdosis pro Stunde · Anzahl der Stunden in einem Jahr

Rechnung: $0{,}08\ \frac{\mu\text{Sv}}{\text{h}} \cdot 24 \cdot 365\ \text{h} = 0{,}08 \cdot 10^{-6}\ \text{Sv} \cdot 24 \cdot 365$
$= 0{,}7 \cdot 10^{-3}\ \text{Sv} = 0{,}7\ \text{mSv}$

11 a) Bei Zeugungsunfähigkeit handelt es sich um einen somatischen Schaden, da der Organismus selbst betroffen ist.

b) Teratogene Schädigungen beeinträchtigen den Embryo bzw. dessen Entwicklung während der Schwangerschaft. Genetische Schäden betreffen die nach der Bestrahlung gezeugten Kinder, da deren Erbgut verändert wurde.

Aufgaben für Lernpartner

A Das ist falsch. Ein Atomkern spaltet sich nach dem Beschuss von Neutronen in kleinere Tochterkerne und weitere Neutronen auf. Bei einer genügend großen Anzahl spaltbarer Kerne kann es zu einer unkontrollierbaren Kettenreaktion durch weitere Kernspaltungen kommen. Dies ist bei Reaktorunfällen oder Kernwaffen der Fall.

B Das ist falsch. Bei einer Kernspaltung entstehen mehrere freie Neutronen. Eine Kettenreaktion wird dann als kontrolliert bezeichnet, wenn bei jedem Zerfall nur ein Neutron wieder von einem anderen Kern eingefangen wird.

C Das ist falsch. Obwohl einige somatische Schäden wie Übelkeit, Erbrechen oder Verbrennungen bei genügend hoher Äquivalentdosis direkt bei der Strahlungseinwirkung oder unmittelbar danach auftreten können, gehören auch Spätfolgen wie z. B. Krebs, der erst nach einer gewissen Zeit auftreten kann, zu den somatischen Schäden.

D Das ist richtig. Für die Energiedosis spielt nur die Strahlungsenergie und die Masse eine Rolle. Bei der Äquivalentdosis dagegen wird die Energiedosis noch mit einem Qualitätsfaktor multipliziert, der die Strahlungsart berücksichtigt.

E Das ist richtig. Bei einem Druckwasserreaktor wird die thermische Energie des ersten Wasserkreislaufs, in dem sich die Brennstäbe befinden, über einen Wärmetauscher an einen nicht radioaktiven Sekundärkreislauf abgegeben. Bei einem Siedewasserreaktor dagegen wird der Dampf direkt aus dem Wasserkreislauf mit den Brennstäben erzeugt.

F Das ist falsch. Röntgenstrahlung ist zwar ebenfalls ionisierende Strahlung, hat ihre Ursache aber nicht in der Radioaktivität von Atomkernen und entsteht nicht durch das Zerfallen von Kernen. Deshalb kann man sie nicht als Kernstrahlung bezeichnen.

4.6 Teste dich – Seite 186 / 187

Aufgaben zur Einzelarbeit

1 Um die in fossilen Energieträgern gespeicherte chemische Energie freizusetzen, müssen diese verbrannt werden. Dabei entstehen Schadstoffe, die sich stark negativ auf die Umwelt auswirken. So fördern sie beispielsweise den vom Menschen gemachten Klimawandel, welcher weitere negative Folgen für die Erde und alle Lebewesen hat. Des Weiteren sind fossile Energieträger endlich. Entsprechend würden in der Zukunft große Energieprobleme entstehen.

2 a) Ein Nachteil des integrierten Solarmoduls ist, dass die Energieversorgung abhängig vom Wetter ist. So kann nur Energie umgewandelt werden, wenn ausreichend Sonnenstrahlung vorhanden ist. Ist dies jedoch der Fall, kann elektrische Energie auch an abgelegenen Orten ohne weitere Energiewandler genutzt werden.

b) $E_{Strahl} \rightarrow E_{el} + E_i$

c) Primäre Energieträger stehen uns von Natur aus zur Verfügung, wie in diesem Fall die Strahlungsenergie der Sonne. Bei den primären Energieträgern werden nicht erneuerbare von erneuerbaren Energieträgern unterschieden. Sekundäre Energieträger entstehen, wenn primäre Energieträger in Kraftwerken oder Geräten umgewandelt werden. Das Solarmodul beispielsweise wandelt die Strahlungsenergie der Sonne (Primärenergie) in elektrische Energie (Sekundärenergie) um, die schließlich vielleicht in mechanische Energie (Nutzenergie) umgewandelt wird.

3 a) $E_{chem} \rightarrow E_i \rightarrow E_{mech} \rightarrow E_{el}$

Bei jeder Energieumwandlung treten Energieentwertungen auf.

b) Lösungsmöglichkeit:

Vorteile:
- Wetterunabhängigkeit
- Energie kann in Biomasse gut gespeichert werden.

Nachteile:
- Schadstoffemissionen
- Gefahr großer Monokulturen und Flächenverbrauch bei Biokraftstoffen

c) Eine Anbindung an das elektrische Verbundnetz ist sinnvoll, weil Wind- und Sonnenkraftwerke je nach Tages- und Jahreszeit keine oder nur wenig Energie liefern können, sodass die Engpässe mit Energie aus Biomasse oder mithilfe von anderen Kraftwerken ausgeglichen werden können.

4 a) $E_{chem} \rightarrow E_i \rightarrow E_{mech} \rightarrow E_{el}$

b) Normalerweise wird bei einem Wärmekraftwerk ein Großteil der zugeführten Energie bei den einzelnen Energieumwandlungen in Form von innerer Energie entwertet und kann folglich nicht als elektrische Energie genutzt werden. Durch Kraft-Wärme-Kopplung kann diese innere Energie für andere Zwecke, zum Beispiel zum Heizen anliegender Gebäude, genutzt werden, was den Wert der gesamt nutzbaren Energie erhöht und damit auch den Wirkungsgrad.

c) Lösungsmöglichkeit:

Vorteile:
- keine Emission von Schadstoffen
- kein Verbrauch fossiler Brennstoffe, da Energie regenerativ

Nachteile:
- tageszeitliche, jahreszeitliche und witterungsabhängige Schwankungen
- starker Eingriff in die Natur

5 a) Geothermie-Kraftwerke nutzen die im Grundwasser gespeicherte innere Energie in tieferen Erdschichten. Hierzu wird die Wärme des Wassers über einen Wärmetauscher auf ein Ammoniak-Wasser-Gemisch übertragen. Dieses verdampft schon bei niedrigen Temperaturen und der Dampf treibt eine Turbine und einen Generator an. Die thermische Energie des warmen Wassers kann jedoch auch direkt genutzt werden.

b) $E_{\text{i (Thermalwasser)}} \rightarrow E_{\text{i (Dampfgemisch)}} \rightarrow E_{\text{mech}} \rightarrow E_{\text{el}}$

c) Während des Transports der thermischen Energie wird ein Teil dieser Energie entwertet.

d) Zum einen nutzt man entweder regenerative Primärenergie (Geothermie), bei deren Bereitstellung keine Schadstoffe entstehen, oder man nutzt die Abwärme beispielsweise aus Industriebetrieben, sodass diese Energie noch einer sinnvollen Verwendung zugeführt wird und entsprechend weniger anderweitige Energie entwertet werden muss.
Zum anderen ist man unabhängig von Gas und Öl, welches importiert werden muss und entsprechenden Preisschwankungen unterlegen ist.

6 a) $E_{\text{chem}} \rightarrow E_{\text{i (brennende Kohle)}} \rightarrow E_{\text{i (Wasserdampf)}} \rightarrow E_{\text{mech}} \rightarrow E_{\text{el}}$

b) Lösungsmöglichkeit:
- Verwendung von Heizmaterialien aus der Region (z. B. Holz, Stroh)
- Geringere Installationskosten beim Aufbau kleinerer Fernwärmenetze

c) Lösungsmöglichkeit:
- Fenster mit Mehrfachverglasung
- Außendämmung
- Niedrigtemperaturheizung

d) Das Betreiben von Kohlekraftwerken ist mit der Verbrennung von Kohle verbunden. Die dabei ausgestoßenen Schadstoffe und das entstehende CO_2 wirken sich negativ auf die Umwelt aus und beschleunigen den Klimawandel. Entsprechend wurde zum Umweltschutz, aber auch wegen einer Unabhängigkeit von fossilen Energieträgern der Ausstieg aus der Kohleenergie beschlossen.

e) Lösungsmöglichkeit:
Ein Ausstieg aus der Kohle bedeutet auch, dass die Mitarbeiterinnen und Mitarbeiter in Kohlekraftwerken ihre Arbeit verlieren. Da mit dem Ausstieg auch eine Energiewende einhergeht, werden jedoch auch viele neue Arbeitsplätze in unterschiedlichen Bereichen entstehen, zum Beispiel in Kraftwerken, die auf regenerative Energieträger zurückgreifen oder in der dazugehörigen Infrastruktur.

Aufgaben für Lernpartner

A Das ist falsch. Endenergie kann ein sekundärer Energieträger sein (elektrischer Strom, Wärme, Treibstoff) oder auch ein unverarbeiteter primärer Energieträger wie Holz. Doch auch die gelieferte Endenergie können wir nicht ausschließlich für den gewünschten Zweck nutzen: Ein Rasenmäher beispielsweise wandelt einen Teil der aufgenommenen elektrischen (End-) Energie in nicht nutzbare Wärme um, die Nutzenergie ist in dem Fall nur die mechanische Energie, die für die Rotation des Messerbalkens sorgt.

B Das ist falsch. Während die Photothermie die Umwandlung von Strahlungsenergie in innere Energie, beispielsweise von Wasser, beschreibt, wandeln Photovoltaikanlagen die Strahlungsenergie in elektrische Energie um.

C Das ist richtig. So kann die innere Energie von Gasen direkt zum Heizen genutzt werden, mithilfe einer Turbine und eines Generators aber auch in elektrische Energie umgewandelt werden.

D Das ist falsch. Blockheizkraftwerke können auch mit Biogas bzw. Biomasse betrieben werden.

E Das ist richtig. In einem Kühlschrank arbeitet eine Wärmepumpe, die dem Inneren eines Kühlschranks Wärme entzieht und diese über die Kühlrippen an der Rückseite an die Umgebung abgibt. Das Prinzip des Kühlschranks kann auch genutzt werden, um Häuser mit Warmwasser zu versorgen. Die Wärmepumpe nutzt dabei Wärme aus der Außenluft, dem Grundwasser oder dem Erdreich. Diese Wärme bringt ein Kältemittel in einem Rohrsystem zum Verdampfen. Ein Kompressor verdichtet diesen Dampf, sodass das Kältemittel bei höherer Temperatur wieder flüssig wird und nun Brauch- oder Heizungswasser erwärmt. Bei der Abgabe der Wärme wird das Mittel wieder entspannt, der Kreislauf beginnt erneut.

F Das ist falsch. In einem Wärmekraftwerk werden fossile Brennstoffe verbrannt und dabei entstehen umweltschädliche Schadstoffe.

G Das ist richtig. Nach der Nutzung des Dampfes durch die Dampfturbine wird der Dampf außerdem in einen Kondensator geleitet, um Wasser für ein Fernwärmenetz zu erwärmen.

4.13 Teste dich – Seite 204 / 205

Aufgaben zur Einzelarbeit

1 a) $E_{chem} \rightarrow E_i$

b) geg.: $H = 17{,}3\,\frac{MJ}{kg}$; $\frac{W_{th}}{m^2} = 66\,\frac{kWh}{m^2}$; $A = 130\,m^2$; $\eta = 0{,}95$

ges.: m

Ansatz: $H \cdot \eta = \frac{W_{th,\,gesamt}}{m} \quad | \cdot m \quad | : (H \cdot \eta)$

$m = \frac{W_{th,\,gesamt}}{H \cdot \eta} = \frac{\frac{W_{th}}{m^2} \cdot A}{H \cdot \eta}$

Rechnung: $m = \frac{66\,\frac{kWh}{m^2} \cdot 130\,m^2}{17{,}3\,\frac{MJ}{kg} \cdot 0{,}95}$

$m = \frac{66 \cdot 3600 \cdot 10^3\,\frac{J}{m^2} \cdot 130\,m^2}{17{,}3 \cdot 10^6\,\frac{J}{kg} \cdot 0{,}95}$

$m = 1{,}9 \cdot 10^3\,kg = 1{,}9\,t$

c) Das Heizen mit Holzpellets gilt als CO_2-neutral, da beim Verbrennen nur so viel CO_2 ausgestoßen wird, wie der Baum zuvor aus der Atmosphäre geholt hat. Die Pellets bestehen zudem hauptsächlich aus Holzresten der Holzindustrie. Ein Problem ist nur, dass bei übermäßigem Verbrauch ein großer CO_2-Schub in die Atmosphäre gelangt. Bäume können nicht so schnell nachwachsen, um dies direkt zu kompensieren. Gewisse Auswirkungen hat das Heizen mit Holzpellets also dennoch auf die Atmosphäre und die Umwelt.

2 a) $E_{el} \rightarrow E_{mech} \rightarrow E_{kin} \rightarrow E_{pot}$

b) geg.: $P_{Nutz} = 49{,}2\,MW$; $h = 128\,m$; $V_{Wasser} = 2 \cdot 77{,}8 \cdot 10^3\,m^3$; $t = 1\,h$; $\rho = 0{,}998\,\frac{kg}{dm^3}$

ges.: P_{zu}; η

Ansatz: $m = V \cdot \rho = 2 \cdot V_{Wasser} \cdot \rho$; $P_{zu} = \frac{W}{t} = \frac{m \cdot g \cdot h}{t}$

$\eta = \frac{P_{Nutz}}{P_{zu}}$

Rechnung: $m = 2 \cdot 77{,}8 \cdot 10^6\,dm^3 \cdot 0998\,\frac{kg}{dm^3}$

$m = 155 \cdot 10^6\,kg$

$P_{zu} = \frac{155 \cdot 10^6\,kg \cdot 9{,}81\,\frac{N}{kg} \cdot 128\,m}{3600\,s} = 54{,}1\,MW$

$\eta = \frac{49{,}2\,MW}{54{,}1\,MW} = 0{,}909 = 90{,}9\,\%$

c) geg.: $E_{Kraftwerk} = 56{,}1 \cdot 10^6\,kWh$; $E_{Haushalt} = 14{,}4\,GJ$

ges.: Anzahl der Haushalte n

Ansatz: $n = \frac{E_{Kraftwerk}}{E_{Haushalt}}$

Rechnung: $n = \frac{56{,}1 \cdot 10^6\,kWh}{14{,}4\,GJ} = \frac{56{,}1 \cdot 3600\,GJ}{14{,}4\,GJ} = 14{,}0 \cdot 10^3$

3 a) Klassische Windräder wandeln die kinetische Energie des Windes, also von Luftteilchen, die sich aufgrund von Druckunterschieden in der Atmosphäre bewegen, in elektrische Energie um.
In einem Aufwindkraftwerk wird die Luft unter den Kollektoren durch die Strahlungsenergie der Sonne erwärmt. Dies führt zur Konvektion: Die Dichte der Luft sinkt und die Luft steigt in der Folge auf. Dabei treibt sie Turbinen an, die die kinetische Energie in elektrische Energie umwandeln.

b) $E_{Strahl} \rightarrow E_i \rightarrow E_{kin} \rightarrow E_{mech} \rightarrow E_{el}$

c) Vorteile:
- keine Emission von Schadstoffen
- kein Verbrauch fossiler Brennstoffe, da Energie regenerativ

Nachteile:
- tageszeitliche, jahreszeitliche und witterungsabhängige Schwankungen
- starker Eingriff in die Natur durch hohen Flächenverbrauch

4 Es sind individuelle Lösungen möglich.

5 a) Lösungsmöglichkeiten:
- Gewässer: Anstieg des Meeresspiegels
- Klima: zunehmende Wetterextreme und Wassermangel
- Auswirkungen auf biologische Vielfalt (Aussterben von Tierarten, …) und Ökosysteme (Rückgang von Korallenriffen, …)
- Auswirkungen auf Landwirtschaft und Ernährung: Rückgang der Erträge durch Trockenheit und Überschwemmungen
- Erderwärmung: Belastung für den Kreislauf von Menschen und Tieren, Ausbreitung von Schädlingen

b) Der Mensch greift bei der Bereitstellung von Energie auf fossile Energieträger zurück. Die darin gespeicherte chemische Energie kann jedoch nur durch Verbrennung freigesetzt werden. Dabei entstehen Schadstoffe, beispielsweise Kohlenstoffdioxid, welches in der Atmosphäre dafür sorgt, dass mehr thermische Energie gespeichert wird. Dies führt zu einer Erwärmung der Erde und einem dadurch bedingten Klimawandel.

c) Lösungsmöglichkeit: In Deutschland werden beispielsweise in Mischwäldern Bäume gepflanzt, die sonst in mediterranen Gebieten wachsen. Sie sind beständiger gegenüber höheren Temperaturen und benötigen weniger Wasser. Viele Länder, die am Meer liegen, bereiten sich auf ansteigende Pegelstände vor. So werden kilometerlange Dämme errichtet oder andere finanziell aufwendige Projekte umgesetzt.

6 a) Man kann Wasserstoff aus gewöhnlichem Wasser gewinnen und diesen so stark abkühlen, dass er sich flüssig in Tanks speichern lässt.

b) In den sogenannten Brennstoffzellen kann man aus Wasserstoff und Sauerstoff wieder elektrische Energie gewinnen und damit z. B. ein Elektroauto betreiben. Des Weiteren kann die gespeicherte Energie dann genutzt werden, wenn aufgrund klimatischer Bedingungen Windkraft und Photovoltaik die Grundlast nicht abdecken können.

Aufgaben für Lernpartner

A Das ist richtig. Mit dem Heizwert *H* kann die thermische Energie W_{th}, die frei wird, wenn man einen Stoff der Masse *m* verbrennt, wie folgt berechnet werden: $W_{th} = H \cdot m$.

B Das ist falsch. Die Einheit des Heizwerts ist kWh pro kg bzw. kJ pro kg.

C Das ist falsch. Zum Bau von Wasserkraftwerken werden beispielsweise große Staumauern gebaut, die einen großen Eingriff in die Natur darstellen.

D Das ist falsch. Neben Pumpspeicherkraftwerken und Laufwasserkraftwerken gibt es beispielsweise noch Gezeitenkraftwerke. In den ersten beiden Fällen wird die potenzielle Energie des Wassers durch den Höhenunterschied (höher gelegener See beim Pumpspeicherkraftwerk; natürliches Gefälle beim Laufwasserkraftwerk) in elektrische Energie umgewandelt. Bei einem Gezeitenkraftwerk dagegen wird die durch Ebbe und Flut verursachte kinetische Energie des Wassers in elektrische Energie umgewandelt.

E Das ist falsch. Windkraftwerke können nur dann Energie bereitstellen, wenn ausreichend Wind vorhanden ist. Standorte in Tallagen sind also ebenso wenig geeignet wie Standorte in Gegenden, an denen selten ein ausreichend starker Wind weht.

F Das ist richtig. Windkraftwerke sowie Photovoltaik- und Solarthermieanlagen, die regenerative Energieträger nutzen, sind von klimatischen Bedingungen abhängig, welche oft nicht kontinuierlich vorhanden sind (tageszeitliche, jahreszeitliche und witterungsbedingte Schwankungen). Da auch mit den restlichen Kraftwerken (Wasserkraftwerke, Erdwärmekraftwerke, …) die Grundlast nicht zuverlässig abgedeckt werden kann, ist man auf Energiespeicher angewiesen.

G Das ist richtig. Unabhängig von der Übertragungsart wird die transportierte Energie zum Teil in eine Energieform umgewandelt, die am Ziel nicht mehr genutzt werden kann. Bei der Übertragung von elektrischer Energie beispielsweise wird ein Teil der Energie in thermische Energie umgewandelt.

H Das ist falsch. Wissenschaftliche Prognosen zeigen, dass der Klimawandel nur gestoppt werden kann, wenn sich möglichst schnell das Verhalten der „Verbraucher“, also der Gesellschaft, der Industrie sowie der Wirtschaft ändert (am besten möglichst wenig Energie „verbrauchen“), und bei der Bereitstellung von Energie auf fossile Energieträger verzichtet wird.

Operatoren

In vielen Versuchsbeschreibungen und vor allem in Aufgaben in diesem Buch wird eines der folgenden Verben verwendet (man spricht von „Operatoren"). Damit du weißt, was du beim jeweiligen Arbeitsauftrag tun musst, sind die wichtigsten Operatoren hier genauer erklärt.

Operator	Arbeitsanweisung	Beispiel
Benenne	Schreibe Namen oder Fachbegriffe auf.	**Benenne** die in einem Wasserkraftwerk stattfindende Energieumwandlung. (→ S. 189)
Bestimme	Erziele durch eine physikalische Rechnung, eine Zeichnung oder einen Versuch ein Ergebnis.	**Bestimme** aus dem Diagramm die Halbwertszeit für I-131. (→ S. 149)
Beschreibe	Formuliere unter Verwendung der physikalischen Fachsprache einen Sachverhalt oder ein Ereignis.	**Beschreibe** einen Versuch zur Messung der Masse eines Körpers ohne Waage. (→ S. 31)
Vergleiche	Schreibe Unterschiede und Gemeinsamkeiten (evtl. in einer Tabelle) auf.	**Vergleiche** die Beschleunigungsarbeit mit der Differenz der kinetischen Energien $E_{kin, 2} - E_{kin, 1}$. (→ S. 60)
Erkläre	Führe einen physikalischen Sachverhalt auf allgemeine physikalische Gesetze zurück. Wenn möglich, dann nutze die „mikroskopische Sichtweise" und wende das Teilchenmodell an.	**Erkläre** den Zusammenhang zwischen Höhe und Polung der induzierten Spannung in einer Spule, die von einem sich ändernden Magnetfeld durchsetzt wird. (→ S. 93)
Begründe	Führe durch eine „makroskopische" Sichtweise einen physikalischen Sachverhalt auf allgemeine physikalische Regeln oder Ursachen zurück.	**Begründe**, weshalb ein Transformator nicht mit Gleichspannung funktioniert. (→ S. 109)
Skizziere	Zeichne und beschrifte ein Bild, das den physikalischen Sachverhalt klar darstellt.	**Skizziere** Zeit-Weg-Diagramme für folgende Situationen. (→ S. 18)
Recherchiere	Verwende Fachbücher oder das Internet und schreibe mit deinen Worten unter Verwendung physikalischer Begriffe nur das Wichtigste in dein Heft.	**Recherchiere**, wie die kosmische Höhenstrahlung zustande kommt. (→ S. 132)
Beurteile	Formuliere ein eigenes Urteil zu einer physikalischen Frage. Begründe oder erkläre deine Entscheidung.	**Beurteile**, wo Windkraftanlagen sinnvoll eingesetzt werden können. (→ S. 191)
Bewerte	Gib zu einem Sachverhalt eine selbstständige Einschätzung nach fachwissenschaftlichen und fachmethodischen Kriterien an.	Recherchiere die häufigsten Ablenkungsgründe beim Autofahren und **bewerte** sie. (→ S. 52)

AdobeStock / Anatoly – S. 133; - / Aufwind-Luftbilder – S. 175, 199; -- / Biewer_Jürgen – S. 42; - / blacky – S. 115; - / Cesar – S. 158; - / Christian Schwier – S. 211; - / chuko – S. 71; - / David Klein – S. 117; - / embeki – S. 101; - / Fotoschlick – S. 53; - / gerd harder/EyeEm – S. 22; - / Gina Sanders – S. 52; - / industrieblick – S. 114; - / johnmerlin – S. 10, 26; - / Kenishirotie – S. 83; - / kernel – S. 30; - / Klaus Eppele – S. 32; - / Konstantin – S. 60; - / Magdalena Fischer – S. 72; - / Meinhard – S. 110; - / Niko Troebst – S. 118; - / Paul Yates- S. 47; - / Robert Przybysz – S. 31; - / ruslan – S. 108; - / scharfsinn86 – S. 181; - / sebi_2569 – S. 188; - / topshots – S. 112; - / VanderWolf Images – S. 54 • Alamy Stock Photo / agefotostock – S. 166; / imageBROKER – S. 158; - / Pavel Dudek – S. 150; - / The Print Collector – S. 159 • bpk-Bildagentur / RMN - Grand Palais, Agence Bulloz – S. 149 • © Deutscher Wetterdienst (DWD) – S. 191• Deutsches Museum – S. 115 • Dreamstime.com / photographerlondon – S. 21 • Fotolia / freshidea –S. 149; - / Jürgen Fälchle – S. 178; - / PakisSagonas – S. 99; - / pico – S. 212;- / rbkelle – S. 209 • Getty Images Plus / iStock Editorial, manfredxy – S. 24; - / iStockphoto, 3DSculptor – S. 179; - / iStockphoto, 4ndrei – S. 198; - / iStockphoto, ake1150sb – S. 165, 166; - / iStockphoto, ake1150sb – S. 174; - / iStockphoto, Alex Levine – S. 73; - / iStockphoto, alphaspirit – S. 50; - / iStockphoto, Anski – S. 63, 116, 118; - / iStockphoto, artisteer – S. 9; - / iStockphoto, Astrid860 – S. 175, 205; - / iStockphoto, Bet_ Noire – S. 192; - / iStockphoto, BirdShutterB – S. 80; - / iStockphoto, Biserka Stojanovic – S. 51; - / iStockphoto, bluejayphoto – S. 190; - / iStockphoto, Blulz60 – S. 44; - / iStockphoto, Bondariev – S. 24; - / iStockphoto, BrianAJackson – S. 152; - / iStockphoto, charliepix – S. 100; - / iStockphoto, Cio18 – S. 182; - / iStockphoto, daboost – S. 164; - / iStockphoto, dennisvdw – S. 162, 202; - / iStockphoto, djedzura – S. 98; - / iStockphoto, dragana991 – S. 82; - / iStockphoto, Dzurag – S. 126; - / iStockphoto, ElenaK78 – S. 63, 84; - / iStockphoto, Epiximages – S. 134; - / iStockphoto, fermate – S. 180, 206; - / iStockphoto, FS-Stock – S. 31; - / iStockphoto, Gonzalo Calle Asprilla – S. 154; - / iStockphoto, g-stockstudio – S. 38; - / iStockphoto, Hakase_ - S. 47; - / iStockphoto, haryigit – S. 78; - / iStockphoto, ichalkov – S. 22; - / iStockphoto, Igor11105 – S. 84; - / iStockphoto, JEN_n82 – S. 156; - / iStockphoto, joeravi – S. 30; - / iStockphoto, jotily – S. 175, 190, 206; - / iStockphoto, Kandfoto – S. 31; - / iStockphoto, KatarzynaBialasiewicz – S. 11, 60; - / iStockphoto, Kesu01 – S. 192; - / iStockphoto, kolesnikovserg – S. 94; - / iStockphoto, Kyryl Gorlov – S. 51; - / iStockphoto, Ljupco – S. 41, 48; - / iStockphoto, Mailson Pignata – S. 37; - / iStockphoto, Mark Kostich – S. 160; - / iStockphoto, Markus Volk – S. 203; - / iStockphoto, Mauricio Graiki – S. 38; - / iStockphoto, Meinzahn – S. 59; - / membio – S. 213; - / iStockphoto, Mihajlo Maricic – S. 130; - / iStockphoto, mlharing – S. 41; - / iStockphoto, mmpile – S. 62; - / iStockphoto, mmpile – S. 72; - / iStockphoto, Okea – S. 11, 28; - / iStockphoto, Oleksii Hlembotskyi – S. 165; - / iStockphoto, omgimages – S. 38; - / iStockphoto, Puripatl – S. 183; - / iStockphoto, Ralf Geithe – S. 63, 104; - / iStockphoto, Ricardo_Mojana – S. 200; - /iStockphoto, rsester – S. 180; - / iStockphoto, RuslanKaln – S. 24; - / iStockphoto, RuudMorijn – S. 118; - / iStockphoto, RyanKing999 – S. 174; 179; 206; - / iStockphoto, sandsun – S. 112; - / iStockphoto, Sebastian Steude – S. 18; - / iStockphoto, SergeiKorolko – S. 86; - / iStockphoto, sergeyryzhof – S. 74; - / iStockphoto, shilh – S. 115; - / iStockphoto, shirinosov – S. 129, 160, 170; - / iStockphoto, spukkato – S. 198; - / iStockphoto, Sterling750 – S. 46; - / iStockphoto, Sven Loeffler – S. 25; - / iStopckphoto, takayib – S. 87; - / iStockphoto, therry – S. 40; - / iStockphoto, Thossaphol –S. 184; - / iStockphoto, TomasSereda – S. 120; - / iStockphoto, TToa55 – S. 9; - / iStockphoto, tylim – S. 20; - / iStockphoto, vchal – S. 47; - / iStockphoto, Viktorus – S. 79; - / iStockphoto, Vladimiroquai – S. 43; - / iStockphoto, VlarVix –S. 186; - / iStockphoto, wellphoto – S. 144; - / iStockphoto, XXLPhoto – S. 202; - / iStockphoto, Евгений Харитонов – S. 129, 161; - / iStockphoto, Yevhenii Podshyvalov – S. 125; - / Photodisc, David De Lossy – S. 41; - / Purestock – S. 8; - / Stockbyte – S. 126; - / Vetta, Clerkenwell – S. 47 • imago images / Cavan Images – S. 194; - / CHROMEORANGE – S. 76; - / Eibner – S. 154; - / Ernst Wukits – S. 43; - / fStop Images – S. 53; - / Hans Blossey – S. 193; - / Joachim Sielski – S. 196; - / KS-Images.de – S. 49; - / NurPhoto – S. 197; - / Panthermedia – S. 50; - / Papsch – S. 154; - / Schöning – S. 152; - / VCG – S. 157 • Materialprüfungsamt NRW, Bochum – S. 163, 167 • Mauritius Images / Alamy Stock Photo, David J. Green – S. 71; - / Alamy Stock Photo, Ian Dagnall – S. 165; - / imageBROKER – S. 34 • © NASA – S. 163 • picture-alliance / dpa – S. 159; - / dpa-infografik – S. 166; - / Hinrich Bäsemann – S. 203; - / Jens Wolf – S. 129, 140 • Science Photo Library – S. 71, 130, 131, 133 (2), 150, 168; - / Adam Hart-Davis – S. 38; - / Ashley Cooper – S. 198; - / CERN, Julien Marius Ordan – S. 137; - / Dorling Kindersley, UIG – S. 133; - / Gustoimages – S. 10, 16; - / LOOK AT SCIENCES, EURELIOS, ALICE BOMBOY – S. 208; - / Martin Bond – S. 191; - / Martyn F. Chillmaid – S. 111; - / MONTREAL NEUROLOGICAL INSTITUTE – S. 160; - Paul Rapson – S. 104; - / Peter Bowater – S. 106; - / PHANIE, VOISIN – S. 148; - / Philippe Plailly – S. 136; - / Science Source – 151; - / Ted Clutter – S. 106; - / Ted Kinsman – S. 11, 36, 38, 128, 130 (2); - / VSEVOLOD ZVIRYK – S. 162 • Shutterstock / Sky Antonio – Cover, S. 1 • Siemens Hausgeräte – S. 126 • THW – S. 120 • www.wikimedia.org / Kimdime, CC BY-SA 2.5 – S. 119; - / www.DESERTEC.org, CC BY-SA 2.5 – S. 119 • © ZEIT ONLINE, 2014 – S. 146